"十二五"普通高等教育本科国家级规划教材

计算机科学导论
——思想与方法

Jisuanji Kexue Daolun——Sixiang yu Fangfa

（第3版）

董荣胜

U0323625

高等教育出版社·北京

内容提要

本书综合考虑了教育部高等学校计算机类专业教学指导委员会、IEEE-CS 和 ACM 对"计算机科学导论"课程的要求,以及教育部高等学校大学计算机课程教学指导委员会对"大学计算机"课程的要求,在学科思想与方法这个较高的层面将学科知识有机地统一起来,避免了学科知识的杂乱堆积,有助于课程的教与学。 基于本教材"学科认知模型"的课程设计,适合翻转课堂的教学方式,良好的课程结构与先进的教学方式相结合能够强化学生的计算思维习惯,提高问题求解的能力。

本书主要内容有:计算学科专业名称的演变及培养的侧重点,学科知识体与核心课程,"计算机科学导论"课程的构建,计算思维与计算机科学导论,学科的基本问题,学科中的抽象、理论和设计 3 个学科形态,学科中的核心概念、数学方法、系统科学方法,社会问题与专业实践,学科若干问题的探讨与学科未来教育的展望,以及 10 组与课程讲授内容相呼应的实验等。 为了使读者更好地理解和掌握书中的内容,书中配有大量的实例和习题,课程网站还有基于本教材的课程讲授 PPT、习题、单元测试题、考试样题,以及热身实验、进阶实验和综述实验的全部参考答案等。

本书可作为高等学校"计算机科学导论"、"大学计算机"或"计算思维导论"等课程的教材或参考书,还可供广大教师、科技人员和其他对科学思维能力培养感兴趣的各界人士参考。

图书在版编目(C I P)数据

计算机科学导论:思想与方法 / 董荣胜编著 . -- 3 版 . -- 北京:高等教育出版社,2015.7(2023.11 重印)

ISBN 978 - 7 - 04 - 042796 - 7

Ⅰ.①计… Ⅱ.①董… Ⅲ.①计算机科学 – 高等学校 – 教材 Ⅳ.①TP3

中国版本图书馆 CIP 数据核字(2015)第 152604 号

策划编辑	张海波	责任编辑	张海波	封面设计	杨立新	插图绘制 杜晓丹
责任校对	杨凤玲	责任印制	田 甜			

出版发行	高等教育出版社	网 址	http://www.hep.edu.cn	
社 址	北京市西城区德外大街 4 号		http://www.hep.com.cn	
邮政编码	100120	网上订购	http://www.landraco.com	
印 刷	河北宝昌佳彩印刷有限公司		http://www.landraco.com.cn	
开 本	850mm×1168mm 1/16			
印 张	26	版 次	2007 年 9 月第 1 版	
字 数	580 千字		2015 年 7 月第 3 版	
购书热线	010 – 58581118	印 次	2023 年 11 月第 15 次印刷	
咨询电话	400 – 810 – 0598	定 价	39.00 元	

数字课程资源使用说明

与本书配套的数字课程资源发布在高等教育出版社数字课程网站，请登录网站后开始课程学习。

一、注册/登录

访问 http://abook. hep. com. cn/187703，单击"注册"按钮，在注册页面输入用户名、密码及常用的邮箱进行注册。已注册的用户直接输入用户名和密码登录即可进入"我的课程"页面。

二、课程绑定

单击"我的课程"页面右上方"绑定课程"按钮，按照网站提示输入教材封底防伪标签上的 20 位密码，单击"确定"按钮完成课程绑定。

三、访问课程

在"正在学习"列表中选择已绑定的课程，单击"进入课程"按钮即可浏览或下载与本书配套的课程资源。刚绑定的课程请在"申请学习"列表中选择相应课程并单击"进入课程"按钮。

账号自登录之日起一年内有效，过期作废。如有账号问题，请发邮件至：abook@ hep. com. cn。

四、资源使用

与本书配套的数字课程资源按照章、节的形式构成，包括电子教案、微视频、源代码、习题参考答案等，以便读者学习使用。

1. 电子教案：教师上课使用的与课程和教材紧密配套的教学 PPT，可供教师下载使用，也可供学生课前预习或课后复习使用。

2. 习题参考答案：给出第 1 章～第 8 章习题参考答案，部分章节还给出了测验题及其参考答案。第 9 章中给出了实验参考答案。

3. 源代码：对于第 9 章中各实验给出了 Raptor 源代码，方便学生在实际环境中操作时参考。

4. 微视频：给出了实验部分的实验指导微视频及其脚本，附录 B 和附录 C 也以微视频形式给予指导。

二、资源使用

与本书配套的数字课程资源按照章、节的形式构成，包括电子教案、微视频、源代码、习题参考答案等，以便读者学习使用。

1. 电子教案：教师上课使用的与课程和教材紧密配套的教学 PPT，可供教师下载使用，也可供学生课前预习或课后复习使用。

2. 习题参考答案：给出第 1 章 ~ 第 8 章习题参考答案，部分章节还给出了测验题及其参考答案。第 9 章中给出了实验参考答案。

3. 源代码：对于第 9 章中各实验给出了 Raptor 源代码，方便学生在实际环境中操作时参考。

4. 微视频：给出了实验部分的实验指导微视频及其脚本，附录 B 和附录 C 也以微视频形式给予指导。

序

　　科学界普遍认为，理论科学、实验科学和计算科学是促进科学技术进步和人类文明发展的三大科学，它们相辅相成地帮助人们发现未知，认识自然和改造世界。这三大科学也被认为是科学发现与技术创新的三大支柱，这种认识在美国得到国会听证会的听证，被美国联邦和私人企业广泛认同，同时也被科学文献大量引用。在研究这三大科学时，学术界一般认为，理论科学以数学为基础，实验科学以物理学为基础，而计算科学以计算机科学为基础。在许多情况下，或者理论基础尚未建立，或者理论模型过于复杂，或者实验费用过于昂贵甚至实验环境条件苛刻限制而无法进行，在此情况下，计算（模拟）手段就成为解决问题的主要或者是唯一方法了。随着计算技术的迅猛发展，计算科学的作用也越来越重要，正如美国总统信息技术咨询委员会（PITAC）在致美国前总统布什的"计算科学：确保美国竞争力"报告指出的那样：虽然计算本身也是一门学科，但其具有促进其他学科发展的作用。不仅如此，报告还指出，21世纪科学上最重要的和经济上最有前途的研究前沿涉及的重要问题，都有可能通过熟练地掌握先进的计算技术和运用计算科学而得到解决。

　　我曾任两届教育部高等学校大学计算机基础教学指导委员会的主任委员，也参加过中国科学院组织的PITAC报告的科技咨询，我一直在思考一个问题：计算科学如此重要，如果我们这些搞计算机教育的人没有办法教好年轻人，那不是使年轻人失去了科学重大发现与技术创新的机会了吗？那我们的责任就大了。与我有类似想法的还有我们委员会的两位副主任委员李廉教授（现任主任委员）和冯博琴教授。在过去，计算机的基础教育曾过分地强调了工具的训练和使用，很少讲授计算科学本质上的核心思想与方法。在经过仔细的观察和研究后，我们决定要改变这种状况。其实中国计算机教育面临的问题，在计算机教育发达的美国也是存在的，争论也是激烈的，为了落实PITAC报告，美国国家科学基金委员会NSF组织召开了一系列会议，并于2007年NSF启动了简称为CPATH的美国大学计算机教育振兴计划。在计划的实施过程中，一致感受到了计算思维的力量，最后选择以计算思维为突破口进行改革。计算思维是2006年时任美国CMU计算机系主任的周以真教授提出的，这个概念的源头可以追溯到中国古代学者的算法化思维以及古希腊的公理化思维，是一个中西思维方式融合的很好的切入点。2010年7月，我在北京与周以真教授有一次长谈，美国是一个学术比较自由的国家，要在全国推动一件事情不容易，好在周以真教授当时负责NSF计算机与信息科学及工程学部的工作，她和NSF的同事们依靠NSF的资源推动了以计算思维为核心的美国大学教学改革。我们的国情有些不同，我们的教育改革放在教育部。所以，我们教指委组织了一系列的讨论，对计算思维的内涵以及如何把计算思维融入到大学计算机课程的想法进行了深入、广泛的交流，逐步形成了以计算思维为切入点、全面改革高校计算机基础课程的思路。这项工作，2012 年在教育部正式立项，今天，这项每年惠及全国近 700 万大学生的教学改革已取得不少成果。

本书作者董荣胜教授是我们讨论的核心成员之一，他参加了我们当时全程的讨论，以及一些文件的起草，他力图改变"狭义工具论"的计算科学的教学方法，特别是在计算机科学导论课程的建设中卓有成效，他提出了基于"学科认知模型"的计算机科学导论课程构建的思想，研制了帮助理解存储式计算机程序的实验平台，设计了"热身实验"的内容，降低了学习的难度，有助于学生深入理解计算机科学的基础概念，提高求解问题、设计系统和理解人类行为的计算思维能力。

最后，借本序，向包括作者在内的所有在"以计算思维为切入点的大学计算机课程改革项目"中做出贡献的人们表示感谢！

陈国良

中国科学院　院士

中国科学技术大学　教授

深圳大学　教授

2015 年 3 月

前　　言

本书第 1 版，引入 IEEE-CS 和 ACM 联合提交的 *Computing as a Discipline* 报告中给出的计算学科二维定义矩阵的概念，将学科的认知问题归约为计算学科二维定义矩阵的认知问题，为"计算机科学导论"的课程设计提供了一种基于"学科认知模型"的、以学科方法论为基础的、以计算思维能力为培养目标的新模式。

本书第 2 版，进一步丰富了第 1 版的内容。在陈国良院士的建议下，确定了以本教材为基础的"计算机科学导论"课程的教学原则和目标：以计算学科的基本问题讲授优先，以经典的案例教学为基础，以习题课和实验课的内容加强学生对学科基础概念的理解，将课堂翻转起来，让学生尽快了解学科的概貌，培养学生的计算思维习惯，提高问题求解、系统设计和人类行为理解的能力。

本书第 3 版，沿用了第 1 版的框架，更加面向学生，删除了原来供教师参考的"附录 A　CC2001 中的计算机科学知识体"、"附录 B　Armstrong 公理系统"、"附录 C　哲学家共餐问题的模型检验"、"附录 D　$m + 0 = m$ 的定理证明"，以及第 1 章中的"计算机工程知识体及专业核心课程"、"软件工程知识体及专业核心课程"、"信息技术知识体及专业核心课程"等内容，重新设计了附录的内容，增加了实验必需的背景知识，如"附录 A　Raptor 可视化程序设计概述"、"附录 B　Vcomputer 存储程序式计算机概述"、"附录 C　Access 2013 概述"，根据CS2013 报告，补充和修改了书中相关分支领域的基本问题、学科形态，以及对计算机科学专业本科毕业生的期望等方面内容。

本书第 3 版与前两版最大的不同点在于增加课程实验内容，解决了长期困扰计算机科学导论课程的实验内容与讲授内容严重脱节的问题。

传统"计算机科学导论"课程的实验，不少是关于软件工具的使用，甚至是计算机的初步操作，课程的最大问题是课堂讲授内容与实验内容的脱节，由于反映课堂讲授内容的实验往往涉及具体的编程环境，以及众多的编程细节（如具体编程语言的语法等），致使"计算机科学导论"课程的实验长期困扰计算学科的教与学。计算学科是一个理论与实践紧密联系的学科，实验内容与课堂教学内容的脱节，会让同学们产生错误认识，不利于"导论"课程所起的学科引导作用。

针对以上问题，本书作者给出了"导论课程的实验要充分反映课堂教学的实质内容，让学生在实验的过程中加深对学科基础概念的理解，强化学生的计算思维习惯，不断提高学生面向学科求解问题的思维能力"的实验教学理念，研制了用于存储程序式计算机理解的简易实验平台，引入了简单易学的可视化程序设计工具 Raptor，设计了能够快速熟悉实验环境的"热身实验"，降低了算法设计和系统设计的难度，为解决"导论"课程中实验与课堂教学内容脱节的问题提供了一种新的思路和实现的途径，帮助学生将关注的重点尽快放在基于学科核心概念基础上的问题解决、系统设计和人类行为的理解上。

　　本书是"十二五"普通高等教育本科国家级规划教材，也是作者主持的国家级精品课程"计算机科学导论"的主讲教材。书中的实验部分围绕教材的核心章节，即第 2 章到第 6 章展开，第 1 组实验项目反映的是教材 2.4 节中的程序的 3 种基本结构的内容，做的是分支和循环结构的简单程序设计；第 2 组反映的是第 2.3 节中的计算复杂性方面的内容，做的是"RSA 公开密钥密码系统"的实验；第 3 组用于加深学生对 3.7 节中的冯·诺依曼计算机体系结构的理解，做的是机器指令和汇编语言的简单编程；第 4 组用于对 4.2 节中的算法加深理解，做的是递归算法和迭代算法，并对其进行比较。前 4 组实验是最基本的实验项目，后面的 6 组实验（数组实验，栈的基本操作：push 和 pop，归并排序与折半查找，蒙特卡罗方法应用，简单的卡通与游戏实验，基于 Access 的简单数据库设计）根据各自学校的实际情况（比如"学时"等）进行选取，原则上要求学生做所有实验项目中的"热身实验"，建议在做"进阶实验"和"综合实验"时分小组进行，不应要求学生每个实验都"进阶"，但求感兴趣的某个主题做得更深、更强、更大，鼓励出好的作品。为了更好地理解计算学科中的核心概念、思想和方法，本书网站还提供了基于本教材的 PPT 课件，单元测试的样题，各章节的习题参考答案，以及课程实验的所有参考答案、实验平台、源程序和微视频等。

　　本书针对的是零基础计算学科知识和编程经验的同学，为了提高效率，更快地认知计算学科的基础概念，建议将所有答案一开始就提供给学生，允许甚至鼓励学生根据"参考答案"的提示进行实验，要求删繁就简，将课堂尽快翻转起来，让学生尽快感受创意的快乐，让老师尽快体会这种授课方式的力量。

　　本书第 1 版是在北京大学袁崇义教授、重庆大学袁开榜教授、北京航空航天大学杨文龙教授、国防科技大学朱亚宗教授等一批老教授的支持和建议下撰写的。北京工业大学蒋宗礼教授、江西财经大学万常选教授审阅了本书第 1 版；本书第 2 版由北京交通大学王移芝教授审阅。本书第 3 版在撰写过程中得到西安交通大学程向前教授的大力支持，他提供了大量基于 Raptor 的案例供作者参考。作者指导的 2012 级、2013 级研究生王泓刚、刘宝立、聂晨华、方春林、张晓花，以及 2014 级本科生高金培、陈奕霖等同学均做了大量的资料整理、程序调试，以及配音等工作，没有他们的辛勤劳动，本书第 3 版，至少要推迟出版。另外，作者的领导和同事，桂林电子科技大学的古天龙教授、钟艳如教授、陈光喜教授、常亮教授、徐周波博士、王慧娇副教授、李凤英博士、孟瑜副教授等均给出许多富有建设性的建议，在此一并表示感谢。在本书的撰写过程中，作者参与了陈国良院士推动的"以计算思维为切入点的大学计算机课程改革项目"，参加了陈院士主持的南方科技大学首届实验班"计算思维导论"课程的教学工作，采用了陈院士为南方科技大学首届实验班招生出的入学考试题（如"排序网"的内容），本书第 3 版又由陈院士作序，本人铭记在心，并致谢。最后，还要感谢教育部高等学校大学计算机课程教学指导委员会主任委员李廉教授与全体同仁、周以真教授以及微软亚洲研究院对作者在"计算思维结构"方面所做工作的鼓励和支持。

作　者

2015 年 4 月

目　　录

第 1 章

绪　　论

本章首先简单介绍计算学科命名的背景、计算学科的定义以及计算学科的根本问题，阐述计算学科专业名称的演变、分支学科及其培养侧重点。然后，介绍 CC2001 给出的计算机科学知识体，CS2013 对 CC2001 计算机科学知识体的修订，给出 CS2013 新增的 4 个分支领域与知识单元。接着，提出"计算机科学导论"课程的构建问题以及相应的解决方案。最后，介绍计算思维与"计算机科学导论"课程有关的内容。

1.1　引言

本节的目的在于介绍计算学科的定义、学科的根本问题，为后续章节的学习做一个简单的铺垫。

1. 计算学科命名的背景

如何认知计算学科，存在很多争论。1984 年 7 月，美国计算机科学与工程博士单位评审部的专家们在犹他州召开的会议上对计算认知问题进行了讨论。这一讨论以及其他类似讨论促使（美国）计算机协会（Association for Computing Machinery，ACM）与（美国）电气与电子工程师学会计算机分会（Institute of Electrical and Electronics Engineers-Computer Society，IEEE-CS）于 1985 年春联合组成任务组，经过近 4 年的工作，任务组提交了在计算教育史上具有里程碑意义的《计算作为一门学科》（*Computing as a Discipline*）报告，报告论证了计算作为一门学科的事实，回答了计算学科中长期以来一直争论的一些问题，并将当时的计算机科学、计算机工程、计算机科学和工程、计算机信息学以及其他类似名称的专业及其研究范畴统称为计算学科。

2. 计算学科的定义

《计算作为一门学科》对计算学科做了以下定义：计算学科是对描述和变换信息的算法过程进行系统研究，包括理论、分析、设计、效率、实现和应用等。

计算学科包括对计算过程的分析以及计算机的设计和使用。该学科的广泛性在下面一段来自美国计算科学鉴定委员会发布的报告摘录中得以强调：计算学科的研究包括从算法与可计算性的研究到根据可计算硬件和软件的实际实现问题的研究。这样，计算学科不但包括从总体上对算法和信息处理过程进行研究的内容，也包括满足给定规格要求的有效而可靠的软硬件设计——包括所有科目的理论研究、实验方法和工程设计。

3．计算学科的根本问题

计算学科的根本问题是：什么能被（有效地）自动进行。它来源于对算法理论、数理逻辑、计算模型、自动计算机器的研究，并与存储式电子计算机的发明一起形成于20世纪40年代初期。

学科的根本问题隐藏于学科基本问题之中，或者说，是学科所有问题之中最基本的问题。为便于理解和记忆，在第2章中，我们还将从与学科有关的若干著名而又有趣的问题出发，引出学科及其分支领域的基本问题。

1.2　学科专业名称的演变、学科描述及培养侧重点

计算学科现已成为一个庞大的学科，无论是教师、学校，还是学生和家长都希望有一份权威性的报告来了解学科的相关情况。为此，IEEE-CS和ACM任务组做了大量的工作，并于2001至2012年，分别提交了计算机科学（Computer Science，CS）、信息系统（Information System，IS）、软件工程（Software Engineering，SE）、计算机工程（Computer Engineering，CE）、信息技术（Information Technology，IT）等5个分支学科（专业）的教程，给出了5个分支学科的知识体以及相应的核心课程，为各专业教学计划的设计奠定了基础，同时也为公众认知和选择专业提供帮助。

根据我国高等学校的情况，教育部高等学校计算机科学与技术教学指导委员会（简称"计算机教指委"）制定的《高等学校计算机科学与技术专业发展战略研究报告暨专业规范（试行）》（高等教育出版社2006年9月出版，简称"计算机专业规范"）采纳了Computing Curricula 2005（CC2005）报告中的4个分支学科，并以专业方向的形式进行规范，它们分别是：计算机科学、计算机工程、软件工程和信息技术。

本节仅介绍学科专业名称的演变、学科的描述以及培养的侧重点等内容。下一节将介绍学科的知识体和核心课程。

1．演变中的学科专业名称

1962年，美国普渡大学开设了最早的计算机科学学位课程。当时，美国的一些高等学校还开设有与计算相关的两个学位课程：电子工程和信息系统。在我国，早在1956年就开设了"计算装置与仪器"专业。

20世纪60年代，随着问题复杂性的增加，制造可靠软件的困难越来越大，出现了"软件危机"。为了摆脱"软件危机"，1968年秋，北大西洋公约组织（North Atlantic Treaty Organization，NATO）在当时的联邦德国召开了一次会议，提出了软件工程的概念。

20世纪70年代，在美国，计算机工程（也被称为"计算机系统工程"）从电子工程学科

中脱离出来，成为一门独立的二级学科，并被人们所接受。

20世纪70年代末80年代初，在一些计算机科学专业的学位课程中，引入了"软件工程"的内容，然而，这些内容只能让学生了解"软件工程"，却不能使学生明白"如何成为一名软件工程师"。于是，人们开始构建单独的软件工程学位课程。20世纪80年代，英国和澳大利亚最早开设了软件工程这样的学位课程。

20世纪90年代，计算机已成为公司各级人员使用的基本工具，而计算机网络则成为公司信息的中枢，人们相信它有助于提高生产力，而原有的课程并不能满足社会的需求，于是，在美国等西方国家，不少大学相继开设了信息系统和信息技术等学位课程。

需要指出的是，即使在美国，5个分支学科（专业）同时在一所大学开设的情况也是不多的，更多的高校仍然是以传统的"计算机科学"为主；在我国，则是以"计算机科学与技术"为主。

2. 分支学科（专业）描述及培养侧重点

计算为个人的职业生涯提供了广泛的选择。下面，分别介绍各分支学科（专业）及其培养侧重点。

（1）计算机科学：涉及范围很广，包括计算的理论、算法和实现以及机器人技术、计算机视觉、智能系统、生物信息学和其他新兴的有发展前途的领域。

计算机科学专业培养的学生更关注计算的理论基础和算法，并能从事软件开发及其相关的理论研究。

（2）计算机工程：是对现代计算系统和由计算机控制的有关设备上的软件与硬件的设计、构造、实施和维护进行研究的学科。

计算机工程专业培养的学生更关注设计并实施集软件和硬件设备为一体的系统，如嵌入式系统。

（3）软件工程：是研究软件系统的开发和维护以及如何使其可靠、高效运行的一门学科。

软件工程专业培养的学生更关注遵循工程规范进行的大规模软件系统开发与维护的原则，并尽可能避免软件系统潜在的风险。

（4）信息系统：是指如何将信息技术的方法与企业生产和商业流通结合起来，以满足这些行业需求的学科。

信息系统培养的学生更关注信息资源的获取、部署、管理及使用，并能分析信息的需求和相关的商业过程，能详细描述并设计那些与目标相一致的系统。

（5）信息技术：从广义上来说，它包括所有计算技术的各个方面，在此专指作为一门学科的信息技术。它侧重于在一定的组织及社会环境下，通过选择、创造、应用、集成和管理计算技术来满足用户的需求。

与信息系统相比，信息技术更关注"信息技术"的技术层面，而信息系统则侧重"信息技术"的"信息"层面。

信息技术专业培养的学生更关注基于计算机的新产品及其正常的运行和维护，并能使用相关的信息技术来规划、实施和配置计算机系统。

1.3　学科知识体和核心课程

CC2001（Computing Curricula 2001）报告给出了计算机科学知识体的概念，为其他分支学科知识体的建立提供了模式。学科知识体由以下 3 个层次构成，下面以计算机科学为例进行介绍。

（1）最高层是分支领域（Area），它代表一个特定的学科子领域。每个分支领域由两个字母的缩写词表示，比如 OS 代表操作系统，PL 代表程序设计语言。

（2）分支领域之下又分为更小的知识单元（Unit），它代表该领域中的主题模块。每个知识单元都用一个领域名加一个数字后缀表示，比如 OS3 表示操作系统领域中关于并发的单元。为便于教学，报告还给出了所有知识单元的最小核心学时和学习目标，供教师参考。

（3）知识单元又被细分为众多的知识点（Topic），这些知识点构成知识体结构的最底层。比如，在 DS（离散结构）领域的第一个知识单元 DS1（函数、关系、集合）中，相应的知识点有函数（满射，映射，逆函数，复合函数）、关系（自反，对称，传递，等价关系）、集合（文氏图，补集，笛卡儿积，幂集）、鸽巢原理、基数性和可数性等。

结合我国的实际情况，计算机教指委根据 IEEE-CS 和 ACM 任务组给出的计算机科学、计算机工程、软件工程和信息技术等 4 个分支学科知识体和核心课程描述，组织编制了计算机专业规范。由于计算机科学是整个计算学科的基础，为此，本书仅简要介绍计算机科学的知识体和核心课程。

1. CC2001 报告给出的计算机科学知识体

为便于学习，下面列出 CC2001 报告给出的计算机科学知识体的 14 个领域以及 132 个知识单元（如表 1.1 所示，表中单元后的数字表示学习所需的最小核心学时，该学时为一个相对值，一般要求有 3 倍以上的课外学时与之配套）。

表 1.1　计算机科学的知识领域和知识单元

DS	离散结构（43）	PF	程序设计基础（38）
DS1	函数、关系、集合（6）	PF1	基本程序设计结构（9）
DS2	基本逻辑（10）	PF2	算法和问题求解（6）
DS3	证明方法（12）	PF3	基本的数据结构（14）
DS4	计算基础（5）	PF4	递归（5）
DS5	图和树（4）	PF5	事件驱动的程序设计（4）
DS6	离散概率（6）		

AL	算法和复杂性（31）	AR	体系结构和组织（36）
	AL1 算法分析基础（4）		AR1 数字逻辑和数字系统（6）
	AL2 算法策略（6）		AR2 数据的机器级表示（3）
	AL3 基本的计算算法（12）		AR3 汇编级机器组织（9）
	AL4 分布式算法（3）		AR4 存储系统组织和体系结构（5）
	AL5 可计算性基础（6）		AR5 接口和通信（3）
	AL6 P 和 NP 复杂类		AR6 功能组织（7）
	AL7 自动机理论		AR7 多处理和其他体系结构（3）
	AL8 高级算法分析		AR8 性能提高技术
	AL9 加密算法		AR9 网络与分布式系统的体系结构
	AL10 几何算法		
	AL11 并行算法		
OS	操作系统（18）	NC	网络计算（15）
	OS1 操作系统概述（2）		NC1 网络计算引导（2）
	OS2 操作系统原理（2）		NC2 通信与组网（7）
	OS3 并发（6）		NC3 网络安全（3）
	OS4 调度和分派（3）		NC4 客户 – 服务器计算的实例：Web（3）
	OS5 存储管理（5）		NC5 建立 Web 应用
	OS6 设备管理		NC6 网络管理
	OS7 安全和保护		NC7 压缩和解压缩
	OS8 文件系统		NC8 多媒体数据技术
	OS9 实时和嵌入式系统		NC9 无线和移动计算
	OS10 容错		
	OS11 系统性能评价		
	OS12 脚本		
PL	程序设计语言（21）	HC	人机交互（8）
	PL1 程序设计语言概述（2）		HC1 人机交互基础（6）
	PL2 虚拟机（1）		HC2 创建简单的图形用户界面（2）
	PL3 语言翻译导引（2）		HC3 以人为中心的软件评估
	PL4 声明和类型（3）		HC4 以人为中心的软件开发
	PL5 抽象机制（3）		HC5 图形用户界面设计
	PL6 面向对象程序设计（10）		HC6 图形用户界面的程序设计
	PL7 函数式程序设计		HC7 多媒体系统的人机交互
	PL8 语言翻译系统		HC8 协作和通信的人机交互
	PL9 类型系统		
	PL10 程序设计语言的语义		
	PL11 程序设计语言的设计		

GV 图形学和可视化计算（5）	**IS** 智能系统（10）
GV1 图形学的基本技术（2）	IS1 智能系统的基本问题（1）
GV2 图形系统（1）	IS2 搜索和约束满足（5）
GV3 图形通信（2）	IS3 知识表示与推理（4）
GV4 几何模型	IS4 高级搜索
GV5 基本绘制	IS5 高级知识表示与推理
GV6 高级绘制	IS6 代理
GV7 高级技术	IS7 自然语言处理
GV8 计算机动画	IS8 机器学习与神经网络
GV9 可视化	IS9 人工智能规划系统
GV10 虚拟现实	IS10 机器人学
GV11 计算机视觉	
IM 信息管理（10）	**SP** 社会与职业问题（16）
IM1 信息模型与信息系统（3）	SP1 计算的历史（1）
IM2 数据库系统（3）	SP2 计算的社会背景（3）
IM3 数据建模（4）	SP3 分析方法和工具（2）
IM4 关系型数据库	SP4 职业和道德责任（3）
IM5 数据库查询语言	SP5 基于计算机的系统的风险与责任（2）
IM6 关系数据库设计	SP6 知识产权（3）
IM7 事务处理	SP7 隐私与公民自由（2）
IM8 分布式数据库	SP8 计算机犯罪
IM9 物理数据库设计	SP9 计算中的经济问题
IM10 数据挖掘	SP10 哲学框架
IM11 信息存储和检索	
IM12 超文本和超媒体	
IM13 多媒体信息与多媒体系统	
IM14 数字图书馆	
SE 软件工程（31）	**CN** 计算科学和数值计算方法
SE1 软件设计（8）	CN1 数值分析
SE2 使用 API（5）	CN2 运筹学
SE3 软件工具和环境（3）	CN3 建模与模拟
SE4 软件过程（2）	CN4 高性能计算
SE5 软件需求与规约（4）	
SE6 软件验证（3）	
SE7 软件演化（3）	
SE8 软件项目管理（3）	

续表

SE9　基于构件的计算 SE10　形式化方法 SE11　软件可靠性 SE12　专用系统开发	

2．计算机科学专业核心课程

在对计算机科学知识体和 Computer Science Curricula 2001（CS2001）核心课程进行研究的基础上，结合我国的实际情况，计算机专业规范研究小组确定了我国高等学校计算机科学专业的 15 门核心课程，并给出了相应的理论学习学时和实践学时，如表 1.2 所示，供高等学校参考。

表 1.2　计算机科学专业核心课程

序号	课程名称	涵盖的知识单元
1	计算机科学导论	SP1，SP2，SP4，SP5，SP6，SP7，PL1，PL3，SE3，SE7，HC1，NC2
2	程序设计基础	PL1，PL6，PF1，PF2，PF5，AL2，AL3
3	离散结构	DS1，DS2，DS3，DS4，DS5
4	算法与数据结构	AL1，AL2，AL3，AL4，AL5，PF2，PF3，PF4
5	计算机组成基础	AR2，AR3，AR4，AR5，AR6
6	计算机体系结构	AR5，AR6，AR7，AR8，AR9
7	操作系统	AL4，OS1，OS2，OS3，OS4，OS5，OS6，OS7，OS8，OS11
8	数据库系统原理	IM1，IM2，IM3，IM4，IM5，IM6，IM7，IM8，IM9，IM10，IM11，IM12，IM13，IM14
9	编译原理	PL1，PL2，PL3，PI4，PL5，PL6，PL7，PL8
10	软件工程	SE1，SE2，SE3，SE4，SE5，SE6，SE7，SE8，SE9，SE10
11	计算机图形学	HC1，HC2，HC5，GV1，GV2，GV3，GV4，GV5，GV6，GV7，GV8，GV9
12	计算机网络	NC1，NC2，NC3，NC4，NC5，NC6，NC7，NC8，NC9，AR9
13	人工智能	IS1，IS2，IS3，IS4，IS5，IS6，IS7，IS8
14	数字逻辑	AR1，AR2，AR3
15	社会与职业道德	SP1，SP2，SP3，SP4，SP5，SP6，SP7，SP8，SP9，SP10

3. CS2013 对计算机科学知识体的修订

2013 年 12 月，ACM 和 IEEE-CS 联合推出了新的计算教程 CS2013（Computer Science Curricula 2013），该教程延续了 CC2001 报告的形式和内容，根据计算学科十多年的发展，对计算机科学知识体的内容进行了修订，将原来 CC2001 划分的 14 个分支进行了重新划分，增加了信息保障与安全（IAS）、基于平台的开发（PBD）、并行与分布式计算（PD）、计算机系统基础（SF）等 4 个新的分支领域，对网络计算（Net-Centric Computing）与程序设计基础（PF）两个分支领域进行了重组，将其名称分别修改为网络与通信（Networking and Communication，NC）与软件开发基础（SDF）。另外，CS2013 还将 CC2001 定义的核心单元分为两种：第 1 核心等级（Core-Tire1）和第 2 核心等级（Core-Tire2），第 1 核心等级的内容要求本科生全部必修，第 2 核心等级的内容要求 80%～90% 的内容必修。下面，给出 4 个新增的分支领域和知识单元，如表 1.3 所示，供读者参考。

表 1.3 新增的 4 个分支领域和知识单元

IAS	信息保障与安全（3，6）[①]	PD	并行与分布式计算（5，10）
IAS1	安全中的基本概念（1，0）	PD1	并行计算基础（2，0）
IAS2	安全设计的原则（1，1）	PD2	并行计算分解（1，3）
IAS3	防御性编程（1，1）	PD3	并行计算的通信与协调（1，3）
IAS4	威胁与攻击（0，1）	PD4	并行算法，分析与编程（0，3）
IAS5	网络安全（0，2）	PD5	并行计算结构（1，1）
IAS6	密码学（0，1）	PD6	并行计算性能
IAS7	Web 安全	PD7	分布式系统
IAS8	平台安全	PD8	云计算
IAS9	安全政策与监管	PD9	形式化并行模型与语义
IAS10	数字取证技术		
IAS11	安全软件工程		
PBD	基于平台的开发（0，0）	SF	计算机系统基础（18，9）
PBD1	简介	SF1	计算范式（3，0）
PBD2	Web 平台	SF2	跨层通信（3，0）
PBD3	移动平台	SF3	状态和状态机（6，0）
PBD4	工业平台	SF4	并行化（3，0）
PBD5	游戏平台	SF5	评估（3，0）
		SF6	资源分配与调度（0，2）
		SF7	邻近（0，3）
		SF8	虚拟化与隔离（0，2）
		SF9	通过冗余获得可靠性（0，2）
		SF10	量化评估

[①] 括号中两个数字分别表示第一核心等级学时数和第二等级学时数。

1.4　导论课程的构建问题

1. "计算机科学导论"课程的构建是计算教育面临的一个重大问题

计算已成为一个庞大的学科，它涉及数学、科学、工程和商业等领域，并包括专业实践所需要的大量基础知识。

学科知识体以及核心知识单元等内容为学科专业教学计划的制定奠定了基础。然而，由于知识单元，特别是知识点的大量罗列，也为计算学科的教学带来了挑战。

19 世纪，随着 63 个化学元素的发现，化学教学遇到了前所未有的危机，面对杂乱无章的63 个化学元素，教与学陷入相当的困境。针对这个问题，门捷列夫发明了"元素周期表"，揭示了化学元素之间的规律，使问题的复杂性大大下降，促进了化学学科的发展。

现在的计算学科，不说具体的内容，仅就其重要的思想、方法和核心概念而言，早就超过了 63 个。因此，要解决计算学科内容大量罗列而产生的问题，就不得不先解决计算教育面临的另一个重要问题，即"计算机科学导论"课程的构建问题。

《计算作为一门学科》报告确认了"计算机科学导论"课程的构建问题是一个重要问题。报告认为，该课程要培养学生面向学科的思维能力，使学生了解学科的力量以及从事本学科工作的价值之所在。报告希望该课程能用类似于数学那样严密的方式将学生引入计算学科各个富有挑战性的领域之中。CC2001 报告认为，"计算机科学导论"课程应该讲授学科中那些富有智慧的核心思想。CC2004 和 CC2005 则进一步指出，该课程的关键是课程的结构设计问题。

2. 计算学科的认知模型——计算学科二维定义矩阵

《计算作为一门学科》报告给出了计算学科二维定义矩阵的概念，为我们认知学科提供了一个模型。表 1.4 就是一个以"计算机科学"为背景的计算学科二维定义矩阵。

表 1.4　计算学科二维定义矩阵

3 个过程 学科知识领域	抽象	理论	设计
1. 算法和复杂性（Algorithms and Complexity，AL）			
2. 体系结构和组织（Architecture and Organization，AR）			
3. 计算科学（Computational Science，CN）			
4. 离散结构（Discrete Structures，DS）			
5. 图形学与可视化（Graphics and Visualization，GV）			
6. 人机交互（Human-Computer Interaction，HC）			
7. 信息保障与安全（Information Assurance and Security，IAS）			

学科知识领域 ＼ 3 个过程	抽象	理论	设计
8. 信息管理（Information Management，IM）			
9. 智能系统（Intelligent Systems，IS）			
10. 网络与通信（Networking and Communication，NC）			
11. 操作系统（Operating Systems，OS）			
12. 基于平台的开发（Platform-Based Development，PBD）			
13. 并行与分布式计算（Parallel and Distributed Computing，PD）			
14. 程序设计语言（Programming Languages，PL）			
15. 软件开发基础（Software Development Fundamentals，SDF）			
16. 软件工程（Software Engineering，SE）			
17. 计算机系统基础（System Fundamentals，SF）			
18. 社会问题与专业实践（Social Issues and Professional Practice，SP）			

计算学科二维定义矩阵是对学科的一个高度概括，于是，可以将计算学科的认知问题具体到计算学科二维定义矩阵的认知问题。

在定义矩阵中，不变的是 3 个过程（也称为 3 个学科形态）；变化的是 3 个过程中的具体内容（值），这一维的取名可以是学科知识领域，也可以为分支学科等。

3. "计算机科学导论"课程的结构设计

前面，我们将学科的认知问题具体到学科二维定义矩阵的认知问题，从而使学科的认知具体化。

认知学科终究是通过概念来完成的，而学科中所有的概念都蕴含在定义矩阵中。于是，可以从定义矩阵出发介绍学科，并在学科思想、方法这个较高的层面讲授"计算机科学导论"课程，为学生后续专业课程的学习提供必要的认知基础。

现在，可以将焦点放在定义矩阵上，将把握学科的本质问题归约为把握定义矩阵的本质问题，即对定义矩阵的"横向"和"纵向"关系的把握。

"横向"关系即抽象、理论和设计 3 个过程的关系，是定义矩阵中最为重要的内容。它反映的是人们在计算领域的认识规律，即是从感性认识（抽象）到理性认识（理论），再由理性认识（理论）回到实践（设计）的过程。

"横向"关系还蕴含着学科中的基本问题。由于人们对客观世界的认识过程就是一个不断提出问题和解决问题的过程，这种过程反映的正是抽象、理论和设计 3 个过程之间的相互作用，它与 3 个过程在本质上是一致的。因此，在"计算机科学导论"课程的设计上，有必要将它与 3 个过程一起列入最重要的内容。

"纵向"关系即各分支领域中具有共性的核心概念、数学方法、系统科学方法、社会与职业问题等内容的关系。这些内容蕴含在学科 3 个过程中，并将学科各分支领域结合成一个完整的体系，而不是互不相关的领域。

显然，在定义矩阵中，"横向"关系最重要，"纵向"关系次之。因此，在"计算机科学导论"课程的设计上，可以将本章列为第 1 章，而将学科的基本问题、3 个学科形态、学科中的核心概念、学科中的数学方法、学科中的系统科学方法以及社会与职业问题分别列为第 2 ~ 7 章。

沿着定义矩阵这个关于学科概念的认知模型进行导引的优点在于，对学科进行总结的系统性，这种总结是回顾性的总结；不足之处在于，对学科有争论的问题以及未来探索性的展望作用有限。为此，有必要构建一个"探讨与展望"章节，使"计算机科学导论"课程的结构更加完善。另外，为了让同学们体验编程之美，并进一步加深对课程基础概念的理解，增加最后一章有关实验的内容，与前面章节中相关内容呼应。

1.5　计算思维与计算机科学导论

计算思维（Computational Thinking）与"计算机科学导论"课程有密切的关系，计算思维的倡导者、时任卡耐基·梅隆大学（Carnegie Mellon University，CMU）计算机科学系主任的周以真（Jeannette M. Wing）教授就在该校开设了"计算思维导论"课程，作为计算机专业学生的第一门课程。下面分别从计算思维提出的背景、计算思维的定义和特征、计算思维与计算机科学导论这 3 个方面介绍这部分内容。

1. 计算思维提出的背景

计算思维的提出与美国总统信息技术咨询委员会（PITAC）2005 年 6 月提交的报告《计算科学：确保美国竞争力》（*Computational Science：Ensuring America's Competitiveness*）密切相关。

《计算科学：确保美国竞争力》报告不仅对美国的科技与教育发展具有十分重要的战略意义，对中国而言，也有相当的借鉴作用。

报告开篇写道，大约在半个世纪前，苏联成功地发射了世界第一颗人造卫星，撼动了美国在政治与科技上的领导地位，促使美国在科学、工程和技术领域进行全面的改革。报告认为，如今美国又一次面临着挑战，这一次的挑战比以往更加广泛、复杂，也更具长期性。报告认为，美国还没有认识到计算科学在社会科学、生物医学、工程研究、国家安全，以及工业改革中的中心位置。报告认为，这种认识不足将危及美国的科学领导地位、经济竞争力以及国家的安全。报告建议，将计算科学长期置于国家科学与技术领域的中心领导地位。

报告给出了两个重要结论。

（1）虽然计算本身也是一门学科，但是其具有促进其他学科发展的作用。

（2）21世纪科学上最重要的、经济上最有前途的研究前沿都有可能通过熟练地掌握先进的计算技术和运用计算科学而得到解决。

然而在报告的起草过程中，美国学习计算机科学的大学生人数急剧下降，从最高峰的2001年到2004年下降了60%~70%。这种下降不仅引发了美国计算机教育的危机，而且也与报告强调的计算学科的重要性相悖。针对这些情况，2005年秋至2006年春，美国国家科学基金会（NSF）组织了计算教育与科学领域以及其他相关领域的专家分4个大区（东北、中西、东南、西北）进行研讨，并在专家们的建议下于2007年启动了由NSF资助的"大学计算教育振兴的途径" CPATH（Pathways to Revitalized Undergraduate Computing Education）国家计划，以迎接21世纪新的挑战与机遇。

计算思维就是在这个背景下提出，并成为被美国CPATH计划、美国国家科学基金"计算使能的科学发现与技术创新"（Cyber-Enabled Discovery and Innovation，CDI）国家重大计划采用的一个重要的核心概念。

2. 计算思维的定义和特征

2006年3月，周以真教授在国际著名计算机杂志 *Communications of the ACM* 上发表了"计算思维"一文，给出了计算思维一个总的定义，该定义被国际学术界广泛采用。计算思维是运用计算机科学的基础概念进行问题求解、系统设计以及人类行为理解等涵盖计算机科学之广度的一系列思维活动。为便于理解，文中又给出了计算思维更详细的7种描述和6大特征，如表1.5和表1.6所示。

表1.5 计算思维的7种描述

1. 计算思维是通过约简、嵌入、转化和仿真等方法，把一个看来困难的问题重新阐释成一个我们知道问题怎样解决的思维方法

2. 计算思维是一种递归思维，是一种并行处理，是一种把代码译成数据又能把数据译成代码的方法，是一种多维分析推广的类型检查方法

3. 计算思维是一种采用抽象和分解来控制庞杂的任务或进行巨大复杂系统设计的方法，是基于关注点分离（Separation of Concerns）的方法

4. 计算思维是一种选择合适的方式去陈述一个问题，或对一个问题的相关方面建模使其易于处理的思维方法

5. 计算思维是按照预防、保护及通过冗余、容错、纠错的方式，并从最坏情况进行系统恢复的一种思维方法

6. 计算思维是利用启发式推理寻求解答，即在不确定情况下的规划、学习和调度的思维方法

7. 计算思维是利用海量数据来加快计算，在时间和空间之间、在处理能力和存储容量之间进行折中的思维方法

表 1.6 计算思维的 6 大特征

1. 概念化，不是程序化。计算机科学不是计算机编程。像计算机科学家那样去思维意味着远远不仅限于能为计算机编程，还要求能够在抽象的多个层次上思维

2. 根本的，不是刻板的技能。根本技能是每一个人为了在现代社会中发挥职能所必须掌握的。刻板技能意味着机械的重复。当计算机科学解决了人工智能的大挑战——使计算机像人类一样思考之后，思维真的可以变成机械。然而，就时间而言，所有已发生的智力，其过程都是确定的。因此，智力无非也是一种计算。这就要求人们将精力集中在"有效"的计算上，最终造福人类

3. 人的，不是计算机的思维。计算思维是人类求解问题的一条途径，但决非要使人类像计算机那样思考。计算机枯燥且沉闷，人类聪颖且富有想象力，是人类赋予计算机激情。配置了计算设备，我们就能用自己的智慧去解决那些计算时代之前不敢尝试的问题，达到"只有想不到，没有做不到"的境界。计算机赋予人类强大的计算能力，人类应该好好利用这种力量去解决各种需要大量计算的问题

4. 数学和工程思维的互补与融合。计算机科学在本质上源自数学思维，因为像所有的科学一样，它的形式化基础构建于数学之上。计算机科学又从本质上源自工程思维，因为我们建造的是能够与实际世界互动的系统，基本计算设备的限制迫使计算机科学家必须计算性地思考，而不能只是数学性地思考。构建虚拟世界的自由使我们能够超越物理世界中的各种系统。数学和工程思维的互补与融合很好地体现在抽象、理论和设计 3 个学科形态（或过程）上

5. 是思想，不是人造品。不只是我们生产的软硬件等人造物将以物理形式到处呈现并时时刻刻触及我们的生活，更重要的是计算的概念，这种概念被人们用于问题求解、日常生活的管理，以及与他人进行交流和互动

6. 面向所有的人、所有地方。当计算思维真正融入人类活动的整体以致不再表现为一种显式之哲学的时候，它就将成为现实。就教学而言，计算思维作为一个问题解决的有效工具，应当在所有地方、所有学校的课堂教学中都得到应用

3. 计算思维与计算机科学导论

2007 年秋，周以真教授在 CMU 率先开设了"计算思维导论"，下面列出该课程的大纲（如表 1.7 所示）。

表 1.7 以计算思维为基础的"计算机科学导论"课程讲授提纲

1. 计算领域的宏大视野。计算思维将是 21 世纪中叶所有人的一种基本技能，这种技能就像今天人们普遍掌握的 3R 技能一样；到那时，每个人都能像计算机科学家一样思考问题

2. 计算思维中的两个 A。计算思维最根本的两个概念：抽象（Abstraction）、自动化（Automation）。这两个 A 代表了计算思维的本质，反映了计算的最根本问题：什么能被有效地自动进行

3. 计算思维的详细描述
4. 计算思维的影响。计算思维对其他学科，如统计学、生命科学、经济学、化学和物理科学等学科领域的影响
5. 计算思维的6大特征
6. 计算思维在CMU
7. 计算机科学中的深层次问题，如 P = NP，什么是可计算的，什么是智力，系统的复杂性指的是什么

2008年6月，对CS2001（CC2001）进行中期审查的报告（CS2001 Interim Review）（草案）中将"计算思维"与"计算机科学导论"课程绑定在一起，明确要求"计算机科学导论"课程讲授计算思维的本质。巧合的是，以本教材为基础的"计算机科学导论"课程与周以真倡导的"计算思维导论"课程异曲同工，讲授的都是计算学科的本质。若用"思想与方法"代替"基础概念"，计算思维又可以解释为采用计算机科学的思想与方法进行问题求解、系统设计，以及人类行为理解等涵盖计算机科学之广度的一系列思维活动。

1.6　本章小结

针对"计算机科学导论"课程的构建问题，本章在介绍学科的定义、学科的根本问题、专业名称的演变以及学科知识体等内容后，将学科的认知问题具体到学科二维定义矩阵的认知问题，降低了学科认知问题的复杂性。最后，介绍了计算思维提出的背景，计算思维的定义和特征，给出了周以真教授在CMU开设的"计算思维导论"课程大纲。

习题 1

1.1 简述计算学科的定义及其根本问题。
1.2 简述计算学科专业名称的演变。
1.3 简述计算学科主要专业培养内容的不同。
1.4 学科知识体由哪3个层次组成？
1.5 列出计算机科学专业的核心课程。
1.6 为什么说"计算机科学导论"课程的构建是一个重大问题？
1.7 简述"计算机科学导论"课程构建的关键及要实现的目标。
1.8 简述计算学科二维定义矩阵的内容。
1.9 本书是如何对"计算机科学导论"课程结构进行设计的？

1.10　查资料，了解《计算科学：确保美国竞争力》报告的主要内容。

1.11　查资料，了解计算思维提出的背景。

1.12　查资料，了解计算思维的定义和特征。

1.13　查资料，了解计算思维与"计算机科学导论"课程的关系。

1.14　查资料，了解国内外开设"计算思维导论"课程的高校及课程设置的内容。

1.15　为什么说科学思维是创新的灵魂？

1.16　什么是理论思维？什么是实验思维？为什么说理论、实验和计算是人类最重要的三大科学思维方式？

第 2 章

学科的基本问题

本章首先介绍一个对问题进行抽象的典型实例——哥尼斯堡七桥问题。然后，通过汉诺塔问题和停机问题分别介绍学科中的可计算问题和不可计算问题。从汉诺塔问题再引出算法复杂性中的难解性问题、P 类问题和 NP 类问题，证比求易算法，P = NP 是否成立的问题，RSA 公开密钥密码系统，旅行商问题与组合爆炸，找零问题、背包问题与贪婪算法等。

要描述和实现算法，就要编写程序。本章从 GOTO 语句的争论，引出程序设计中的结构问题；以哲学家共餐问题为例介绍计算机系统中的软硬件资源的管理问题；以两军问题为例介绍计算机网络的有关问题；以图灵测试和中文屋子为例介绍人工智能的有关问题。最后，给出计算机科学各主领域的基本问题。

2.1 引言

科学研究从问题开始，或者说科学始于问题而非观察，尽管通过观察可以引出问题，但在观察时必定带有问题，带有预期的设想，漫无目的的观察是不存在的。

人们对客观世界的认识过程正是一个不断提出问题和解决问题的过程，这个过程反映的正是抽象、理论和设计 3 个过程之间的相互作用，它与 3 个过程在本质上是一致的。

下面先介绍一个对问题进行抽象的典型实例，即哥尼斯堡七桥问题；然后再介绍计算学科的基本问题。

2.2 对问题进行抽象的一个典型实例：哥尼斯堡七桥问题

17 世纪的东普鲁士有一座哥尼斯堡（Königsberg）城（现为俄罗斯的加里宁格勒城），城中有一座奈佛夫（Kneiphof）岛，普雷格尔（Pregol）河的两条支流环绕其旁，并将整个城市分成北区、东区、南区和岛区 4 个区域，全城共有 7 座桥将 4 个城区相连，如图 2.1 所示。人们常通过这 7 座桥到各城区游玩，于是产生了一个有趣的数学难题：寻找走遍这 7 座桥，且每座桥只许走过一次，最后又回到原出发点的路径。该问题就是著名的哥尼斯堡七桥问题。

1736 年，大数学家列昂纳德·欧拉（L. Euler）发表了关于哥尼斯堡七桥问题的论文——《与位置几何有关的一个问题的解》（*Solutio Problematis ad Geomertriam Situs Pertinentis*），他在文中指出，从一点出发不重复地走遍 7 座桥，最后又回到原出发点是不可能的。

为了解决哥尼斯堡七桥问题，欧拉用 4 个字母 A、B、C、D 代表 4 个城区，并用 7 条线表示 7 座桥，如图 2.2 所示。在图 2.2 中，只有 4 个点和 7 条线，这样做是基于该问题本质考虑的，它抽象出问题最本质的东西，忽视问题非本质的东西（如桥的长度、宽度等），从而将哥尼斯堡七桥问题抽象为一个数学问题，即经过图中每条边一次且仅一次的回路问题。欧拉在论文中论证了这样的回路是不存在的。后来，人们把有这样回路的图称为欧拉图。欧拉在论文中将问题进行了一般化处理，即对给定的任意一个河道图与任意多座桥，判定每座桥恰好走过一次（不一定回到原出发点）是否可能，并用数学方法给出了 3 条判定规则：

（1）如果通奇数座桥的地方不止两个，满足要求的路线是找不到的。

（2）如果只有两个地方通奇数座桥，可以从这两个地方之一出发，找到所要求的路线。

（3）如果没有一个地方是通奇数座桥的，则无论从哪里出发，所要求的路线都能实现。

上述 3 条判定规则包含了任一连通无向图是否存在欧拉路径（Euler Path）和欧拉回路（Euler Circuit）的判定条件。根据判定规则（3）可以得出，任一连通无向图存在欧拉回路的充分必要条件是图的所有结点均有偶数度。

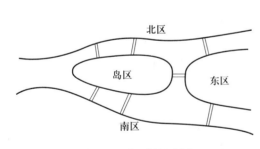

图 2.1 哥尼斯堡地图

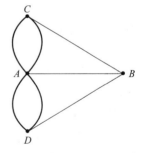

图 2.2 简化图

欧拉的论文为图论的形成奠定了基础。现在，图论已广泛地应用于计算学科、运筹学、信息论、控制论等学科之中，并已成为人们对现实问题进行抽象的一个强有力的数学工具。随着计算学科的发展，图论在计算学科中的作用越来越大，同时，图论本身也得到了充分的发展。

在图论中还有一个很著名的哈密尔顿回路问题。该问题是爱尔兰著名学者威廉·哈密尔顿爵士（W. R. Hamilton）于 1859 年提出的一个数学问题。其大意是：在任一给定的图中，能不能找到这样的路径，即从一点出发不重复地走过所有的结点（不必通过图中每一条边），最后又回到原出发点。哈密尔顿回路问题与欧拉回路问题看上去十分相似，然而却是完全不同的两个问题。哈密尔顿回路问题是访问除原出发结点以外的每个结点一次（图 2.2 有哈密尔顿回路，如 B 到 C 到 A 到 D 再到 B 就是一个回路），而欧拉回路问题是访问每条边一次。对任一给定的图是否存在欧拉回路前面已给出充分必要条件，而对任一给定的图是否存在哈密尔顿回路至今仍未找到充分必要条件。

2.3   可计算问题与不可计算问题

计算学科的问题无非就是计算问题，从大的方面来说，分为可计算问题与不可计算问题。可计算问题是指存在算法可解的问题，不可计算问题是指不存在算法可解的问题。

为便于理解，下面分别以汉诺（Hanoi）塔问题和停机问题来介绍可计算问题与不可计算问题。

2.3.1   汉诺塔问题

相传，印度教的天神汉诺在创造地球时建了一座神庙，神庙里竖有 3 根宝石柱子，柱子由一个铜座支撑。汉诺将 64 个直径大小不一的金盘子，按照从大到小的顺序依次套放在第一根柱子上，形成一座金塔（如图 2.3 所示），即所谓的汉诺塔。天神让庙里的僧侣们将第一根柱子上的 64 个盘子借助第二根柱子全部移到第三根柱子上，即将整个塔迁移，同时定下 3 条规则：

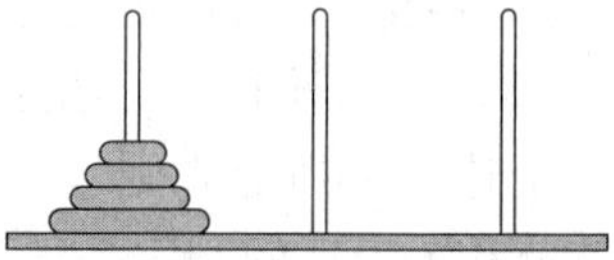

图 2.3   汉诺塔

（1）每次只能移动一个盘子。

（2）盘子只能在 3 根柱子上来回移动，不能放在他处。

（3）在移动过程中，3 根柱子上的盘子必须始终保持大盘在下、小盘在上。

天神说："当这 64 个盘子全部移到第三根柱子上时，世界末日就要到了。"这就是著名的汉诺塔问题。

用计算机求解一个实际问题，首先要从这个实际问题中抽象出一个数学模型，然后设计一个求解该数学模型的算法。从实际问题中抽象出一个数学模型的实质，其实就是要用数学的方法抽取其主要的、本质的内容，最终实现对该问题的正确认识。

汉诺塔问题是一个典型的用递归方法来求解的问题。递归是计算学科中的一个重要概念。所谓递归，就是将一个较大的问题归约为一个或多个子问题的求解方法。当然，要求这些子问题比原问题简单一些，且在结构上与原问题相同。

根据递归方法，我们可以将 64 个盘子的汉诺塔问题转化为求解 63 个盘子的汉诺塔问题，如果 63 个盘子的汉诺塔问题能够解决，则可以先将 63 个盘子移动到第二根柱子上，再将最后一个盘子直接移动到第三根柱子上，最后又一次性将 63 个盘子从第二根柱子移动到第三根柱子上，这样则可以解决 64 个盘子的汉诺塔问题。以此类推，63 个盘子的汉诺塔求解问题可以转化为 62 个盘子的汉诺塔求解问题，62 个盘子的汉诺塔求解问题又可以转化为 61 个盘子的汉诺塔求解问题，直到 1 个盘子的汉诺塔求解问题。再由 1 个盘子的汉诺塔的求解求出 2 个盘子的汉诺塔问题，直到解出 64 个盘子的汉诺塔问题。

下面用伪代码对该问题的求解算法进行描述。

```
hanoi (int n, char x, char y, char z)
{
    if (n = =1) move (x, z);
    else
    {
    hanoi (n - 1, x, z, y);
    move (x, z);
    hanoi (n - 1, y, x, z);
    }
}
```

为便于理解，可以设盘子的个数 n 为 12，表示柱子的 3 个变量 x、y、z 的初值分别为 A、B、C，语句如下：

```
n = 12;
x = "A";
y = "B";
z = "C";
```

在算法中，函数 move (x, z) 表示将变量 x 指定柱子上的一个盘子直接移到变量 z 指定的柱子上；函数 hanoi (n - 1, x, z, y) 表示 n - 1 个盘子的汉诺塔从第一根柱子借助第三根柱子先移到第二根柱子上；函数 hanoi (n - 1, y, x, z) 表示 n - 1 个盘子的汉诺塔从第二根柱子借助第一根柱子移动到第三根柱子上。假设 n - 1 个盘子的汉诺塔可解，显然，按照这个算法，n 个盘子的汉诺塔也可解。

在以上伪代码描述的算法基础上，用特定语言（如 C 语言）进行适当的修改和扩充就可以形成一个完整的程序，经过编译和连接后，计算机就可以执行这个程序，并严格地按照递归的方法将答案求解出来。

现在的问题是当 $n = 64$ 时，即有 64 个盘子时，需要移动多少次盘子？要用多少时间？按照上面的算法，n 个盘子的汉诺塔问题需要移动的盘子数是 n - 1 个盘子的汉诺塔问题需要移动的盘子数的 2 倍加 1。设 $h(n)$ 为 n 个盘子的移动数，于是有

$$
\begin{aligned}
h(n) &= 2h(n-1) + 1 \\
&= 2(2h(n-2) + 1) + 1 = 2^2 h(n-2) + 2 + 1 \\
&= 2^3 h(n-3) + 2^2 + 2 + 1 \\
&= \cdots \\
&= 2^n h(0) + 2^{n-1} + \cdots + 2^2 + 2 + 1 \\
&= 2^{n-1} + \cdots + 2^2 + 2 + 1 \\
&= 2^n - 1
\end{aligned}
$$

因此，要完成汉诺塔的搬迁，需要移动盘子的次数为

$$2^{64} - 1 = 18\ 446\ 744\ 073\ 709\ 551\ 615$$

如果每秒移动一次，一年有 31 536 000 s，则僧侣们一刻不停地来回搬动，也需要花费大约 5 849 亿年的时间。这个时间大大超过了科学家们推测的地球寿命的时间（大约 100 亿年，已存活 46 亿年）。

假定计算机以每秒 1 000 万个盘子的速度进行移动，也需要花费大约 58 490 年的时间。

就这个例子，读者可以了解到理论上可以计算的问题，实际上并不一定能行，这属于算法复杂性方面的研究内容。

2.3.2   算法复杂性中的难解性问题

算法复杂性包括算法的空间以及时间两方面的复杂度问题，汉诺塔问题主要讲的是算法的时间复杂度。

关于汉诺塔问题算法的时间复杂度，可以用一个指数函数 $O(2^n)$ 来表示，显然，当 n 很大（如 10 000）时，计算机是无法处理的。相反，当算法的时间复杂度的表示函数是一个多项式，如 $O(n^2)$ 时，则可以处理。因此，一个问题求解算法的时间复杂度大于多项式（如指数函数）时，算法的执行时间将随 n 的增加而急剧增长，以致即使是中等规模的问题也无法求解，于是将这一类问题称为难解性问题。人工智能领域中的状态图搜索问题（解空间的表示或状态空间搜索问题）就是一类典型的难解性问题。

在计算复杂性理论中，将所有可以在多项式时间内求解的问题称为 P 类问题，而将所有在多项式时间内可以验证的问题称为 NP 类问题。由于 P 类问题采用的是确定性算法，NP 类问题采用的是非确定性算法，而确定性算法是非确定性算法的一种特例，因此，可以断定 $P \subseteq NP$。

2.3.3   证比求易算法

1. 证比求易算法

为了更好地理解计算复杂性的有关概念，我国学者洪加威曾经讲了一个被人称为"证比求易算法"的童话，用来帮助读者理解计算复杂性的有关概念，大致内容如下。

从前，有一个酷爱数学的年轻国王艾述向邻国一位聪明美丽的公主秋碧贞楠求婚。公主出了这样一道题：求出 48 770 428 433 377 171 的一个真因子。若国王能在一天之内求出答案，公主便接受他的求婚。

国王回去后立即开始逐个数地进行计算，他从早到晚，共算了 3 万多个数，最终还是没有结果。国王向公主求情，公主将答案相告：223 092 827 是它的一个真因子。国王很快就验证了这个数确能除尽 48 770 428 433 377 171。公主说："我再给你一次机会，如果还求不出，将来你只好做我的证婚人了。"

国王立即回国，并向时任宰相的大数学家孔唤石求教，大数学家在仔细地思考后认为这个数有 17 位，则最小的一个真因子不会超过 9 位，于是他给国王出了一个主意：按自然数的顺序给

全国的老百姓每人编一个号发下去，等公主给出数目后，立即将它们通报全国，让每个老百姓用自己的编号去除这个数，除尽了立即上报，赏金万两。最后，国王用这个办法求婚成功。

2. 顺序算法和并行算法

在"证比求易算法"的故事中，国王最先使用的是一种顺序算法，其复杂性表现在时间方面，后面宰相提出的则是一种并行算法，其复杂性表现在空间方面。直觉上，我们认为顺序算法解决不了的问题完全可以用并行算法来解决，甚至会想，并行计算机系统求解问题的速度将随着处理器数目的增加而不断提高，从而解决难解性问题，其实这是一种误解。当将一个问题分解到多个处理器上解决时，由于算法中不可避免地存在必须串行执行的操作，因而大大地限制了并行计算机系统的加速能力。下面用阿姆达尔（G. Amdahl）定律来说明这个问题。

3. 阿姆达尔定律

设 f 为求解某个问题的计算中存在的必须串行执行的操作占整个计算的百分比，p 为处理器的数目，S_p 为并行计算机系统最大的加速能力（单位：倍），则有

$$S_p \leqslant \frac{1}{f + \dfrac{1-f}{p}}$$

设 $f = 1\%$，$p \to \infty$，则 $S_p = 100$。这说明在并行计算机系统中即使有无穷多个处理器，若串行执行操作占全部操作的 1%，则其解题速度与单处理器的计算机相比最多也只能提高 100 倍。因此，对难解性问题而言，单纯地提高计算机系统的速度是远远不够的，而降低算法复杂度的数量级才是最关键的问题。

2.3.4 P = NP?

在"证比求易算法"中，对公主给出的数进行验证，显然是在多项式时间内可以解决的问题，因此，这类问题属于 NP 类问题。现在，P = NP 是否成立的问题是计算学科和当代数学研究中最大的悬而未决的问题之一。2000 年 5 月，美国克雷数学研究所（Clay Mathematics Institute）提供 100 万美元求解这一问题。解决这一问题有重要的意义，若回答 P = NP，对人类实践会产生深远的影响，它不仅将动摇当今以电子技术为基础的密码学理论基础，同时也将为人们有效解决数学和其他科学与工程学科中的难解问题提供了可能；若回答 P ≠ NP，则有可能找到一种崭新的证明方法，进一步丰富和发展计算机科学和数学的新理论。

若 P = NP，则所有在多项式时间内可验证的问题都将是在多项式时间内可求解（或可判定）的问题。大多数人不相信 P = NP，因为人们已经投入了大量的精力为 NP 中的某些问题寻找多项式时间算法，但没有成功。然而，要证明 P ≠ NP，目前还无法做到这一点。

针对 P = NP 是否成立的问题，库克（S. A. Cook）等人于 20 世纪 70 年代初取得了重大的进展，他们认为 NP 类中的某些问题的复杂性与整个类的复杂性有关，当这些问题中的任何一个存在多项式时间算法时，所有 NP 问题都是在多项式时间内可解的，这些问题被称为 NP 完全性问题。

NP 完全性（NPC）问题是计算复杂性理论中最有研究价值的问题，这类问题在下述意义

下具有同等的难度：要么每个 NP 完全性问题都存在多项式时间的算法（即通常所指的有效算法）；要么所有 NP 完全性问题都不存在多项式时间的算法。尽管学术界目前还不能证明其中任一个结果的正确性，但普遍认为第二种可能性更接近于事实。

NP 完全性问题在理论和实践两方面都具有重要的研究意义。历史上第一个 NP 完全性问题是库克于 1971 年提出的可满足性问题。

可满足性问题就是判定一个布尔公式是否是可满足的。它可以形式化地表示为：

$$SAT = \{ <\varphi> \mid \varphi \text{ 是可满足的布尔公式} \}$$

关于可满足性问题和 NP 问题的联系，库克给出并证明了这样的定理：

$$SAT \in P \quad \text{当且仅当} \quad P = NP$$

库克因其在计算复杂性理论方面（主要是在 NP 完全性理论方面）的奠基性工作，于 1982 年获 ACM 图灵奖。

在库克工作的影响下，卡普（R. Karp）随后证明了 21 个有关组合优化的问题，也是 NP 完全性问题，从而加强和发展了 NP 完全性理论。卡普由于在计算复杂性理论、算法设计与分析、随机化算法等方面的创造性贡献，于 1985 年获 ACM 图灵奖。

计算复杂性理论有一个非常实用的结论，那就是，若采用某种特定的方法（步骤），便无法控制这个问题的复杂性，其实，他人按这种方法也没有办法控制这个问题的复杂性。因此，问题的解决不在于问题的本身，而在于方法的改变。

现在，在计算科学、数学、逻辑学以及运筹学等领域中已发现数万个 NPC 问题。其中有代表性的有哈密尔顿回路问题、旅行商问题（也称货郎担问题）、划分问题、带优先级次序的处理机调度问题、顶点覆盖问题等。P、NP、NPC 关系如图 2.4 所示。

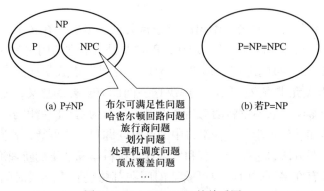

图 2.4　P、NP、NPC 的关系图

2.3.5　RSA 公开密钥密码系统

计算复杂性理论在密码学研究领域起了十分重要的作用，它给密码研究人员指出了寻找难计算问题的方向，并促使研究人员在该领域取得了革命性的成果。公开密钥密码系统就是其中的典型例子。

第一个实用的在非保护信道中建立共享密钥的方法是 1976 年由迪菲（Whitfield Diffie）与赫尔曼（Martin Hellman）建立的密钥交换方法（Diffie-Hellman key exchange，DH）。迪菲与赫尔曼为解决密钥管理的问题，在《密码学中的新方向》（*New Directions in Cryptography*）一文中给出了一种密钥交换协议。该协议允许在不安全的媒体上保证通信双方交换信息的安全。在迪菲与赫尔曼等人工作的基础上，很快出现了非对称密钥密码系统，其原理是将加密密钥和解密密钥分离，公开加密密钥，保存解密密钥。用公开密钥加密数据，数据以密文形式传播，只有拥有解密密钥才能解密。

目前，使用最为广泛的是 1978 年由李维斯特（R. L. Rivest）、萨莫尔（A. Shamir）和阿德曼（L. M. Adleman）在 *A Method for Obtaining Digital Signatures and Public-Key Cryptosystems* 一文中给出的 RSA 公开密钥密码系统，它通过 RSA 公钥算法，利用相应的"整数对"作为公钥和密钥对数据进行加密和解密。RSA 三位科学家因在公开密匙算法上所做出的杰出贡献而荣获 2002 年图灵奖。

1. RSA 公开密钥密码系统的形式化描述

RSA = $<p, q, n, m, e, d, k, c>$

其中，

（1）$p, q, n, m, e, d, k, c \in \mathbf{Z}^*$，$\mathbf{Z}^* = \{1, 2, 3, \cdots\}$。

（2）p, q 为不同质数，$n = pq$。

（3）(e, n)：公钥；(d, n)：私钥。

（4）m：原始报文，$m < n$。

（5）c：加密后的报文。

（6）$\forall k \ (m^{k(p-1)(q-1)} \ (\bmod \ n)) = 1$。

（7）$\exists k \ (ed = k \ (p-1)(q-1) + 1)$。

（8）$c = m^e \ (\bmod \ n)$。

（9）$m = c^d \ (\bmod \ n)$。

2. 构建一个 RSA 公开密钥密码系统的步骤

（1）选择两个不同的质数 p, q。

（2）求 e，使得 e 与 $(p-1)(q-1)$ 互质，且 $0 < e < (p-1)(q-1)$。

（3）求 d，使 $\exists k \ (ed = k(p-1)(q-1) + 1)$ 为真。

3. 在 RSA 公开密钥密码系统中的加密和解密

（1）对原始报文 m 加密，加密后的报文 $c = m^e \ (\bmod \ n)$。

（2）根据加密后的报文 c，求原始报文 $m = c^d \ (\bmod \ n)$。

在 RSA 公钥密码系统中，(e, n) 是公钥，(d, n) 是私钥，p 和 q 用来构建加密系统，由加密系统的构造者所有，不对外公开。

命题 $\forall k \ (m^{k(p-1)(q-1)} \ (\bmod \ n)) = 1$ 可以用严密的数学方法证明，本书不做证明，但用一个例子做解释。

例 2.1   若 $p = 3$，$q = 11$，$n = 3 \times 11 = 33$。

设 $m = 2$（$m < n$），$k = 1$，则

$$m^{k(p-1)(q-1)} (\bmod\ n) = 2^{1 \times (3-1) \times (11-1)} (\bmod\ 33)$$

$$= 2^{20} (\bmod\ 33)$$

$$= 1\ 048\ 576 (\bmod\ 33)$$

$$= 1$$

设 $m = 2$（$m < n$），$k = 2$，则

$$m^{k(p-1)(q-1)} (\bmod\ n) = 2^{2 \times (3-1) \times (11-1)} (\bmod\ 33)$$

$$= 2^{40} (\bmod\ 33)$$

$$= 1\ 099\ 511\ 627\ 776 (\bmod\ 33)$$

$$= 1$$

设 $m = 2$（$m < n$），$k = 3$，则

$$m^{k(p-1)(q-1)} (\bmod\ n) = 2^{3 \times (3-1) \times (11-1)} (\bmod\ 33)$$

$$= 2^{60} (\bmod\ 33)$$

$$= 1\ 152\ 921\ 504\ 606\ 846\ 976 (\bmod\ 33)$$

$$= 1$$

证明 $c^d (\bmod\ n) = m$。

证明：$c^d (\bmod\ n) = (m^e (\bmod\ n))^d (\bmod\ n)$

$$= (m^e)^d (\bmod\ n)$$

$$= m^{ed} (\bmod\ n)$$

$$= m^{k(p-1)(q-1)+1} (\bmod\ n)$$

$$= m \times m^{k(p-1)(q-1)} (\bmod\ n)$$

$$= m \times 1$$

$$= m$$

例 2.2   设 $p = 3$，$q = 11$，$n = 3 \times 11 = 33$，构建一个 RSA 公开密钥密码系统，并对报文 9 加密和解密。

构建 RSA 公开密钥密码系统的步骤如下。

（1）求 e。

当 $p = 3$，$q = 11$ 时，$(p - 1) \times (q - 1) = (3 - 1) \times (11 - 1) = 20$。

根据 RSA 公钥密码系统的构建，e 必须与 $(p - 1) \times (q - 1)$ 互质，即与 20 互质。

设 $e = 2$，$20 \bmod 2 = 0$。

设 $e = 3$，$20 \bmod 3 = 2$。

由上可知，3 与 20 互质，因此，$e = 3$。

（2）求 d。

存在 k 使得 $ed = k (p - 1)(q - 1) + 1$，因此，必定存在一个 k 使得

$$d = (k (p-1)(q-1) +1)/e$$

将 $e = 3$，$p = 3$，$q = 11$ 代入上式，有 $d = (20k+1)/3$。

当 $k = 1$ 时，$d = 21/3 = 7$。

根据题意，知 d 为整数，因此，$d = 7$。

因此，该 RSA 公钥密码系统的公钥为（3，33），私钥为（7，33）。

用公钥（3，33）对 $m = 9$ 进行加密，有

$$c = m^e \pmod{n} = 9^3 \pmod{33}$$
$$= 729 \pmod{33}$$
$$= 3$$

收到加密报文 3，用私钥（7，33）进行解密，有

$$c^d \pmod{n} = 3^7 \pmod{33}$$
$$= 2187 \pmod{33}$$
$$= 9$$

例 2.3 设 $p = 223\,092\,827$，$q = 218\,610\,473$，$n = 487\,704\,284\,333\,771\,171$，构建一个 RSA 公钥密码系统（本题 p，q，n 的值来自"证比求易算法"）。

构建 RSA 公开密钥密码系统的步骤如下。

（1）求 e。

$p = 223\,092\,827$，$q = 218\,610\,473$，则

$$(p-1)(q-1) = (223\,092\,827 - 1) \times (218\,610\,473 - 1)$$
$$= 48\,770\,427\,991\,673\,872$$

根据 RSA 公钥密码系统的构建，e 必须与 $48\,770\,427\,991\,673\,872$ 互质。

设 $e = 2$，$48\,770\,427\,991\,673\,872 \bmod 2 = 0$。

设 $e = 3$，$48\,770\,427\,991\,673\,872 \bmod 3 = 1$。

由上可知，3 与 $48\,770\,427\,991\,673\,872$ 互质，因此，$e = 3$。

（2）求 d。

存在 k 使得 $ed = k(p-1)(q-1) +1$，因此，必定存在一个 k 使得

$$d = (k(p-1)(q-1) +1)/e$$

将 $e = 3$，$p = 223\,092\,827$，$q = 218\,610\,473$ 代入上式，有

$$d = (48\,770\,427\,991\,673\,872k +1)/3$$

当 $k = 1$ 时，$d = 48\,770\,427\,991\,673\,873/3$。

当 $k = 2$ 时，$d = 97\,540\,855\,983\,347\,745/3 = 32\,513\,618\,661\,115\,915$。

根据题意，知 d 为整数，因此，$d = 32\,513\,618\,661\,115\,915$。

因此，该 RSA 公钥密码系统的公钥为（3，487\,704\,284\,333\,771\,171），私钥为

（32\,513\,618\,661\,115\,915，487\,704\,284\,333\,771\,171）

在 RSA 公开密钥密码系统中，加密密钥（e，n）与加密报文（c）均通过公开途径传送，

对于巨大的质数 p 和 q，计算 $n = pq$ 非常简单，而相对的逆运算就费时了。这种"单向性"的函数称为单向函数。任何单向函数都可以作为某种公开密钥密码系统的基础，而单向函数的安全性也就是这种公开密钥密码系统的安全性。公开密钥密码系统不仅可以用于信息的保密通信，还能用于信息发送者的身份验证和数字签名，这些内容本书就不再介绍了。

2.3.6　停机问题

停机问题（Halting Problem）是 1936 年图灵（A. M. Turing）在其著名论文《论可计算数及其在判定问题上的应用》（*On Computable Numbers*，*with an Application to the Entscheidungsproblem*）中提出，并用形式化方法给予证明的一个不可计算问题。

该问题针对任意给定的图灵机和输入，寻找一个一般的算法（或图灵机），用于判定给定的图灵机在接收了初始输入后能否到达终止状态，即停机状态。若能找到这样的算法，我们说停机问题可解；否则，不可解。换句话说，就是我们能否找到这样一个测试程序，它能判断任意的程序在接收了某个输入并执行后能否终止。若能，则停机问题可解；否则，不可解。

有编程经历的人都会遇到判断一个程序是否是进入死循环的情况，并且往往能判定该程序在某种情况下是否能够终止。

例 2.4　main( )
```
{
  int i = 1;
  while ( i < 10 )
  {
    i = i + 1;
  }
  return;
}
```

很明显，这个程序可以终止。但是若将程序中 while 语句的条件 "（i < 10）"改为"（i > 0）"，循环则会一直运行下去，无法终止。对于简单的程序，很容易做出判断；但当程序复杂时，会遇到较大的困难。而在某些情况下，其实是无法预测的。

用计算机的程序来证明停机问题的不可解或许会更有趣，本书不介绍图灵的严格证明，而采用 J. Glenn Brookshear 在其著作《计算机科学概论》（*Computer Science：an Overview*）给出的一个证明。

在证明之前，先介绍一个概念：哥德尔数。

在计算机理论的研究中，可以将无符号数分配给任何用特定语言编写的程序，这样的无符号数就称为哥德尔数。这种分配使得程序可以作为单一的数据项输入给其他程序。

首先，将程序中要使用的符号用哥德尔数进行对应。

int	对应	1
x	对应	2
+	对应	3
–	对应	4
	…	
while	对应	A
if	对应	B
	…	

语句则根据以上符号的对应关系来确定。比如语句 int x ，int 对应 1，x 对应 2，所以 int x 对应 12（十六进制），这样 int x 的哥德尔数也可以用二进制数 00010010 表示。

同理，可以用这样的方法表示其他语句和程序段，这样就可以将程序转化为歌德尔数并作为单一的数据项输入给其他程序。特别地，当一个程序以自身（转化为哥德尔数）为输入，该程序能够终止，那么这个程序就是一个自终止的程序，否则就不是。下面举例说明。

例 2.5　while x not 0 do；

　　　　　 end；

该程序首先是一个字符串，当把它转化为哥德尔数时，就成了一个非零的无符号数，若将该数赋值给程序的变量 x，则程序无法终止，是一个死循环。因此，该程序不是自终止的。

例 2.6　while x not 0 do；

　　　　　 x = x – 1；

　　　　　 end；

将该程序自身（转化为哥德尔数）赋值给程序的变量 x，经过若干次循环，x 的值一定可以为零，因此，该程序是自终止的。

接下来对停机问题进行证明。

停机问题的关键在于，能否找到这样一个测试程序，这个测试程序能判定任何一个程序在给定的输入下能否终止。用数学反证法证明，先假设存在这样的测试程序，然后再构造一个程序，该测试程序测试不了。

（1）假设存在一个测试程序 T，它能接受任何输入，如图 2.5（a）所示。输入程序 P（用哥德尔数来代替），若它能终止，则输出 1；若不能终止，则输出 0。

（2）构造一个程序 S，该程序由两部分构成，一部分为测试程序 T，另一部分为一个空循环，如图 2.5（b）所示。空循环表示如下：

while（x）

｛

｝

输入 P，若 P 终止，则程序 T 输出 1，把 1 送到循环体，很明显 S 不会终止；若 P 不终止，则程序 T 输出 0，把 0 送入循环体，程序 S 终止。

（3）将 S 自身作为输入，会是什么情况呢？由于没有对 P 作任何特殊的规定，因此也可能将 S 替换 P 作为输入，如图 2.5（c）所示。

若 S 终止，则测试程序 T 输出 1，把 1 送到循环体，很明显它不会终止；若 S 不终止，则 T 输出 0，把 0 送入循环体，程序终止。

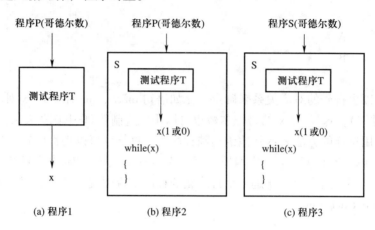

图 2.5　停机问题证明的 3 个程序

结论是：若 S 终止，则 S 不终止；若 S 不终止，则 S 终止。结论矛盾，故可以确定这样的测试程序 T 是不存在的，从而证明停机问题的不可解。

现在我们知道，对于问题而言，并不都是可以计算的，即使是可以计算的问题，也存在是在多项式时间内可以计算的，还是在非多项式时间内可以计算的区别，当然，还存在着神秘的 NP 完全性问题。

2.3.7　旅行商问题与组合爆炸

旅行商问题（Traveling Salesman Problem，TSP）是威廉·哈密尔顿爵士和英国数学家克克曼（T. P. Kirkman）于 19 世纪初提出的一个数学问题。这是一个典型的 NP 完全性问题。其大意是：有若干城市，任何两个城市之间的距离都是确定的，现要求一个旅行商从某城市出发，必须经过每一个城市且只能在每个城市逗留一次，最后回到原出发城市。问如何事先确定好一条最短的路线，使其旅行的费用最少。

人们在考虑解决这个问题时，一般首先想到的最原始的方法就是：列出每一条可供选择的路线（即对给定的城市进行排列组合），计算出每条路线的总里程，最后从中选出一条最短的路线。假设现在给定的 4 个城市分别为 A、B、C 和 D，各城市之间的距离为已知数（如图 2.6 所示）。我们可以通过一个组合的状态空间图来表示所有的组合（如图 2.7 所示）。从图 2.6 中不难看出，可供选择的路线共有 6 条，从中很快

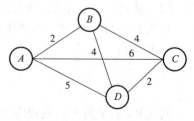

图 2.6　4 城市交通图

可以选出一条总距离最短的路线。由此推算，若设城市数目为 n 时，那么组合路径数则为 $(n-1)!$。显然，当城市数目不多时要找到最短距离的路线并不难，但随着城市数目的不断增大，组合路线数将呈指数级数规律急剧增长，以致达到无法计算的地步，这就是所谓的组合爆炸问题。假设现在城市的数目增为 20 个，组合路径数则为 $(20-1)! \approx 1.216 \times 10^{17}$，如此庞大的组合数目，若计算机以每秒检索 1 000 万条路线的速度计算，也需要花上 386 年的时间。

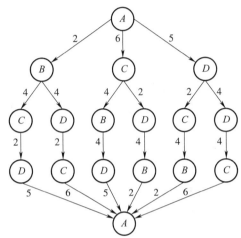

路径：$ABCDA$ 总距离：13 路径：$ABDCA$ 总距离：14

路径：$ACBDA$ 总距离：19 路径：$ACDBA$ 总距离：14

路径：$ADCBA$ 总距离：13 路径：$ADBCA$ 总距离：19

图 2.7 组合路径图

TSP 问题是一个 NP 完全性问题，NP 完全性问题从本质上来说是非常难以求解的，对于这类问题，尽管无法找到其有效算法，但实际应用中提出的问题本身却必须要解决，一个合理的办法就是寻找启发式算法、近似算法、概率算法等。

据文献介绍，1998 年，科学家们将组合优化算法中的割平面法与分支限界法相结合，成功地解决了美国 13 509 个城市之间的 TSP 问题，2001 年又解决了德国 15 112 个城市之间的 TSP 问题。但这一工程的代价也是巨大的，据报道，解决 15 112 个城市之间的 TSP 问题，共使用了美国莱斯大学和普林斯顿大学之间网络互连的、由速度为 500 MHz 的 Compaq EV6 Alpha 处理器组成的 110 台计算机，所有计算机花费的时间之和为 22.6 年。

TSP 是最有代表性的优化组合问题之一，它的应用已逐步渗透到各个技术领域和人们的日常生活中，至今还有不少学者在从事这方面的研究工作，一些项目还得到美国军方的资助。就实际应用而言，一个典型的例子就是机器在电路板上钻孔的调度问题（注：在该问题中，钻孔的时间是固定的，只有机器移动时间的总量是可变的），在这里，电路板上要钻的孔相当于 TSP 中的"城市"，钻头从一个孔移到另一个孔所耗的时间相当于 TSP 中的"旅行费用"。在大规模生产过程中，寻找最短路径能有效地降低成本。这类问题的解决还可以延伸到其他行业中去，如运输业、后勤服务业等。然而，由于 TSP 会产生组合爆炸的问题，因此寻找切实可行的简化求解方法就成为问题的关键。

2.3.8 找零问题、背包问题与贪婪算法

找零问题、背包问题等是一类可以用启发式的贪婪算法来处理的典型问题。下面分别进行介绍。

1. 找零问题

设有不同面值的钞票，要求用最少数量的钞票给顾客找某数额的零钱，这就是通常说的找零问题。

例 2.7 一顾客用一张面值 100 元的钞票（人民币）在超市买了 5 元钱的商品，收银员需找给他 95 元零钱。售货员在找零钱时可有多种选择，比如可以找 9 张 10 元的、1 张 5 元的，也可以找 95 张 1 元的，甚至还可以找 950 张 1 角的。

但在一般情况下收银员都会凭直觉选择 1 张 50 元、2 张 20 元和 1 张 5 元的，使找的零钱数目最少。

收银员采用的方法，其实是一种典型的贪婪算法（Greedy Method，也可译为贪心算法）。可以证明，按照这种算法找的零钱数目的确最少。下面，介绍这种算法的基本思想。

2. 贪婪算法

贪婪算法是一种传统的启发式算法，它采用逐步构造最优解的方法，即在算法的每个阶段都做出在当时看上去最好的决策，以获得最大的"好处"，换言之，就是在每一个决策过程中都要尽可能"贪"，直到算法中的某一步不能继续前进时，算法才停止。

在算法的执行过程中，"贪"的决策一旦做出，就不可再更改，做出"贪"的决策的依据称为贪婪准则。

贪婪算法是从局部最优考虑问题的解决方案，它简单而又快捷，因此，常被人们所使用。但是，这种从局部而不是从整体最优上考虑问题的算法，并不能保证求得的最后解为最优解。下面再介绍一类典型的背包问题。

3. 背包问题

给定 n 种物品和一个背包，设 W_i 为物品 i 的重量，V_i 为其价值，C 为背包的重量容量，要求在重量容量的限制下，尽可能使装入的物品总价最大，这就是背包问题。

背包问题是一个典型的 NP 复杂性问题，也是一个在"算法设计与分析"教学中一般都要提到的典型问题。为便于讨论，本书所指的是一类物品不可分割的背包问题，即 0/1 背包问题，在这类问题中，物品只有装入和不装入两种情况。

用贪婪算法解决背包问题，有以下 3 种常用的贪婪准则。

（1）贪婪准则 1：每次都选择价值最大的物品装包。

例 2.8 假设 $n=3$；$W_1=100$，$V_1=60$；$W_2=20$，$V_2=40$；$W_3=20$，$V_3=40$；$C=110$。利用价值最大的贪婪准则时，选物品 1，这种方案的总价值为 60。而最优解为选物品 2 和 3，总

价值为 80，因此，可以断定，使用贪婪准则 1，不能保证得到最优解。

（2）贪婪准则 2：每次都选择重量最小的物品装包。

使用贪婪准则 2，对于前面的例子能产生最优解，但在一般情况下，不一定能得到最优解。

例 2.9　假设 $n=2$；$W_1=100$，$V_1=60$；$W_2=20$，$V_2=40$；$C=110$。利用重量最小的贪婪策略时，选择物品 2，总价值为 40。而最优解选物品 1，总价值为 60。

（3）贪婪准则 3：每次都选择 V_i/W_i 值（价值密度）最大的物品装包。

例 2.10　假设 $n=3$；$W_1=100$，$V_1=60$；$W_2=20$，$V_2=40$；$W_3=20$，$V_3=40$；$C=110$。使用价值密度最大的贪婪策略，选择物品 2 和 3，总价值为 80，结果为最优解。

比较 3 种不同的贪婪准则，感觉（贪婪算法有直觉的倾向，这种倾向是计算学科中的一个特例）贪婪准则 3 可能是一种更好的启发式算法，而据有关文献介绍，用贪婪准则 3 可以在大多数情况下得到令人满意的次优解，甚至相当一部分为最优解。

综上所述，在一些应用（如找零问题）中，贪婪算法所产生的方案总是最优的解决方案。但对其他的一些应用（如 0/1 背包问题），就不一定能得到最优解。而在实际应用中，尽管不一定能够得到最优解，然而次优解也一样有效。

与找零问题、背包问题等类似的可以用贪婪算法求解的问题还有货箱装船问题、拓扑排序问题、二分覆盖问题、最短路径问题、最小代价生成树等。

贪婪算法是一种传统的启发式算法，用于求解一类问题的启发式算法还有分而治之法、动态规划法、分支限界法、A＊算法、遗传算法、蚂蚁算法以及演化算法等。

就找零问题、背包问题而言，以上的启发式算法都可以使用，在以后的学习中还会知道，解决这类问题的方法还有不少。在现实生活中，可以观察到解决问题的方式（方法）总比问题多，这时，问题的关键往往不在于问题的本身，而在于方式（方法）的选择。

2.4　GOTO 语句与程序的结构

在计算机诞生的初期，计算机主要用于科学计算，程序的规模一般都比较小，那时的程序设计要说有方法的话，也只能说是一种手工式的设计方法。20 世纪 60 年代，计算机软硬件技术得到了迅速的发展，其应用领域也急剧扩大，这给传统的手工式程序设计方法带来了挑战。

1966 年，C. Böhm 和 G. Jacopini 发表了关于"程序结构"的重要论文《带有两种形成规则的图灵机和语言的流程图》（*Flow Diagrams*，*Turing Machines and Languages with Only Two Formation Rules*），给出了任何程序的逻辑结构都可以用 3 种最基本的结构，即顺序结构、选择结构和循环结构来表示的证明。如图 2.8 所示，其中 A 与 B 分别表示程序段，T 与 F 分别表示谓词 P 的真、假。

以 Böhm 和 Jacopini 的工作为基础，1968 年，狄克斯特拉（E. W. Dijkstra）经过深思熟虑后，在给 *Communications of the ACM* 编辑的一封信中，首次提出了"GOTO 语句是有害的"（*GOTO Statement Considered Harmful*）问题，该问题在 *Communications of the ACM* 杂志上发表后，引发了激烈的争论，不少著名的学者参与了讨论。

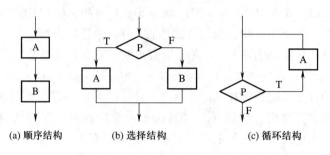

(a) 顺序结构   (b) 选择结构   (c) 循环结构

图 2.8   程序的 3 种基本结构

经过 6 年的争论，1974 年，著名计算机科学家、图灵奖获得者克努特（D. E. Knuth）教授在他发表的有影响力的论文《带有 GOTO 语句的结构化程序设计》（*Structured Programming with GOTO Statements*）中对这场争论做了较为全面而公正的论述：滥用 GOTO 语句是有害的，完全禁止也不明智，在不破坏程序良好结构的前提下，有控制地使用一些 GOTO 语句，就有可能使程序更清晰，效率也更高。关于 GOTO 语句的争论，其焦点应当放在程序的结构上，好的程序应该逻辑正确、结构清晰、朴实无华。下面给出两个简单的例子（如图 2.9 所示），以便更好地理解以上内容。

```
L1：                              {…
  …                               {…
  goto L3；                          {…
  {…                                 goto error；
  L2：                               }
    {…                              }
    goto L1；                      }
    {…                            {…
    L3：                          error：
      {…                            {…
      goto L2；                       …
      }                             }
    }                              …
  }                               }
}
```

(a) 影响程序结构的GOTO语句   (b) 不影响程序结构的GOTO语句

图 2.9   带有 GOTO 语句的程序结构

在图 2.9（a）中，GOTO 语句过多，影响了程序的良好结构，而在图 2.9（b）中，当需要非正常退出时，可以直接退到错误子程序进行处理，避免了循环一层层地退出，程序的效率更高。

关于 GOTO 语句问题的争论直接导致了一个新的学科分支领域，即程序设计方法学的产生。程序设计方法学是对程序的性质及其设计的理论和方法进行研究的学科，它是计算学科发展的必然产物，也是学科方法论中的重要内容。

2.5　哲学家共餐问题与计算机的资源管理

计算机的资源分为软件资源和硬件资源。硬件的资源主要有 CPU、存储器以及输入输出设备等；软件资源则是指存储于硬盘等存储设备中的各类文件。

在计算机中，操作系统负责对计算机软硬件资源进行控制和管理，要使计算机系统中的软硬件资源得到高效使用，就会遇到由于资源共享而产生的问题。下面通过生产者 – 消费者问题和哲学家共餐问题来了解这方面的内容。

1. 生产者 – 消费者问题

1965 年，狄克斯特拉在他著名的论文《协同顺序进程》（*Cooperating Sequential Processes*）中用生产者 – 消费者问题（Producer-Consumer Problem）对并发程序设计中进程同步的最基本问题，即对多进程提供（或释放）以及使用计算机系统中的软硬件资源（如数据、I/O 设备等）进行了抽象的描述，并使用信号灯的概念解决了这一问题。

在生产者 – 消费者问题中，消费者是指使用某一软硬件资源时的进程，而生产者是指提供（或释放）某一软硬件资源时的进程。

在生产者 – 消费者问题中，有一个重要的概念，即信号灯，它借用了火车信号系统中的信号灯来表示进程之间的互斥。

2. 哲学家共餐问题

在提出生产者 – 消费者问题后，狄克斯特拉针对多进程互斥地访问有限资源（如 I/O 设备）的问题又提出并解决了一个被人们称为哲学家共餐（Dining Philosopher）的多进程同步问题（如图 2.10 所示）。

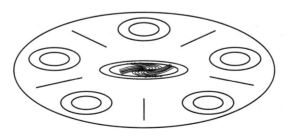

图 2.10　5 个哲学家共餐

对哲学家共餐问题可以作这样的描述：5 个哲学家围坐在一张圆桌旁，每个人的面前摆有一碗面条，碗的两旁各摆有一支筷子（注：狄克斯特拉原来提到的是叉子和意大利面条，因有人习惯用一个叉子吃面条，于是后来的研究人员又将叉子和意大利面条改写为中国筷子和面条）。

假设哲学家的生活除了吃饭就是思考问题（这是一种抽象，即对该问题而言其他活动都无关紧要），而吃饭的时候需要左手拿一支筷子，右手拿一支筷子，然后开始进餐。吃完后又将筷子摆回原处，继续思考问题。那么，一个哲学家的生活进程可表示为：

（1）思考问题。

（2）饿了停止思考，左手拿一支筷子（如果左侧哲学家已持有它，则需等待）。

（3）右手拿一支筷子（如果右侧哲学家已持有它，则需等待）。

（4）进餐。

（5）放右手筷子。

（6）放左手筷子。

（7）重新回到思考问题状态（1）。

现在的问题是：如何协调 5 个哲学家的生活进程，使得每一个哲学家最终都可以进餐。考虑下面的两种情况。

（1）按哲学家的活动进程，当所有的哲学家都同时拿起左手筷子时，所有的哲学家都将拿不到右手的筷子，并处于等待状态，那么哲学家都将无法进餐，最终饿死。

（2）将哲学家的活动进程修改一下，变为当右手的筷子拿不到时，就放下左手的筷子，这种情况是不是就没有问题呢？不一定，因为可能在一个瞬间，所有的哲学家都同时拿起左手的筷子，则自然拿不到右手的筷子，于是都同时放下左手的筷子，等一会，又同时拿起左手的筷子，如此永远重复下去，则所有的哲学家一样都吃不到饭。

以上两个方面的问题其实反映的是程序并发执行时进程同步的两个问题，一个是死锁（Deadlock），另一个是饥饿（Starvation）。

为了提高系统的处理能力和机器的利用率，并发程序被广泛采用，因此，必须彻底解决并发程序中的死锁和饥饿问题。于是，人们将 5 个哲学家问题推广为更一般性的 n 个进程和 m 个共享资源的问题，并在研究过程中给出了解决这类问题的不少方法和工具，如 Petri 网、并发程序语言等工具。

与程序并发执行时进程同步有关的经典问题还有读 – 写者问题（Reader-Writer Problem）、睡眠的理发师问题（Sleeping Barber Problem）等。

2.6 两军问题与计算机网络

20 世纪 90 年代，计算机网络特别是因特网（Internet）得到飞速的发展，新思想、新技术、新产品和新的应用层出不穷，并开始渗透到人们生活的各个方面，若再将它列为操作系统中的一个研究主题就不合适了。为此，CC2001 任务组在 CC1991 报告的基础上，将它提取出来，作为计算学科一个新的主要领域，命名为网络计算。

下面从两军问题入手介绍"计算机网络"。

2.6.1 两军问题

Andrew S. Tanenbaum 在《计算机网络》（*Computer Networks*）一书中介绍了一个与网络协议有关的著名问题——两军问题（Two Army Problem），如图 2.11 所示，用来说明协议设计的微妙性和复杂性。

两军问题可以这样描述：一支白军被围困在一个山谷中，山谷的两侧是蓝军。困在山谷中的白军人数多于山谷两侧的任一支蓝军，而少于两支蓝军的总和。若一支蓝军对白军单独发起进攻，则必败无疑；但若两支蓝军同时发起进攻，则可取胜。两支蓝军希望同时发起进攻，这样他们就要传递信息，以确定发起攻击的具体时间。假设他们只能派遣士兵穿越白军所在的山谷（唯一的通信信道）来传递信息，那么在穿越山谷时，士兵有可能被俘，从而造成消息的丢失。现在的问题是：如何通信，以便蓝军必胜。下面我们进行设计。

假设一支蓝军指挥官发出消息："我建议在明天拂晓发起进攻，请确认。"如果消息到达了另一支蓝军，其指挥官同意这一建议，并且他的回信也安全送到，那么能否进攻呢？不能。这是一个两步握手协议，因为该指挥官无法知道他的回信是否安全送到了，所以，他不能发起进攻。

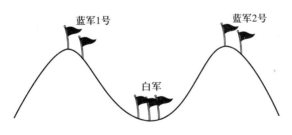

图 2.11　两军问题

改进协议，将两步握手协议改为三步握手协议，这样，最初提出建议的指挥官必须确认对该建议的应答信息。假如信息没有丢失，并收到确认消息，则他须将收到的确认信息告诉对方，从而完成三步握手协议。然而，这样他就无法知道消息是否被对方收到，因此，他不能发起进攻。

那么现在采用四步握手协议会如何呢？结果仍是于事无补。

结论是：不存在使蓝军必胜的通信约定（协议）。

该结论可以用反证法证明，证明如下。

假如存在某种协议，那么协议中最后一条信息要么是必要的，要么不是。如果不是，可以删除它，直到剩下的每条消息都是至关重要的。若最后一条消息没有安全到达目的地，则会怎样？刚才说过每条信息都是必要的，因此，若它丢了，则进攻不会如期进行。由于最后发出信息的指挥官永远无法确定该信息能否安全到达，所以他不会冒险发动攻击。同样，另一支蓝军也明白这个道理，所以也不会发动进攻。

　　Andrew 用两军问题来阐述网络传输层中"释放连接"问题的要点。而在实际中，当两台通过网络互连的计算机释放连接（对应"两军问题"的发起进攻）时，通常一方收到对方确认的应答信息后不再回复，就释放连接（用的是一个三步握手协议）。这样处理，协议并非完全没有错，但通常情况下已经足够了。本书不再讨论这个问题，但是，正如 Andrew 给出的结论那样，现在你应该很清楚，释放一个可能有数据丢失的网络连接并不像人们初看起来那样简单。

2.6.2　互联网软件的分层结构

　　网络协议（简称协议）是为网络中的数据交换而建立的规则、标准或约定的集合。

　　实现计算机之间自动、可靠数据通信的网络协议一般都极其复杂。借鉴复杂系统的研究方法，就是要进行集合的划分，于是人们将它划分为若干子集（层次），各层各司其职，从而降低了协议设计的复杂性，进而讨论和研究它们。在 Internet 上，就是通过一个分层的具有不同功能的软件来实现数据交换的。这就像邮寄一个包裹的过程（如图 2.12 所示），首先将礼物打包，然后送到当地邮局，邮局通过货运公司的交通工具（可能经过若干中转站）将包裹送往目的地，目的地邮局将包裹取出，按照地址送给接收方，接收方打开包裹，取出礼物。这个礼物的运送可以由 3 个层次来完成：（1）用户层，（2）邮局，（3）货运公司。每一层将下一个较低层当作一种抽象工具使用（不用关心该层的细节）。这个层次结构中的每一级在源地和目的地都有代表，在目的地的代表会与其在源地的对应代表进行相反的操作。

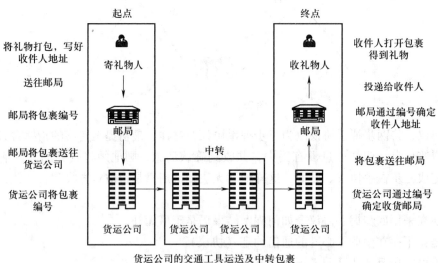

图 2.12　包裹邮寄的层次结构

与此相似的是控制 Internet 上通信的软件，其不同之处在于，Internet 软件有 4 个层次（如图 2.13 所示），即应用层、传输层、网络层和链路层，每层均有相应的协议进行支撑，每台 Internet 上的机器都具有这样的软件及层次结构。一条信息在应用层产生，向下通过传输层和网络层的处理，然后通过链路层来传递。这个信息由目的地的链路层接收，通过网络层和传输层的逆操作，最后将信息送到应用层。

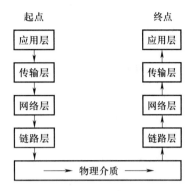

图 2.13　Internet 软件的层次结构

应用层包括所有的网络应用，如电子邮件、FTP、WWW 等。这些应用要支持该层相应的协议，如 DNS（Domain Name System，域名系统）、简单邮件传送协议（Simple Mail Transfer Protocol，SMTP）、文件传输协议（File Transfer Protocol，FTP）、超文本传输协议（HyperText Transfer Protocol，HTTP）等。从应用层产生的信息首先发送到传输层。

传输层从应用层接收信息，并将信息分成小的片断，这些片断被当作单独的单元在 Internet 上传送。传输层为这些小的片断加上序号以便它们在目的地被重组，然后加上目的地地址。

网络层从传输层接收加上序号的片断（也被称为包），通过处理 Internet 的拓扑结构，在确定一个包的中间目的地后，将这个地址附加其上再送到链路层。

链路层负责处理通信的细节，每次传送包时，包都由接收方的链路层负责接收，并将包传给接收方的网络层处理。若包没有到达最终目的地，则接收方的网络层就在包上附加一个新的中转站地址，再将包返回链路层继续传送，直到网络层确定到达的包已经送到了最后的目的地，它便将包送到传输层。当传输层从网络层接收包以后，就将包打开，并通过序号将这些信息恢复成原来的样子，最后送到应用层。

本书不对以上过程作详细的描述，在"计算机网络"等课程中有更多的介绍。这里需要指出的是，将两军问题一般化，即参与网络协议的是 N 个实体，所用的信道是不安全的（可以被任何实体截获），那么即使发送方发送的加密信息不被破解，要设计满足特定要求（如不可否认性、公平性等）的网络协议（如各种电子商务协议）也是一件不容易的事，更不用说其他如安全协议的组合问题、复杂数据结构的协商问题等更为困难的问题。为了确保网络协议的安全，研究人员提出了一系列新的理论（如 BAN 类逻辑、Kailar 逻辑、串空间理论等），研制了不少用于形式化验证的工具（如 SMV、SPIN、Athena 等），开辟了一个新的研究领域：安全协议工程。

2.7　人工智能中的若干哲学问题

在计算学科诞生后，为解决人工智能中一些激烈争论的问题，图灵和西尔勒又分别提出了能反映人工智能本质特征的两个著名的哲学问题，即图灵测试和西尔勒的"中文屋子"，沿着图灵等人对"智能"的理解，人们在人工智能领域取得了长足的进展，其中"深蓝"（Deep Blue）战胜国际象棋大师卡斯帕罗夫（G. Kasparov）就是一个很好的例证。

2.7.1　图灵测试

图灵于 1950 年在英国《心》（*Mind*）杂志上发表了《计算机器和智能》（*Computing Machinery and Intelligence*）一文，文中提出了"机器能思维吗？"这样一个问题，并给出了一个被称作"模仿游戏"（Imitation Game）的实验，后人称之为图灵测试（Turing Test）。

该游戏由以下 3 人来完成：

（1）一个男人（A）。

（2）一个女人（B）。

（3）一个性别不限的提问者（C）。

提问者（C）待在与其他两个游戏者相隔离的房间里。游戏的目标是，让提问者通过对其他两人的提问来鉴别其中的男女。

为了避免提问者通过声音、语调轻易地做出判断。因此，规定提问者和两游戏者之间只能通过电传打字机进行沟通。

提问者只被告知两个人的代号为 X 和 Y，游戏的最后他要做出"X 是 A，Y 是 B"或"X 是 B，Y 是 A"的判断。

提问者可以提出这样的问题："请 X 回答，你的头发的长度？"

若 X 是男人（A），为了给提问者造成错觉，他可以这样回答："我的头发很长，大约有 9 英寸"。而对于女人（B），是帮助提问者，那么她会做出真实的回答，并可能在答案的后面加上"我是女人，不要相信那个人"之类的提示。然而，男人（A）也同样可以加上类似的提示。

现在，把上面游戏中的男人（A）换成机器。若提问者在与机器、女人游戏中做出的错误判断与在男人、女人之间游戏中做出的错误判断次数相同或更多，则判定这部机器能够思维。

下面是图灵在论文中给出的一个例子，你可以判断一下，回答者是人还是机器？

问：请以美丽的福斯铁路桥（Forth Railway Bridge，位于苏格兰，建成于 1890 年）为例，为我作一首十四行诗。

答：不要问我这道题，我从来没有写过诗。

问：34 957 加 70 764 等于多少？

答：（停顿大约 30 秒）105 721。

问：你会下国际象棋吗？

答：会下。

问：我的 K（王）在 K1 格上，没有其他棋子了。你的 K（王）在 K6 格上，还有一个 R（车）在 R1 格上，现在轮到你走了。

答：（停顿大约 15 秒）R（车）移到 R8 上，将死。

图灵关于"图灵测试"的论文发表后引发了很多的争论，以后的学者在讨论机器思维时大多都要谈到这个游戏。

"图灵测试"不要求接受测试的思维机器在内部构造上与人脑一样，它只是从功能的角度来判定机器是否能思维，也就是从行为主义这个角度来对"机器思维"进行定义。尽管图灵对"机器思维"的定义是不够严谨的，但他关于"机器思维"定义的开创性工作对后人的研究具有重要意义，因此，一些学者认为，图灵发表的关于"图灵测试"的论文标志着现代机器思维问题讨论的开始。

根据图灵的预测，到 2000 年，此类机器能通过测试。现在，在某些特定的领域，如博弈领域，"图灵测试"已取得了成功，1997 年，IBM 公司研制的计算机"深蓝"就战胜了国际象棋冠军卡斯帕罗夫。

前面介绍过，符号主义者认为认知是一种符号处理过程，人类思维过程也可用某种符号来描述，即思维就是计算（认知就是计算），这种思想构成了人工智能的哲学基础之一。其实，历史上把推理作为人类精神活动的中心，把一切推理都归结于某种计算的想法一直吸引着西方的思想家。然而，由于人们对心理学和生物学的认识还很不成熟，对人脑的结构还没有真正的了解，更无法建立起人脑思维完整的数学模型。因此，到目前为止，人们对人工智能的研究并无实质性的突破。

在未来，如果我们能像图灵揭示计算本质那样揭示人类思维的本质，即"能行"思维，那么制造真正思维机器的日子也就不长了。可惜要对人类思维的本质进行描述还是相当遥远的事情。

2.7.2 西尔勒的"中文屋子"

美国哲学家约翰·西尔勒（J. R. Searle）根据人们在研究人工智能模拟人类认知能力方面的不同观点，将有关人工智能的研究划分为强人工智能（Strong Artificial Intelligence）和弱人工智能（Soft Artificial Intelligence）两个派别。

在研究意识方面，弱人工智能认为计算机的主要价值在于它为我们提供了一个强大的工具；强人工智能的观点则是，计算机不仅是一个工具，形式化的计算机是具有意识的。

1980 年，西尔勒在《行为科学和脑科学》（*Behavioral and Brain Sciences*）杂志上发表了《心、脑和程序》（*Minds、Brains and Programs*）的论文，在文中，他以自己为主角设计了一个"中文屋子（Chinese Room）"的假想实验来反驳强人工智能的观点。

假设西尔勒被单独关在一个屋子里，屋子里有序地堆放着足量的汉语字符，而他对中文一窍不通。这时屋外的人递进一串汉语字符，同时，还附一本用英文写的处理汉语字符的规则（注：英语是西尔勒的母语），这些规则将递进来的字符和屋子里的字符之间的转换做了形式化的规定，西尔勒按规则指令对这些字符进行一番搬弄之后，将一串新组成的字符送出屋外。事实上他根本不知道送进来的字符串就是屋外人提出的"问题"，也不知道送出去的就是所谓

"问题的答案"。又假设西尔勒很擅长按照指令娴熟地处理一些汉字符号，而程序设计师（即制定规则的人）又擅长编写程序（即规则），那么，西尔勒的答案将会与一个地道的中国人做出的答案没什么不同。但是，我们能说西尔勒真的懂中文吗？

西尔勒借用语言学的术语非常形象地揭示了"中文屋子"的深刻寓意：形式化的计算机仅有语法，没有语义。因此，他认为，机器永远也不可能代替人脑。作为以研究语言哲学问题而著称的分析哲学家西尔勒来自语言学的思考，的确给人工智能涉及的哲学和心理学问题提供了不少启示。

2.7.3　计算机中的博弈问题

1. 博弈的历史简介

博弈问题属于人工智能中一个重要的研究领域。从狭义上讲，博弈是指下棋、玩扑克牌、掷骰子等具有输赢性质的游戏；从广义上讲，博弈就是对策或斗智。计算机中的博弈问题一直是人工智能领域研究的重点内容之一。

1913 年，数学家策梅洛（E. Zermelo）在第五届国际数学会议上发表了《关于集合论在象棋博弈理论中的应用》（*On an Application of Set Theory to Game of Chess*）的著名论文，第一次把数学和象棋联系起来，从此，现代数学出现了一个新的理论，即博弈论。

1950 年，"信息论"创始人香农（A. Shannon）发表了《国际象棋与机器》（*A Chess - Playing Machine*）一文，并阐述了用计算机编制下棋程序的可能性。

1956 年夏天，由麦卡锡（J. McCarthy）和香农等人共同发起的，在美国达特茅斯（Dartmouth）大学举行的夏季学术讨论会上，第一次正式使用了"人工智能"这一术语，该次会议的召开对人工智能的发展起到了极大的推动作用。当时，IBM 公司的工程师塞缪尔（A. Samuel）也被邀请参加了达特茅斯会议，塞缪尔的研究专长正是计算机下棋。早在 1952 年，塞缪尔就运用博弈理论和状态空间搜索技术成功地研制了世界上第一个跳棋程序。该程序经不断地完善于 1959 年击败了它的设计者塞缪尔本人，1962 年，它又击败了美国一个州的冠军。

1970 年开始，一直到 1994 年（1992 年间断过一次），ACM 每年举办一次计算机国际象棋锦标赛，每年产生一个计算机国际象棋赛冠军。1991 年，冠军由 IBM 公司的"深思 Ⅱ"（Deep Thought Ⅱ）获得。ACM 的这些工作极大地推动了博弈问题的深入研究，并促进了人工智能领域的发展。

2. "深蓝"与卡斯帕罗夫之战

北京时间 1997 年 5 月初，在美国纽约公平大厦，"深蓝"与国际象棋冠军卡斯帕罗夫交战，前者以两胜一负三平战胜后者。

"深蓝"是美国 IBM 公司研制的一台高性能并行计算机，它由 256 个专为国际象棋比赛设计的微处理器组成，据估计，该系统每秒可计算 2 亿步棋。"深蓝"的前身是"深思"，始建于 1985 年。1989 年，卡斯帕罗夫首战"深思"，后者败北。1996 年，在"深思"基础上研制出的"深蓝"与卡斯帕罗夫交战，以 2:4 负于对手。

"深蓝"的研制团队有主管谭崇仁（C. J. Tan，美籍华人）、设计师许峰雄（C. B. Hsu，美籍华人）、象棋顾问本杰明（GM. J. Benjamin）及其他科学家、工程师。与其说是"深蓝"战胜了卡斯帕罗夫，还不如说是"深蓝队"战胜了卡斯帕罗夫。

3. 博弈树搜索

国际象棋、西洋跳棋与围棋、中国象棋一样都属于双人完备博弈。所谓双人完备博弈就是两位选手对垒，轮流走步，其中一方完全知道另一方已经走过的棋步以及未来可能的走步，对弈的结果要么是一方赢（另一方输），要么是和局。

对于任何一种双人完备博弈，都可以用一个博弈树（与或树）来描述，并通过博弈树搜索策略寻找最佳解。

博弈树类似于状态图和问题求解搜索中使用的搜索树。搜索树上的第一个结点对应一个棋局，树的分支表示棋的走步，根结点表示棋局的开始，叶结点表示棋局的结束。一个棋局的结果可以是赢、输或者和局。

对于一个思考缜密的棋局来说，其博弈树是非常大的，就国际象棋来说，有 10^{120} 个结点（棋局总数），而对中国象棋来说，估计有 10^{160} 个结点，围棋更复杂，盘面状态达 10^{768}。计算机要装下如此大的博弈树，并在合理的时间内进行详细的搜索是不可能的。因此，如何将搜索树修改到一个合理的范围内是一个值得研究的问题，"深蓝"就是这类研究的成果之一。

4. 结论

"深蓝"战胜卡斯帕罗夫后，在社会上引起了轩然大波。一些人认为，机器的智力已超越人类，甚至还有人认为计算机最终将控制人类。其实人的智力与机器的智力根本就是两回事，因为人们现在对人的精神和脑的结构的认识还相当缺乏，更不用说对它用严密的数学语言来进行描述了，而计算机是一种用严密的数学语言来描述的计算机器。

如果我们不考虑人的精神和脑的结构这样的哲学和生物学问题，那么许多问题解释起来就很容易了。其实计算机就如汽车、飞机一样，人要超过这些机器设备所具有的能力是不现实的。就计算机而言，人要在计算能力上超过机器是不现实的，而对博弈问题来说，人在未来要战胜机器也是不现实的。

以上认识有助于我们真正理解计算机器的本质。就像人们知道汽车、飞机在造福人类的同时，也会对人类产生灾难一样（美国的"九一一"事件就是其中一例），计算机器也是如此。这就需要我们去正视这些问题，并通过各种途径来避免这类灾难的发生。不仅如此，我们还应当自觉地将它们应用于人类社会的进步和发展之中。

*2.8 计算机科学各主领域及其基本问题

本节综合 CC2013 和 CC2001 报告，给出计算机科学各领域的简介，以及计算机科学中各领域的基本问题。以下学科领域按字母先后顺序排列，不分轻重。

1．算法与复杂性（AL）

算法是计算机科学和软件工程的基础。现实世界中任何软件系统的性能仅依赖于两个方面：一方面是所选择的算法，另一方面是在各不同层次实现的效率。

对所有软件系统的性能而言，好的算法设计都是至关重要的。此外，算法研究能够深刻理解问题的本质和可能的求解技术，而不依赖于具体的程序设计语言、程序设计模式、计算机硬件或其他任何与实现有关的内容。

计算的一个重要内容就是根据特定目的选择适当的算法并加以运用，同时认识到可能存在不合适的算法。这依赖于对那些具有良好定义的重要问题求解算法的理解，以及认识到这些算法的优缺点和它们在特定环境中的适宜性。效率是贯穿该领域的一个核心概念。

下面，给出算法与复杂性领域的基本问题。

（1）对于给定的问题类，最好的算法是什么？要求的存储空间和计算时间是多少？空间和时间如何折中？

（2）访问数据的最好方法是什么？

（3）算法最好和最坏的情况是什么？

（4）算法的平均性能如何？

（5）算法的通用性如何？

2．体系结构和组织（AR）

计算机在计算技术中处于核心地位。如果没有计算机，计算学科将只是理论数学的一个分支。

作为计算专业的学生，都应该对计算机系统的功能部件、功能特点、性能和相互作用有一定的理解，而不应该只将计算机看作是一个执行程序的黑盒子。

了解计算机体系结构和组织还有一定的实际意义。为了构造程序，需要理解计算机体系结构，从而使该程序在一台真正的机器上能更有效地运行。在选择应用的系统时，应该理解各种部件之间的折中，如 CPU、时钟频率与内存大小的折中。

下面，给出体系结构领域的基本问题。

（1）实现处理器、内存和机内通信的方法是什么？

（2）如何设计和控制大型计算系统，而且使其令人相信，尽管存在错误和失败，但它仍然是按照我们的意图工作的？

（3）哪种类型的体系结构能有效地包含许多在一个计算中能并行工作的处理元素？

（4）如何度量性能？

3．计算科学（CN）

从该学科诞生之日起，科学计算的数值方法和技术就构成了计算机科学研究的一个主要领域。随着计算机问题求解能力的增强，该领域（正如该学科一样）已经在广度和深度两方面得到了发展。现在，科学计算本身就代表了一个学科，一个与计算机科学密切相关的学科。为此，CC2001 任务组只是将它划为计算机科学的一个主领域，但不确定任何核心知识单元，也就是说，尽管它是计算机科学的一个组成部分，但不要求每个教学大纲都必须包含这些内容。

对于希望学习这部分知识的人，该领域提供了许多有价值的思想和技术，包括数值表示的精度、误差分析、数值技术、建模和仿真。同时，学习过该领域课程的学生有机会在宽阔的应用领域中应用这些技术，例如下面这些领域：

（1）分子力学。

（2）流体力学。

（3）天体力学。

（4）经济预测。

（5）优化问题。

（6）材料的结构化分析。

（7）生物信息学。

（8）计算生物学。

（9）地质建模。

（10）X断层摄影术的计算机化。

下面，给出科学计算领域的基本问题。

（1）如何精确地以有限的离散过程近似表示连续和无限的离散过程？

（2）如何处理这种近似所产生的错误？

（3）给定某一类方程在某精确度水平上能以多快的速度求解？

（4）如何实现方程的符号操作，如积分、微分以及到最小项的归约？

（5）如何把这些问题的答案包含到一个有效的、可靠的、高质量的数学软件包中？

4．离散结构（DS）

离散结构是计算机科学的基础内容。尽管很少有计算机科学家专门从事离散结构的研究，但计算机科学许多领域的工作都要用到离散结构的概念。离散结构包括集合论、数理逻辑、代数系统、图论和组合数学等重要内容。

离散结构的内容在数据结构、算法以及其他计算机科学领域都有广泛的运用。例如，在形式规格、验证以及密码学的研究和学习中，需要有生成并理解形式证明的能力；在计算机网络、操作系统、编译系统等领域要用到图论的概念；在软件工程和数据库等领域需要使用集合论的概念。

随着计算机科学与技术的日益成熟，越来越完美的分析技术被用于解决实际问题。为理解将来的计算技术，需要有坚实的离散结构基础。

计算学科的根本问题是"能行性"的问题。而凡是与"能行性"有关的讨论，都是处理离散对象的。因为非离散对象，即所谓的连续对象，是很难进行能行处理的。因此，"能行性"这个计算学科的根本问题决定了计算机本身的结构和它处理的对象都是离散型的，甚至许多连续型的问题也必须在转化为离散型问题以后才能被计算机处理。例如，计算定积分就是把它变成离散量，再用分段求和的方法来处理的。

正是源于计算学科的根本问题，以离散型变量为研究对象的离散数学对计算技术的发展起着十分重要的作用。同时，又因为计算技术的迅猛发展，离散数学越来越受到重视。为此，CC2001 特意将它从 CC1991 的预备知识中抽取出来，列为计算机科学知识体的第一个主领域，命名为"离散结构"，以强调它的重要性。CS2013 继续强调该领域的重要作用，在新增了 4 个领域，在总的核心学时基本保持不变的情况下，仅该领域的核心学时减少了 2 个，维持在较高的 41 个核心学时上。

5．图形学与可视化（GV）

图形学与可视化领域可以划分成以下 4 个相互关联的子领域。

（1）计算机图形学：是研究怎样用计算机生成、处理和显示图形的一个学科分支领域。在计算机图形学的研究过程中，有以下具体要求：

① 要求表示信息和构造应有助于图像的产生和观察。

② 要求方便用户，使之能够通过精心设计的设备和技术与模型进行交互。

③ 要求提供绘制模型的技术。

④ 要求设计有助于图像保存的技术。

计算机图形学的目标是对人的视觉中心及其他认知中心有进一步深入的了解。

（2）可视化：是指使用计算机图形学和图像处理技术，将数据转换成图形或图像在屏幕上显示，并进行交互处理的理论、方法和技术。

当前的可视化技术主要是探索人类的视觉能力以及声音和触觉（触摸）。其目的在于通过它们进一步发现人类信息的处理过程。

（3）虚拟现实：是综合利用计算机三维图形技术、仿真技术、传感技术、显示技术、网络技术等合成的一种虚拟环境，这种环境是计算机生成的一个以视觉感受为主，也包括视觉、触觉的综合可感知的人工环境，是计算机与用户之间的一种更为理想化的人机界面形式。

（4）计算机视觉：是研究怎样利用计算机实现人的视觉功能（包括对客观世界的三维场景的感知、识别和理解）的一个分支领域。对计算机视觉的理解和实践取决于计算学科中的核心概念，但也和物理、数学和心理学等密切相关。

下面，给出图形学和可视化计算领域的基本问题。

（1）如何选择支撑图像产生以及信息浏览的更好模型？

（2）如何提取科学的（计算和医学）和更抽象的相关数据？

（3）图像形成过程的解释和分析方法。

6．人机交互（HC）

人机交互的重点在于理解作为交互式对象的人的行为，知道怎样使用以人为中心的方法来开发和评价交互式软件系统。

单元 HC1（人机交互基础）和单元 HC2（建立简单的图形用户界面）是最基本的内容，需要学生掌握。剩余单元的内容可作为高年级的选修课程。

下面，给出人机交互领域的基本问题。

（1）表示物体和自动产生供阅览的照片的有效方法是什么？

（2）接收输入和给出输出的有效方法是什么？

（3）怎样才能减小产生误解和由此产生的人为错误的风险？

（4）图表和其他工具怎样才能通过存储在数据集中的信息去理解物理现象？

7. 信息保障与安全（IAS）

信息保障与安全是 CS2013 划分的一个新领域，是世界公认的信息技术与计算的重要依靠，也是信息控制与处理过程的集合，该集合既包括技术方面的内容也包括政策方面的内容，其目的在于通过保证其可用性、完整性、可认证性与机密性，用不可否认性来保护和定义信息和信息系统。保障包括了认证，使得当前的与过去的过程和数据都是有效的，保障与安全的共同作用使信息变得更加可靠和完整。

下面，给出信息保障与安全领域的基本问题。

（1）如何定义信息的不可否认性？

（2）如何保证信息的可用性、完整性、可认证性与机密性？

（3）安全规则与监管的有效策略是什么，如何评估？

8. 信息管理（IM）

信息管理几乎在所有使用计算机的场合都发挥着重要的作用。它包括信息获取、信息数字化、信息表示、组织、转化和信息的表现；有效地访问和更新存储信息的算法、数据建模和数据抽象以及物理文件的存储技术、共享数据的信息安全、隐私性、完备性和保护。

要求学生能够建立概念和物理上的数据模型，对于给定的问题，能够选择和实现合适的信息管理解决方案。

下面，给出信息管理领域的基本问题。

（1）使用什么样的建模概念来表示数据元素及其相互关系？

（2）怎样把基本操作（如存储、定位、匹配和恢复）组合成有效的事务？

（3）这些事务怎样才能与用户有效地进行交互？

（4）高级查询如何翻译成高质量的程序？

（5）哪种机器体系结构能够进行有效的恢复和更新？

（6）怎样保护数据，以避免非授权访问、泄露和破坏？

（7）如何保护大型的数据库，以避免由于同时更新引起的不一致性？

（8）当数据分布在许多机器上时如何保护数据、保证性能？

（9）文本如何索引和分类才能够进行有效的恢复？

9. 智能系统（IS）

人工智能关注的是自主系统的设计和分析。这些系统有些是软件系统，而有些系统还配有传感器和传送器（如机器人或航天器），一个智能系统要有感知环境、执行既定任务以及与其他代理进行交流的能力。这些能力包括计算机视觉、规划和动作、机器人学、多代理系统、语音识别和自然语言理解等。

智能系统依赖于一整套关于问题求解、搜索算法以及机器学习技术的专门知识表示机制和推理机制。人工智能为求解其他方法难以解决或者不太现实的问题提供了一些技术，包括启发式搜索和规划算法、知识表示的形式化机制、机器学习技术以及语言理解、计算机视觉、机器人学等领域中所包含的感知和动作问题的方法。要求学生能够针对特定的问题选择合适的方法解决问题。

下面，给出智能系统领域的基本问题。

（1）基本的行为模型是什么？如何建造模拟它们的机器？

（2）规则评估、推理、演绎和模式计算在多大程度上描述了智能？

（3）通过这些方法模拟行为的机器的最终性能如何？

（4）传感数据如何编码才使得相似的模式有相似的代码？

（5）电机编码如何与传感编码相关联？

（6）怎样学习系统的体系结构？

（7）这些系统是如何表示它们对这个世界的理解的？

10. 网络与通信（NC）

计算机与通信网络的发展，尤其是基于 TCP/IP 的网络的发展，使得网络技术在计算学科中变得更为重要。在 CC2001 报告中，该领域包括有计算机通信网络的基本概念和协议、多媒体系统、Web 标准和技术、网络安全、移动计算以及分布式系统等传统网络的内容。CS2013 认为，这些内容已得到发展和分化，因此对该领域进行了重组，将主要的关注点放在该领域的网络与通信方面，将网站应用和移动设备开发的内容放在基于平台的开发（PBD）领域中，将安全部分的内容放入新的信息保障和安全（IAS）领域中。该领域的知识单元包括网络应用、可靠数据传输、路由与转发、局域网、资源分配、移动网络、社会网络等。

CC2001 特别强调了在该领域进行实践教学的重要性，认为实践教学能够大大地加强学生对该领域基本概念的理解。在 CC2001 的基础上，CS2013 继续强调了该领域的重要性，报告认为，现在许多计算的应用脱离网络是无法继续工作的，这些应用对底层网络的依赖在未来将会得到加强。报告认为，网络的设计依赖实际的约束条件，要求通过使用网络工具、编写网络软件等方式，向学生展示这些实际的约束条件。

网络课程有很多不同的组织方式。一些教育者倾向于"自顶向下"的教学方式：课程起始于应用程序，然后讲授可靠数据传输、路由和转发等。另外一些倾向于"自底向上"的教学方式：课程起始于网络体系底层，然后讲授数据传输、应用层等概念。无论哪种方式，实验都是该领域课程教学中最重要的内容，包括数据收集和综合、建模、源代码级的协议分析、网络数据包的监控、软件构造以及对备选设计模型的评估等。

下面，给出网络与通信领域的基本问题。

（1）网络中的数据如何进行交换？

（2）网络性能如何评估？

（3）网络协议如何验证？

（4）网络安全如何保证？

（5）网络构建与操作背后的网络行为和关键原则是什么？

11.　操作系统（OS）

操作系统是对计算机硬件行为的抽象，程序员用它来对硬件进行控制。操作系统还负责管理计算机用户间的共享资源（如文件等）。

本领域的主题解释了影响现代操作系统设计的各种问题。相应的课程还应该包括一个实验部分。

近年来，操作系统及其抽象机制相对于应用软件变得更加复杂，这就要求在系统学习操作系统内部算法实现和数据结构之前，对操作系统有深入的理解。因此操作系统的课程不仅要强调操作系统的使用（外部特性），还要强调它的设计和实现（内部特性）。

操作系统中的许多思想在其他计算机科学领域也有相当广泛的应用，例如并行程序设计、算法设计与实现、虚拟环境的创建、网络高速缓存、安全系统的创建、网络管理等。

下面，给出操作系统领域的基本问题。

（1）在计算机系统操作的每一个级别上，可见的对象和允许进行的操作各是什么？

（2）对于每一类资源，能够对其进行有效利用的最小操作集是什么？

（3）如何组织接口才能使得用户只需与抽象的资源而非硬件的物理细节打交道？

（4）作业调度、内存管理、通信、软件资源访问、并发任务间的通信以及可靠性与安全的控制策略是什么？

（5）通过少数构造规则的重复使用进行系统功能扩展的原则是什么？

12.　基于平台的开发（PBD）

该部分的内容不构成严格意义上的学科分支，它的划分是为了教学上的需要，将软件开发基础（SDF）分支领域中基于指定平台的内容抽取出来，对它进行强调而划分的，其基本的知识单元已在第1章中列出。它的基本问题与软件开发基础分支领域的基本问题相同，本书不再重新给出。

13.　并行与分布式计算（PD）

CC2001将并行性的内容作为选修内容分别穿插在不同的学科领域。CS2013考虑到并行与分布式计算越来越突出的作用，划分了这个新的领域。该领域包括程序设计模板、编程语言、算法、性能、体系结构和分布式系统等内容。并行和分布式计算建立在学科许多分支领域的基础上，包括对基础系统概念的理解，如并发和并行执行、一致性状态、内存操作和延迟。由于进程间的通信和协作根植于消息传递和共享内存模型的计算中，也存在于算法之中，如原子性、一致性以及条件等。因此，要想在实践中提高对该领域的把握，需要先对并发算法、问题分解策略、系统架构、实施策略与性能分析等内容有一个较深入的认知。

下面，给出并行和分布式计算领域的基本问题。

（1）机器的结构如何保证大量处理单元能够有效协同工作最终实现一个计算的并行？

（2）任务如何划分到不同的处理器上执行？

（3）并行算法与分布式算法的性能如何评价？

（4）分布式计算如何组织才能使通过通信网连接在一起的自主计算机参与到一项特定的计算中，如何在计算的过程中保持网络协议、主机地址、带宽和其他使用资源的透明性？

14．程序设计语言（PL）

程序设计语言是程序员与计算机交流的主要工具。一个程序员不仅要至少掌握一种程序设计语言，更要了解各种程序设计语言的不同风格。在工作中，程序员会使用不同风格的语言，也会遇到许多不同的语言。为了迅速掌握一门新语言，程序员必须理解程序设计语言的语义以及在不同的程序设计范式之间设计上的折中。为了理解程序设计语言实用的一面，还要求具有程序设计语言翻译和诸如存储分配等方面的基础知识。

下面给出程序设计语言领域的基本问题。

（1）语言（数据类型、操作、控制结构、引进新类型和操作的机制）表示的虚拟机的可能组织结构是什么？

（2）语言如何定义机器？机器如何定义语言？

（3）什么样的表示法（语义）可以有效地描述计算机应该做什么？

15．软件开发基础（SDF）

CS2013 报告在 CC2001 的基础上，对原报告划分的程序设计基础（PF）领域进行了重组，将关注的内容进一步扩展到整个软件的开发过程中，要求学生在大学一年级就系统地掌握软件开发的基本概念和技巧，包括算法的设计和简单分析、基本程序设计的概念、数据结构和基本的软件开发方法和工具等。

CS2013 报告认为，该领域课程的设计可以相当灵活，报告要求在基本的编程中只强调那些在所有编程范例都常见的基础概念。报告认为，可以综合程序设计语言，算法与复杂性，以及软件工程等多个领域的内容，选择一个或多个编程范例（例如面向对象编程、函数式编程或脚本编程）来说明这些概念。报告建议，将形式化的分析（例如大 O、可计算性）与设计方法（如团队项目、软件生存周期）融入到系列课程中，以形成一个完整的、连贯一致的第一学年的系列课程。

下面，给出软件开发基础领域的基本问题。

（1）对给定的问题，如何进行有效的描述并给出算法？

（2）如何确定算法的复杂度？

（3）如何正确选择数据结构？

（4）如何进行设计、编码、测试和调试程序？

16. 软件工程（SE）

软件工程是一门关于如何有效构建满足用户需求的软件系统所需的理论、知识和实践的学科。软件工程适应各种软件开发，它包含需求分析和规格、设计、构建、测试、运行和维护等软件系统生存周期的所有阶段。

软件工程使用工程化的方法、过程、技术和度量标准。它使用的工具有管理软件开发的工具，软件产品的分析和建模、质量评估和控制工具，确保有条不紊且有控制地实施软件进化和复用的工具。软件可由一个开发者或者一组开发者进行开发，他们需要选择最适合已知开发环境的工具和方法。

质量、进度、成本等软件工程的要素对软件系统的生产都是十分重要的。

下面，给出软件工程领域的基本问题。

（1）程序和程序设计系统发展的原理是什么？

（2）如何证明一个程序或系统满足其规格说明？

（3）如何编写不忽略重要情况且能用于安全分析的规格说明？

（4）软件系统是如何历经不同的各代进行演化的？

（5）如何从可理解性和易修改性着手设计软件？

17. 计算机系统基础（SF）

与基于平台的开发（PBD）领域的划分一样，计算机系统基础（SF）也不构成严格意义上的学科分支，它的划分是为了教学上的需要，将构建应用程序所依赖的底层硬件、软件架构的基础概念抽取出来，为不同专业的学生奠定统一的基础而设置的，其知识单元已在第 1 章中列出。它的基本问题与操作系统、并行分布式系统、通信网络、计算机体系结构等分支领域相关内容的基本问题相同，本书不再重新给出。

18. 社会问题与专业实践（SP）

虽然技术问题是任何计算课程的核心，但其自身并未构成一个完整的教学大纲，学生还必须了解计算的社会和职业问题。

学生还需要了解计算学科本身基本的文化、社会、法律和道德等问题。他们应该知道这个学科的过去、现在和未来，同时也要了解在该学科的发展过程中起着重要作用的哲学问题、技术问题和美学价值观。

学生应该有能力提出关于社会对信息技术的影响问题，以及对这些问题的可能答案进行评价的能力。将来的从业者必须能够在产品进入特定环境以前就能预测可能产生的影响和后果。

最后，学生需要认识到软硬件销售商和用户的权利，还必须遵守相关的职业道德。未来的从业者必须认识到他们承担的责任和失败后可能产生的后果，清楚地认识到他们自身的局限性和工具的局限性。

下面，给出社会问题与专业实践领域的基本问题。

（1）计算学科本身的文化、社会、法律和道德的问题。

（2）有关计算的社会影响问题以及如何评价可能的一些答案的问题。

（3）哲学问题。

（4）技术问题以及美学问题。

2.9　本章小结

计算学科的基本问题，从大的方面来说，就是计算问题，分为可计算问题和不可计算问题。可计算的问题又分为理论上的可计算问题与实际上的可计算问题。理论上的可计算问题涉及算法的空间和时间两方面的复杂性问题。

在计算复杂性理论中，存在 P 类问题、NP 类问题以及神秘的 NP 完全性问题。旅行商问题就是一个 NP 完全性问题，NP 完全性问题从本质上来说是非常难以求解的，对于这类问题，尽管无法找到其有效算法，但实际中提出的问题本身却必须要解决，一个合理的办法就是寻找其启发式算法。

程序是算法的一种描述形式，好的程序应该逻辑正确、结构清晰、朴实无华。

操作系统是计算机系统中最基本的系统软件，它控制和管理计算机系统中的软硬件资源，使之协调工作。要使计算机系统中的软硬件资源得到高效的使用，就会遇到资源共享的问题。

网络协议是计算机网络中的重要组成部分，其内容极其庞杂，为了降低网络的复杂性，计算机网络采用了分层的结构。

图灵测试、西尔勒的"中文屋子"是反映人工智能本质特征的两个著名哲学问题，并被 CC2001 列入本科学位课程必修的主题内容之中。

图灵测试不要求接受测试的思维机器在内部构造上与人脑一样，它只是从功能的角度来判定机器是否能思维，也就是从行为主义这个角度来对"机器思维"进行定义。图灵发表的关于"图灵测试"的论文标志着现代机器思维问题讨论的开始。

计算机中的博弈问题是人工智能领域研究的重点内容之一。其中最具代表性的是双人完备博弈，如国际象棋、西洋跳棋、围棋、中国象棋等。对于任何一种双人完备博弈，都可以用一个博弈树（与或树）来描述，并通过博弈树搜索策略寻找最佳解。

习题 2

2.1　为什么说科学研究是从问题开始的？

2.2　欧拉是如何对"哥尼斯堡七桥问题"进行抽象的？

2.3　简述欧拉回路与哈密尔顿回路的区别。

2.4　判断图 2.14 中哪个存在欧拉路径，哪个存在欧拉回路。

2.5　判断图 2.15 中哪个存在哈密尔顿回路。

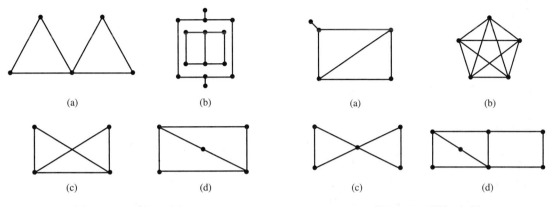

图 2.14　习题 2.4 图　　　　　　　　　　　　　　图 2.15　习题 2.5 图

2.6 　赛纳河流经巴黎的这一段河中有两个岛，河岸与岛间架设了 15 座桥，如图 2.16 所示。问：

（1）能否从某地出发，经过这 15 座桥各一次后再回到出发点？

（2）若不要求回到出发点，能否在一次散步中穿过所有的桥各一次？若行，请将路径写出来。

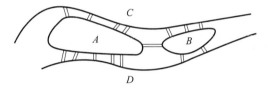

图 2.16　习题 2.6 图

2.7 　以汉诺塔问题为例，说明理论上可行的计算问题实际上并不一定能行。

2.8 　什么是顺序程序设计？什么是并行程序设计？

2.9 　什么是 NP 类问题？举例说明。

2.10 　简述阿姆达尔定律。

*2.11 　对于本质上可以进行并行计算的特定问题（如 Google 的搜索引擎，其计算本质上是并行的，该引擎可以在不同的处理器上运行不同的查询），阿姆达尔定律对这类问题适用吗？

2.12 　请找出合数 41 891 的两个真因子。

2.13 　在一个 RSA 公钥密码系统中，设公钥为（5，91），请对报文 6 加密。

2.14 　在一个 RSA 公钥密码系统中，设私钥为（5，133），请对加密报文 13 解密。

2.15 　在一个 RSA 公钥密码系统中，设公钥为（7，77），请找出其私钥。

2.16 　设 $p = 11$，$q = 13$，$n = 11 \times 13 = 143$，请构建一个 RSA 公钥密码系统，并对报文 9 加密和解密。

2.17 　简述停机问题。

2.18 　判定下面程序是否是自终止的。

```
y = x;
while x not 0 do;
    x = x - 1;
end;
```

```
y = y − 1 ;
while y not 0 do ;
        y = y − 1 ;
end ;
```

2.19 简述找零问题、背包问题与贪婪算法。

2.20 简述两军问题。

2.21 简述互联网软件的分层结构。

2.22 生产者 – 消费者问题和哲学家共餐问题反映的是计算学科中的什么问题？

2.23 用图表示程序的 3 种基本结构。

2.24 GOTO 语句问题的提出直接导致了计算学科哪一个分支领域的产生？

2.25 图灵测试和 "中文屋子" 是如何从哲学的角度反映人工智能本质特征的？

2.26 查资料，了解更多图灵测试的实例，并给出自己设计的一个例子。

2.27 通过 cleverbot 网站，与 cleverbot 计算机对话并分析机器的 "智能"。

2.28 举例说明计算机中的博弈问题。

2.29 为什么说人要在计算能力上超过计算机是不现实的？

2.30 计算复杂性理论告诉我们，若采用某种方法，你无法控制这个问题的复杂性，其实，他人也无法控制这个问题的复杂性。这个结论不仅重要，而且还具有广泛的实际应用价值，请举一个实例说明之。

*2.31 计算机科学各领域包括哪些基本问题？

第 3 章
3 个学科形态

抽象、理论和设计是计算学科中的 3 个学科形态，它反映了人们从感性认识到理性认识，再由理性认识回到实践的认识过程。本章分别从一般科学技术方法论和计算学科的角度对抽象、理论和设计 3 个学科形态进行论述，并以"学生选课"为例，按 3 个学科形态对相关概念进行划分。然后，以计算机语言的发展为主线，介绍学科的相关内容，包括自然语言与形式语言、图灵机和冯·诺依曼计算机、机器指令与汇编语言、计算机的层次结构、虚拟机、高级语言、应用语言和自然语言的形式化问题等。最后，给出计算机科学 14 个分支领域抽象、理论和设计 3 个学科形态的主要内容。

3.1　引言

《计算作为一门学科》报告在确定计算学科二维定义矩阵的"横向"关系时，最初有两种方案：一种是"模型（Model）"与"实现（Implementation）"相对，另一种是"算法（Algorithm）"与"机器（Machine）"相对。

显然，以上两种方案都可以反映计算学科研究的基本内容。但是，在将分支领域有关概念划归到某种形态时，出现了分类界限模糊的问题。后来，专家们认识到，计算学科的基本原理已被纳入理论、抽象和设计 3 个过程中，学科的各分支领域正是通过这 3 个过程来实现它们的目标的。因此，选择 3 个过程作为计算学科二维定义矩阵的"横向"内容，并将其确定为学科的 3 个学科形态，也即从事学科领域工作的 3 种文化方式。

抽象、理论和设计 3 个概念源于一般科学技术方法论，是计算学科中的 3 个最基本概念。为便于理解，我们分别从一般科学技术方法论的角度、计算学科的角度对 3 个学科形态进行论述，并对一个关于"学生选课"实例的相关概念进行学科形态的划分。

3.2　一个关于"学生选课"的例子

众所周知，人类的认识过程是从感性认识到理性认识，再回到实践中去的过程。感性认识是采用一定的方式，以可感知的文字或图形等形式对客观事物的特征进行描述，并通过构建模型而实现。感性认识包括两个方面的内容：一方面是感性认识的认识方法（或工具）的建立，另一方面是采用已建立起来的认识方法来实现对客观世界的感性认识。

在计算领域，感性认识、理性认识、实践分别与更为具体的抽象、理论和设计 3 个学科形态相比应。

下面举一个"学生选课"的例子，为计算机初学者学习和掌握学科方法论中最基本的内容——感性认识（抽象）、理性认识（理论）和实践（设计）的学习做一个铺垫。

例 3.1　现给出"学生"和"课程"两个实体，它们的联系为：一个学生可以选修若干门课程，每门课程可以被任一学生选修。请建立一个信息管理系统，以实现对"学生选课"这一信息的管理。

3.2.1　对例子的感性认识

1. 概念模型

概念模型用于信息世界的建模，是从客观世界到信息世界的抽象。概念模型中的主要概念有实体、属性、码、域、联系等。

实体：客观存在并可相互区别的事物。

属性：实体所具有的某一种特性。

码：能唯一标识实体的属性集。

域：属性的取值范围。

联系：指不同实体集之间的联系。两个实体之间的联系分为：一对一（$1:1$）、一对多（$1:n$）和多对多（$n:m$）3 类。

2. E - R 模型

在计算学科发展的过程中，为了实现对客观世界的感性认识，人们创造了不少认识客观世界的方法，这些方法极大地促进了人们对客观世界的认识。在数据库领域中，最常用的抽象方法有 E - R 方法（Entity-Relationship Approach），它是美籍华人陈平山（Peter Pingshan Chen）在 1976 年提出的，是一种用实体和实体之间的联系来描述客观世界并建立概念模型的抽象方法，该方法也被称为实体 – 联系模型（或 E - R 图）。

在 E - R 图中，实体用矩形表示，属性用椭圆形表示，联系用菱形表示，菱形框内写明联系名，并用无向边分别与有关实体连接起来，同时在无向边旁标上联系的类型（$1:1$，$1:n$，$n:m$），若一个联系也有属性，则这些属性也要用无向边与该联系连接起来。

要实现对客观事物的感性认识，必须将客观世界（在例中客观世界就是"学生选课"）抽象为信息世界。

下面用 E - R 图来建立"学生选课"的概念模型（如图 3.1 所示）。

3. 关系模型

概念模型不是机器世界支持的数据模型，而是客观世界到机器世界的一个中间层次，因此，它还需要转换成机器世界能支持的数据模型。在数据库领域中，数据库管理系统（DBMS）能支持的数据模型有层次、网状、关系以及面向对象等数据模型。

本书只讨论最常用的关系模型。下面再将例子的概念模型转变为关系数据库管理系统（RDBMS）所支持的数据模型，即关系模型。

关系模型支持的是一种二维表结构的数据模型，它由关系数据结构、关系数据操作和关系数据的完整性约束条件 3 部分组成。其中，关系就是一张二维表。在关系模型中，客观世界的实体以及实体之间的各种联系均用关系来表示。常用的关系操作有选择、投影、连接、并、交、差等查询操作以及更新操作。关系模型有 3 类完整性约束条件：实体完整性、参照完整性和用户定义的完整性。

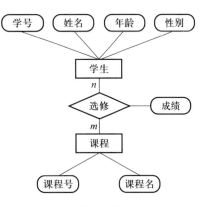

图 3.1　学生选课 E－R 图

根据概念模型向关系模型的转换规则，例子的概念模型（E－R 图）可以转换为下面的关系模型（关系的码用下画线标出）：

学生（<u>学号</u>，姓名，年龄，性别）

课程（<u>课程号</u>，课程名）

学生选课（<u>学号</u>，<u>课程号</u>，成绩）

将概念模型直接转换成关系模型还不能说完全达到了对"学生选课"这一客观世界的理性认识，换言之，就是所转换的关系模型有可能还存在问题。

3.2.2　对例子的理性认识

1. 感性认识中存在的问题

在学生（<u>学号</u>，姓名，年龄，性别）关系中增加系名、系主任等属性时，即学生关系变为（<u>学号</u>，姓名，年龄，性别，系名，系主任）时，便开始出现以下问题。

（1）一个系刚成立，系主任已确定，但还未招学生时无法将系名和系主任的名字插入到数据库中（学生实体中学号为码，码不能缺），从而造成插入异常。

（2）当一个系的学生全部毕业，删除所有毕业生时，系名和系主任的名字也就删除了，从而造成删除异常。

（3）假若一个系有 1 000 个学生，由于一个学生对应一个系名和系主任的名字，则该系名和系主任的名字要重复 1 000 次，冗余太大。

要解决以上一系列问题，必须使问题形式化，即内容与形式要分开。下面给出关系模式的形式化定义，并在形式化的基础上讨论与上面问题有关的第一范式（1NF）、第二范式（2NF）

和第三范式（3NF）等内容。

2. 关系模式的形式化定义

关系模式（R）是一个四元组，即

$$R = <U, D, \text{dom}, F>$$

其中，

U 表示关系中所有属性的集合，

D 表示属性集合 U 中属性所来自的域，

dom 是属性到域的映射，

F 是属性集合 U 上的一组数据依赖。

由于 D、dom 与模式设计关系不大，因此，可以将关系模式简单地表示为一个二元组 $R = <U, F>$。

1NF 的定义：作为一张二维表的关系，每一个分量必须是不可再分的数据项，满足这个条件的关系模式就属于 1NF。

2NF 的定义：若 $R \in 1NF$，且每一个非主属性不存在对码的部分函数依赖，则 $R \in 2NF$。在定义中，非主属性为不属于码的那些属性。

3NF 的定义：若 $R \in 2NF$，且每一个非主属性不存在对码的传递函数依赖，则 $R \in 3NF$。

3. 对"例子"问题的理性认识

显然例子最初是属于 1NF、2NF、3NF 的，但是当在学生属性集 U 中增加系名和系主任后，就出现了这样的传递函数依赖：学号（码）→系名，系名→系主任。因此，它就不属于 3NF 了。

不属于 3NF 的所有关系模型都会出现插入异常、删除异常和冗余的问题。因此，还必须依靠分解算法对模式进行分解，并满足 3NF 的要求。基于数据依赖理论，可以完成模式的分解任务。就例子而言，可以再划分一个关系，即系（系号，系名，系主任名），从而满足了关系模式规范化的要求，实现了对例子的理性认识。

从概念模型向关系模型的转换是认识过程由感性认识（抽象）上升到理性认识（理论）的过程，这个过程包含两方面的内容：一方面是有关理论的建立；另一方面基于理论，在具体的设计中实现对客观世界的理性认识。前者是对科学研究而言的，而后者是对工程设计而言的。

3. 2. 3 "学生选课"系统的设计

在前面的例子中，在关系数据理论的基础上建立起正确的关系模型后，还要根据具体的关系数据库管理系统（如 Oracle、Informix、SyBase、FoxPro 等）对该模型进行定义，然后经过计算机处理，便可进行有关数据的输入、修改和查询工作。

下面给出定义该模型的 SQL 语句：

```
CREATE TABLE STUDENT
```

```
    (SNO      CHAR (9) NOT NULL,
     SN       CHAR (16),
     SAGE     INT,
     SEX      CHAR (1));
CREATE TABLE COURSE
    (CNO      CHAR (6) NOT NULL,
     CN       CHAR (22));
CREATE TABLE SC
    (SNO      CHAR (9) NOT NULL,
     CNO      CHAR (6),
     GRADE INT );
CREATE TABLE DEPARTMENT
    (DNO      CHAR (9) NOT NULL,
     DN       CHAR (16),
     DEAN   CHAR (8));
```

以上语句为 SQL 语言的标准语句，可在任何支持 SQL 标准的数据库系统中运行，系统运行这些语句后，就将以上 3 个表的有关定义和约束条件存放在数据库的数据字典中，供系统调用。接下来，便可以进行数据的输入、修改和查询，从而完成对"学生选课"的管理。下面介绍一个简单的查询：查询选修了"数据库"课程，并且成绩在 90 分以上的所有学生的学号和姓名。

```
SELECT SNO, SN
    FROM STUDENT, SC, COURSE
    WHERE STUDENT. SNO = SC. SNO AND SC. CNO = COURSE. CNO
    AND CN ='数据库' AND GRADE > 90;
```

系统运行以上语句后，即可在屏幕上显示所求的结果。

以上"学生选课"管理系统的研制过程蕴含了人们对客观世界从感性认识（通过 E - R 图，实现对例子的抽象）到理性认识（在关系数据理论的基础上，通过建立更为适合的关系模型而实现对例子的理性认识），再由理性认识回到实践（在实现对"例子"的感性认识和理性认识后，编写程序完成"学生选课"管理信息系统的工作）中来的科学思维方式。

对"学生选课"这个简单例子的分析有助于人们从工程设计这个角度来理解后面要介绍的计算学科中有关抽象、理论和设计 3 个过程的内容。

下面分别从一般科学技术方法论的角度、计算学科的角度，对抽象、理论和设计 3 个过程（或 Paradigm，即形态）进行论述，最后给出有关实例及 3 个过程（形态）的主要内容和简要分析，以加深读者对 3 个过程（形态）的理解。

3.3 抽象形态

1. 一般科学技术方法论中的抽象形态

在一般科学技术方法论中，科学抽象是指在思维中对同类事物去除其现象的、次要的方面，抽取其共同的、主要的方面，从而做到从个别中把握一般，从现象中把握本质的认知过程和思维方法。科学抽象是科学认识由感性认识向理性认识飞跃的决定性环节。

抽象源于现实世界、源于经验，是对现实原形的理想化，尽管理想化后的现实原形与现实事物有了质的区别，但它们总是现实事物的概念化，有现实背景，从严格意义上来说还是粗糙的、近似的。因此，要实现对事物本质的认识还必须通过经验与理性的结合，完成从抽象到抽象的升华。尽管科学抽象还有待升华，但它仍然是科学认识的基础和决定性环节。

学科中的抽象形态包含着具体的内容，它们是学科中所具有的科学概念、科学符号和思想模型。

2. 计算学科中的抽象形态

理论、抽象和设计是计算学科的 3 种主要形态（或称文化方式），它为我们提供了定义计算学科的条件。按客观现象的研究过程，抽象形态包括以下 4 个步骤的内容。

（1）形成假设。

（2）建造模型并做出预测。

（3）设计实验并收集数据。

（4）对结果进行分析。

3. 例子中有关抽象形态的主要内容及其简要分析

在"学生选课"例子中，有关抽象形态的内容可以用集合的方式表示为：

$A = \{$学生，属性，码，关系，学号，姓名，年龄，性别，课程，课程号，课程名，成绩，E – R 图，"学生选课"E – R 图，关系模型，"学生选课"关系模型……$\}$

对"学生选课"问题的抽象（感性认识）就是通过建立"学生选课"的 E – R 模型和关系模型来实现的，这一步是实现"学生选课"系统的关键。

3.4 理论形态

1. 一般科学技术方法论中的理论形态

科学认识由感性阶段上升为理性阶段，就形成了科学理论。科学理论是经过实践检验的系统化了的科学知识体系，它是由科学概念、科学原理以及对这些概念、原理的理论论证所组成的体系。

理论源于数学，是从抽象到抽象的升华，它们已经完全脱离现实事物，不受现实事物的限制，具有精确的、优美的特征，因而更能把握事物的本质。

2．计算学科中的理论形态

在计算学科中，从统一合理的理论发展过程来看，理论形态包括以下 4 个步骤的内容。

（1）表述研究对象的特征（定义和公理）。

（2）假设对象之间的基本性质和对象之间可能存在的关系（定理）。

（3）确定这些关系是否为真（证明）。

（4）结论。

3．例子中有关理论形态的主要内容及简要分析

在与"学生选课"例子有关的关系数据库领域中，理论形态的主要内容可以用集合的方式表示为：

$$T = \{关系代数，关系演算，数据依赖理论……\}$$

基于数据库理论，人们就可以在"学生选课"关系模型（感性认识）的基础上，达到对"学生选课"问题的理性认识，为"学生选课"管理系统的设计奠定基础。

3.5 设计形态

1．一般科学技术方法论中的设计形态

1）设计形态与抽象、理论两个形态存在的联系

设计源于工程并用于系统或设备的开发，以实现给定的任务。

（1）设计形态（技术方法）和抽象、理论两个形态（科学方法）具有许多共同的特点。设计作为变革、控制和利用自然界的手段，必须以对自然规律的认识为前提（可以是科学形态的认识，也可以是经验形态的认识）。

（2）设计要达到变革、控制和利用自然界的目的，必须创造出相应的人工系统和人工条件，还必须认识自然规律在这些人工系统中和人工条件下的具体表现形式。所以，科学认识方法（抽象、理论两个形态）对具有设计形态的技术研究和技术开发是有作用的。

2）设计形态的主要特征与抽象、理论两个形态的主要区别

（1）设计形态具有较强的实践性。

（2）设计形态具有较强的社会性。

（3）设计形态具有较强的综合性。

2．计算学科中的设计形态

在计算学科中，从为解决某个问题而实现系统或装置的过程来看，设计形态包括以下 4 个

步骤的内容。

（1）需求分析。

（2）建立规格说明。

（3）设计并实现该系统。

（4）对系统进行测试与分析。

设计、抽象和理论 3 个形态针对具体的研究领域均起作用，在具体研究中，就是要在其理论的支撑下，运用其抽象工具进行各种设计工作，最终的成果将是计算机的软硬件系统及其相关资料（如需求说明、规格说明和设计与实现方法说明等）。

3．例子中有关设计形态的主要内容及简要分析

在关系数据库中，有关设计形态的内容是指：基于关系数据库理论，运用一定的抽象工具（如 E－R 图等）进行的各种设计工作。最终的内容包括 Oracle、Informix、SyBase、FoxPro 等各种关系数据库管理系统软件、应用软件（具体的管理信息系统）以及相关资料（如需求说明、规格说明和设计与实现方法说明等资料）。

在"学生选课"一例中，有关设计形态的内容是指：基于数据库理论，运用 E－R 图和关系模型，实现对例子的感性认识和理性认识，最后借助某种关系数据库管理系统（如 Oracle 等），实现"学生选课"应用软件的编制。最终成果是"学生选课"应用软件以及相关资料（如需求说明书）。

就例子而言，其内容可以用集合的方式表示为：

$D =$ ｛"学生选课"应用软件，"学生选课"需求说明书……｝

3.6   3 个学科形态的内在联系

1．一般科学技术方法论中 3 个学科形态的内在联系

在一般科学技术方法论中，抽象、理论和设计 3 个学科形态蕴含着人类认识过程中的两次飞跃：一次是从物质到精神，从实践到认识的飞跃。这次飞跃包括两个决定性的环节：一个是科学抽象，另一个是科学理论。科学抽象是科学认识由感性阶段向理性阶段飞跃的决定性环节，当科学认识由感性阶段上升为理性阶段时，就形成了科学理论。

第二次飞跃是从精神到物质，从认识到实践的飞跃。这次飞跃的实质对技术学科（计算学科就是一门技术学科）而言，其实就是基于理论的认知，以抽象的成果为工具来完成各种设计工作。在设计（实践）工作中，又将遇到很多新的问题，从而又促使人们在新的起点实现认识过程的新飞跃。

3 个学科形态是有内在联系的，但不是说，某人构建了一个符合逻辑的理论，别人就一定要采用。在具体的实践（设计）过程中，人们会遇到很多相关的理论，用哪些理论，用多少，

要根据具体的情况，由实践者决定。

2. 计算学科中3个学科形态的内在联系

众所周知，在人类社会实践中，认识（Cognition）和实践（Practice）是两个最基本的概念。相对而言，在计算领域，"认识"指的是学科中的抽象（Abstraction）过程和理论（Theory）过程，"实践"指的是学科中的设计（Design）过程。显然，抽象、理论和设计构成了计算学科最基本的概念。

（1）抽象源于现实世界，它的研究内容表现在两个方面：一方面是建立对客观事物进行抽象描述的方法；另一方面是要采用现有的抽象方法，建立具体问题的概念模型，从而实现对客观世界的感性认识。

抽象（建模）是自然科学的根本。科学家们认为，科学的进展过程主要是首先形成假说，然后系统地按照建模过程对假说进行验证和确认取得的。

（2）理论源于数学，它的研究内容也表现在两个方面：一方面是建立完整的理论体系；另一方面是在现有理论的基础上，建立具体问题的数学模型，从而实现对客观世界的理性认识。

理论是数学的根本。应用数学家们认为，科学的进展都建立在数学的基础之上。

（3）设计源于工程，它的研究内容同抽象、理论一样，也表现在两个方面：一方面是在对客观世界的感性认识和理性认识的基础上完成一个具体的任务；另一方面是要对工程设计中所遇到的问题进行总结，提出问题，让人们去求解、去探索。同时，也要将工程设计中所积累的经验和教训进行总结，最后形成方法（如计算机组成结构的设计方法：冯·诺依曼计算机），便于以后的工程设计。

设计是工程的根本。工程师们认为，工程的进展主要是通过提出问题并系统地按照设计过程，通过建立模型而加以解决的。

抽象、理论和设计3个学科形态的划分有助于我们正确地理解学科3个形态的地位和作用。在计算学科中，人们还完全可以从抽象、理论和设计3个形态出发独立地开展工作，这种工作方式可以使研究人员将精力集中在所关心的学科形态中（如计算机科学侧重理论和抽象形态，计算机工程侧重设计和抽象形态），从而促进计算理论研究的深入和计算技术的发展。

3. 关系数据库领域中3个学科形态的内在联系

1）"学生选课"例子中3个学科形态的内在联系

就"学生选课"例子而言，其3个学科形态的内在联系可以用关系 R 的形式来表示。

- （学号，学号）$\in R$。"学号"当然与"学号"（自身）有关系，满足自反性。
- （"学生选课"应用软件，"学生选课"应用软件）$\in R$。满足自反性。
- （"学生选课"应用软件，"学生选课" E－R 图）$\in R$。"学生选课"应用软件属于学科设计形态方面的内容，"学生选课" E－R 图属于学科抽象形态方面的内容。在"学生选课"应用软件的设计中，首先要对问题有感性认识，即抽象（如"学生选课" E－R 图、"学生选课"关系模型等），故"学生选课"应用软件和"学生选课"E－R图有关系。

- （"学生选课"应用软件，数据依赖理论）$\in R$。数据依赖理论属于学科理论形态方面的内容。正如3.2.2节所指出的那样，当增加某些字段时，例子中的关系模型将出现问题，解决例子中的这些问题应在数据依赖理论的基础上进行，故"学生选课"应用软件和数据依赖理论有关系。

- （关系代数，关系模型）$\in R$。作为理论形态的"关系代数"是建立在关系模型的基础上进行研究的，故两者有内在关系。

……

2）与例子有关的3个学科形态内在联系的分析

关系模型是数据库中最常用的数据模型，"学生选课"例子采用的数据模型就是关系模型，关系数据库是数据库领域中最基本的内容，下面对与例子有关的3个学科形态内在联系进行分析。

20世纪90年代以来，数据库系统在传统关系数据库的基础上采用了C/S模式，这种模式使数据和应用程序分别存放在网络环境中的服务器和客户机上。客户端的客户程序通过ODBC与服务器上的关系数据库相连，在客户端采用面向对象思想（一种抽象方法）编制应用程序，弥补了传统关系数据库不能用面向对象方法描述客观世界的局限性，为数据库应用系统的开发创造了更好的条件。

然而，在实际应用中，还存在一些问题。例如，由于面向对象建模语言种类繁多、内容繁杂、难学难教，从而对使用者的素质要求较高；另外，面向对象建模语言的语言体系结构、语义等方面还存在理论上的缺陷。这就要求人们在现有基础上去创建更加完善的抽象工具和理论体系；另一方面，需要人们充分利用现有的抽象工具抽象现实世界的本质特性，并基于现有的理论，更好地完成工程设计的要求。

显然，关系数据库中的抽象、理论和设计3个过程的互为作用在一定程度上推动了数据库（至少是关系数据库）领域的发展。

3.7　计算机语言的发展及其3个学科形态的内在联系

计算机语言在计算学科中占有特殊的地位，它是计算学科中最富有智慧的成果之一，它深刻地影响着计算学科各个领域的发展。不仅如此，计算机语言还是程序员与计算机交流的主要工具。因此可以说，如果不了解计算机语言，就谈不上对计算学科的真正了解。

下面从自然语言与形式语言、图灵机与冯·诺依曼计算机、机器指令与汇编语言、计算机的层次结构、虚拟机的意义和作用、高级语言、应用语言和自然语言的形式化问题等方面介绍计算机语言的发展历程及其在抽象、理论和设计3个学科形态取得的主要成果，从而揭示计算机语言发展过程中3个学科形态的内在联系。

3.7.1　自然语言与形式语言

科学思维是通过可感知的语言（符号、文字等）来完善并得以显示的，否则，人们将无法使自己的思想清晰化，更无法进行交流和沟通。

1. 自然语言的定义

人类的语言（文字）是人类最普遍使用的符号系统。其最基本、最普遍的形式是自然语言符号系统。自然语言是某一社会发展中形成的一种民族语言。例如，汉语、英语、法语和俄语等。

2. 自然语言符号系统的基本特征

（1）歧义性。

（2）不够严格和不够统一的语法结构。

下面用语言学家吕叔湘先生给出的两个例子来说明自然语言的歧义性问题。

例 3.2　他的发理得好。

这个例子至少有两种不同的解释：

① 他的理发水平高。

② 理发师理他的发理得好。

例 3.3　他的小说看不完。

这个例子至少有 3 种不同的解释：

① 他写的小说看不完。

② 他收藏的小说看不完。

③ 他是一个小说迷。

3. 高级语言的歧义性问题

自然语言的语义有歧义性问题，高级程序设计语言其实也有语义的歧义性问题，下面给出一个典型的关于语义问题的例子。

例 3.4　IF（表达式 1）THEN IF（表达式 2）THEN　语句 1　ELSE　语句 2。

这个例子至少有两种不同的解释：

① IF（表达式 1）THEN（IF（表达式 2）THEN　语句 1　ELSE　语句 2）。

② IF（表达式 1）THEN（IF（表达式 2）THEN　语句 1）ELSE　语句 2。

显然，自然语言和高级程序设计语言都存在歧义性的问题，只不过，高级程序设计语言存在较少的歧义性而已，而要用计算机对语言进行处理，则必须解决语言的歧义性问题，否则，计算机就无法进行判定。

4. 形式语言

随着科学的发展，人们在自然语言符号系统的基础上，逐步建立起了人工语言符号系统（也称科学语言系统），即各学科的专门科学术语（符号），使语言符号保持其单一性、无歧义性和明确性。

　　人工语言符号系统发展的第二阶段叫形式化语言，简称形式语言。形式语言是进行形式化工作的元语言，它是以数学和数理逻辑为基础的科学语言。

　　5．形式语言的基本特点

　　（1）有一组初始的、专门的符号集。

　　（2）有一组精确定义的，由初始的、专门的符号组成的符号串转换成另一个符号串的规则。在形式语言中，不允许出现根据形成规则无法确定的符号串。

　　6．形式语言的语法

　　形式语言中的转换规则被称为形式语言的语法。语法不包含语义，它们是两个完全不同的概念。在一个给定的形式语言中，可以根据需要，通过赋值或模型对其进行严格的语义解释，从而构成形式语言的语义。在形式语言中，语法和语义要进行严格的区分。下面给出几个例子，以加深读者对形式语言的理解。

　　例 3.5　语言 W 定义为：

　　初始符号集：{a，b，c，d，e}。形成规则：上述符号组成的有限符号串中，能组成一个英语单词的为一个公式，否则不是。

　　问：W 是否为一种形式语言？

　　答：不是。因为，根据形成规则，无法精确地定义转换规则。原因：形成规则（语法）中包含了语义。

　　例 3.6　语言 X 定义为：

　　初始符号集：{a，b，c，d，e，(，)，+，-，×，÷}。形成规则：上述符号组成的有限符号串中，构成表达式的为一个公式，否则不是。

　　问：X 是否为一种形式语言？

　　答：不是。原因：与例 3.5 相同。

　　例 3.7　语言 Y 定义为：

　　初始符号集：{a，b，c，d，e，(，)，+，-，×，÷}。形成规则：上述符号组成的有限符号串中，凡以符号"（"开头且以"）"结尾的符号串都是公式。

　　问：Y 是否为一种形式语言？

　　答：不是。因为，根据形成规则，无法对不是以符号"（"开头且以"）"结尾的符号串进行判定，例如，(a+b)×c。

　　例 3.8　语言 Z 定义为：

　　初始符号集：{a，b，c，d，e，(，)，+，-，×，÷}。形成规则：上述符号组成的有限符号串中，凡以符号"（"开头且以"）"结尾的符号串都是公式，否则不是。

　　问：Z 是否为一种形式语言？

　　答：是。

　　由于技术科学（计算学科主要是一门技术科学）的语言从类型上说基本上是描述性、断定性而非评论性的，在描述性语言中又以分析陈述为主，这样技术科学就更有可能充分运用形式语言来表达自己深刻而复杂的内容，并进行演算化的推理。

计算机语言是一种形式语言。讲到计算机语言，就不可避免地要涉及支撑语言的计算机，而计算机的诞生又与形式化研究的进程息息相关。其实，不论是计算机语言还是数字计算机，它们都是形式化的产物。

3.7.2　图灵机与冯·诺依曼计算机

在关于形式化研究进程方面，在哥德尔（K. Gödel）"不完备性定理"的影响下，图灵通过对人的计算过程的哲学分析，描述了计算一个数的过程，得出后来以他名字命名的通用计算机概念。由于图灵对计算科学所做出的杰出贡献，ACM 于 1966 年设立了以图灵名字命名的计算机科学大奖——图灵奖，以纪念这位杰出的科学家。后人也将图灵誉为计算机科学之父。

1．图灵机

1）图灵机及其他计算模型

根据图灵的观点可以得到这样的结论：凡是能用算法方法解决的问题，也一定能用图灵机解决；凡是图灵机解决不了的问题，任何算法都解决不了。

今天我们知道，图灵机与当时提出的用于解决可计算问题的递归函数、λ 演算和 POST 规范系统等计算模型在计算能力上是等价的。它们于 20 世纪 30 年代共同奠定了计算科学的理论基础。相比于其他几种计算模型，图灵机是从过程这一角度来刻画计算的本质，其结构简单，操作运算规则也较少，从而为更多的人所理解。

2）图灵机的特征

（1）图灵机由一条两端可无限延长的带子、一个读写头以及一组控制读写头工作的命令组成，如图 3.2 所示。图灵机的带子被划分为一系列均匀的方格。读写头可以沿带子方向左右移动，并可以在每个方格上进行读写。

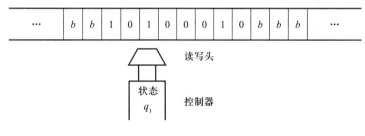

图 3.2　图灵机

（2）写在带子上的符号为一个有穷字母表：$\{S_0，S_1，S_2，\cdots，S_p\}$。通常，可以认为这个有穷字母表仅有 S_0、S_1 两个字符，其中 S_0 可以看作是 "0"，S_1 可以看作是 "1"，它们只是两个符号，要说有意义的话，也只有形式的意义。大家知道，由字符 "0" 和 "1" 组成的字符串可以表示任何一个数。由于 "0" 和 "1" 只有形式的意义，因此，也可以将 S_0 改称为 "白"，S_1 改称为 "黑"，甚至，还可以改称为 "桌子" 和 "老虎"，这样改称的目的在于割断与直觉的联系，并加深对布尔域中的值 ｛真，假｝ 以及二进制机器本质的理解。

（3）机器的控制状态表为：｛q_1，q_2，$\cdots$，q_m｝。通常，将一个图灵机的初始状态设为 q_1，在每一个具体的图灵机中还要确定一个结束状态 q_w。

一个给定机器的"程序"认为是机器内的五元组（$q_i S_j S_k R q_l$）、（$q_i S_j S_k L q_l$）或（$q_i S_j S_k N q_l$）形式的指令集，五元组定义了机器在一个特定状态下读入一个特定字符时所采取的动作。5 个元素的含义如下：

q_i 表示机器目前所处的状态，

S_j 表示机器从方格中读入的符号，

S_k 表示机器用来代替 S_j 写入方格中的符号，

R、L、N 分别表示向右移一格、向左移一格、不移动，

q_l 表示下一步机器的状态。

3）图灵机的工作原理

机器从给定带子上的某起始点出发，其动作完全由其初始状态及机内五元组来决定。就某种意义而言，一个机器其实就是它作用于纸带上的五元组集。

一个机器计算的结果是从机器停止时带子上的信息得到的。容易看出，$q_1 S_2 S_2 R q_3$ 指令和 $q_3 S_3 S_3 L q_1$ 指令如果同时出现在机器中，当机器处于状态 q_1，第一条指令读入的是 S_2，第二条指令读入的是 S_3，那么机器会在两个方格之间无休止地工作。

另外，如果 $q_3 S_2 S_2 R q_4$ 和 $q_3 S_2 S_4 L q_6$ 指令同时出现在机器中，当机器处于状态 q_3 并在带子上扫描到符号 S_2 时，就产生了二义性的问题，机器就无法判定。

以上两个问题是进行程序设计时要注意避免的问题。

4）实例

例3.9 设 b 表示空格，q_1 表示机器的初始状态，q_4 表示机器的结束状态，如果带子上的输入信息是 10100010，读写头对准最右边第一个为 0 的方格，状态为初始状态 q_1。按照以下规则执行之后，输出正确的计算结果。

计算的规则如下：

$q_1 \ 0 \ 1 \ L \ q_2$

$q_1 \ 1 \ 0 \ L \ q_3$

$q_1 \ b \ b \ N \ q_4$

$q_2 \ 0 \ 0 \ L \ q_2$

$q_2 \ 1 \ 1 \ L \ q_2$

$q_2 \ b \ b \ N \ q_4$

$q_3 \ 0 \ 1 \ L \ q_2$

$q_3 \ 1 \ 0 \ L \ q_3$

$q_3 \ b \ b \ N \ q_4$

计算过程如下：

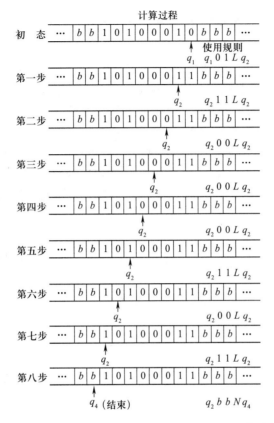

显然，最后的结果是 10100011，即对给定的数加 1。其实，以上命令计算的是这样一个函数：$S(x) = x + 1$。当没有输入时，即初始状态所指的方格为空格（b）时，不改变空格符，读写头不动并停机。

现在，尽管我们仅给出了图灵机的非形式化描述，但也不难理解图灵机作为一个数学机器的事实。

5）小结

图灵机不仅可以计算 $S(x) = x + 1$（后继函数），显然还可以计算 $N(x) = 0$（零函数），甚至 $U_i(n)(x_1, x_2, \cdots, x_n) = x_i$，$1 \leqslant i \leqslant n$（投影函数）以及这 3 个函数的任意组合。从递归论中，我们知道这 3 个函数属于初始递归函数，而任何原始递归函数都是从这 3 个初始递归函数经有限次的复合、递归和极小化操作得到的。从可计算理论中，我们知道每一个原始递归函数都是图灵机可计算的。

尽管图灵机就其计算能力而言，可以模拟现代任何计算机，甚至图灵机还蕴含了现代存储程序式计算机的思想（图灵机的带子可以看作是具有可擦写功能的存储器），但是，它毕竟不同于实际的计算机，在实际计算机的研制中，还需要有具体的实现方法与实现技术。

2. 冯·诺依曼计算机

1946 年 2 月 14 日，世界上第一台数字电子计算机 ENIAC 在美国宾夕法尼亚大学研制成功。

研制组的主要成员有：总设计师为 36 岁的莫奇利（J. Mauchly）副教授；解决工程技术问题的是 24 岁的电气工程师埃克特（P. Eckert）；设计乘法器等大型逻辑元件的是勃克斯（A. Burks）；协调项目进展的是美国弹道实验室的军方负责人戈德斯坦（H. Glodstine）中尉；项目负责人是莫尔学院资深教授勃雷纳德（J. Brainerd）。

ENIAC 是第一台使用电子线路来执行算术和逻辑运算以及信息存储的真正工作的计算机器，它的成功研制显示了电子线路的巨大优越性。但是，ENIAC 的结构在很大程度上是依照机电系统设计的，还存在重大的线路结构等问题。在图灵等人工作的影响下，1946 年 6 月，美国杰出的数学家冯·诺依曼（V. Neumann）等人完成了关于《电子计算装置逻辑结构设计》的研究报告，具体介绍了制造电子计算机和程序设计的新思想，给出了由存储器、控制器、运算器、输入和输出设备等 5 个基本部件组成的被称为冯·诺依曼计算机（单指令顺序存储程序式计算机）的体系结构（如图 3.3 所示）及其实现方法，为现代计算机的研制奠定了基础。至今为止，大多数计算机采用的仍然是冯·诺依曼计算机的体系结构，只是做了一些改进而已。因此，冯·诺依曼被人们誉为"计算机器之父"。

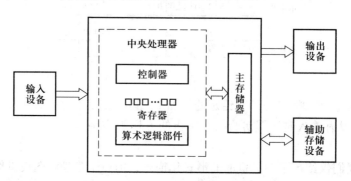

图 3.3　冯·诺依曼计算机的体系结构

（1）存储器。存储器（Memory）是用来存储数据的器件，它分成很多存储单元，并按一定的方式进行排列。每个单元都编了号，称为存储地址。

存储器分为两类：一类是主存储器（主存）或内存储器（内存），另一类是辅助存储器（辅存）或外存储器（外存）两大类。

主存一般安装在主机板上，根据材料和工作原理的不同，主存又可分为随机存储器（Random Access Memory，RAM）和只读存储器（Read-Only Memory，ROM）。前者可随时读写信息，关机后，信息消失；后者存储系统的固有程序和数据，一般作为引导系统的一部分，信息只能读不能写，关机后信息不消失。

外存一般安装在主机板之外，如硬盘就是一种常用的外存。外存上的信息可长久保存，但是这些信息必须在读入主存后才能被控制器和运算器使用。

（2）运算器和控制器。算术逻辑单元（Arithmetical and Logical Unit，ALU）也称运算器，它由很多逻辑电路组成，是计算机中进行算术逻辑运算的部件。控制器（Control Unit，CU）由时序电路和逻辑电路组成，是整个计算机的指挥中心，负责对指令进行分析，并根据指令的要求向各部件发出控制信号，使计算机的各部件协调一致地工作。

运算器和控制器一般都做在一个集成块中，合称为中央处理机（Central Processing Unit，CPU）。于是，计算机中的各种控制和运算都由 CPU 来完成，因此，人们把 CPU 称为计算机的"心脏"。

为了保存临时数据，CPU 包含了自己的存储单元，称为寄存器（Register）。寄存器又分为通用寄存器和特殊寄存器。

为了传递数据，CPU 与主存之间用一个称为总线（Bus）的导线组（含数据总线、地址总线和控制总线）进行连接（如图 3.4 所示）。利用总线，CPU 中的控制单元可以将内存中的数据移入寄存器中，也可以将寄存器中的数据移到主存中。一次总线操作中通过总线传送的数据位数（bit）称为总线的宽度，它是计算机性能评价的一个重要指标，并常与微处理器的字长相一致（如 Intel 8086 微处理器字长 16 位，总线宽度也是 16 位）。

在算术逻辑单元中，一般有若干通用寄存器用来临时存放数据。在控制单元中，则有两个特殊的寄存器：一个是程序计数器，另一个是指令寄存器。程序计数器用来存放下一条指令的存储地址，指令寄存器存放当前正在执行的指令。

（3）输入设备和输出设备。输入和输出设备是人与计算机进行交互的两大部件，一类是将信息输入计算机，一类是将信息输出计算机。

常用的输入设备有键盘、鼠标、扫描仪等。常用的输出设备有打印机、显示器、绘图仪等。而磁记录设备既可以当作输入设备又可以当作输出设备。

3．基于冯·诺依曼计算机体系结构的程序执行

在早期计算机设计中，人们认为程序与数据是两种完全不同的实体。于是，自然将程序与数据分离，数据存放在存储器中，程序则作为控制器的一个组成部分（如外插型的程序）。这样，每执行一个程序都要对控制器进行设置（如在 ENIAC 中，编制一个解决小规模问题的程序，就要在 40 多块几英尺长的插接板上插上几千个带导线的插头）。显然，这样的机器效率不仅低，并且灵活性也很差。

冯·诺依曼计算机的体系结构（即存储程序式计算机的体系结构）则是将程序与数据一样看待，对程序像数据那样进行适当的编码，然后与数据一起共同存放在存储器中。这样，计算机就可以通过改变存储器中的内容对数据进行操作。从原来对程序和数据的严格区别到一样看待，这个观念上的转变是计算机史上的一场革命，它反映的正是计算的本质，即符号串的变化。

借鉴 J. Glenn Brookshear 的思想，本书给出一个取名为 Vcomputer 的基于冯·诺依曼的计算机器，以加深读者对存储程序式计算机体系结构的理解。

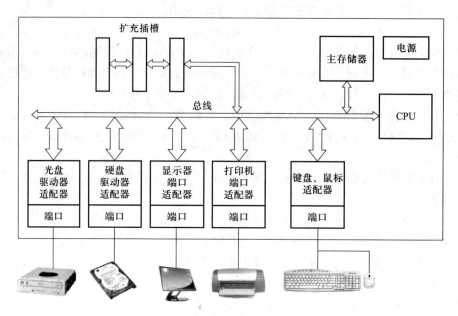

图 3.4　基于总线的计算机系统的硬件组成

（1） Vcomputer 机器的结构和指令。该机器有 256 个主存单元（分别用十六进制 0 ~ FF 表示）、16 个通用寄存器（0 ~ F）、一个程序计数器和一个指令寄存器。

机器的指令有 9 条，每条指令的长度均为 2 个字节，指令的前 4 位为操作码，后 12 位为操作数，如表 3.1 所示。

（2） 程序执行的一个例子。图 3.5 表示的是一个在主存中即将执行的程序。该程序在内存中的起始地址为 A0。下面分析程序的执行。

表 3.1　Vcomputer 机器的指令集

操作码	操作数	描述
1	RXY	将主存 XY 单元中的数取出，存入寄存器 R 中。如 1543，将主存 43 单元中的数取出，存入寄存器 5 中
2	RXY	将数 XY 存入寄存器 R 中。如 2543，将 43（十六进制数）存入寄存器 5 中
3	RXY	将寄存器 R 中的数取出，存入内存地址为 XY 的单元中
4	0RS	将寄存器 R 中的数存入寄存器 S 中
5	RST	将寄存器 S 与寄存器 T 中用补码表示的数相加，结果存入寄存器 R 中
6	R0X	将寄存器 R 中的数左移 X 位（先将 R 中的十六进制数转换为二进制数，再左移 X 位），移位后，用 0 填充腾空的位

续表

操作码	操作数	描述
7	R00	将寄存器 R 中的数按位取反。如 7100，将寄存器 1 中的数按位取反，将结果存入寄存器 1 中
8	RXY	若寄存器 R 与寄存器 0 中的值相同，则将数据 XY（转移地址）存入程序计数器；否则，程序按原来的顺序继续执行
9	000	停机。如 9000

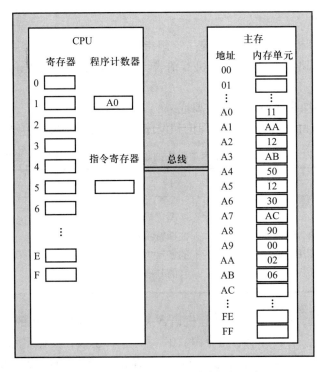

图 3.5 一个在主存中即将执行的程序

① 从 A0 开始，将 A0 放入程序计数器中，开始运行程序。提取地址为 A0 的指令（2 个字节），并把指令（11AA）存放到指令寄存器中。

② 执行指令 11AA，通过总线，将 AA 地址中的值 2 取出来，放到 1 号寄存器中，程序计数器中的值 +2，即为 A2。

③ 提取地址为 A2 的指令，并把指令（12AB）存放到指令寄存器中。

④ 执行指令 12AB，将 AB 地址中的值 6 取出来，存放到 2 号寄存器中，程序计数器中的值 +2，即为 A4。

⑤ 提取地址为 A4 的指令，并把指令（5012）存放到指令寄存器中。

⑥ 执行指令 5012，将 1 号寄存器中的数据与 2 号寄存器中的数据相加，将结果存放到 0 号寄存器中，程序计数器中的值 +2，即为 A6。

⑦ 提取地址为 A6 的指令，并把指令（30AC）存放到指令寄存器中。

⑧ 执行指令 30AC，将 0 号寄存器中的数据存放到内存地址为 AC 的存储单元中，程序计数器中的值 +2，即为 A8。

⑨ 提取地址为 A8 的指令，并把指令（9000）存放到指令寄存器中。

⑩ 执行指令 9000，停机。

3.7.3　机器指令与汇编语言

1. 机器指令

每台数字电子计算机在设计中都规定了一组指令，这组机器指令集合就是所谓的机器指令系统。用机器指令形式编写的程序称为机器语言。支撑实际机器的理论基础是图灵机等计算模型。

2. 计算机语言在裸机级所取得的主要成果

在裸机级，计算机语言中的抽象、理论和设计 3 个形态的主要内容和成果如表 3.2 所示。

表 3.2　裸机级计算机语言中有关抽象、理论和设计形态的主要内容

计算机语言	抽象	理论	设计
裸机级的主要内容和成果	语言的符号集为 {0, 1}，算法的机器指令描述	图灵机（过程语言的基础）、波斯特系统（字符串处理语言的基础）、λ 演算（函数式语言的基础）等计算模型	冯·诺依曼计算机等实现技术 数字电子计算机产品

表 3.2 所描述的是，在裸机级，计算机语言关于算法的描述采用的是实际机器的机器指令，它的符号集是 {0, 1}，即所有指令由 "0" 和 "1" 组成；支撑实际机器的理论是图灵机等计算模型；在图灵机等计算模型理论的基础上，有关设计形态的主要成果有冯·诺依曼计算机等具体实现思想和技术，以及各类数字电子计算机产品。

3. CISC

在实际机器研制的过程中，同时也要对指令系统进行设计。为了使机器具有更强的功能、更好的性能价格比，人们对机器指令系统进行了研究：最初人们采用的是进一步增强原有指令的功能，并设置更为复杂的指令的方法，按照这种思路，机器指令系统将变得越来越庞杂，采用这种设计思路的计算机被称为复杂指令集计算机（CISC）。CISC 的思路是由 IBM 公司提出的，并以 1964 年 IBM 研制的 IBM 360 系统为代表。

20 世纪 70 年代，通过仔细的研究，人们发现，80% 的指令只在 20% 的运行时间里用到；

一些指令非常繁杂，而执行效率甚至比用几条简单的基本指令组合的实现还要慢。另外，庞杂的指令系统也给超大规模集成电路（VLSI）的设计带来了困难，它不但不利于设计自动化技术的应用，延长了设计周期，增加了成本，同时，也容易增加设计中出现错误的机会，从而降低了系统的可靠性。

4. RISC

为了解决以上问题，Patterson 等人提出了 RISC 的设计思路，这种设计思路主要是通过减少指令总数和简化指令的功能来降低硬件设计的复杂度，从而提高指令的执行速度。按照这种思路，机器指令系统将得到进一步精简，采用这种设计思路的计算机被称为精简指令集计算机（RISC）。RISC 技术现已成为计算机结构设计中的一种重要思想，与 CISC 技术相比，它有以下优点。

（1）简化了指令系统，适合超大规模集成电路的实现。

（2）提高了机器执行的速度和效率。

（3）降低了设计成本，提高了系统的可靠性。

（4）提供了直接支持高级语言的能力，简化了编译程序的设计。

5. 汇编语言

在计算机发展的早期，人们最初使用机器指令来编写程序。然而，由于以二进制表示的机器指令编写的程序很难阅读和理解。于是，在机器指令的基础上，人们提出了采用字符和十进制数来代替二进制代码的思想，产生了将机器指令符号化的汇编语言。下面给出 Vcomputer 机器上的汇编指令集。Vcomputer 机器的汇编指令共 9 条，与其机器指令一一对应，如表3.3 所示。

表3.3　Vcomputer 机器的汇编指令与机器指令对照表

操作码	操作数	汇编指令	描述
1	RXY	Load R，[XY]	[R]：=[XY]
2	RXY	Load R，XY	[R]：=XY
3	RXY	Store R，[XY]	[XY]：=[R]
4	0RS	Mov R，S	[S]：=[R]
5	RST	Add R，S，T	[R]：=[S]+[T]
6	R0X	Shl R，X	[R]：=[R]左移 X 位，移位后，用 0 填充腾空的位
7	R00	Not R	[R]：=[R]中的值按位取反
8	RXY	Jmp R，XY	程序计数器[PC]：=XY，IF [R]=[R0]；else [PC]：=[PC]+2
9	000	Halt	停机

例 3.10 对 2 + 6 进行计算的算法描述。

（1）用二进制机器指令对 2 + 6 进行计算的算法描述，如下所示：

0001000110101010

0001001010101011

0101000000010010

0011000010101100

1001000000000000

显然，这个算法描述的就是上节给出的程序，只不过用的是二进制表示。如此长的二进制表示显然不适合人脑的处理，为了缩短这种数据形式的长度，人们采用十六进制的缩减表示法。于是，上述二进制数又可以表示为更为简洁的十进制数：11AA；12AB；5012；30AC；9000。

（2）用汇编语言对 2 + 6 进行计算的算法描述，如下所示：

LOAD R1，［AA］

LOAD R2，［AB］

ADD R0，R1，R2

STORE R0，［AC］

HALT

汇编语言与机器语言都依赖于具体的机器，不具备通用性。但是，汇编语言毕竟不同于由二进制组成的机器指令，它还需要经汇编程序翻译为机器指令后才能运行。汇编语言源程序需经汇编程序翻译成机器指令，再在实际的机器中执行。这样，就汇编语言的用户而言，该机器是可以直接识别汇编语言的，从而产生了一个属于抽象形态的重要概念，即虚拟机的概念。

3.7.4 虚拟机

1. 虚拟机

虚拟机（Virtual Machine，也被译为如真机）是一个抽象的计算机，它由软件实现，并与实际机器一样，都具有一个指令集并可以使用不同的存储区域。例如，一台机器上配有 C 语言和 Pascal 语言的编译程序，对 C 语言用户来说，这台机器就是以 C 语言为机器语言的虚拟机；对 Pascal 用户来说，这台机器就是以 Pascal 语言为机器语言的虚拟机。略有区别的是，Java 虚拟机不识别 Java 程序设计语言，它识别的是字节码（ByteCode，Java 源程序经 Java 编译器编译后产生，也称为 Java 虚拟机指令）。

2. 虚拟机的层次之分

虚拟机可分为固件虚拟机、操作系统虚拟机、汇编语言虚拟机、高级语言虚拟机和应用语言虚拟机等几个层次。下面从语言的角度给出计算机系统的层次结构图（如图 3.6 所示）。

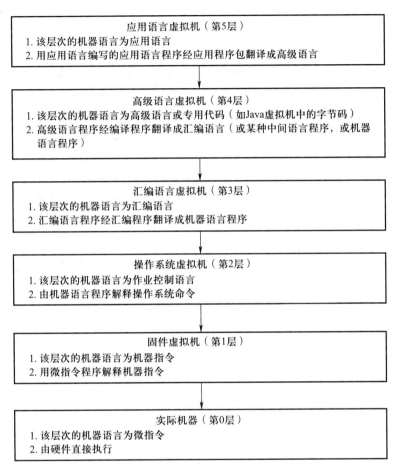

图 3.6　计算机系统的层次结构图

3. 虚拟机的意义和作用

当机器（实际机器或虚拟机）确定下来后，所识别的语言也随之确定；反之，当一种语言形式化后，所需要支撑的机器也可以确定下来。从计算机系统的层次结构图中可以清晰地看到这种机器与语言的关系。

虚拟机是计算学科中抽象的重要内容。引入虚拟机的概念，就计算机语言而言，有以下意义和作用。

（1）有助于我们正确理解各种语言的实质和实现途径。

微指令、机器指令、作业控制语言主要是为支撑更高层次虚拟机所必需的解释程序和翻译程序而设计的，它们是更高层次虚拟机设计与实现的基础。汇编语言、高级语言、应用语言主要是为应用程序员设计的，它们需通过翻译变成低级语言，或由低级语言解释来执行。为了对上一层次语言进行较为方便的翻译和解释，相邻层次语言的语义差距不能太大。虚拟机的引入有助于我们正确理解各种语言的实质和实现途径，从而更好地进行语言的研究和应用。

（2）推动了计算机体系结构以及计算机语言的发展。

虚拟机的引入使计算机体系结构得到了极大的发展，由于各层次虚拟机均可以识别相应层次的计算机语言，从而摆脱了这些语言必须在同一台实际机器上执行的状况，为多处理计算机系统、分布式处理系统以及计算机网络、并行计算机系统等新的计算机体系结构的出现奠定了基础。

计算机体系结构发展的同时，也极大地促进了计算机语言的发展，相继出现了一系列支持多处理机、分布式、计算机网络、并行计算机的高级语言。例如，Java 语言，它经 Java 编译器编译产生的字节码可以在网上任何一台装有 Java 虚拟机的机器上由该虚拟机解释执行。值得注意的是，由于支持网络的高级语言可以在网上任何一台装配有该语言虚拟机的机器上运行，从而给网络安全带来了巨大的隐患。

反过来，我们也可以根据需要设计支持特定语言的虚拟机或实际机器。在计算机中，软件和硬件在逻辑功能上是等效的。一般来说，软件实现的功能可以由硬件来完成，硬件实现的功能也可以由软件来模拟完成。用软件还是硬件来实现一个逻辑功能，这要根据其实现的性能、价格和难易程度等情况进行折中。随着技术的发展、硬件成本的不断下降，可以考虑用硬件和固件来实现各层次虚拟机的功能，甚至可以用真正存在的处理机来代替各个层次的虚拟机，例如，高级语言机器等，从而又促进了计算机体系结构的发展。

（3）有助于各层次计算机语言自身的完善。

虚拟机的层次之分有助于各层次计算机语言相对独立地发展，使研制者可以将注意力主要放在本层次语言上，使之不断地得到完善和发展。各种语言的不同升级版本就是这种不断完善的产物。

在图 3.6 中有一个特殊的虚拟机，即操作系统虚拟机，它属于操作系统研究的范畴。虽然它作用于各个层次，但从本质上来看，它是固件虚拟机的引申，因此，一般将它放在固件虚拟机之上、汇编语言虚拟机之下来认识。它提供了固件机器所没有的，但为汇编语言和高级语言使用和实现所需的某些基本操作和数据结构，如文件结构与文件管理的基本操作、存储体系以及多道程序和多重处理所用的某些操作等，这些操作可以看成是操作系统的指令系统，它们经机器语言程序解释实现。另外，需要指出的是，有些机器指令，如某些 I/O 操作指令是被操作系统"挡"住的，高级语言不能调用这些指令，但大部分机器指令，如运算类指令等，操作系统不作限制，并且这些指令基本包括在操作系统的指令系统之内。

操作系统虚拟机的上一层是汇编语言虚拟机，由于汇编语言可以直接控制机器的所有操作以及它与机器指令的一一对应关系所带来的高效性，因此，在一些软件的研制中，汇编语言至今仍被人们所使用。

汇编语言中有关抽象、理论和设计 3 个形态的主要内容如表 3.4 所示。

表 3.4　汇编语言中有关抽象、理论和设计 3 个形态的主要内容

抽象	理论	设计
常用的符号有数字（0～9）、大小写字母（A～Z、a～z）等 虚拟机 算法的汇编语言描述	与裸机级中理论形态的内容相同	CISC 设计思想 RISC 设计思想 翻译方法和技术 汇编程序

3.7.5　高级语言

1. 高级语言的产生

虽然与机器语言相比，汇编语言的产生是一个很大的进步，但是用它来进行程序设计仍然比较困难。于是人们着手对它进行改进。一是发展宏汇编，即用一条宏指令代替若干条汇编指令，从而提高编程效率。现在人们使用的汇编语言大多数都是宏汇编语言。二是创建高级语言，使编程更加方便。例如，用高级语言对例子"2+6"进行计算的算法描述，其描述为：VC = 2+6。

汇编语言虚拟机的上一层是高级语言虚拟机。高级语言的语句与特定机器的指令无关，又比较接近自然语言，因此，用高级语言进行程序设计就方便多了。

20 世纪 50 年代是高级语言兴起的年代，早期的有 FORTRAN、ALGOL、COBOL、LISP 等高级语言，随着语言学理论研究的进展以及计算技术的迅猛发展，在原有基础上又产生了大量新的高级语言。

2. 高级语言的分类

按语言的特点，可以将高级语言划分为过程式语言（如 COBOL、FORTRAN、ALGOL、Pascal、Ada、C）、函数式语言（如 LISP）、数据流语言（如 SISAL、VAL）、面向对象语言（如 Smalltalk、CLU、C++）、逻辑语言（如 Prolog）、字符串语言（如 SNOBOL）和并发程序设计语言（如 Concurrent Pascal、Modula 2）等类型的语言。

3. 高级语言的形式化

计算机要处理高级语言，就必须使其形式化。20 世纪 50 年代，在高级语言发展的早期，计算机语言的设计往往强调其"方便"的一面，而较忽略其"严格"的一面，因而对语言的语义（注意：这里所指的"语义"与西尔勒在"中文屋子"中所说的"语义"有本质的不同，这里指的是计算机语言中一类特定的转换规则，若无特别说明，本书均指这一意义），甚至语法，都未下严格的定义，从而使语言的设计者、实现者和使用者对同一语言的语义缺乏共同的理解，造成了一定程度的混乱。

20 世纪 50 年代，美国语言学家乔姆斯基（Noam Chomsky）关于语言分层的理论，以及巴科斯（John Backus）、诺尔（Peter Naur）关于"上下文无关方法表示形式"的研究成果推动

了语法形式化的研究。其结果是，在 ALGOL 60 的文本设计中第一次使用了巴科斯－诺尔范式（Backus-Naur Form，BNF）来表示语法，并且第一次在语言文本中明确提出应将语法和语义区分开来。20 世纪 50 年代至 60 年代间，面向语法的编译自动化理论得到了很大发展，使语法形式化研究的成果达到实用化的水平。巴科斯因发明 BNF 与世界第一个高级语言 FORTRAN 而于 1977 年获图灵奖。诺尔因改进巴科斯的描述法，并用于描述整个 ALGOL 语言，受到业界的高度评价并于 2005 年获图灵奖。

语法形式化问题基本解决以后，人们逐步把注意力集中到语义形式化的研究方面。20 世纪 60 年代，相继诞生了操作语义学、指称语义学、公理语义学、代数语义学等语义学理论，这些理论与乔姆斯基等人关于语法形式化的形式语言与自动机理论一起为高级语言的发展奠定了基础。

相对于汇编语言和机器语言，高级语言的数据类型的抽象层次有了很大提高，出现了整型、实型、字符型、布尔型、用户自定义类型以及抽象数据类型等新的数据类型，极大地方便了用户对数据的抽象描述，为实现软件设计的工程化奠定了基础。

高级语言中有关抽象、理论和设计 3 个形态的主要内容如表 3.5 所示。

表 3.5　高级语言中有关抽象、理论和设计形态的主要内容

抽象	理论	设计
常用的符号有数字（0～9）、大小写字母（A～Z，a～z）、括号、运算符（＋，－，＊，／）等 算法的高级语言描述 语言的分类方法 各种数据类型的抽象实现模型 词法分析、编译、解释和代码优化的方法 词法分析器、扫描器、编译器组件和编译器的自动生成方法	形式语言和自动机理论 形式语义学：操作、指称、公理、代数、并发和分布式程序的形式语义	特定语言：过程式的（COBOL，FORTRAN，ALGOL，Pascal，Ada，C），函数式的（LISP），数据流的（SISAL，VAL），面向对象的（Smalltalk，C++），逻辑的（Prolog），字符串（SNOBOL）和并发（Concurrent Pascal，Modula 2）等语言 词法分析器和扫描器的产生器（如 YACC，LEX），编译器产生器 语法和语义检查，成型、调试和追踪程序

3.7.6　应用语言

1. 应用语言

在高级语言虚拟机之上还有应用语言虚拟机，它是为使计算机系统满足某种特定应用（如商业管理系统等）而专门设计的。应用语言虚拟机的机器语言为应用语言。用应用语言编写的程序一般经应用程序包翻译成高级语言程序后，再逐级向下实现。

2．第四代语言

在计算机界，根据计算机语言接近人类语言的程度，一般将它划分为 5 代：第一代为机器语言，第二代为汇编语言，第三代为高级语言，第四代为非过程性语言，第五代为自然语言。

本书中，我们将第四代语言划归到应用语言之中。第四代语言（4GL）是 20 世纪 80 年代随着大型管理信息系统开发的需要而产生的，这类语言提供了功能强大的非过程化问题定义手段，用户只需告知系统"做什么"，而无须说明"怎么做"，因此，极大地提高了软件的生产效率。

4GL 以数据库管理系统所提供的功能为核心，进一步构造了开发高层软件系统的开发环境，如报表生成、多窗口表格设计、菜单生成系统等，为用户提供了一个良好的应用开发环境。4GL 的代表性软件系统有 PowerBuilder、Delphi 等。

应用语言中有关抽象、理论和设计形态的主要内容如表 3.6 所示。

表 3.6　应用语言中有关抽象、理论和设计形态的主要内容

抽象	理论	设计
算法的应用语言描述	特定应用领域的支撑理论，如数据库领域的支撑理论——关系数据理论	在文件处理等方面的应用：如表生成，图、数据处理，统计处理等 第四代语言（4GL），如 PowerBuilder、Delphi 等应用语言的程序设计环境

3.7.7　自然语言

除了以上层次的计算机语言外，还有自然语言。自然语言的计算机处理是计算学科中最富有挑战性的课题之一。

1．自然语言计算机处理层次的划分

自然语言的计算机处理可以分为以下 4 个层次：

（1）第一层次是文字和语音，即基本语言信息的构成。

（2）第二层次是语法，即语言的形态结构。

（3）第三层次是语义，即语言与它所指的对象之间的关系。

（4）第四层次是语用，即语言与它的使用者之间的关系。

2．自然语言的输入问题

目前，自然语言的输入问题已基本解决，各种自然语言的文字（如英文、中文等）都可以通过多种方式，例如键盘（汉字的编码输入也是通过键盘进行输入）、扫描、手写、语音等方式输入计算机。计算机可以对输入的文字进行各种加工和处理（如放大、变形等），现在大多数的报纸、杂志、书籍等就是这一处理的产物。

3. 自然语言的形式化问题

文字输入计算机后，要使计算机对自然语言进行处理，就必须使其形式化。因此，如何解决自然语言语法和语义的形式化问题，就成为计算机处理自然语言的关键。

乔姆斯基用了一个寻常的但不为人们所注意的事实回答了这个问题：一个说本族语的人具有一种理解他过去从未听到过的句子的能力，他也能十分贴切地说出大量新的句子，而说同一种语言的人对听懂这些句子是毫不困难的。这个事实表明：人不仅具有创造新句子的能力，而且还有创造"合格"句子的能力。

乔姆斯基把人所具有的创造和理解正确句子的能力称为语言的"创造性"（Creativity）。而语言"创造性"过程的本质就是由有限数量的词根据一定的规则产生正确句子的过程，进一步而言，其实质也就是一个字符串到另一个字符串的变换过程。显然，语言"创造性"过程的本质与计算过程的本质是一致的，因此，可以将自然语言也看作是一种计算，从而自然语言能否实现形式化的争论也就不存在了。

4. 自然语言形式化的方法及实例

自然语言能否形式化的问题解决以后，接下来的问题是如何使其形式化？自然语言形式化的内容非常丰富，本节仅给出一个简单的例子，以便大家理解。

现有一个具体的形式文法：$G_0 = <V_N, V_T, P_0, S>$

其中，

（1）V_N 为非终结符号的有限集合；

（2）V_T 为终结符号的有限集合；

（3）P_0 为生成式（或称产生式）的有限集合，即形式规则；

（4）S 为开始符号。

该形式语法的定义为：

$$V_N = \{S, NP, VP, N, V\}$$

$V_T = \{$我，他，学，教，英语，汉语，希望$\}$

$P_0 = \{S{\rightarrow}NP\ VP, NP{\rightarrow}N, VP{\rightarrow}V\ NP, VP{\rightarrow}V\ S, N{\rightarrow}$我$, N{\rightarrow}$他$, V{\rightarrow}$学$, V{\rightarrow}$教$, V{\rightarrow}$希望$, N{\rightarrow}$英语$, N{\rightarrow}$汉语$\}$。

其中，

（1）S 表示句子，

（2）NP 表示名词短语，

（3）VP 表示动词短语，

（4）N 表示名词，

（5）V 表示动词，

（6）$S{\rightarrow}NP\ VP$ 表示句子由名词短语和动词短语组成，

（7）$NP{\rightarrow}N$ 表示名词短语由名词构成。

其他转换规则以此类推。

根据以上形式语法的定义，可以产生以下一些"合格"的句子，例如：

（1）我学英语。

（2）他学汉语。

（3）我教他学汉语。

（4）他教我学英语。

（5）我希望他教我学英语。

（6）他希望我教他学汉语。

……

下面按照以上语法规则给出句子（6）的派生过程：

S							
NP	VP						根据 *S*→NP VP
N	VP						根据 NP→*N*
N	*V*	*S*					根据 VP→*V S*
N	*V*	NP	VP				根据 *S*→NP VP
N	*V*	*N*	*V*	*S*			根据 VP→*V S*
N	*V*	*N*	*V*	NP	VP		根据 *S*→NP VP
N	*V*	*N*	*V*	*N*	VP		根据 NP→*N*
N	*V*	*N*	*V*	*N*	*V*	NP	根据 VP→*V NP*
N	*V*	*N*	*V*	*N*	*V*	*N*	根据 NP→*N*
他	*V*	*N*	*V*	*N*	*V*	*N*	根据 *N*→他
他	希望	*N*	*V*	*N*	*V*	*N*	根据 *V*→希望
他	希望	我	*V*	*N*	*V*	*N*	根据 *N*→我
他	希望	我	教	*N*	*V*	*N*	根据 *V*→教
他	希望	我	教	他	*V*	*N*	根据 *N*→他
他	希望	我	教	他	学	*N*	根据 *V*→学
他	希望	我	教	他	学	汉语	根据 *N*→汉语

因此，以上句子完全可以用形式化方式描述，并且以上形式语法还可以构造出更多符合语法规定的句子。

通过以上例子，可以知道汉语是可以用数学模型（形式语法和形式语义均是数学模型）来表示的。

就目前而言，自然语言的语法形式化和语义形式化的研究已取得了较为丰硕的成果，现在已有一些计算机程序能在受限制的领域内"懂得"英语等自然语言，比如 SQL（Structured Query Language）语言可以根据数据库中的信息，按照其受到严格限制的英语语言的命令来回答问题或处理事务。

随着机器学习（Machine Learning）能力的不断进步，人们在语音识别领域的自然语言处理方面也取得了很大的进展。2014 年 10 月 29 日，在北京召开的第十六届"二十一世纪的计算"学术研讨会上，微软公司副总裁 Peter Lee 博士作了题为"The Pipeline from Computing Research to Surprising Inventions"的大会报告。在报告中，Lee 博士介绍，1991 年，就微软公司而言，在语音识别领域机器学习取得的成果非常差，词语错误率几乎为 100%，大约到了 2000 年，错误率下降到 26%，再经过近 10 年艰苦的基础研究，2009 年取得重大突破，所研制的相应软件在实验室环境中可以将语音识别的错误率降到 10% 以下，Lee 认为，这是一个不可思议的进步。为使语音领域的自然语言能够形式化地正确表述，Lee 在报告中还介绍了起初两个不为人们重视的问题：一个是涉及心理学、人类意识等方面的问题，如人们说话中的重音和语调的处理问题；另一个是人们说话时的不流利表述的处理问题。机器学习正是在解决这两个问题后取得了重要的进展，微软公司研制的 Skype Translator 也是这一进展的一个产物。Lee 总结道，就 Skype 软件的具体研制来说，只是产品的开发和软件工程上的问题。但实际上，当你想把这个东西真正做出来，一些新的、基础性的研究问题就可能会出现，当然一些新的想法、新的机会也会出现。在做 Skype 翻译的时候，研制者们就遇到了以上问题。Lee 进一步总结道，由于 Skype 是一个分布式的系统，拥有成千上万的用户，其通话时间达到了上万亿分钟，作为一个全球化的系统，每个月的通话规模非常大。这种分布式的系统对于语音识别、机器学习和文字处理带来了巨大的挑战，也令人兴奋。目前，机器学习已成为计算学科一个相当有挑战性的分支领域之一。

至于语言研究中的第四个层次——语用的问题，这是一个较语法和语义更为复杂的问题，本书不再进行讨论。

3.7.8　小结

综上所述，计算机语言经历了从机器语言、汇编语言、高级语言、应用语言到自然语言的发展阶段，其功能变得越来越强大，人机交互也变得越来越方便，这种发展过程反映了人们的认识从感性认识（抽象）上升到理性认识（理论），再回到实践（设计）中来的科学思维方式。

由于高层次语言总要转为低层次语言来解释或执行，因此，带有更高抽象层次的语言系统将更加庞大，对软硬件资源的消耗也就更加严重，应用也将越来越受到硬件的限制，运行效率不可避免地也将越来越低，这就是一般新的系统软件为什么越来越庞大，而又往往在原有机器上运行效率较低（或不能运行）的主要原因之一。在整体能力上，不同层次的语言也有一定的差异，比如，汇编语言所具有的与机器有关的某些功能（如某些 I/O 功能），高级语言就不具备，同时，又由于汇编语言的高效性，因此，在一些软件的研制中，汇编语言至今仍被人们所使用。

为了人与机器的交流更加友好、方便，计算机语言必然要朝着更高层次的方向发展。随着计算机硬件技术的迅猛发展，高层次语言对计算机软硬件资源相对消耗较大的缺点也就相对减弱了，从而为计算机语言的发展、实现人们认识的螺旋式上升提供了必要的条件。

对计算机语言抽象、理论和设计 3 个学科形态的研究，有助于我们正确理解计算机语言的本质，以及更好地把握它的研究方向，从而能更好地进行计算学科的研究。

最后，讨论计算机语言局限性的问题。

计算机语言是一种形式系统，由于形式系统所固有的局限性，因此，我们可以想象在计算机语言中必然存在一个表达式既不为真，也不为假，它的真假对一个形式系统（计算机语言）而言是不可判定的。

计算机语言方面的内容极其丰富，本节只是从计算机发展的角度做了比较简单的概述，详细内容请读者查阅有关资料。

*3.8 计算机科学各领域 3 个学科形态的主要内容

"计算作为一门学科"报告给出了最初划分的 9 个主领域中的抽象、理论和设计 3 个学科形态的主要内容，本书在此基础上，进一步给出 CS2013 报告划分的计算机科学 18 个主要领域抽象、理论和设计 3 个学科形态的主要内容。

1. 算法与复杂性（AL）

算法与复杂性领域中有关抽象、理论和设计的主要内容如下。

（1）抽象：算法分析、算法策略（如蛮干算法、贪婪算法、启发式算法、分治法等）、并行和分布式算法等。

（2）理论：可计算性理论、计算复杂性理论、P 和 NP 类问题、并行计算理论、密码学等。

（3）设计：对重要问题类的算法的选择、实现和测试，对通用算法的实现和测试（如哈希法、图和树的实现与测试），对并行和分布式算法的实现和测试，对组合问题启发式算法的大量实验测试、密码协议等。

2. 体系结构和组织（AR）

体系结构领域中有关抽象、理论和设计的主要内容如下。

（1）抽象：布尔代数模型，基本组件合成系统的通用方法，电路模型和在有限领域内计算算术函数的有限状态机，数据路径和控制结构模型，不同的模型和工作负载的优化指令集，硬件可靠性（如冗余、错误检测、恢复与测试），VLSI 装置设计中的空间、时间和组织的折中，不同的计算模型的机器组织（如时序、数据流、表处理、阵列处理、向量处理和报文传递），分级设计的确定，即系统级、程序级、指令级、寄存器级和门级等。

（2）理论：布尔代数、开关理论、编码理论、有限自动机理论等。

（3）设计：快速计算的硬件单元（如算术功能单元、高速缓冲存储器），冯·诺依曼机（单指令顺序存储程序式计算机），RISC 和 CISC 的实现、存储和记录信息，以及检测与纠正错误的有效方法，对差错处理的具体方法（如恢复、诊断、重构和备份过程），为 VLSI 电路设计的计算机辅助设计（CAD）系统以及逻辑模拟、故障诊断等程序，在不同计算模型上的机器实现（如数据流、树、LISP、超立方结构、向量和多处理器），超级计算机等。

3．计算科学（CN）

科学计算领域中有关抽象、理论和设计的主要内容如下。

（1）抽象：物理问题的数学模型（连续或离散）的形式化表示，连续问题的离散化技术，有限元模型等。

（2）理论：数论、线性代数、数值分析，以及支持领域，包括微积分、实数分析、复数分析和代数等。

（3）设计：用于线性代数的函数库与函数包、常微分方程、统计、非线性方程和优化的函数库与函数包、把有限元算法映射到特定结构上的方法等。

4．离散结构（DS）

该领域包括集合论、数理逻辑、近世代数、图论和组合数学等内容，它主要属于学科理论形态方面的内容。同时，它又具有广泛的应用价值，为计算学科各分支领域基本问题（或具体问题）的感性认识（抽象）和理性认识（理论）提供强有力的数学工具。

5．图形学与可视化（GV）

图形学与可视化领域中有关抽象、理论和设计的主要内容如下。

（1）抽象：显示图像的算法、计算机辅助设计（CAD）模型、实体对象的计算机表示、图像处理和加强的方法。

（2）理论：二维和高维几何（包括解析、投影、仿射和计算几何）、颜色理论、认知心理学、傅里叶分析、线性代数、图论等。

（3）设计：不同的图形设备上图形算法的实现、不断增多的模型和现象的实验性图形算法的设计与实现、在显示中彩色图的恰当使用、在显示器和硬复制设备上彩色的精确再现、图形标准、图形语言和特殊的图形包、不同用户接口技术的实现（含位图设备上的直接操作和字符设备的屏幕技术）、用于不同的系统和机器之间信息转换的各种标准文件互换格式的实现、CAD 系统、图像增强系统等。

6．人机交互（HC）

人机交互领域中有关抽象、理论和设计的主要内容如下。

（1）抽象：人的表现模型（如理解、运动、认知、文件、通信和组织）、原型化、交互对象的描述、人机通信（含减少人为错误和提高人的生产力的交互模式心理学研究）等。

（2）理论：认知心理学、社会交互科学等。

（3）设计：交互设备（如键盘、语音识别器）、有关人机交互的常用子程序库、图形专用语言、原形工具、用户接口的主要形式（如子程序库、专用语言和交互命令）、交互技术（如选择、定位、定向、拖动等技术）、图形拾取技术、以人为中心的人机交互软件的评价标准等。

7. 信息保障与安全（IAS）

信息保障与安全领域中有关抽象、理论和设计的主要内容如下。

（1）抽象：CIA（保密性、完整性、有效性）；风险、威胁、漏洞和攻击向量的概念；验证、授权和访问控制（强制与自由）；信任和可信度的概念；端到端的安全机制；不同的通信伙伴间的基本的密码学术语涵盖的相关概念；Web安全模型；保密规则；证据法则 – 监管链与司法权之间的不同和通用概念。

（2）理论：密码学的数学基础要素，包括线性代数、数论、概率论和统计；加密基元：伪随机数生成器和流密码，分组密码（伪随机排列），伪随机数函数，哈希函数（如SHA2和抗碰撞性），消息认证码，密钥推导函数；对称密钥加密：完全保密和一次加密，语义安全和认证加密的操作模式，消息完整性；公钥加密：陷门置换（如RSA），公钥加密（如RSA加密，EI-Gamal加密），数字签名，公钥体系基础（PKI）和认证，强度假设（如Diffie-Hellman，整数分解）。

（3）设计：恶意软件的实例（如病毒、蠕虫、木马、僵尸网络、特洛伊木马或黑客程序）；拒绝服务（DoS）和分布式拒绝服务（DDoS）；安全平台模块和安全的协同处理器；数字证据方法与标准；数据保存技术和标准；安全设计原则与模式；安全软件规则与需求；安全软件开发实践；安全测试 – 能够达到安全需求的测试过程（包括静态和动态分析）；软件质量保证和基准测试；社会工程（例如钓鱼式攻击）；伦理、道德（责任揭秘）。

8. 信息管理（IM）

信息管理领域中有关抽象、理论和设计的主要内容如下。

（1）抽象：表示数据的逻辑结构和数据元素之间关系的模型（如E – R模型、关系模型、面向对象的模型），为快速检索的文件表示（如索引），保证更新时数据库完整性（一致性）的方法，防止非授权泄露或更改数据的方法，对不同类信息检索系统和数据库（如超文本、文本、空间的、图像、规则集）进行查询的语言，允许文档在多个层次上包含文本、视频、图像和声音的模型（如超文本），人的因素和接口问题等。

（2）理论：关系代数、关系演算、数据依赖理论、并发理论、统计推理、排序与搜索、性能分析以及支持理论的密码学。

（3）设计：关系、层次、网络、分布式和并行数据库的设计技术，信息检索系统的设计技术，安全数据库系统的设计技术，超文本系统的设计技术，把大型数据库映射到磁盘存储器的技术，把大型的只读数据库映射到光存储介质上的技术等。

9. 智能系统（IS）

智能系统领域中有关抽象、理论和设计的主要内容如下。

（1）抽象：知识表示（如规则、框架和逻辑）以及处理知识的方法（如演绎、推理）、自然语言理解和自然语言表示的模型（包括音素表示和机器翻译）、语音识别与合成、从文本到语音的翻译、推理与学习模型（如不确定、非单调逻辑、Bayesian推理）、启发式搜索方法、分支限界法、控制搜索、模仿生物系统的机器体系结构（如神经网络）、人类的记忆模型以及自动学习和机器人系统的其他元素等。

（2）理论：逻辑（如单调、非单调和模糊逻辑）、概念依赖性、认知、自然语言理解的语法和语义模型，机器人动作和机器人使用的外部世界模型的运动学和力学原理，以及相关支持领域（如结构力学、图论、形式语法、语言学、哲学与心理学）等。

（3）设计：逻辑程序设计软件系统的设计技巧、定理证明、规则评估，在小范围领域中使用专家系统的技术，专家系统外壳程序、逻辑程序设计的实现（如 Prolog）、自然语言理解系统、神经网络的实现、国际象棋和其他策略性游戏的程序、语音合成器、识别器、机器人等。

10. 网络与通信（NC）

网络与通信领域中有关抽象、理论和设计的主要内容如下。

（1）抽象：分布式计算模型（如 C/S 模式、对等网、云等）、组网（如分层协议、命名、远程资源利用、帮助服务）、网络安全模型（如通信、访问控制）；社交网络图的结构：密度、聚类系数、平均或最短路径长度、小世界特性、偏好连接；社交活动参与者之间的关系，记录联系社交活动参与者社交关系的数据收集和分析，展示社交活动参与者之间关系模式的社交网络图，描述和解释这些关系模式的计算模型。

（2）理论：数据通信理论；排队理论；密码学；协议的形式化验证；社交网络的分析理论以及所支撑的统计学原理等。

（3）设计：排队网络建模和实际系统性能评估的模拟程序包；Socket API；TCP；IP 协议；网络体系结构（如以太网）；虚拟电路协议；Internet；实时会议；资源分配需求；静态分配（TDM、FDM、WDM）与动态分配；802.11 网络；社交网络平台实例：Twitter、Facebook、LinkedIn、YouTube、新浪微博。

11. 操作系统（OS）

操作系统领域中有关抽象、理论和设计的主要内容如下。

（1）抽象：不考虑物理细节（如面向进程而不是处理器，面向文件而不是磁盘）而对同一类资源上进行操作的抽象原则，用户接口可以察觉的对象与内部计算机结构的绑定（Binding），重要的子问题模型（如进程管理、内存管理、作业调度、两级存储管理和性能分析），安全计算模型（如访问控制和验证）等。

（2）理论：并发理论、调度理论（特别是处理机调度）、程序行为和存储管理的理论（如存储分配的优化策略）、性能模型化与分析等。

（3）设计：分时系统、自动存储分配器、多级调度器、内存管理器、分层文件系统和其他作为商业系统基础的重要系统组件、构建操作系统（如 UNIX、DOS、Windows）的技术、建立实用程序库的技术（如编辑器、文件形式程序、编译器、连接器和设备驱动器）、文件和文件系统等内容。

12. 基于平台的开发（PBD）

基于平台的开发领域中有关抽象、理论和设计的主要内容如下。

（1）抽象：平台的约束（Web 平台约束，移动平台约束，工业平台约束，游戏平台约束）；软件即服务（SaaS）模式；性能/能量权衡。

（2）设计：Web 编程语言（HTML5、Java Script、PHP、CSS 等）；移动编程语言（Object-C、Java Script、Java 等）；移动无线通信面临的挑战；定位感知应用；工业平台类型（数学、机器人学、工业控制等）；机器人软件及其架构；特定领域语言；游戏平台类型（Xbox、Wii、游戏机等）；游戏平台语言（C++、Java、Lua、Python 等）。

13. 并行与分布式计算（PD）

并行与分布式计算（PD）领域中有关抽象、理论和设计的主要内容如下。

（1）抽象：并行分解的基础概念；自然并行算法；并行算法模式（分治、映射和归约、管理者 - 工作者和其他）；具体算法（如并行归并算法）；并行图算法（如并行最短路径、并行生成树）；矩阵的并行运算算法（如矩阵转置算法、矩阵相乘算法、矩阵和向量相乘算法）；生产者 - 消费者和流水线算法；非并行算法实例；核心的分布式算法：选举，发现；进程和信息传递的形式化模型，包括如通信序列进程（CSP）的代数和演算；并行计算分布式模型，包括并行随机存取机（PRAM）与批量同步并行（BSP）；计算依赖的形式化模型；共享内存的一致性模型及与编程语言规范的关系；算法正确性的标准，包括可线性化；算法过程模型。

（2）理论：并行与分布式算法的正确性证明与分析；并行与分布式的计算理论；计算几何学；计算机语义学；支撑并行与分布式计算的数学基础：线性代数、图论、概率论等。

（3）设计：多核处理器；共享内存与分布式内存；对称多重处理（SMP）；SIMD，向量处理器；GPU；协同处理；原子操作指令；内存问题：多处理器缓存与缓存一致性，非一致性内存的访问（NUMA）；拓扑结构；连接线，簇，资源共享（例如总线和共联）；指定和检查正确性特性的技术，如原子性和无数据竞争；分布式系统设计折中：延迟与吞吐量，一致性、可用性和分区容错性；分布式服务设计：状态性协议与无状态协议及服务，会话（基于连接）设计，反应与多线程设计；基于云计算的数据存储：弱一致性数据的存储与共享访问，数据同步，数据划分，分布式文件系统，复制等。

14. 程序设计语言（PL）

程序设计语言领域中有关抽象、理论和设计的主要内容如下。

（1）抽象：基于语法和动态语义模型的语言分类（如静态型、动态型、函数式、过程式、面向对象的、逻辑、规格说明、报文传递和数据流），按照目标应用领域的语言分类（如商业数据处理、仿真、表处理和图形），程序结构的主要语法和语义模型的分类（如过程分层、函数合成、抽象数据类型和通信的并行处理），语言的每一种主要类型的抽象实现模型、词法分析、编译、解释和代码优化的方法，词法分析器、扫描器、编译器组件和编译器的自动生成方法等。

（2）理论：形式语言与自动机、图灵机（过程式语言的基础）、POST 系统（字符串处理语言的基础）、λ 演算（函数式语言的基础）、形式语义学、谓词逻辑、时态逻辑、近世代数等。

（3）设计：把一个特殊的抽象机器（语法）和语义结合在一起形成的统一的可实现的整体特定语言，如过程式的（COBOL、FORTURN、ALGOL、Pascal、Ada、C），函数式的（LISP），数据流的（SISAL、VAL），面向对象的（Smalltalk、CLU、C++），逻辑的（Prolog），字符串（SNOBOL）和并发（CSP、Concurrent Pascal、Modula 2）；特定类型语言的指定实现方法；程序设计环境、词法分析器和扫描器的产生器（如 YACC、LEX）、编译器产生器、语法和语义检查、成型、调试和追踪程序、程序设计语言方法在文件处理方面的应用（如制表、图、化学公式）、统计处理等。

15. 软件开发基础（SDF）

软件开发基础领域中有关抽象、理论和设计的主要内容如下。

该分支领域的内容主要属于学科抽象和设计两个形态，特别是该领域学科抽象形态的成果，更是为人们认知学科各分支领域的基本问题提供了大量基础的方法，具体如下。

（1）抽象：程序设计的基本结构，包括条件和迭代控制结构，函数和参数传递，递归的概念，表达式和赋值，简单的输入/输出（包括文件的输入/输出、变量和数据类型）；算法和问题求解，包括算法的概念，迭代和递归形式的数学函数，数据结构的迭代和递归遍历，分治策略，程序设计的基本概念和原则（抽象、程序分解，封装和信息隐藏，接口与实现的分离）；数据结构，包括数组，记录/结构体，字符串和字符串处理，抽象数据类型及其实现（栈、队列、优先队列、集合和映射），引用和别名使用，链接表；软件开发的基础概念，包括程序理解，程序正确性（错误类型，如语法错误、逻辑错误），重构的概念，调试策略。

（2）设计：防错性程序设计如安全编码、异常处理，代码复查，测试基础和测试用例生成；现代程序设计环境：代码搜索；库组件和 API 程序设计；程序风格和文档。

16. 软件工程（SE）

软件工程领域中有关抽象、理论和设计的主要内容如下。

（1）抽象：规格方法，如谓词转换器、程序设计演算、抽象数据类型和 Floyd-Hoare 公理化思想；方法学，如逐步求精法、模块化设计；程序开发自动化方法，如文本编辑器、面向语法的编辑器和屏幕编辑器；可靠计算的方法学，如容错、安全、可靠性、恢复、多路冗余；软件工具与程序设计环境；程序和系统的测度与评价；软件系统到特定机器的相匹配问题域，软件研制的生存周期模型等。

（2）理论：程序验证与证明，时态逻辑，可靠性理论以及支持领域（如谓词演算、公理语义学和认知心理学等）。

（3）设计：归格语言，配置管理系统，版本修改系统，面向语法的编辑器，行编辑器，屏幕编辑器和字处理系统，实际使用并受到支持的特定软件开发方法，如敏捷开发方法（Agile software Development）；测试的过程与实践（如遍历、手工仿真、模块间接口的检查），质量保证与工程管理，程序开发和调试、成型、文本格式化和数据库操作的软件工具，安全计算系统的标准等级与确认过程的描述，用户接口设计，可靠、容错的大型系统的设计方法，"以公众利益为中心"的软件从业人员认证体系。

17. 计算机系统基础（SF）

计算机系统基础领域中有关抽象、理论和设计的主要内容如下。

（1）抽象：应用程序级的顺序处理：单线程；简单的应用程序级的并行处理：请求级（Web Services、C/S、分布式），每个服务器的单线程、多服务器的多线程；顺序处理与并行处理；并行程序设计与并发程序设计；请求并行与任务并行；C/S、Web Services；流水线的基本概念，指令在时间上的重叠执行；编程抽象：接口，库的使用；应用程序和操作系统服务的区别，远程过程调用；应用程序 – 虚拟机的交互；可靠性；数字系统与模拟系统/离散系统与连续系统、简单逻辑门，逻辑表达式及布尔逻辑简化、时钟、状态、次序、组合逻辑、顺序逻辑、寄存器及内存器、作为状态机例子的计算机网络协议；资源分配与调度的策略与方法；虚拟化与隔离的基础概念等。

（2）理论：布尔代数、有限状态机理论、可靠性理论、评估的基础理论等。

（3）设计：计算机的基本构件（门、触发器、寄存器、互连、数据通路 + 控制器 + 存储器）；基本的逻辑构件；线程（Fork/Join 框架）；多核架构以及支持同步的硬件；通过冗余获得可靠性的技术；量化评估的模拟程序包等。

18. 社会问题与专业实践（SP）

该领域的成果主要属于学科设计形态方面的内容。根据一般科学技术方法论的划分，该领域中的价值观、道德观属于设计形态中技术评估方面的内容，知识产权属于设计形态中技术保护方面的内容，而 CC1991 报告提到的美学问题则属于设计形态中技术美学方面的内容。

3.9　本章小结

抽象、理论和设计 3 个学科形态（或过程）概括了计算学科中的基本内容，是计算学科认知领域中最基本（或原始）的 3 个概念。不仅如此，它还反映了人们的认识是从感性认识（抽象）到理性认识（理论），再由理性认识（理论）回到实践中来的科学思维方式。

抽象源于现实世界，源于经验，是对现实原形的理想化。按客观现象的研究过程，抽象形态包括以下 4 个步骤的内容。

（1）形成假设。

（2）建造模型并做出预测。

（3）设计实验并收集数据。

（4）对结果进行分析。

理论源于数学。在计算学科中，从统一合理的理论发展过程来看，理论形态包括以下 4 个步骤的内容。

（1）表述研究对象的特征（定义和公理）。

（2）假设对象之间的基本性质和对象之间可能存在的关系（定理）。

（3）确定这些关系是否为真（证明）。

（4）结论。

设计源于工程，用于系统或设备的开发，以实现给定的任务。在计算学科中，从解决特定问题而实现的系统或装置的过程来看，设计形态包括以下 4 个步骤的内容。

（1）需求分析。

（2）建立规格说明。

（3）设计并实现该系统。

（4）对系统进行测试与分析。

计算机语言涉及自然语言与形式化语言、图灵机和冯·诺依曼计算机、机器指令与汇编语言、计算机的层次结构、虚拟机的意义和作用、高级语言、应用语言和自然语言的形式化问题等方面的内容。

计算机语言是计算学科中最富有智慧的成果之一，它深刻地影响着计算学科各个领域的发展。不仅如此，计算机语言还是程序员与计算机交流的主要工具。因此，可以说如果不了解计算机语言，就谈不上对计算学科的真正了解。

前 3 章是按"计算作为一门学科"报告对"计算机科学导论"课程的要求，从课程的结构、学科中的问题、学科的 3 个学科形态等方面入手，介绍课程结构的设计问题，以及学科富有挑战性的领域。然而，要加深对学科知识的理解，以便更好地应用，还应了解学科中那些重要的核心概念。下一章介绍这些内容。

习题 3

3.1 试给出 3 个实际的 E－R 图，要求实体之间的关系分别为一对一、一对多、多对多。

3.2 将所在班级若干学生（至少 10 人）的具体内容根据以下关系模型进行填写，并分析可能出现的问题。

学生（学号，姓名，年龄，性别，系名，系主任）

3.3 一个公司有一个销售部门，一个销售部门有若干员工，每位员工都可以销售若干商品，每个商品都可以由若干员工销售，一个商品可以存放在若干不同的仓库中，一个仓库可以存放不同的商品，一个员工可以管理若干仓库，请画出该单位销售部的 E－R 图（提示：销售时有一个"销售明细"属性；存放时有一个"存放与出库时间"的属性），建立该公司销售部门的概念模型。

3.4 简述计算学科中 3 个学科形态的主要内容。

3.5 计算机对语言进行处理，首先要解决的是语言的歧义性问题，试分析句子"I saw the man on the hill with the telescope"，写出至少 3 种不同的解释。

3.6 什么是形式语言？试举例说明。

3.7 图灵机有什么特点？它的工作原理是什么？

3.8 计算题：在图灵的带子机中，设 b 表示空格，q_1 表示机器的初始状态，q_4 表示机器的结束状态，如果带子上的输入信息是 11100101，读写头对准最右边第一个为 1 的方格，状态为初始状态 q_1。写出执行以下命令后的计算结果。

q_1 0 0 L q_2

q_1 1 0 L q_3

q_1 b b N q_4

q_2 0 0 L q_2

q_2 1 0 L q_2

q_2 b b N q_4

q_3 0 0 L q_2

q_3 1 0 L q_3

q_3 b b N q_4

3.9　简述冯·诺依曼型计算机的体系结构及其特点。

3.10　为什么说从原来对程序和数据的严格区别到后来的一样看待这个观念上的转变是计算机史上的一场革命？

3.11　根据计算机输入设备和输出设备的定义，硬盘属于输入设备，还是输出设备？或者，既属于输入设备，又属于输出设备？

3.12　CPU 与主存之间是用什么进行数据传递的？

3.13　现有一台计算机，它的总线宽度（也即数据总线的宽度）为 32 位，地址总线的宽度为 16 位，试问该计算机有多少不同的地址空间，一次总线传送的数据位数是多少，最大值是多少？

3.14　在冯·诺依曼型计算机中，运算器能否直接与主存和外存中的数据打交道？若不能，那它只能与 CPU 中的什么存储单元打交道？

3.15　画出基于总线的计算机系统的硬件组成。

3.16　如果一个指令系统有 12 条指令，请问操作码至少需要多少位？若操作码有 5 位，那么最多可以设计多少条指令？

3.17　请分别用 Vcomputer 机器的汇编指令和自然语言写出下列指令的功能。

a. 9000　　b. 6205　　c. 5123　　d. 12A0　　e. 3312

3.18　请用 Vcomputer 的机器指令描述下列用自然语言描述的指令。

a. 将十六进制数 A0 装入寄存器 R0。

b. 将寄存器 R1 中的值左移 3 位，右边空出的位上补 0。

c. 将地址为 E8 的内存单元的值装入寄存器 R0 中。

d. 若寄存器 R1 与寄存器 R0 中的值相等，则跳转到地址为 00 的内存单元存储的指令执行。

e. 将寄存器 R0 和寄存器 R1 中的值相加，存入寄存器 R2 中。

f. 将寄存器 R1 的值存入地址 D2 的内存单元中。

3.19　问在下列哪些指令执行后 AA 单元中的值发生了变化？

a. 13AA　　b. 22AA　　c. 30AA　　d. 50AA　　e. 82AA

3.20　若执行指令 8000，程序计数器的值为多少？

3.21　地址 00 到 07 的内存单元中包含以下内容。

地址　　内容

00	10
01	05
02	11
03	05
04	81
05	00
06	90
07	00

若程序计数器的初值为00，程序是否会终止，为什么？

3.22 地址00到07的内存单元中包含以下内容。

地址	内容
00	11
01	A0
02	53
03	21
04	33
05	A0
06	90
07	00

a. 请描述程序的功能。

b. 若开始时，内存地址A0的值，即［A0］为20，R1的值为10，R2的值为20，R3的值为30，程序结束时，［A0］和R1、R2、R3寄存器的值各是多少？

3.23 地址00到07的内存单元中包含以下内容。

地址	内容
00	10
01	A0
02	70
03	00
04	30
05	A0
06	90
07	00

若［A0］=80，请问程序结束后［A0］的值为多少？

3.24 地址00到09的内存单元中包含以下内容。

地址	内容
00	10
01	A0
02	60

03	01
04	70
05	00
06	30
07	A0
08	90
09	00

若［A0］= FF，请问程序结束后［A0］的值为多少？

3.25 地址 00 到 07 的内存单元中包含以下内容。

地址	内容
00	10
01	A0
02	60
03	01
04	30
05	A0
06	90
07	00

a. 若［A0］= 01，请问程序结束后［A0］的值为多少？

b. 若［A0］= 01，将［03］的值"01"分别改为"02"和"03"，程序结束后［A0］的值分别为多少？

c. 就以上［A0］值的变化而言，每左移 1 位，在不溢出的情况下，其值为原值的多少倍？

d. 若［A0］= 01，将［03］的值"01"分别改为"07"和"08"，程序结束后［A0］的值又为多少？

3.26 地址 00 到 07 的内存单元包含了以下内容。

地址	内容
00	20
01	B0
02	21
03	25
04	52
05	01
06	90
07	00

若机器从内存地址 00 开始执行，请回答以下问题。

a. 将执行了的指令转换成自然语言。

b. 该程序中用到哪些寄存器，在程序结束时它们的值各为多少？

3.27 地址 00 到 05 的内存单元中包含以下内容。

地址	内容
00	11

01	02
02	31
03	0A
04	90
05	00

若程序计数器置为 00 然后执行,请问程序结束时计数器的值为多少? 程序完成了哪些工作?

3.28 地址 A6 到 B1 的内存单元中包含以下内容。

地址	内容
A6	20
A7	A8
A8	21
A9	A8
AA	22
AB	20
AC	53
AD	01
AE	55
AF	23
B0	90
B1	00

若机器从内存地址 A6 开始执行,请回答以下问题。

a. 若机器每微秒执行一条指令,完成这个程序需要多少时间?

b. 将以上指令翻译成自然语言。

c. 程序结束时,寄存器 5 的值是多少?

d. 指令 20A8 与 11A8 中的 "A8" 是一个意思吗?

3.29 要将存储在地址 A1 和 A2 内存单元中的值进行数值相加,结果存入地址为 A3 的内存单元,请问需要哪些步骤?

3.30 设机器从内存地址 00 开始执行,请用 Vcomputer 机器指令写一个程序,计算内存单元 B1,C1,D1 中所有值的和,将结果放入内存地址 E1 中。

3.31 设机器从内存地址 00 开始执行,请用 Vcomputer 机器指令与汇编指令分别实现以下操作。

a. 将寄存器 1 与寄存器 2 中的值相加,存入内存单元 20 中。

b. 将内存单元 25 中的值,与寄存器 1 中的值相加,存入寄存器 3 中。

c. 将寄存器 1 和寄存器 2 中的值互换。

3.32 用自然语言解释以下程序。

地址	内容
00	10
01	0C
02	11

03	0D
04	52
05	01
06	32
07	08
08	72
09	00
0A	90
0B	00
0C	60
0D	30

3.33　用自然语言解释以下程序。

地址	内容
00	10
01	0E
02	70
03	00
04	30
05	08
06	11
07	0F
08	71
09	00
0A	31
0B	10
0C	90
0D	00
0E	6F
0F	52

3.34　基于 Vcomputer 机器指令的汇编程序如下。

```
LOAD R0, 01
LOAD R1, FF
LOAD R2, 02
LABEL1：ADD R3, R1, R0
JMP R3, LABEL2
ADD R4, R1, R2
JMP R4, LABEL2
SHL R0, 01
```

JMP R2，LABEL2

SHL R0，08

NOT R0

JMP R1，LABEL1

LABEL2：HALT

a. 请用自然语言解释上述汇编程序。

b. 请将该汇编程序转换为 Vcomputer 的机器指令。

3.35 什么是机器语言？什么是汇编语言？

3.36 简述 CISC 和 RISC 的设计思想。

3.37 什么是虚拟机？引入"虚拟机"这一概念有何意义？

3.38 如何用虚拟机的观点来划分计算机的层次结构？

3.39 为什么说自然语言的"创造性"过程的本质与计算过程的本质是一致的？

3.40 自然语言的计算机处理分为哪 4 个层次？

3.41 根据本章给出的自然语言形式化例子中的转换规则，给出句子"他教我学英语"的派生过程。

3.42 上网查找微软 Skype 实时翻译工具的有关资料，了解或使用该软件。

第 4 章
学科中的核心概念

认知学科终究是通过概念来实现的，掌握和应用学科中的核心概念是成熟的计算机科学家和工程师的标志之一。本章首先介绍计算学科中一个最具有方法论性质的核心概念——算法，包括算法的历史、定义、表示方法以及算法的分析等内容。然后，介绍数据结构、程序、软件、硬件，以及计算机中的数据（含进位制数及其相互转换，原码、反码和补码及其转换，字符、字符串和汉字，图像数据的表示，声音数据的表示）等内容。最后，给出 CC1991 提取的 12 个核心概念，即绑定、大问题的复杂性、概念模型和形式模型、一致性和完备性、效率、演化、抽象层次、按空间排序、按时间排序、重用、安全性、折中与结论。

4.1 引言

学科中的核心概念是学科中最关键、最重要的概念，它涉及学科研究的内涵、对象、本质、核心要素等内容，其基本特征有以下 4 点：
（1）在学科中多处出现。
（2）在各分支领域及抽象、理论和设计的各个层面上都有很多示例。
（3）在技术上有高度的独立性。
（4）一般都在数学、科学和工程中出现。
在计算学科的一般文献中，学科中的核心概念指的是 CC1991 报告提取的学科中反复出现的 12 个核心概念。为便于教学，本书将学科中最具有方法论性质的概念——算法，以及数据结构、程序、软件、硬件、计算机中的数据等与 CC1991 报告提取的 12 个核心概念一起统称为学科中的核心概念。

4.2 算法

算法是计算学科中最具有方法论性质的核心概念，也被誉为计算学科的灵魂。算法设计的优劣决定着软件系统的性能，对算法进行研究能使我们深刻理解问题的本质以及可能的求解技术。

4.2.1 算法的历史简介

公元 825 年，阿拉伯数学家阿科瓦里茨米（AlKhowarizmi）撰写了著名的《波斯教科书》（*Persian Textbook*），书中概括了进行四则算术运算的法则。"算法（Algorithm）"一词就来源于这位数学家的名字。后来，《韦氏新世界词典》（*Webster's New World Dictionary*）将其定义为"解某种问题的任何专门的方法"。而据考古学家发现，古巴比伦人在求解代数方程时，就已经采用了"算法"的思想。

在算法的研究中，人们不可避免地要提到丢番图方程，希尔伯特著名的 23 个数学问题中的第十个问题就是关于"丢番图方程的可解性问题"。

古希腊数学家丢番图（Diophantus）对代数学的发展有极其重要的贡献，并被后人称为"代数学之父"。他在《算术》（*Arithmetica*）一书中提出了有关两个或多个变量整数系数方程的有理数解问题。对于具有整数系数的不定方程，若只考虑其整数解，这类方程就叫丢番图方程。

"丢番图方程可解性问题"的实质为：能否写出一个可以判定任意丢番图方程是否可解的算法？本书仅讨论线性丢番图方程，至于非线性丢番图方程，不在本书讨论范围之内。

对于只有一个未知数的线性丢番图方程而言，求解很简单，如 $ax = b$，只要 a 能整除 b，就可判定其有整数解，该整数解即为 b/a。

对于有两个未知数的线性丢番图方程，判定其是否有解的方法也很简单，如 $ax + by = c$，先求出 a 和 b 的最大公因子 d，若 d 能整除 c，则该方程有解（整数解）。

例 4.1　方程 $13x + 26y = 52$ 有无整数解？

13 和 26 的最大公因子是 13，13 又可整除 52，故该方程有整数解（如 $x = 2$，$y = 1$ 即为方程的解）。

例 4.2　方程 $2x + 4y = 15$ 有无整数解？

2 和 4 的最大公因子是 2，2 不能整除 15，故该方程无整数解。

因此可以看出，对于两个未知数的线性丢番图方程来说，求解的关键就是求最大公因子。公元前 300 年左右，欧几里得在其著作《几何原本》（*Elements*）第七卷中阐述了关于求解两个数最大公因子的过程，这就是著名的欧几里得算法：给定两个正整数 m 和 n，求它们的最大公因子，即能同时整除 m 和 n 的最大正整数。

算法如下：

（1）以 n 除 m，并令所得余数为 r（r 必小于 n）。

（2）若 $r = 0$，算法结束，输出结果 n；否则，继续步骤（3）。

（3）将 n 置换为 m，r 置换为 n，并返回步骤（1）继续进行。

例 4.3　设 $m = 56$，$n = 32$，求 m、n 的最大公因子。

算法的执行过程如下：

（1）32 除 56 余数为 24。

（2）24 除 32 余数为 8。

（3）8 除 24 余数为 0，算法结束，输出结果 8。

m、n 的最大公因子为 8。

欧几里得算法既表述了一个数的求解过程，同时，它又表述了一个判定过程，该过程可以判定"m 和 n 是互质的"（即除 1 以外，m 和 n 没有公因子）这个命题的真假。

4.2.2　算法的定义和特征

有关算法的定义不少，其内涵基本上是一致的，其中最为著名的是计算机科学家克努特在其经典巨著——《计算机程序设计的艺术》（*The Art of Computer Programming*）第一卷中对算法的定义和特性所作的有关描述。

1. 算法的非形式化定义

一个算法就是一个有穷规则的集合，其中的规则规定了一个解决某一特定类型问题的运算序列。

2. 算法的重要特性

（1）有穷性：一个算法在执行有穷步之后必须结束。也就是说，一个算法所包含的计算步骤是有限的。例如，在欧几里得算法中，由于 m 和 n 均为正整数，在步骤（1）之后，r 必小于 n，若 $r \neq 0$，下一次进行步骤（1）时，n 的值已经减小，而正整数的递降序列最后必然要终止。因此，无论给定 m 和 n 的原始值有多大，步骤（1）的执行都是有穷次。

（2）确定性：算法的每一个步骤必须确切地定义，即算法中所有有待执行的动作必须严格地进行规定，不能有歧义性。例如，在欧几里得算法中，步骤（1）中明确规定"以 n 除 m"，而不能有类似"以 n 除 m 或以 m 除 n"这类有两种可能做法的规定。

（3）输入：算法有零个或多个输入，即在算法开始之前，对算法最初给出的量。例如，在欧几里得算法中，有两个输入，即 m 和 n。

（4）输出：算法有一个或多个输出，即与输入有某个特定关系的量，简单地说就是算法的最终结果。例如，在欧几里得算法中只有一个输出，即步骤（2）中的 n。

（5）能行性：算法中有待执行的运算和操作必须是相当基本的，换言之，它们都是能够精确地进行的，算法执行者甚至不需要掌握算法的含义即可根据该算法的每一步骤要求进行操作，并最终得出正确的结果。

3. 算法的形式化定义

算法的形式化定义：算法是一个四元组，即（Q, I, Ω, F）。

其中，

Q 是一个包含子集 I 和 Ω 的集合，它表示计算的状态；

I 表示计算的输入集合；

Ω 表示计算的输出集合；

F 表示计算的规则，它是一个由 Q 到它自身的函数，且具有自反性，即对于任何一个元素

$q \in Q$，有 $F(q) = q$。

一个算法是对于所有的输入元素 x，都在有穷步骤内终止的一个计算方法。在算法的形式化定义中，对于任何一个元素 $x \in I$，x 均满足以下性质：

$$x_0 = x, \qquad x_{k+1} = F(x_k) \qquad (k \geq 0)$$

该性质表示任何一个输入元素 x 均为一个计算序列，即 x_0，x_1，x_2，$\cdots$，x_k。对任何输入元素 x，该序列表示算法在第 k 步结束。

4.2.3　算法实例

下面再介绍几个简单的算法实例，以加深读者对算法思想的理解。

例4.4　求 $1 + 2 + 3 + \cdots + 100$。

设变量 X 表示加数，Y 表示被加数，用自然语言将算法描述如下：

（1）将 1 赋值给 X。

（2）将 2 赋值给 Y。

（3）将 X 与 Y 相加，结果存放在 X 中。

（4）将 Y 加 1，结果存放在 Y 中。

（5）若 Y 小于或等于 100，转到步骤（3）继续执行；否则，算法结束，结果为 X。

例4.5　求解调和级数 H_n。

$$H_n = \frac{1}{1} + \frac{1}{2} + \frac{1}{3} + \cdots + \frac{1}{n}$$

调和级数在算法分析中有重要作用。直觉上，当 n 很大时，H_n 也未必会得到很大的值。其实不然，可以证明，尽管这个数列趋于无穷非常缓慢只要 n 充分大，H_n 就能得到我们所需要的无论多大的数。这个例子与汉诺塔问题一样清晰地表明：在算法的研究中，不能只依靠人的直觉，而要依靠严密的数学方法。

下面给出求解调和级数的算法。

设变量 X 表示累加和，变量 I 表示循环的次数，自然语言描述算法如下：

（1）将 0 赋值给 X。

（2）将 1 赋值给 I。

（3）将 X 与 $1/I$ 相加，然后把结果存入 X。

（4）将 I 加 1。

（5）若 I 大于等于 n，算法结束，结果为 X；否则转到步骤（3）继续执行。

例4.6　求解斐波那契数。

$$0, 1, 1, 2, 3, 5, 8, 13, 21, 34, \cdots$$

以上序列即著名的斐波那契数列，它来源于 1202 年意大利数学家斐波那契（L. P. Fibonacci）在其《珠算之书》（*Liber Abaci*）中提出的一个"兔子问题"：

假设一对刚出生的兔子一个月后就能长大，再过一个月就能生下一对兔子，并且此后每个月都能生一对兔子，且新生的兔子在第二个月后也是每个月生一对兔子。问一对兔子一年内可繁殖成多少对兔子？

在斐波那契中，每个数都是它的前两个数之和，F_n 表示这个序列的第 n 个数，该序列可以形式化的定义为：

$$F_0 = 0, \qquad F_1 = 1, \qquad F_{n+2} = F_{n+1} + F_n \qquad (n \geq 0)$$

斐波那契数列不仅包含着一个有趣的"兔子问题"，而且还是一个关于加法算法的典型实例。下面给出求解前 n 个斐波那契数的算法。

设变量 X 表示前一个数的值，即定义中的 F_n，变量 Y 表示当前数的值，即定义中的 F_{n+1}，变量 Z 表示后一个数的值，即定义中的 F_{n+2}。那么求解问题的自然语言描述如下：

（1）如果 $n = 0$，那么将 0 赋值给 Y，并输出 Y，转步骤（11）继续执行。

（2）将 0 赋给 X，将 1 赋值给 Y。

（3）输出 X、Y。

（4）将 1 赋值给 I。

（5）如果 I 大于 $n-1$，则转到步骤（11），否则继续执行。

（6）将 X 与 Y 的和赋值给 Z。

（7）将 Y 赋值给 X。

（8）将 Z 赋值给 Y。

（9）将 Y 输出。

（10）将 I 加 1，转步骤（5）继续执行。

（11）算法结束。

4.2.4　算法的表示方法

算法是对解题过程的精确描述，这种描述是建立在语言基础之上的，表示算法的语言主要有自然语言、流程图、伪代码、计算机程序设计语言等。

1．自然语言

前面关于欧几里得算法以及算法实例的描述使用的都是自然语言，自然语言是人们日常所用的语言，如汉语、英语、德语等。使用这些语言不用专门训练，所描述的算法也通俗易懂。然而，其缺点也是明显的。

（1）由于自然语言的歧义性，容易导致算法执行的不确定性。

（2）自然语言的语句一般太长，从而导致用自然语言描述的算法太长。

（3）由于自然语言表示的串行性，因此，当一个算法中循环和分支较多时就很难清晰地表示出来。

（4）自然语言表示的算法不便翻译成计算机程序设计语言理解的语言。

2．流程图

流程图是描述算法的常用工具，它采用美国国家标准化协会（American National Standard

Institute，ANSI）规定的一组图形符号来表示算法。流程图可以很方便地表示顺序、选择和循环结构，而任何程序的逻辑结构都可以用顺序、选择和循环结构来表示，因此，流程图可以表示任何程序的逻辑结构。另外，用流程图表示的算法不依赖于任何具体的计算机和计算机程序设计语言，从而有利于不同环境的程序设计。就算法的描述而言，流程图优于其他描述算法的语言。下面分别给出求解例4.4、例4.5和例4.6的流程图算法描述。

（1）求解例4.4的算法流程图，如图4.1所示。

（2）求解例4.5的算法流程图，如图4.2所示。

（3）求解例4.6的算法流程图，如图4.3所示。

3．伪代码

伪代码是用介于自然语言和计算机语言之间的文字和符号来描述算法的工具，第2章汉诺塔问题的算法求解就采用了伪代码。伪代码不用图形符号，书写方便，格式紧凑，易于理解，

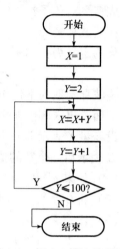

图4.1　例4.4算法流程图

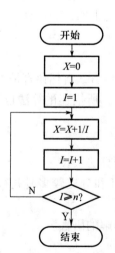

图4.2　例4.5算法流程图

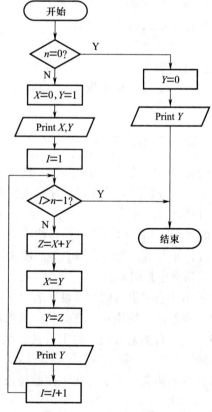

图4.3　例4.6算法流程图

便于向计算机程序设计语言算法（程序）过渡。下面分别给出求解例4.4、例4.5和例4.6的伪代码算法描述。

（1）求解例4.4的伪代码算法描述如下：

X = 1

Y = 2

While （Y <= 100）

  {

   X = X + Y

   Y = Y + 1

  }

Print X

（2）求解例4.5的伪代码算法描述如下：

X = 0

I = 1

Do

{

   X = X + 1/I

   I = I + 1

} While （I >= n）

（3）例4.6的伪代码算法描述如下：

If n == 0

 {

   Y = 0

   Print Y

 }

Else {

  X = 0

  Y = 1

  Print X, Y

  For （i = 1; i <= n − 1; i ++）

  {

   Z = X + Y

   X = Y

   Y = Z

   Print Y

```
    }
}
```

4. 计算机程序设计语言

计算机不能识别自然语言、流程图和伪代码等语言。因此，用自然语言、流程图和伪代码等语言描述的算法最终还必须转换为具体的计算机程序设计语言描述的算法，即转换为具体的程序。

一般而言，计算机程序设计语言描述的算法（程序）是清晰的、简明的，最终也能由计算机处理的。然而，就使用计算机程序设计语言描述算法而言，它还存在以下缺点。

（1）算法的基本逻辑流程难于遵循。与自然语言一样，程序设计语言也是基于串行的，当算法的逻辑流程较为复杂时，这个问题就变得更加严重。

（2）用特定程序设计语言编写的算法限制了与他人的交流，不利于问题的解决。

（3）要花费大量的时间去熟悉和掌握某种特定的程序设计语言。

（4）要求描述计算步骤的细节，而忽视算法的本质。

下面分别给出求解例 4.4、例 4.5 和例 4.6 的计算机程序设计语言（C 语言）的算法描述。

（1）求解例 4.4 的计算机程序设计语言（C 语言）的算法描述如下：

```c
main( )
{
    int X, Y;
    X = 1;
    Y = 2;
    while ( Y <= 100)
      {
       X = X + Y;
       Y = Y + 1;
      };
    printf("%d", X);
}
```

（2）求解例 4.5 的计算机程序设计语言（C 语言）的算法描述如下：

```c
main( )
{
    int   n;
    float X, I;
    printf("Please input n:");
    scanf("%d", &n);
```

```
    X = 0;
    I = 1;
    do
    {
        X = X + 1/I;
        I = I + 1;
    } while(I < = n);
        printf(" \ n%f", X);
}
```

（3）求解例 4.6 的计算机程序设计语言（C 语言）的算法描述如下：

```
main( )
{
    int  X, Y, Z, I, j, n;
    printf("please input n:");
    scanf("%d", &n);
    printf(" \ n");
    if (n ==0)
      {
        Y = 0;
        printf("%d   ", Y);
      }
    else
      {
    X = 0;
    Y = 1;
    printf("%d   %d   ", X, Y);
    for (I = 1; I <= n - 1; I + +)
      {
        Z = X + Y;
        X = Y;
        Y = Z;
        printf("%d", Y);
      }
      }
}
```

4.2.5　算法分析

解一个问题往往有若干不同的算法，这些算法决定着根据该算法编写的程序性能的好坏。那么，在保证算法正确性的前提下，如何确定算法的优劣就是一个值得研究的课题。

在算法的分析中，一般应考虑以下 3 个问题。

（1）算法的时间复杂度。

（2）算法的空间复杂度。

（3）算法是否便于阅读、修改和测试。

算法时间复杂度是指算法中有关操作次数的多少，用 $T(n)$ 表示，T 为英文单词 Time 的第一个字母，$T(n)$ 中的 n 表示问题规模的大小。例如，在累加求和中，n 表示待加数的个数；在矩阵相加问题中，n 表示矩阵的阶数；在图中，n 表示顶点数等。

在算法的复杂度分析中，经常使用一个记号 O（读作"大 O"），该记号是保罗·巴克曼（P. Bachmann）于 1892 年在《解析数论》（*Analytische Zahlentheorie*）一书引进的，是 Order（数量级）的第一个字母，它允许使用"="代替"≈"。例如，$n^2 + n + 1 = O(n^2)$，该表达式表示当 n 足够大时表达式左边约等于 n^2。

设 $f(n)$ 是一个关于正整数 n 的函数，若存在一个正整数 n_0 和一个常数 C，当 $n \geqslant n_0$ 时，$|T(n)| \leqslant |Cf(n)|$ 均成立，则称 $f(n)$ 为 $T(n)$ 的同数量级的函数。于是，算法时间复杂度 $T(n)$ 可表示为：$T(n) = O(f(n))$。

常见的大 O 表示形式如下。

（1）$O(1)$ 称为常数级。

（2）$O(\log n)$ 称为对数级。

（3）$O(n)$ 称为线性级。

（4）$O(n^c)$ 称为多项式级。

（5）$O(c^n)$ 称为指数级。

（6）$O(n!)$ 称为阶乘级。

常见的大 O 函数的增长比率见图 4.4 和图 4.5。

在第 2 章的汉诺塔问题中，需要移动的盘子次数为 $h(n) = 2^n - 1$，则该问题的算法时间复杂度表示为 $O(2^n)$；例 4.4 的算法时间复杂度表示为 $O(1)$；例 4.5 的算法时间复杂度表示为 $O(n)$；例 4.6 的算法时间复杂度表示为 $O(n)$ 等。

一般而言，对于较复杂的算法，应将它分成容易估算的几个部分，然后用 O 的求解原则计算整个算法的时间复杂度，最好不要采用指数级和阶乘级的算法，而应尽可能选用多项式级或线性级等时间复杂度较小的算法。另外，还要在算法最好、平均和最坏的情况下区别执行效率的不同。

在阶乘级的算法中，如果问题规模 n 为 10，则算法时间复杂度为 10！（3 628 800）。若要

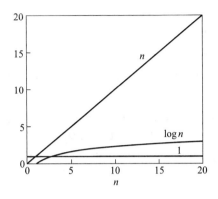

图 4.4　常数（1）、对数（log$n$）、
线性（n）增长比率图

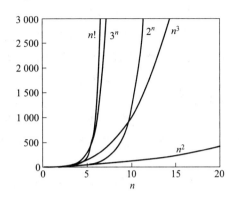

图 4.5　多项式（n^c）、指数（c^n）、
阶乘（$n!$）增长比率图

检验 10! 种情况，设每种情况需要 1 ms 的计算时间，则整个计算将需 1 h 左右。一般来说，如果选用了阶乘级的算法，则当问题规模大于等于 10 时，就要认真考虑算法的适用性问题。

　　算法的空间复杂度是指算法在执行过程中所占存储空间的大小，它用 $S(n)$ 表示，S 为英文单词 Space 的第一个字母。与算法的时间复杂度相同，算法的空间复杂度 $S(n)$ 也可表示为：$S(n) = O(g(n))$。

4.2.6　搜索算法与排序算法

　　计算机最重要的一个功能就是信息的存储，随着数字化技术的发展，信息存储的容量越来越大，面对海量的数据，如何快速地搜索到所需要的信息，就成为一个首先必须解决的问题。

　　1. 常用的折半搜索与归并排序

　　1）折半搜索

　　在计算机中，使用频率最高的算法是搜索算法与排序算法。常用的搜索算法有折半搜索（Binary search）算法和哈希搜索（Hash search）算法。本书介绍其中的折半搜索算法。

　　折半搜索算法也称二分查找算法，是一种在有序数据集中查找某一特定元素的搜索算法。折半搜索要求数据集中的结点按关键字值升序或降序排列。

　　折半搜索算法的基本原理是：首先将待查值与有序数据集的中间项进行比较，以确定待查值位于有序数据集的哪一半，然后将待查值与新的有序数据集的中间项进行比较。循环进行，直到相等为止。

　　例 4.7　设数组 A 有 11 个元素，分别是 1，4，5，7，12，16，22，31，86，91，92。请采用折半搜索算法查找 22 这个元素。

　　算法步骤如下。

第 1 步：将待查值 22 与有序数据集的中间项（第 6 项，元素为 16）进行比较，可确定待查值位于有序数据集右半部分。

第 2 步，将待查值 22 与新的数据集（22，31，86，91，92）中间项（第 3 项，元素为 86）进行比较，可确定待查值位于现有数据集的左半部分。

第 3 步，将待查值 22 与新的数据集（22，31）中间项（第 1 项，元素为 22）进行比较，即可查到该元素。

分析可知，折半搜索算法查找的次数是 $\log_2 n$，用 O 可表示为 $O(\log n)$。这个算法是介绍计算思维的一个典型案例，数列越大越能显出这种方法的好处，如用该算法在一个有 10 000 件商品的超市中查找一件特定的商品，最多只需 14 次，而从一个拥有 2^{64} 的巨大有序数列中查找其中一个特定的元素，最多也只需要 64 次。

2）归并排序

搜索与排序是紧密联系的两类算法，折半搜索算法就是建立在排序的基础上。在计算机中，几乎所有的序列都是排过序的。例如，文件名、电子邮件等。常用的排序有快速排序（Quick Sort）和归并排序（Merge Sort）。本书仅介绍其中的归并排序。

归并排序是一个采用"分治法"原理进行排序的算法。"分治法"的核心思想就是将一个大而复杂的问题分解成若干个子问题分而治之。即，先将一个待排序的数组随机地分成两组且两组数组的元素个数相等或接近相等（若为奇数，其中一个数组的元素多 1 个），继续对分组的数组进行分组，直到每个数组的元素个数为 1；最后，不断地将两个已排好序的相邻数组的元素归并起来，直到归并为一个包含所有元素的数组。归并两个已排序好的数组是容易的，只要不断地移出两组元素最前端较小的元素即可，在该过程中，需要开辟一块与原序列大小相同的空间以便进行归并操作。

例 4.8　设数组 A 有 7 个元素，分别是 49，32，66，97，78，11，27。请采用归并排序算法对该数组元素按升序进行排列。

算法步骤（分组和归并）如下。

第 1 次分组：[49，32，66，97]；[78，11，27]

第 2 次分组：[49，32]；[66，97]；[78，11]；[27]

第 3 次分组：[49]；[32]；[66]；[97]；[78]；[11]；[27]

第 1 次归并：[32，49]；[66，97]；[11，78]；[27]

第 2 次归并：[32，49，66，97]；[11，27，78]

第 3 次归并：[11，27，32，49，66，78，97]

分析可知，归并排序算法的时间复杂度为 $O(n \log n)$，所需辅助存储空间复杂度为 $O(n)$。该算法在一回只能比较一次的计算机（单处理机）中是公认的最佳算法。但若还想再提高排序算法的效率，就要使用并行算法。并行算法采用多个处理机工作，可以让不同的处理机同时处理问题的不同部分，使问题解决的速度变得更快，现在大家使用的计算机一般都具有多个处理机。

2. 排序网络

排序网络（Sorting Networks）是一种典型的并行算法，它可以同时采用多个处理机（比较器）快速地对一组数字序列进行排序。下面，举例说明之。

设：X，$Y \in N$，$N = \{0, 1, 2, 3, \cdots, n, \cdots\}$，两个数值大小的比较器如下所示。

（1）2 输入正排序网络（比较器）：

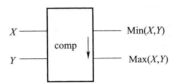

（2）2 输入倒排序网络（比较器）：

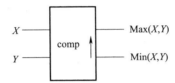

按照以上约定完成以下题目。

例 4.9 给定一个 3 输入的正排序网络如图 4.6 所示，请解释其工作原理。

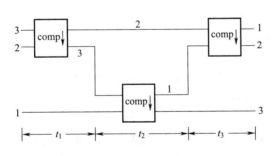

图 4.6　一个 3 输入正排序网络

答：此 3 输入正排序网络分为三个阶段，每一阶段 t_1、t_2、t_3 中都为一个 2 输入正排序网络工作，最后排序输出为 $\{1, 2, 3\}$。

例 4.10 给定 4 输入倒排序网络如图 4.7 所示，请解释其工作原理。

答：此 4 输入倒排序网络分为 3 个阶段，第一阶段 t_1 中两个 2 输入倒排序网络并行计算，第二阶段 t_2 中同样为两个 2 输入倒排序网络并行计算，第三阶段 t_3 中一个 2 输入倒排序网络工作，最后排序输出为 $\{3, 2, 1, 0\}$。

例 4.11 从 8 个数中找出最大值的网络如图 4.8 所示，请解释其工作原理。

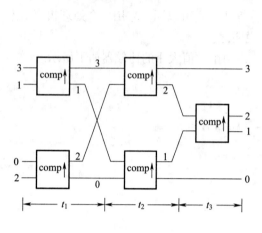

图 4.7　一个 4 输入倒排序网络　　　　图 4.8　8 输入找出最大值的网络

答：此 8 输入找出最大值的网络分为 3 个阶段，第一阶段 t_1 中四个 2 输入正排序网络并行计算，第二阶段 t_2 中两个 2 输入正排序网络并行计算，第三阶段 t_3 中一个 2 输入正排序网络工作，最后得到最大值 8。

3．Google 与云计算

今天的互联网络已相当普及，甚至可以说，任何一台计算机都可以很方便地连上因特网。网上的信息也越来越大，要从海量的数据中快速地查找所需的信息，就要使用工具。常用的网上信息搜索工具有 Google、百度、Yahoo 等，本书简要介绍其中最著名的 Google 搜索引擎，其他工具的资料请读者自己在网上查找。

1）Google 搜索引擎

Google 一词来自 "Googol"。Googol 是由美国数学家爱德华·卡斯纳（Edward Kasner）9岁的侄子米尔顿·西罗蒂（Milton Sirotta）在 1938 年创造的，表示 1 后面有 100 个零的数字。

Google 公司 1998 年创立，原采用 Googol 这个词是想表明公司有征服网上无尽资料的雄心。在创办的初期，由于投资人在寄回的支票上，误将公司的名字拼写成 "Google"，另外，还有版权以及 Googol.com 已被注册等的实际考虑，这一错误的拼写被公司创办人接受，并成为现在的公司名。

Google 公司的创始人是拉里·佩奇（Larry Page）和塞吉·布林（Sergey Brin）。他们1995 年相识于斯坦福大学，并于 1996 年在斯坦福大学的学生宿舍内联合开发了全新的在线搜索引擎。目前，Google 已被公认为是全球规模最大的搜索引擎，它提供了简单易用的免费服务，用户可以使用多种语言查找信息，查看股价、地图和要闻，并在瞬间得到相关的搜索结果。

包含 Google 在内的一般网络搜索引擎都由两部分组成：一个是 Crawler（爬虫），另一个是 Query Processor（查询处理程序）。"爬虫"访问 Internet 上的网站，找出网页并为该网页的内容建立一个索引。查询处理程序在索引中查找用户提交的关键词，并报告"爬虫"找到的哪些网页中含有用户提交的关键词。

Google 搜索引擎最具创新的概念是 PageRank（网页级别，简写为 PR。PageRank 中的 Page 不是指网页而是指 PageRank 算法的发明人佩奇。2001 年 9 月，PageRank 算法被授予美国专利）。Google 认为，指向一个网页的链接越多，则说明该网页就越重要，也即该网页的级别就越高，当然，"重要"网站的指向"分量"会更重。Google 将网页分为 10 个等级，Google 把自己网站的 PR 值定为 10。一般来说，PR 值为 1，表明该网站不具有流行度，PR 值为若为 7～10，则表明这个网站非常受欢迎。一般 PR 值达到 4，就是一个不错的网站了。

2）云计算

"云计算"（Cloud computing）这个概念来自 Google 公司，尽管 PageRank 是 Google 搜索引擎的核心，但真正让 Google 应用推广的是它的集群。这个集群具有超大规模、可扩展性、低成本、高可靠性的特点。如何宣传这个产品，Google 公司内部给出了"云计算"这个概念，并由 Google 行政总裁埃里克·施密特（Eric Schmidt）于 2006 年 8 月 9 日在"搜索引擎大会"（SES San Jose 2006）上首次对外公布，自此，Google 等公司在全球极力推广这一概念。通过"云计算"，远端的服务供应商可以在数秒之内处理数以千万计甚至亿计的信息，达到和"超级计算机"同样的强大效能。

4．网络挑战赛与人类的群体智能

1）美国 DARPA 的网络挑战赛

美国国防部预研局（Defense Advanced Research Project Agency，DARPA）是美国国防部的核心研发机构，成立 50 多年来它一直坚持超前的理念进行探索，管理和指导了大量富有创新精神的技术研究与开发，今天的因特网就是出自 DARPA 当年的预研项目。

美国 DARPA 的网络挑战赛（DARPA Network Challenge，DNC）也被称为是红气球挑战赛，该赛事是 2009 年 10 月 29 日在美国加州大学洛杉矶分校（University of California，Los Angeles）举行的因特网诞生 40 周年纪念大会上，由时任美国 DARPA 主管的贾纳·杜甘女士（Regina E. Dugan）宣布的。杜甘女士代表 DARPA 介绍道，该局将于 2009 年 12 月 5 日开展一项网络挑战赛，届时编过号的 10 个 8 英尺大的红气球将被同时分别放到美国大陆的若干地区，而首个发现所有气球各自地理位置的参赛选手或团队将获得 4 万美金的奖励。DARPA 举办赛事的目的在于研究社交网络在完成跨地域任务时的速率和效率，DARPA 将特别关注竞赛过程中出现的分散式社会动员策略，以及众包（Crowd-sourcing）在完成地域定位任务时的效率。

DNC 赛事消息一经宣布，传统媒体（Traditional media）和社交媒体（Social media）就同时都加入到了传播 DNC 赛事消息的队伍，也正因如此，该赛事的举办客观上搭建了一个可以让传统媒体和社交媒体同台竞技的舞台。

有百余支团队参与了该赛事。最终，由 MIT 媒体实验室研究生 Anmol Madan，Wei Pan，Galen Pickard 及博士后 Manuel Cebrian，Riley Crane 组成的团队赢得了比赛（团队中的 Wei Pan

来自清华大学），该团队并不仅仅是简单地利用各类社交网络，他们设计了恰当的激励机制来鼓励每个人之间相互交流并最终找到气球。该队向准确提供气球位置的人提供 2 000 美元的奖励，并向将该人介绍到比赛中的介绍人奖励 1 000 美元，向介绍了介绍人的人提供奖励 500 美元，并以此类推。他们设计的机制迅速生根发芽，并且开始快速生长，形成了错综复杂的网络。在 8 小时 52 分钟后，这只 MIT 的参赛队就准确给出了 10 只气球的位置，并如在承诺中所述的那样，在将所获奖金分给找到 10 只气球的贡献者后，还将剩余的奖金捐献给了慈善机构。2011 年 10 月，他们在著名的 Science 杂志发表了题为 Time-critical social mobilization 的学术论文，详细阐述了他们的激励机制。

DNC 赛事前后，网络动员的速度完全超出了人们的预期。根据赛后回访的结果分析，这次针对气球的社会网络的顺利组建，一个得益于奖金激励；另一个同样重要的原因是，不少参与者仅仅是感觉好玩。不过值得庆幸的是，当采用基于完全利他主义的激励策略或是基于公共利益的激励策略时，动员工作也是有可能实现的。

2）人类的群体智能

DNC 赛事显然是一个人无法完成的任务，它需要不同地域大量人员的参与，大家一起共事，共同解决个体无法完成的任务，这就是所谓的群体智能（Collective Intelligence，CI）。

一般认为，群体智能是人类社区通过变化、反馈与选择，分化、整合与转化，竞争与合作的创新机制，朝更高的秩序复杂性以及和谐方向演化的能力。群体智能也可认为是某种形式的网络化，即因特网。随着网络技术的发展，Web 2.0 实现了人与网络的良好交互，用户可以随时在网上发布自己的内容。群体智能凭借这一点来提高现有知识的社会共享。

2006 年 10 月成立的麻省理工学院群体智能中心（MIT Center for Collective Intelligence，MIT CCI）是群体智能领域的一个标志性事件。该中心认为，人们谈论"群体智能"已经有几十年了，但只有今天出现的新式通信技术（尤其是因特网）才使得之前人们翘首的全球团队合作模式变成可能。另外，已获成功的 Google 模式和 Wikepedia 模式也预示：我们正迎来一个群体智能发挥巨大作用的时代。MIT CCI 的目标便是：搞清楚我们应该如何做，才能将这一作用变为现实。MIT CCI 将该校各个院系召集到一起就是为了研究和理解这些新出现的通信技术是怎样改变我们原来所具有的传统的合作方式。该中心首要的工作就是调动 MIT 各个组织机构的力量，如 MIT 媒体实验室、计算机科学和人工智能实验室、脑科学和认知科学的相关院系、MIT 斯隆管理学院。中心的使命是深入理解群体智能以便创造和利用群体智能新的潜力，希望研究的成果可以使人们对各个学科有一个全新的认识，从而促进商业和社会取得实实在在的发展。中心认为"群体智能"的观点可以用来理解很多现象。比如，从群体智能的角度，可以重新认识组织的效率、公司的生产力、团队和领导等这些概念。以下是该中心从群体智能的角度对一些问题的解读。

（1）具备智能的团体意味着什么？假设有位智力超群的天才掌握了我们现有的全部知识而且可以动用诸如 IBM、通用汽车级别的企业资源，那他会做什么？会采用什么样的运营策略？在应对市场变化时反应速度会有多快？厂房和资金的运作效率会如何？企业的营业收益会如何？更为重要的是，我们能否通过巧妙结合的人及组合体来创造出这样一位魔幻般天才所具有的智能？

（2）受人类大脑组织方式的启发，是否可以找到可以使人类群体现出的整体智能的全新组织方式？或者说，受人类群体组织方式的启发，是否可以发现有助于我们进一步理解人类大脑的组织形式？

（3）在过去几十年的时间里，人工智能领域一直在尝试编写具备同人类相同级别智能的计算机程序。但现在，若采用新的人机结合方式可以创造出的智能比纯人类或纯计算机都要高，那么人工智能领域研究的目标是否需要考虑调整了呢？

5. 本质上可以并行计算的大量问题

第2章介绍过阿姆达尔定律。根据该定律，在一个算法中只要存在串行操作的问题，其并行计算的加速能力将不可避免地受到很大的限制。不过，科学家们现在已经找到了大量完全可以并行计算的问题，如 Google、维基百科、Linux 公司的操作系统以及其他开源软件所涉及的计算问题。据有关报道，2006 年，Google 集群的规模已达到 45 万台机器，现有资料也显示，Google 在全球设有 30 多个数据中心。Google 公司的这些数据充分说明"网上搜索"这类问题所具有的本质上可以并行计算的特征。找到这些问题，可以激发大量的科学发现与技术创新。目前，群体智能领域已成为一个跨学科的非常活跃的重要领域。

在以上问题中，网络上问题解决的答案又可能会很多，如何判定一个答案的正解，或对答案的优劣进行对比，又成为一个问题。幸好，我们在第2章学过"证比求易算法"，判定和选择一个正确的，或更好的结果，远比求这个答案容易得多。

4.3 数据结构

数学模型有定量模型和定性模型两类之分。定量模型是指可以用数值方程表示的一类模型，而定性模型则是指非数值性的数据结构（如表、树和图等）及其运算。

在计算机科学中，数据结构（Data Structure）指的是一类定性数学模型，它是算法设计的基础，在计算机科学中占有十分重要的地位。本节将介绍数据结构的基本概念和几种常用的数据结构（如线性表、数组、树、二叉树和图等）以及不同的数据结构在 Vcomputer 机器中的具体表示。

4.3.1 数据结构的基本概念

数据（Data），是对所有输入计算机并能被计算机程序处理的符号的总称。数据元素（Data Element）是数据的基本单位，在计算机处理和程序设计中通常被作为一个整体进行考虑和处理。一个数据元素可由若干数据项组成。数据对象（Data Object），是具有相同特征的数据元素的集合，是数据的一个子集。数据结构（Data Structure），是数据元素的组织形式或数据元素相互之间存在一种或多种特定关系的集合。

数据结构是一类定性的数学模型，如图 4.9 所示，它由数据的逻辑结构、数据的存储结构（或称物理结构）及其运算 3 部分组成。

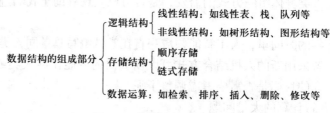

图 4.9　数据结构的组成部分

1．数据的逻辑结构

为了使数据便于程序员分析和操作，一般高级程序设计语言都提供了相应的数据操作功能。在这些操作中所指的数据结构一般是数据的逻辑关系，而不是数据在计算机内部的存储实现。人们把这种数据结构称为数据的逻辑结构。若无特殊说明，在计算机科学中提到的"数据结构"均是指数据的逻辑结构。

数据逻辑结构的形式化定义：$DS = <D, R>$

其中，D 表示数据的集合，R 表示数据 D 上关系的集合。

以上定义是从形式化的角度对数据的逻辑结构进行的数学描述。数据的逻辑结构可分为两类：一种是线性结构，另一种是非线性结构。其中，线性结构是指数据结构中的数据元素间存在一对一的关系；非线性结构是指数据结构中的数据元素间存在一对多，甚至多对多的关系。

2．数据的存储结构

数据的存储结构是指在反映数据逻辑关系的原则下，数据在存储器中的存储实现。数据存储结构的基本组织方式有两种，一种是顺序存储结构，另一种是链式存储结构。

（1）顺序存储结构：借助元素在存储器中的相对位置来表示数据元素的逻辑关系。

（2）链式存储结构：借助指针来表示数据元素之间的逻辑关系，通常在数据元素上增加一个或多个指针类型的属性来实现这种表示方式。

3．数据结构的基本运算

（1）建立数据结构。

（2）清除数据结构。

（3）插入数据元素。

（4）删除数据元素。

（5）更新数据元素。

（6）查找数据元素。

（7）按序重新排列。

（8）判定某个数据结构是否为空，或是否已达到最大允许的容量。

（9）统计数据元素的个数。

4.3.2 基于 Vcomputer 机器的数据结构概述

数据结构包括数据的逻辑结构（如线性表、栈、队列、树、图等）和数据的存储结构（顺序存储和链式存储）。表 4.1 中列出了在计算机数据处理过程中，对于不同用户类型而言，数据的抽象层次以及相应的数据组织形式。为便于读者理解，以下基于第 3 章给出的 Vcomputer 机器对数据结构的相关概念进行介绍。

表 4.1 不同视角下的数据组织形式

抽象层次	数据组织形式	面向的用户类型
物理结构	物理存储介质上的有穷二进制序列	计算机
逻辑结构	数组、列表、队列、栈、树、图等	程序员
存储结构	顺序存储、链式存储等	程序员

在分析数据时，通常根据具体应用环境将数据以恰当的逻辑结构组织起来。如应用于图书馆的图书信息管理系统，由于需要频繁地进行检索操作，为提高检索效率通常会把图书信息以二叉排序树的形式组织起来。再如应用于酒店的餐饮管理软件需要处理顾客点菜信息，在管理过程中应该优先为先点菜的顾客服务，显然可以用队列的组织结构。

在选择数据的结构时，需要考虑数据的存储结构。例如分析 9 名销售员每周的销售额数据，由于每周的天数和销售员的人数都是固定的，因此可以使用一个 9 行 7 列的二维数组组织数据。再如图书信息管理系统，通常某些图书的简介仅十几个字，而某些图书的简介有几十个字甚至更长，鉴于这一实际情况通常将每本书的信息以链表结构组织数据。

在 Vcomputer 机器中，物理存储介质中的所有数据都以二进制数表示，不论其逻辑结构是栈还是队列，也不论其存储方式是链式方式还是顺序方式。

以图 4.10 为例，图 4.10（a）表示的是一个容量为 256 B，以字节（Byte）为基本存储单位的内存空间，其中 A0 ~ AB 地址空间中的数据为第 3 章图 3.5 所示的一个进行加法运算的完整程序。若对 A0 ~ AB 内存单元中的数据执行队列的相关操作，则该数据可理解为图 4.10（b）所示的一个长度为 12 的队列；若对 A0 ~ AB 内存单元中的数据执行栈的相关操作，则该数据可理解为图 4.10（c）所示的一个长度为 12 的堆栈；若对 A0 ~ AB 内存单元中的数据执行二维数组的相关操作，则该数据可理解为图 4.10（d）所示的一个 3×4 的二维数组；若对 A0 ~ AB 内存单元中的数列执行二叉树的相关操作，则该数据可以理解为图 4.10（e）所示的一个具有顺序存储结构的完全二叉树。

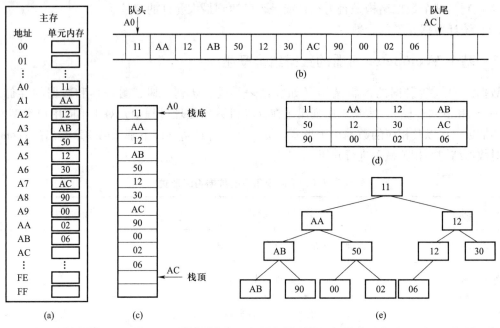

图 4.10　数据在 Vcomputer 机器下的组织形式

4.3.3　基于 Vcomputer 机器的数据的逻辑结构

在计算机科学中，常用的数据的逻辑结构有线性表、栈、队列、数组、树和图等。

1. 线性表、栈和队列

1）线性表

线性表（Linear-List）是 n 个数据元素的有限序列，即（X[1]，X[2]，X[3]，…，X[i]，…，X[n]）。在线性表中，有表头（head）、表尾（tail）、前驱元素、后继元素等概念。表中除表头和表尾处两个数据元素外，所有的数据元素均各自对应唯一的前驱元素和后继元素。线性表涉及的数据运算包括：建立表、插入元素、修改元素、删除元素、查询元素、查询表的长度、遍历表、销毁表等。

例 4.12　在图 4.10（d）中，A0 ~ AB 内存单元中的数据可视为一个含有 12 个数据元素且数据元素大小为 1 个字节的线性表；表中第一个数据元素"11"称为表头元素，最后一个数据元素"06"称为表尾元素。

2）栈和队列

若对线性表的基本操作加一定限制，则形成下面两种特殊的线性表。

（1）栈（stack）：是一种后进先出（Last-In First-Out，LIFO）的线性表。它的所有插入、删除操作都在线性表的表尾进行。栈涉及的数据运算包括建立栈、入栈、出栈、销毁栈等。进栈、出栈操作只能在栈顶处进行。

（2）队列（queue）：是一种先进先出（First-In First-Out，FIFO）的线性表。它的所有插入操作都在线性表的队尾进行，而所有的删除操作都在线性表的队头进行。队列涉及的数据运算包括建立队、插入（入队）、删除（出队）、销毁队等。

例 4.13　在图 4.11（a）中，A0～AB 内存单元中的数据可视为一个有 12 个数据元素、数据元素大小为 1 个字节的栈。数据"11"为栈底元素，"06"为栈顶元素。栈底指针为 A0，栈顶指针为 AC。

例 4.14　对图 4.11（a）执行出栈操作（取出"06"），结果为图 4.11（b）所示的状态。

例 4.15　对图 4.11（b）执行入栈操作（插入"87"），结果为图 4.11（c）所示的状态。

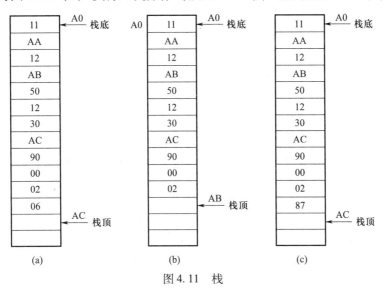

图 4.11　栈

例 4.16　对图 4.12（a）执行删除操作时，将取出"11"，成为图 4.12（b）所示的状态；将"87"插入图 4.12（b）队列，结果为图 4.12（c）所示的状态。

比较图 4.12（a）和 4.12（b）可以发现，队列随着插入和删除操作的执行，队列中的元素逐渐向队尾一侧移动。队尾一侧的存储空间可能会全部占满，新的数据无法插入，而靠近队头一侧的存储空间因执行删除操作更多的处于空闲状态。因此，需要对队列的存储进行管理，比如使用循环队列来管理。

例 4.17　若对图 4.12（c）中的队列连续执行 4 次出队操作，即依次取出 AA、12、AB、50，此时若 D4、5E、80 需插入，当 D4 插入后，队尾一侧的空间被占用，但循环队列可以让 5E、80 顺利地存放到队头一侧的空闲存储单元，如图 4.12（d）所示。

2. 数组

数组（Array）是线性表的推广形式之一。如在一个 $m \times n$ 的二维数组中，元素 $A[i, j]$ 分别属于两个线性表，即（$A[i, 0]$，$A[i, 2]$，…，$A[i, n-1]$）和（$A[0, j]$，$A[2, j]$，…，$A[m-1, j]$）。

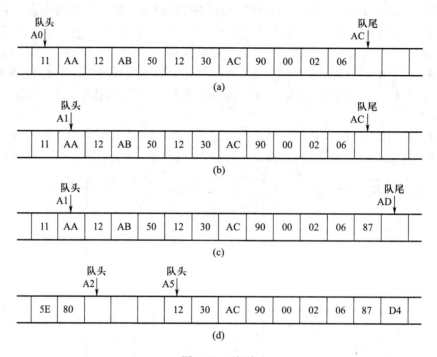

图 4.12　队列

数组存储的是相同数据类型的元素，其特点是便于元素的插入、检索、删除。数组通常是预先分配的，也就是说，一旦定义了一个特定大小的数组，这个数组所占的内存大小也就确定了，这种性质会导致不少问题。例如当数组作为一个栈变量时就会对应用程序性能产生负面影响，甚至可能使其在不具备很大服务器的系统中停止工作。

例 4.18　int Example[3][4];

以上是用 C 语言语句声明的一个整数类型的 3 行 4 列的二维数组，数组名为 Example。

例 4.19　在图 4.10（a）中，A0 ~ AB 内存单元中的数据可视为一个包含 12 条记录、每条记录为 1 个字节的一维数组，如图 4.13（a）所示。其中，A0 为该数组的首地址，A[i] 表示第 i 个数据元素，如 A[4] = 50。

在图 4.10（a）中，A0 ~ AB 内存单元中的数据可视为按行主序存放的 3 × 4 的数组 B，如图 4.13（b）所示。一个按行主序存放的 $R \times C$ 二维数组，其第 i 行第 j 列记录的地址为（设数组首地址为 X）：$X + (C \times i + j)$。

例 4.20　如图 4.13（b）所示，B[1][2] = 30 是数组 B 中第 1 行第 2 列的一个元素，数组首地址为 A0（十六进制数），进行计算时，应先将该十六进制数转化为十进制数，即 160，存放该元素的地址为：160 + (4 × 1 + 2) = 166。最后，将十进制数 166 转化为十六进制数，即为 A6。

A[0]	A[1]	A[2]	A[3]	A[4]	A[5]	A[6]	A[7]	A[8]	A[9]	A[10]	A[11]
11	AA	12	AB	50	12	30	AC	90	00	02	06

(a)

B[0]	11	AA	12	AB
B[1]	50	12	30	AC
B[2]	90	00	02	06

(b)

C[0]	11	50	90
C[1]	AA	12	00
C[2]	12	30	02
C[3]	AB	AC	06

(c)

图 4.13 数组

在图 4.10（a）中，A0 ~ AB 内存单元中的数据可视为按列主序存放的 4×3 的数组 C，如图 4.13（c）所示。一个按列主序存放的 $R \times C$ 二维数组，其第 i 行第 j 列记录的地址为（设数组首地址为 X）：$X + (i + R \times j)$。

例 4.21 如图 4.13（c）所示，$C[1][2] = 00$ 是数组 C 中第 1 行第 2 列的一个元素，存放该元素的地址为：$160 + (1 + 4 \times 2) = 169$。$169_{(10)} = A9_{(16)}$。

3. 树和二叉树

树型结构是一种具有层次关系的非线性结构，在计算机科学中有广泛的应用，尤其以二叉树最为常用。

（1）树：树（Tree）是由 n（$n \geq 0$）个结点（node）组成的有限集合。若 $n = 0$，则称为空树，任何一个非空树均满足以下两个条件：

① 仅有一个称为根（root）的结点。

② 当 $n > 0$ 时，其余结点可分为 m（$m \geq 0$）个互不相交的有限集合，其中每个集合又是一棵树，并称为根的子树（也称分支）。

图 4.14 所示的树有 12 个结点，A 是根结点，结点 K、F、G、H、L 和 J 分别为叶结点（也称终端结点）。从根结点 A 到叶结点的最长路径为 A – B – E – K、A – D – I – L，结点数为 4，通常称该树的深度为 4。以结点 I 为例，结点 A、D 为其祖先，结点 D 称为其父结点，结点 H、J 为其兄弟结点。结点 H、I、L 和 J 为结点 D 的后代，为其子结点。该树又可再分为若干不相交的子树，如 T1 = {B，E，F，K}，T2 = {C，G}，T3 = {D，H，I，J，L} 等。

（2）二叉树：二叉树是 n（$n \geq 0$）个结点组成的有限集合，它或是空集（$n = 0$），或由一个根结点及两棵互不相交的子树组成，且两个子树有左、右之分，其次序不能颠倒。

例 4.22 图 4.10（a）中 A0 ~ AB 内存单元中的数据可视为一个顺序存储深度为 4，根结点为 11，叶结点为 AC、90、00、02、06 的二叉树（如图 4.15 所示）。

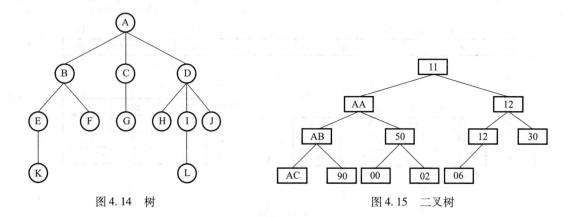

图 4.14   树   图 4.15   二叉树

完全二叉树和满二叉树是两种特殊形态的二叉树。一棵深度为 k，且有 2^k-1 个结点的二叉树称为满二叉树。这种树的特点是每一层上的结点数都是最大结点数。可以对满二叉树的结点进行连续编号，约定编号从根结点起，自上而下，自左而右。深度为 k，有 n 个结点的二叉树当且仅当其每一个结点都与深度为 k 的满二叉树中编号从 1 至 n 的结点一一对应时，称为完全二叉树。其特点是叶结点只可能在层次最大的两层上出现；对任一结点，若其右分支下子孙的最大层次为 l，则其左分支下子孙的最大层次必为 l 或 $l+1$。

4．图

日常生产生活中，常把一个讨论范围内的同类事物抽象成由一系列点组成的集合，然后用点与点之间的连线表示事物之间存在的关系（例如"哥尼斯堡七桥问题"），这样构成的图形就是图论中的图。

图是由结点和连接这些结点的边所组成的集合。在图形结构中，结点之间的关系可以是任意的，图中任意两个数据元素之间都可能相关。图的形式化定义为

$$G = <V, E>$$

其中，V 是一个有穷非空结点的集合，E 是连接结点的边的集合。

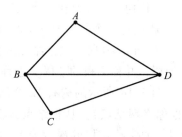

图 4.16   图结构

例 4.23   图 4.16 所示的图形结构，可以形式化地定义为 $G = <V, E>$，其中 $V = \{A, B, C, D\}$，$E = \{ (A, B), (B, D), (B, C), (D, C), (A, D)\}$。

4.3.4   基于 Vcomputer 机器的数据的存储结构

1．线性表

线性表的存储结构可分为顺序表（顺序存储）和链表（链式存储）两类。前者使用一组地址连续的存储单元依次存储线性表的数据元素，逻辑关系上相邻的两个元素在物理位置上也

相邻，可随机存取其中的任意一个元素，但在插入或删除数据元素时需要移动大量的数据元素；而后者不要求逻辑上相邻的数据元素在物理位置上也相邻，因此失去了顺序表随机存取的特点，但更便于插入或删除数据元素的操作。

1）顺序存储

实现静态线性表存储的一种思路是利用一维数组的结构来实现线性表的存储，这一实现方法称为顺序表，整个列表存放在具有连续地址的一整块存储单元中。

例 4.24　现有一个长度为 12 的静态线性表 List_Exp1 {11，AA，12，AB，50，12，30，AC，90，00，02，06}，如图 4.17（a）所示，请用顺序表实现对该静态线性表的存储。

图 4.17（a）所示的内存数据可视为用顺序表的形式对静态线性表 List_Exp1 实现的存储。其中，A0 ~ AB 为系统分配给 List_Exp1 的一整块存储空间，地址为 AC、AD 的两个存储单元为预留空间。通过一维数组的索引号可以方便地实现对具体元素的操作。

一般来说，顺序表这种结构形式很适合实现顺序表的存储，像查询、修改、遍历等操作实现起来也很方便。缺点是在线性表靠近表头部分执行插入、删除操作时，需要进行大量的数据移动操作。例如删除图 4.17（a）中表头元素"11"，为保持各元素间的线性关系，需要额外移动删除操作本不涉及的其他 11 个元素，如图 4.17（b）所示。顺序表还不适合数据元素动态增加的线性表的存储，因为数据元素个数的不确定性使得预留空间大小的设定难以把握。例如，设在图 4.17（a）中的表尾先后插入 87、AE，若需再执行插入操作，则只能将整个表移到另外一块更大的连续存储区域。

A0	A1	A2	A3	A4	A5	A6	A7	A8	A9	AA	AB	AC	AD
11	AA	12	AB	50	12	30	AC	90	00	02	06		

(a)

A0	A1	A2	A3	A4	A5	A6	A7	A8	A9	AA	AB	AC	AD
AA	12	AB	50	12	30	AC	90	00	02	06			

(b)

A0	A1	A2	A3	A4	A5	A6	A7	A8	A9	AA	AB	AC	AD
11	AA	12	AB	50	12	30	AC	90	00	02	06	87	AE

(c)

图 4.17　顺序表

2）链式存储

由于线性表的表长不确定，因此将动态表的数据元素各自存放到分散的存储区域，用指针来表示后继位置的信息，就可以实现线性表的链式存储。在存放数据元素的存储空间中记录有两部分信息，一部分用来记录数据值（数据域），另一部分用来记录该数据的后继元素所处的存储地址（指针域），如图 4.18（a）所示。遵循这一思路可实现动态表的分散存储，这种存储结构称为链表。为方便找到链表的存储位置，在链表的第一个结点之前设一个结点，称为头指针，头指针存放第一个元素或结点的地址。

图 4.18（b）所示链表中的数据来源于图 4.10（a）。该链表仅可通过结点中的地址域按 11、02、00 的顺序单向从表头到表尾遍历该线性表（假设 00、06 内存单元存放的数据均为 00），在数据结构中，常把这一组织结构称作单链表（也称单向链表）。为了能从当前结点直接访问其前驱结点，可使用另一种链式存储结构，即双链表。有时为便于直接由表尾结点访问到表头结点，可以利用这些地址域将链表扩展为循环链表。

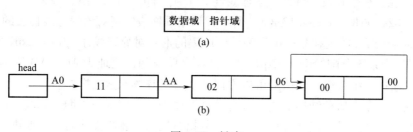

图 4.18　链表

对采用链表结构组织的线性表进行数据运算时，根据结点的前驱/后继地址域可以方便地实现查询、修改和遍历等操作；同顺序表相比，执行排序运算时也更为方便，只需调整各结点地址域的内容即可，无须移动各结点在存储器中的物理位置。但是，当需要执行插入、删除结点时，尽管不用像顺序表那样需要附带过多的数据移动操作，但必须正确运用地址域，保证操作完成后各结点间的前驱和后继关系正确。

在算法设计中，链表形式应用非常广泛。前面介绍的栈、队列可以用链表的形式存储，树的存储也可以利用"链"的形式来组织。

2. 广义表

广义表（Lists）是线性表的扩展形式。设长度为 n 的线性表 List_1 =（a_1，a_2，$\cdots$，a_i，$\cdots$，a_n），按线性表的定义，项 a_i 只能是数据元素。设长度为 n 的广义表 Lists_1 =（d_1，d_2，$\cdots$，d_i，$\cdots$，d_n），其项 d_i 既可是数据元素也可以是一个广义表，分别称为原子和子表，且子表的项也可以是一个广义表。广义表的第一项为表头，其余元素组成的表称为表尾。

广义表中项的结构不同（有的是原子，有的是子表），通常采用链式存储结构来组织广义表中的数据，每个数据元素用一个结点表示。

例 4.25　List_Exp =（（），（1C），（（2A），（B1，2C，D3）））。该表由三个元素组成，第一个元素 d_1 为一个空表"（）"，第二个元素 d_2 为长度为 1 的线性表，第三个元素 d_3 为一个长度为 2 的广义表，如图 4.19（a）所示。

在图 4.19（a）中，椭圆结点表示表结点，方框表示原子结点。广义表中的结点分成两类：一类是表结点，另一类是原子结点。广义表是一种常用的存储技术。表结点由三部分组成，分别为标志域、子表表头地址、子表表尾地址；原子结点由两部分组成，即标志域和数据域，如图 4.19（b）所示。一般约定：标志域为 1 表示表结点，0 表示原子结点。

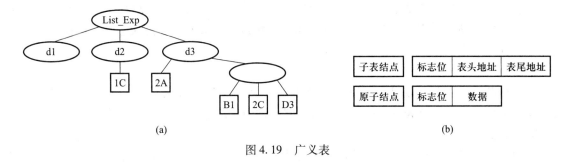

图 4.19 广义表

3. 二叉树

1）链式存储

下面介绍一种类似于链表的链式二叉树存储技术。根据二叉树每个结点至多有两个子结点这一特点，在存放结点的存储空间内存放 3 类信息：结点数据，左子结点存放的地址、右子结点存放的地址，如图 4.20（a）所示。

图 4.20（b）是一个二叉树的链式存储结构，数据来源于图 4.10（a）。根结点为 11，该结点占用了 A0～A2 共 3 字节的空间，数据 11 存放在 A0 单元内，A1 单元内存放的是其左子结点 02 的地址 AA，A2 单元内存放的是其右子结点 00 的地址 12；再如叶结点 02，占用 AA～AC 共 3 字节的空间，数据 02 存放在地址 AA 内，左子结点存放在地址 06，右子结点存放在地址 00 处，06 和 00 处存放的数据均为 00。

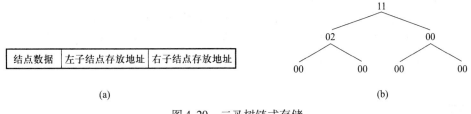

图 4.20 二叉树链式存储

若每个结点都大于其左子树中的所有结点，同时也都小于其右子树中的所有结点，则该二叉树称为二叉排序树，这类结构广泛应用于需要频繁执行查找操作的数据管理中。

2）顺序存储

相对二叉树的链式存储，顺序存储结构在查找某结点的父结点和兄弟结点时显得更为高效。在此约定，用一组地址连续的存储单元依次自上而下、从左至右存储完全二叉树上的结点元素。一般而言，连续存储单元中，第一个单元存放的是根结点；第 n 个单元中的结点的左、右子结点分别存放在第 $2n$ 个单元和第 $2n+1$ 个单元内。而且，第 n 个单元中的结点的父结点的位置可以这样确定：$n/2$ 的整数部分是其父结点的位置。而第 n 个单元中结点的兄弟结点的位置可以这样确定：若 n 为偶数，则该结点一定是其父结点的左子结点，其兄弟的位置为 $n+1$；若 n 为奇数，则该结点一定是其父结点的右子结点，其兄弟的位置为 $n-1$。

　　　所有非叶结点均有两个子结点，且所有叶结点都处于同一层的二叉树称为满二叉树，相对二叉树的链式存储，采用顺序存储结构存放满二叉树或是接近满二叉树状态的二叉树时，对存储空间的利用更为有效。

　　　4. 图

　　　图的存储结构主要有数组表示法（也称邻接矩阵）和邻接表两类。另外，根据实际需要还有邻接多重表、十字链表等结构。下面介绍图的数组表示法，先讨论一下图 4.16 所示的图结构的存储实现问题。

　　　采用数组表示法实现图结构的存储时，分别需要两个数组。一个是一维数组，用来存放图中各结点的信息；另一个是二维数组，用来存放各结点间可能存在的联系。

　　　例 4.26　　图 4.16 中的图结构对应的数组表示为：

$$结点信息：Vertex\_array = \{A，B，C，D\}$$

$$边信息：Arc\_array = \begin{pmatrix} 0 & 1 & 0 & 1 \\ 1 & 0 & 1 & 1 \\ 0 & 1 & 0 & 1 \\ 1 & 1 & 1 & 0 \end{pmatrix}$$

其中，数组 Vertex_array 中的元素记录是图中 4 个结点的值；而数据 Arc_array 中的元素用来记录图中各结点间存在的边信息，也称作图的邻接矩阵。如第 1 行第 2 列为 "1"，表示第一个结点 A 和第二个结点 B 间存在一条边；而第 3 行第 1 列为 "0"，表示第三个结点 C 和第一个结点 A 间没有边。显然，这样图的结构就可以用数组来表示。例如，用 Array [1，2] = 1 表示结点 A 和结点 B 的关系，用 Array [3，1] = 0 表示结点 C 和结点 A 的关系。

　　　图 4.16 所示的图也称为无向图，即边连接的两个结点没有始点和终点之分。对应的邻接矩阵称为对称矩阵，通常仅存储矩阵 Arc_array 的上三角（或下三角）元素即可。

4.4　程序

　　　从广义上讲 "程序" 可以认为是一种行动方案或工作步骤。在日常生活中，经常会碰到这样的程序：某个会议的日程安排、一条旅游路线的设计、手工小制作的说明书等。这些程序表示的都是在做一件事务时按时间的顺序应先做什么后做什么。

　　　本书所指的程序特指计算机的程序，也是一种处理事务的时间顺序和处理步骤。由于组成计算机程序的基本单位是指令，因此，计算机程序就是按照工作步骤事先编排好的、具有特殊功能的指令序列。

　　　一个程序具有一个单一的、不可分的结构，它规定了某个数据结构上的一个算法。瑞士著名计算机科学家尼可莱·沃思（Niklaus Wirth）在 1976 年曾提出以下公式：

$$算法 + 数据结构 = 程序$$

由此看来，前面提到的算法和数据结构是计算机程序的两个最基本的概念。算法是程序的核心，它在程序编制、软件开发，乃至在整个计算机科学中都占据重要地位。数据结构是加工的对象，一个程序要进行计算或处理总是以某些数据为对象的，而要设计一个好的程序就需将这些松散的数据按某种要求组成一种数据结构。然而，随着计算机科学的发展，人们现在已经意识到程序除了以上两个主要要素外，还应包括程序的设计方法以及相应的语言工具和计算环境等内容。

4.5 软件

软件是与程序密切相关的一个概念，在计算机发展的初期，硬件设计和生产是主要问题，那时的软件就是程序。后来，随着计算技术的发展，传统软件的生产方式已不适应发展的需要，于是人们将工程学的基本原理和方法引入软件设计和生产中。现在计算机软件一般指计算机系统中的程序及其文档，也可以指在研究、开发、维护以及使用上述含义下的软件所涉及的理论、方法、技术所构成的分支学科。软件一般分为系统软件、支撑软件、应用软件3类。

（1）系统软件是计算机系统中最靠近硬件层次的软件，如操作系统、编译程序等。

（2）支撑软件是支撑其他软件的开发与维护的软件，如数据库管理系统、网络软件、各种接口软件和开发工具等。

（3）应用软件是特定应用领域的专用软件，如商业会计软件、教学软件等。

4.6 硬件

计算机硬件是构成计算机系统的所有物理器件、部件、设备以及相应的工作原理与设计、制造、检测等技术的总称。广义的硬件包含硬件本身及其工程技术两部分。

计算机系统的物理元器件包括集成电路、印制电路板以及其他磁性元件、电子元件等。

计算机系统的部件和设备包括控制器、运算器、存储器、输入输出设备、电源等。

硬件工程技术包括印制电路板制造、高密度组装、抗环境干扰、抗恶劣环境破坏等技术，还包括在设计和制造过程中为提高计算机性能所采取的措施等。

计算机就是由计算机硬件和计算机软件组成的。硬件是计算机的"躯体"，软件是计算机的"灵魂"。

4.7 数据的存储和表示

计算机用位的形式来表示数据。位（Binary Digit，二进制位，英文单位名为 bit，b）是存储在计算机中的最小数据单位，位表示二进制数字的 0 或 1，8 位表示 1 个字节（Byte，B）。存储一个位需要用一个有两种状态的设备。例如，电子开关就能表示并存储位，通常用"开"（合上）状态表示"1"，用"关"（断开）表示"0"。现代计算机使用各种各样的两态设备来存储数据。

在计算机中，数据和指令都是用二进制代码来表示的。二进制数的每一位只能是数字 0 或 1，它只有形式上的意义，对于不同的应用，可以赋予它不同的含义。因此，可以用它来表示数值、字符、图像甚至声音，对这些数据，需要进行相应的编码。在需要呈现给用户时，再对它们进行解码。

下面分别介绍进位制数及其相互转换，原码、反码和补码及其转换，字符、字符串和汉字，图像和声音等数据的表示。

4.7.1 进位制数及其相互转换

在计算机中，只能存储二进制数，因此要保存一个十进制（Decimal）的数，也就是要保存一个对应的二进制数。由于计算机很难确定在内存中一个值的结束位置和另一个值的起始位置，因此大多数计算机和程序都采用固定的宽度来避免这个问题，即每一个数都用相同的位数来表示，常用的有 16 位、32 位和 64 位。

在一个 16 位的计算机中，若一个十进制数转换为二进制数后不够 16 位，则在这个二进制数前加 0，直到满 16 位为止。比如，十进制数 2，其二进制数为 10，在 10 前加 14 个 0，即为 0000000000000010。

在实际的程序中，由于二进制数不直观。因此，在程序的输入和输出中一般仍采用十进制数，而在分析计算机内部工作时，常用十六进制（Hexadecimal）数，这样，就要进行相应的转换。下面，分别介绍十进制与二进制、二进制与八进制（Octal）及二进制与十六进制等几种常用的进位制数的表示及其相互转换。

1. 十进制数与二进制数之间的转换

在表示十进制数的时候，从右边起的第 1 个位置的位权[①]是 1（$10^0 = 1$），第 2 个位置的位权是 10（$10^1 = 10$），第 3 个位置的位权是 100（$10^2 = 100$），第 4 个位置的位权是 1 000（$10^3 = 1\ 000$），以此类推。如果要把十进制整数 3 254 展开，存在如下关系：$3\ 254 = 3 \times 10^3 + 2 \times 10^2 + 5 \times 10^1 + 4 \times 10^0$。

---

① 位权是指数制中某一位上的"1"所表示的数值大小（所处位置的价值）。位权的大小是以基数为底、所处位置序号为指数的整数次幂，序号从 0 开始。

这样的关系同样存在于二进制数中，只是这里的基数不是 10，而变成了 2。这时，从右边起的第 1 个位置的位权就是 1（$2^0 = 1$），第 2 个位置的位权就是 2（$2^1 = 2$），第 3 个位置的位权是 4（$2^2 = 4$），第 4 个位置的位权就是 8（$2^3 = 8$）。从这一点出发，很容易找到十进制和二进制相互转换的方法。

1）十进制数转换为二进制数

若 R 表示十进制整数，K_{n-1}，K_{n-2}，K_{n-3}，$\cdots$，K_1，K_0 表示二进制数的各位数，最低（右）端一位为 K_0，最高（左）端一位为 K_{n-1}。为了区分十进制数和二进制数，分别给十进制数和二进制数加下标 10 和 2，即有如下形式：

$$(R)_{10} = (K_{n-1}K_{n-2}K_{n-3}\cdots K_1K_0)_2 \qquad (4-1)$$

与上文提到的十进制的展开类似，可以将上式写为

$$(K_{n-1}K_{n-2}K_{n-3}\cdots K_1K_0)_2 = K_{n-1}\times 2^{n-1} + K_{n-2}\times 2^{n-2} + K_{n-3}\times 2^{n-3} + \cdots + K_1\times 2^1 + K_0\times 2^0$$

$$(4-2)$$

显然，从等式右边看，除最后一项 K_0 以外，其余每项都包含有 2 的因子，它们都能被 2 除尽。故 R 除以 2，它们的余数即为 K_0，商变为 $K_{n-1}\times 2^{n-2} + K_{n-2}\times 2^{n-3} + K_{n-3}\times 2^{n-4} + K_1\times 2^0$，将得到的商再除以 2，余数即为 K_1，商变为 $K_{n-1}\times 2^{n-3} + K_{n-2}\times 2^{n-4} + K_{n-3}\times 2^{n-5} + \cdots + K_2\times 2^0$，这样依次下去，分别得到 K_2，K_3，K_4，$\cdots$，K_n，最终得到二进制数的各位数，十进制数 126 的转换如下所示：

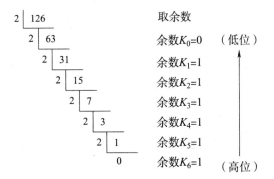

因此，十进制数 126 可以用二进制数 1111110 表示（这里只讨论数之间的转换，没有涉及标准格式的存储，为了方便，如无特殊说明，不用 0 去补足计算机的实际位数）。

$$(126)_{10} = (1111110)_2$$

2）二进制数转换为十进制数

二进制数转换为十进制数比较简单，由式（4-1）和式（4-2）很容易得到 $(R)_{10} = K_{n-1}\times 2^{n-1} + K_{n-2}\times 2^{n-2} + K_{n-3}\times 2^{n-3} + \cdots + K_1\times 2^1 + K_0\times 2^0$。

只要简单地将每一位与其对应位的 2 的幂次方相乘，然后求和。比如 $(1111110)_2 = 1\times 2^6 + 1\times 2^5 + 1\times 2^4 + 1\times 2^3 + 1\times 2^2 + 1\times 2^1 + 0\times 2^0 = 64 + 32 + 16 + 8 + 4 + 2 + 0 = (126)_{10}$。这样，就完成了从二进制数向十进制数的转换。以下是几个计算机中常用的二进制数和十进制

数转换的例子：

$$(1\underbrace{00\cdots0}_{10})_2 = 2^{10} = (1\ 024)_{10} = 1\ \text{K}$$

$$(1\underbrace{00\cdots0}_{20})_2 = 2^{20} = (1\ 048\ 576)_{10} = 1\ \text{M}$$

$$(1\underbrace{00\cdots0}_{30})_2 = 2^{30} = (1\ 073\ 741\ 824)_{10} = 1\ \text{G}$$

$$(1\underbrace{00\cdots0}_{40})_2 = 2^{40} = (1.099\ 511\ 6 \times 10^{12})_{10} = 1\ \text{T}$$

3）"不插电的计算机科学"活动中的二进制与十进制数转换

在美国科学基金会 NSF "大学计算教育振兴的途径" CPATH 国家计划申报的指南中，将新西兰 Canterbury 大学 Tim Bell 教授主持的"不插电的计算机科学"（Computer Science Unplugged）列为一个培养计算思维的供参考的优秀案例。"不插电的计算机科学"有一系列的用于理解计算机科学基础概念的活动。其中，第一个活动是关于二进制数表示的，该活动介绍了一个简单易学的、用手指头对二进制数进行表示的方法，即手指头向上（张开）代表 1、手指头向下（握紧）代表 0。假设手心向外，右手的小拇指就可以表示二进制数的第一位，左手的小拇指表示第十位，根据手指的不同动作组合就可以分别表示值的范围在 00000 00000（0）到 11111 11111（1023）之间的 1 024 个数。

用手指头表示二进制数的活动，可以先用 1 个十位二进制数（初值为 00000 00000）与 10 个十进制数先表示（见表 4.2），然后进行转换。比如要转换一个十进制数，假设为 266，先判断 266 所在的位置，在 512 和 256 之间，于是将后一个数 256 对应的零替换为 1；这样，余下来的数为 10（266 – 256），10 的位置在 16 和 8 之间，将 8 对应的零替换为 1；以此类推，将余下来的数 2（10 – 8）对应的零替换为 1，转换的结果为 01000 01010。反之，将二进制数转换为十进制数也可以用同样的方法，只不过，"替换"两字要变为"保留"两字，"保留"下来的值相加即为结果。

表 4.2　"不插电的计算机科学"活动中的二进制与十进制数转换

512	256	128	64	32	16	8	4	2	1
0	0	0	0	0	0	0	0	0	0

2. 八进制数与二进制数之间的转换

因为 $2^3 = 8$，所以 1 位八进制数相当于 3 位二进制数。利用这一点，可以将每位八进制数用 3 位对应的二进制数来表示，完成八进制数向二进制数的转换；将二进制数每 3 位表示成 1 位八进制数，完成二进制数向八进制数的转换。下面通过两个例子说明八进制数和二进制数之间的转换。

1）八进制数转换为二进制数

例如，八进制数 $(254)_8$ 要转换为二进制数，则将 2、5、4 分别用 3 位二进制表示。

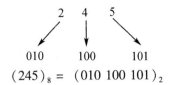

即　　　　　　　　　　　　　　$(245)_8 = (010\ 100\ 101)_2$

2）二进制数转换为八进制数

例如，二进制数（11010010110）₂要转换为八进制数，则将 11010010110 从最低端开始每3位写成一组，最高端不足3位的用0补足，再将每一组3位二进制数表示成八进制数。

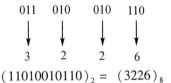

即　　　　　　　　　　　　　$(11010010110)_2 = (3226)_8$

3. 十六进制数与二进制数之间的转换

根据八进制数与二进制数转换的原理，由于 $2^4 = 16$，所以1位十六进制数相当于4位二进制数。

1）十六进制数转换为二进制数

例如，$(5AC8)_{16}$ 可转换为

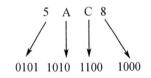

即　　　　　　　　　$(5AC8)_{16} = (0101101011001000)_2$

（2）二进制数转换为十六进制数

同样的道理，例如（100101000111001）₂可转换为

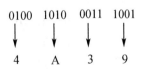

即　　　　　　　　$(100101000111001)_2 = (4A39)_{16}$

计算机中的数据是以二进制数表示的，二进制数的每1位只能为0或1，由人来处理一长串的0和1是非常乏味且容易出错的。而采用十六进制是非常有效的，借助这种方法，一个16位的二进制数 0100 1010 0011 1001 可以用更简单的十六进制数 4A39 来表示。

*4.7.2　原码、反码、补码及其转换

前面介绍了进制数及其转换。现在介绍带符号的编码表示方法。带符号的编码与数字计算机最基本的一个运算，即"加法"有关。而数字计算机中的"减法"，则是通过"补数"法

简化为"加法"实现的。

1. 原码

原码是一种最简单而又直观的编码方法。数的符号用一位数码表示，0 表示正号，1 表示负号，其余的数位与数值本身相同。例如：

$$N_1 = +1001101 \qquad N_2 = -1001101$$

其原码为：

$$[N_1]_{原} = 01001101 \qquad [N_2]_{原} = 11001101$$

需要指出的是数值 0 如何表示。由于机器数受位数的限制，当计算中出现太小的数时（即下溢出），机器作为 0 处理，于是有正 0 与负 0 之分，即 $+0.00\cdots0$、$-0.00\cdots0$。若要表示为原码，则有：

$$[+0]_{原} = 0.00\cdots0 \qquad [-0]_{原} = 1.00\cdots0$$

原码表示简单，与真值间的转换很容易。但是由于只是简单地将符号数值化，而没有与数值统一编码，进行加减运算时很不方便。例如，两符号相反的数相加：$1011 + 0010$，即（$-3 +2$），表面上是做加法，事实上由于两数异号，故作减法，即原码表示的数在做加法运算时，不仅要根据指令规定的操作性质（加或减），还要根据两数的符号，才能决定实际操作是加还是减。这些操作使控制线路复杂化，运算速度降低。

2. 反码

反码是机器数的另一种编码表示法。它是一种正数与原码相同，负数将原码除符号位外其余各位求反的表示法。求反就是 0 变 1，1 变 0 的操作。例如：

$$[2]_{原} = 00000010,\ [2]_{反} = 00000010$$
$$[-2]_{原} = 10000010,\ [-2]_{反} = 11111101$$

由于 0 的原码存在两个，且反码由原码得到，所以 0 的反码也存在两个：

$$[+0]_{反} = 0.00\cdots0,\ [-0]_{反} = 1.11\cdots1$$

在计算机中得到反码非常方便，因为计算机中将一个二进制数变反是很容易的。通常只需要完成一个按位加（不进位）的操作便可。比如 0110101 求反：

$$
\begin{array}{r}
0110101 \\
按位加 \quad 1111111 \\
\hline
1001010
\end{array}
$$

但是反码和原码一样，计算比较麻烦，因此实际使用不多，通常只是将反码作为求补码过程的中间形式。

3. 补码

为了弥补原码和反码计算能力的不足，在计算机中引入了补码的概念。先来看两个例子。

第一个例子是两个十进制数之间的运算：

$$8 - 3 = 5$$
$$8 + 7 = 15 = 10 + 5$$

如果运算器只能计算 1 位十进制数，那么在做加法 8 + 7 时，结果中的 10 超出该运算器的表示范围，将会被自动舍去。运算器只能表示出结果为 5。在做减法 8 − 3 时，若用加法 8 + 7 代替，同样可以得到结果 5。

在介绍补码中，另一个经典的例子就是调整时钟。如果现在时钟的时间是 9 点，要把时钟调到 2 点，我们很容易想到两种方法。一种方法是从 9 点开始逆时针回拨 7 小时到 2 点，即减去 7；另一种方法是从 9 点开始顺时针前拨 5 小时到 2 点，即加上 5。两种方法都能将时钟调到 2 点。

上面的两个例子，10 是第一个例子的模，12 是第二个例子的模。称 7 是以 10 为模的 − 3 的补数，5 是以 12 为模的 − 7 的补数。通过模和补数的概念，就可以将减法变成加法，将负数变成正数，这正是引入补码的目的所在。

由上面两个例子，可以归纳出求补数的方法：

$$[-3]_{补} = (-3 + 10) = 7$$
$$[-7]_{补} = (-7 + 12) = 5$$

即
$$[-X]_{补} = (-X + \text{MOD})$$

补数的概念来自数学的"同余"概念。为了避免叙述上的混淆，采用"补码"这个名称。所谓补码，是指在计算机中用补数码表示数值。对于正数，补码即原码本身；而对于负数，补码是原码对模数的补数。换句话说，对负数而言，可以用负数加模的方法得到其补码。

"模"这个概念来自计量系统，是计量器产生"溢出"的量，它的值在计量器上表示不出来，计量器上只能表示模的余数。任何有模的计量器，均可化减法为加法运算。时钟这个计量系统的计数范围是 0 ~ 11，模为 12。时钟既是一种计量器，也是一种具有特定功能的计算机器。就 64 位的计算机来说，其计数范围是 $0 \sim 2^{64} - 1$，模为 2^{64}。

下面介绍在计算机中二进制数的补码是如何表示的。

我们知道，计算机中数的表示受计算机字长的限制，其运算都是有模运算。模在机器中是表示不出来的，各运算结果超出能表示的数值范围，则会自动舍去溢出量（模），只保留小于模的部分。

设字长为 $n + 1$ 位，对定点小数 $x_0.x_1x_2\cdots x_n$，其溢出量为 $(10.\underbrace{00\cdots0}_{n})_2$，即 2，则以 2 为模。对定点整数 $x_0x_1x_2\cdots x_n$，其溢出量为 $(1\underbrace{00\cdots0}_{n+1})_2$，即 2^{n+1}，则以 2^{n+1} 为模。

在知道了二进制数的模后，根据上面的公式 $[-X]_{补} = (-X + \text{MOD})$，可以求出二进制数的补码。

以定点小数说明。设有如下两个数：

$$[+0.1011]_{原} = 0.1011 \qquad [-0.1011]_{原} = 1.1011$$

正数的补码就是它本身，即正数的补码与原码相同：

$$[+0.1011]_{原} = 0.1011$$
$$[+0.1011]_{补} = 0.1011$$

下面求负数的补码：

$$[-0.1011]_{\text{原}} = 1.1011$$

$$[-0.1011]_{\text{补}} = -0.1011 + 10 = 1.0101$$

以定点整数进行说明，假设机器字长为 8 位。

$$[-2]_{\text{补}} = (-2)_{10} + (2^8)_{10}$$
$$= (-2)_{10} + (256)_{10}$$
$$= (256 - 2)_{10}$$
$$= (254)_{10}$$
$$= (11111110)_2$$

$$[-35]_{\text{补}} = (-35)_{10} + (2^8)_{10}$$
$$= (-35)_{10} + (256)_{10}$$
$$= (255 - 35)_{10} + 1$$
$$= (11111111 - 00100011 + 00000001)_2$$
$$= (11011100 + 00000001)_2$$
$$= (11011101)_2$$

注意：在 8 位字长的机器中，11111111 减任何二进制数，其结果就是将该数逐位取反。

$$[-80]_{\text{补}} = (-80)_{10} + (2^8)_{10}$$
$$= (-80)_{10} + (256)_{10}$$
$$= (255 - 80)_{10} + 1$$
$$= (11111111 - 01010000 + 00000001)_2$$
$$= (10110000)_2$$

4. 原码、反码和补码的转换

这里介绍一种二进制负数求补码更简单的方法：对于一个机器数原码来说，如果为正数，则其补码与原码相同，如果为负数，则除符号位不变外，其余各位按位求反，并在最低位上加 1 即得其补码。还是用刚才的二进制数 -0.1011，它的原码为 1.1011，对其除符号位外求反得 1.0100，再加上 1 就得到了 -0.1011 的补码 1.0101。

$$1.1011 \xrightarrow{\text{求反}} 1.0100$$
$$\underline{+ \qquad\quad 1}$$
$$1.0101$$

一个补码又如何变回原码以得到真值呢？对于正数，补码就是原码，不必变换。而对于负数，则再次"取反加 1"。求上例补码的原码，只需进行如下操作：

$$1.0101 \xrightarrow{\text{求反}} 1.1010$$
$$\underline{+ \qquad\quad 1}$$
$$1.1011$$

可以看到，得到的原码与上例中的原码是相同的。

对正数而言，原码、反码和补码的表示形式是相同的；对负数而言，原码与反码的互换，只需"除符号位不变外，按位求反"，原码与补码的互换，只需"除符号位不变外，按位求反再加1"。

5. 补码表示法中的算术运算

为了把补码表示的数据相加，需要把这些数看作无符号整数，换言之，符号位也是数值位。若最左边相加有进位的话，把它忽略掉。

例 4.27　设机器的字长为 8 位，求 36 和 54 的二进制补码，并计算它们补码相加的结果。

解： $[36]_{补} = 00100100$，$[54]_{补} = 00110110$

$$
\begin{array}{r}
0010010\ 0 \\
+\quad 0011011\ 0 \\
\hline
0101101\ 0
\end{array}
$$

所以，$[36]_{补} + [54]_{补} = 01011010$，对应的十进制数为 90。

而补码减法运算，通常是转化为补码加法运算来做，即

$$[x-y]_{补} = [x]_{补} - [y]_{补} = [x]_{补} + [-y]_{补}$$

上式的证明过程在"计算机组成原理"等课程中有详细的介绍，本书不作讨论。

例 4.28　设机器的字长为 8 位，求 57 和 35 的二进制补码，并计算它们补码相减的结果。

解： $[57]_{补} = 00111001$，$[35]_{补} = 00100011$，$[-35]_{补} = 11011101$

$[57-35]_{补} = [57]_{补} - [35]_{补} = [57]_{补} + [-35]_{补}$

$$
\begin{array}{r}
0011100\ 1 \\
+\quad 1101110\ 1 \\
\hline
0001011\ 0
\end{array}
$$

所以，$[57-35]_{补} = 00010110$，对应的十进制数为 22。

例 4.29　设机器的字长为 8 位，求 20 和 80 的二进制补码，并计算它们补码相减的结果。

解： $[20]_{补} = 00010100$，$[80]_{补} = 01000100$，$[-80]_{补} = 10110000$

$$
\begin{array}{r}
00010100 \\
+\quad 10110000 \\
\hline
11000100
\end{array}
$$

$[20-80]_{补} = 11000100$，对应的是十进制数 -60 的补码。

通常，给定 n 位补码所能表示的数的范围是 $-2^{n-1} \sim 2^{n-1} - 1$，若运算结果超出这个范围，就会造成溢出。

例 4.30 设机器的字长为 8 位，求 64 和 88 的二进制补码，并计算它们补码相加的结果。

解：$[64]_补 = 01000000$，$[88]_补 = 01011000$

$$
\begin{array}{r}
01000000 \\
+\ 01011000 \\
\hline
10011000 \\
\uparrow \\
溢出
\end{array}
$$

两个正数相加的结果成为负数，结果显然是错误的。进一步观察该结果可以发现，该运算结果超出了补码表示法中一个字节所能表示的范围。事实上 8 位所能表示的范围是 $-2^7 \sim 2^7-1$，即 $-128 \sim 127$。而上面相加和的十进制数值是 152。显然在 $-128 \sim 127$ 的范围之外。

例 4.31 设机器的字长为 8 位，求 -57 和 -92 的二进制补码，并计算它们补码相加的结果。

解：$[-57]_补 = 11000111$，$[-92]_补 = 10100100$

$$
\begin{array}{r}
11000111 \\
+\ 10100100 \\
\hline
01101011 \\
\uparrow \\
溢出
\end{array}
$$

两个负数相加的结果成为正数，显然也是错误的。观察该结果可以发现，该运算结果" -149 "不在补码表示法中一个字节所能表示的范围以内。

从上面例子可以看出，溢出是由于运算结果符号的不同造成的，也就是说，若操作数都为正，结果却为负，或操作数都为负，结果却为正。

4.7.3 字符、字符串和汉字

在计算机中，除了能处理数值数据信息外，还能处理大量的字符、图像及汉字等信息，这些信息在计算机中也必须用二进制代码形式表示。要想用计算机对这些信息进行处理，首先遇到的一个问题是如何用二进制数表示字符，即如何对字符编码。

1. 字符

目前被广泛采用的字符编码是由美国国家标准局（American National Standards）制定的美国标准信息交换码（American Standard Code for Information Interchange，ASCII），该编码被国际标准化组织（International Standardization Organization，ISO）定为国际标准，称为 ISO 646 标准。

ASCII 码用 8 位二进制码来表示英文中的大小写字母、标点符号、数字 $0 \sim 9$ 以及一些控制数据（如换行、回车和制表符等），最高位为 0。若将最高位设为 1，还可以将标准的 ASCII 进行适当的扩展（可增加 128 个字符）。

表 4.3 是常用的 ASCII 码对照表。

表 4.3　常用的 ASCII 码对照表

高位＼低位	0000	0001	0010	0011	0100	0101	0110	0111
0010	空格 space	!	"	#	$	%	&	'
0011	0	1	2	3	4	5	6	7
0100	@	A	B	C	D	E	F	G
0101	P	Q	R	S	T	U	V	W
0110	`	a	b	c	d	e	f	g
0111	p	q	r	s	t	u	v	w

高位＼低位	1000	1001	1010	1011	1100	1101	1110	1111
0010	(	)	*	+	,	−	.	/
0011	8	9	:	;	<	=	>	?
0100	H	I	J	K	L	M	N	O
0101	X	Y	Z	[	\	]	^	_
0110	h	i	j	k	l	m	n	o
0111	x	y	z	{			}	~	DEL

查 ASCII 码对照表，可知 A 的 ASCII 码是 01000001，a 的 ASCII 码是 01100001，字符就是用这样的二进制数表示的。

2. 字符串

字符串又是怎么表示的呢？字符串是由字符序列所组成的，字符串可以表示成一系列字节，每个字节对应 ASCII 码中的一个特定字符。例如，字符串"hello"可以表示成如下形式：

$$\begin{array}{ccccc} h & e & l & l & o \\ 01101000 & 01100101 & 01101100 & 01101100 & 01101111 \end{array}$$

3. 汉字

尽管 8 位 ASCII 码完全可以表示任何英文字符，但对中文来说，256 个字符是远远不够的，那中文怎么表示呢？在 ASCII 码的基础上，可以对其进行扩展，以区分不同汉字。

汉字机内码是计算机内部存储和处理汉字的编码。常用两个字节表示，每个字节的最高位都设置为 1。

　　机内码是以汉字拼音的顺序排序的，第一个汉字是"啊"，它的机内码是 B0A1，即第一个 8 位字节为 10110000，后一个 8 位字节为 10100001。

　　利用机内码，可以找到相对应的汉字字形信息，然后再将它送到输出设备中。在屏幕上，可以用 32 个字节的字形码表示 16×16 的汉字点阵信息。二进制的 0 表示点阵上的白色，1 表示黑色。

　　图 4.21 是"啊"的点阵图，每一行用两个字节表示，第一行的二进制代码是 00000000 00000100，第二行的二进制代码是 00101111 01111110，第三行是 11111001 00000100，以此类推。最终用 16 行，共 32 个字节的字形码表示一个 16×16 的汉字点阵信息。

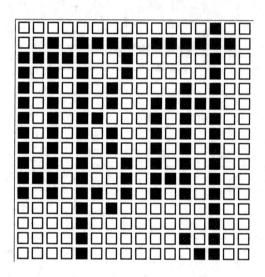

图 4.21　"啊"的点阵图

　　通常，把所有字形码的集合称为字库，先把它存在计算机中（如以文件形式存放在硬盘中），在汉字输出时，根据汉字机内码找到相应的字形码，然后，再由字形码的 1、0，控制输出设备的黑白输出显示汉字。

　　日文、韩文、阿拉伯文等都使用类似的方法来扩展本地字符集的定义。但是这个方法是有缺陷的。上网时可能会遇到这样的问题，在访问日文、韩文或繁体网站时出现乱码。这是因为一个系统中只能有一种机内码，因此必须进行相应的字符机内码转换。

　　为了支持不同国家的语言字符集，ASCII 码正在被 Unicode 码所代替，Unicode 是一个 16 位的编码系统。它用 16 位二进制来表示每一个符号，这样 Unicode 就有 2^{16}（65 536）种不同的二进制编码，足以将日语、韩语和中文等的常用字都表示出来。为了简化 ASCII 与 Unicode 之间的转换，Unicode 的设计者还使其向后兼容 ASCII 码。原来用 ASCII 码能表示的字符，其 Unicode 码只是在原来的 ASCII 码前加上 8 个 0。比如，a 的 ASCII 码是 01100001，而它的 Unicode 码是 0000000001100001。

4.7.4 图像

在计算机中表示图像的技术有两种：位图和矢量图。

1. 位图

在位图技术中，图像被看作是点的集合，每一个点叫做一个像素。对黑白图像来说，每一个像素点用 1 位二进制表示就足够了，1 表示黑色，0 表示白色。这与上面介绍的汉字的字形码表示是一样的。

在表示彩色图像时，每个像素用 1 位表示就不够了。最常用的系统是将每个像素用 24 位二进制来表示。为什么呢？这里引入一个术语 RGB，它说的是像素的颜色可以由红色（Red）、绿色（Green）、蓝色（Blue）这三基色根据不同的强度叠加而成。强度的范围规定在 0~255 之间（从小到大颜色的强度值递增），因此红、绿、蓝每种颜色的强度用 8 位二进制表示，那么一个像素就是用 24 位二进制来表示了。表 4.4 是常用颜色 RGB 值的对照表。

表 4.4 常用颜色 RGB 值对照表

颜色	(R, G, B)	颜色	(R, G, B)
Red（红）	(255, 0, 0)	Green（绿）	(0, 255, 0)
Darkred（暗红）	(139, 0, 0)	Darkgreen（深绿）	(0, 100, 0)
Crimson（深红）	(220, 20, 60)	Lightgreen（浅绿）	(144, 238, 144)
Pink（粉红）	(255, 192, 203)	Brown（褐）	(165, 42, 42)
Violet（紫罗兰）	(255, 130, 238)	White（白）	(255, 255, 255)
Orange（橙色）	(255, 165, 0)	Blue（蓝）	(0, 0, 255)
Purple（紫）	(128, 0, 128)	Darkblue（深蓝）	(0, 0, 139)
Black（黑）	(0, 0, 0)	Lightblue（淡蓝）	(173, 219, 230)

例如，一个像素点的颜色是橙色，根据表 4.3 可以得到它的 RGB 值为（255，165，0），表示成二进制便是 11111111 10100101 00000000 。一个像素点用 24 位存储，这就意味着，用位图技术存储一张 1 024 × 1 024 的图片需要 3 MB 的存储空间。

2. 矢量图

与位图不同，矢量图是以指令来描述图像的。它用指令来描述直线、曲线、矩形、圆形的形状、大小、材质等。它不需要向位图技术那样记录每个像素点的信息，只需要记录描述图形的几个关键信息，然后用指令描述这几个关键信息传送给最终产生图形的设备，将实现的细节留给这些设备去解决。

比如，用矢量技术表示一个圆，计算机所需的信息只有两个——圆心的坐标和半径。然后再利用图形设备上相应的函数画出图形。

　　由于矢量技术不需要存储每一个像素量化的值，所以存储空间大大减小。但是由于矢量技术是用指令来描述图像的，如果涉及的图像十分复杂，那么指令数目将会很大，调用函数的次数也随之增大，因此对于复杂的图像，矢量技术比位图耗时要长。

4.7.5　声音

　　文字、图像和声音的存储与计算学科中的记忆（Recollection）这个重要原理有关。在人类漫长的历史中，为了将在险恶生活中积累的智慧记录下来，让智慧得以传承，很早的时候，人类就在岩石、金属、兽骨等物体上记录文字和图像（如3500年前，中国就出现了甲骨文）。然而，声音的记录却用了漫长的时间，直到100多年前，爱迪生发明了留声机（1877年）才实现了这一伟大梦想。下面，介绍声音的一点常识性知识。

　　1. 声音原理

　　声音是物体振动所产生的声波，是以波的形式振动传播的。汽笛声、喷气式飞机的轰鸣声是由于排气时气体振动；敲鼓时的鼓声是由于鼓面的振动；人讲话的声音是由于喉咙声带的振动。声音通过中间媒介（如气体、液体和固体）传播出去，被人或动物的听觉器官所感知。声音在介质中传播的速度称为声速，受媒介弹性和密度的影响，声音在不同媒介中的传播速度不同：在液体和固体中的传播速度一般要比在空气中快得多，例如在水中声速为 1 450 m/s，而在铜中则为 5 000 m/s。

　　录音磁带和唱片以模拟方式存储声音，这些振动存储在磁气脉冲或者轮廓凹槽中。由于振动最自然的形式可用正弦波表示，当声音转换为电流时可以用随时间振动的波形来表示。

　　正弦波包括振幅和频率两个参数，可以表示为位移与时间的关系 $x = a\sin(2\pi ft + \varphi)$，其中 f 为频率，表示音调；a 为振幅，它的大小决定了声音的强弱。一般从 20 Hz（每秒周期）的低频声音到 20 000 Hz 的高频声是人耳可感受的正弦波的范围。人感受频率的能力与频率不是线性关系而是对数关系，即人们感受 20～40 Hz 的频率变化与感受 40～80 Hz 的频率变化是一样的。在音乐中，八度音阶就是对这种加倍频率的定义。因此，人耳可感觉到大约 10 个八度音阶的声音。钢琴产生的音阶在 27.5～4 186 Hz 之间，范围略小于 7 个八度音阶。虽然正弦波代表了振动的大多数自然形式，但在现实生活中大多数声音都很复杂，纯正弦波很少单独出现，而且，纯正弦波并不悦耳。

　　2. 脉冲编码调制

　　脉冲编码调制（Pulse Code Modulation，PCM）是一种不需要压缩数据就能够将声音与数字信号相互转换的机制，这样可以用数值的方式直接存入计算机。PCM 可用在光盘、数字式录音磁带以及 Windows 中。PCM 包括取样频率和样本大小两个参数，其中，取样频率表示每秒内测量波形振幅的次数；样本大小表示用于储存振幅级的位数。

　　3. 取样频率

　　取样频率又称为采样频率，指的是每秒从连续信号中提取并组成离散信号的取样个数，决定声音可被数字化和储存的最高频率。根据奈奎斯特（Nyquist）理论，只有取样频率高于声音信号最高频率的两倍时，才能把数字信号表示的声音还原成为原来的声音。当正弦波取样频率过低时，合成的波形比最初的波形频率更低，形成失真信号。

人耳可听到最高20 kHz的声音，为了防止失真，取样频率要高于声音信号最高频率的两倍：20 kHz×2 =40 kHz。然而，由于低通滤波器的频率下滑效应，所以取样频率应该再高出大约10%，这样取样频率就为44 kHz。这时，为了在记录影像信息时也记录数字声音，取样频率应为美国、欧洲电视显示格速率（分别为30 Hz、25 Hz）的整数倍。因此，既要分别是30 Hz、25 Hz的整数倍数，又要与44 kHz接近，于是将取样频率定为略大于44 kHz的44.1 kHz。类似的，由于人眼的残影现象，当两帧画面切换的时间小于1/24秒时，人眼是分辨不出来的，对人来说，它就是连续的，这就是24帧的由来。一般人眼能够识别30帧，在游戏中若是30帧，可能就会有人感到闪烁、延迟等，若是60帧就会很令人满意。

4. 样本大小

样本大小又称为样本容量，指的是在一个样本中所包含的个案或单元数。脉冲编码调制的样本大小是按位计算的。可供录制和播放的最低音与最高音之间的区别就是由样本大小决定的，这就是通常所说的动态范围。声音强度是波形振幅的平方（即每个正弦波一个周期中最大振幅的合成）。与频率一样，人对声音强度的感受也呈对数变化。在强度上区别不同声音的单位是贝尔（B），用电话发明人贝尔（A. G. Bell）的名字命名。1 B在声音强度上呈10倍增加。1分贝（1 dB）就是以相同的乘法步骤成为1 B的1/10。由此，1 dB可增加声音强度的1.26倍（$\sqrt[10]{10}$），或者增加波形振幅的1.12倍（$\sqrt[20]{10}$）。人耳可感觉出的声音强度的最小变化是1 dB。开始能听到的声音极限与让人感到疼痛的声音极限之间的声音强度相差大约是100 dB。

Windows操作系统同时支持8位和16位的样本大小。可用声音的持续时间（每秒）与取样频率的乘积来计算未压缩声音所需的储存空间，若用16位样本而不是8位样本，则将其加倍，若录制立体声则再加倍。例如，若每个立体声样本占2字节，以每秒44 100个样本的速度，存储1小时的CD声音就需要635 MB，它的储存量就接近一张CD-ROM。

5. 正弦波音频的产生

声音正弦波样本的计算公式为：
$$AMP = WAVE\_MAX \times amp\_mul \times \sin（2\pi \times freq \times t + \varphi）$$
其中，

AMP：声音正弦波的样本数据。

WAVE_MAX：声波样本的最大值，通常设为16位所能表示的最大数32 767。

amp_mul ∈（0，1]：振幅倍率。

freq ∈ **R**：频率（单位：Hz）。

$t \geq 0$：样本采样时间（单位：s）。

φ：正弦波的偏移量。

常用的采样频率一般为 11.025 kHz（每秒采集声音样本 11 025 次）、22.05 kHz 和 44.1 kHz。11.025 kHz 的采样率获得的声音称为电话音质，基本上能让你分辨出通话人的声音；22.05 kHz 称为广播音质；44.1 kHz 称为 CD 音质。

例如，在采样频率 22.05 kHz（每秒采样 22 050 次）下，要产生一个频率为 500、最大振幅为 16 383、持续时间为 200/22 050 s 的无偏移正弦波：

当 $t = 0 \times (1/22\ 050)$ s 时，AMP $= 32\ 767 \times 16\ 383/32\ 767 \times \sin (2\pi \times 500 \times 0 \times 1/22\ 050) = 0$

当 $t = 1 \times (1/22\ 050)$ s 时，AMP $= 2\ 326.292\ 9$

当 $t = 2 \times (1/22\ 050)$ s 时，AMP $= 4\ 605.443\ 4$

……

当 $t = 200 \times (1/22\ 050)$ s 时，AMP $= -3\ 588.646\ 0$

得到这段时间的波形图如 4.22 所示，横坐标表示时间（单位：1/22 050 s），纵坐标表示振幅。

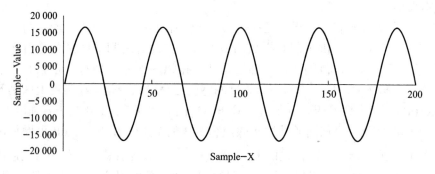

图 4.22　正弦波形示例图

4.8　CC1991 报告提取的核心概念

学科中的核心概念是 CC1991 报告首次提出的，具有普遍性、持久性的重要思想、原则和方法。报告认为，熟练掌握和应用这些核心概念是一个成熟的计算机科学家和工程师的标志之一。

1．绑定（Binding）

绑定指的是通过将一个对象（或事物）与其某种属性相联系，从而使抽象的概念具体化的过程。例如，将一个程序的执行过程与一个处理机联系起来，一个变量与其类型或值联系起来。

2．大问题的复杂性（Complexity of Large Problems）

大问题的复杂性是指随着问题规模的增长而使问题的复杂性呈非线性增加的效应。这种非线性增加的效应是区分和选择各种现有方法和技术的重要因素。例如，在软件工程中，随着问题规模的增大，系统的复杂性也在增大。每个新的信息项、功能或限制都可能影响整个系统的其他元素。因此，随着问题复杂性的增加，系统分析的任务将呈几何级数增长。在研制一个大系统时，显然，控制和降低系统的复杂性便成为区分和选择现有方法和技术的重要因素。

3. 概念模型和形式模型（Conceptual and Format Models）

概念模型和形式模型是对一个想法或问题进行形式化、特征化、可视化思维的方法。抽象数据类型、语义数据类型以及指定系统的图形语言，如数据流图和 E – R 图等都属于概念模型；而逻辑、开关理论和计算理论中的模型大都属于形式模型。概念模型和形式模型以及形式证明是将计算学科各分支统一起来的重要核心概念。

4. 一致性和完备性（Consistency and Completeness）

一致性包括用于形式说明的一组公理的一致性、事实和理论的一致性，以及一种语言或接口设计的内部一致性。完备性包括给出的一组公理，使其能获得预期行为的充分性、软件和硬件系统功能的充分性，以及系统处于出错和非预期情况下保持正常行为的能力等。

在计算机系统设计中，正确性、健壮性和可靠性就是一致性和完备性的具体体现。

5. 效率（Efficiency）

效率是关于空间、时间、人力、财力等资源消耗的度量。在计算机软硬件的设计中，要充分考虑某种预期结果所达到的效率，以及一个给定的实现过程较之替代的实现过程的效率。

6. 演化（Evolution）

演化指的是系统的结构、状态、特征、行为和功能等随着时间的推移而发生的更改。这里主要是指了解系统更改的事实和意义及应采取的对策。在软件进行更改时，不仅要充分考虑更改对系统各层次造成的冲击，还要充分考虑软件的有关抽象、技术和系统的适应性问题。

7. 抽象层次（Levels of Abstraction）

抽象层次指的是通过对不同层次的细节和指标的抽象对一个系统或实体进行表述。在复杂系统的设计中，隐藏细节，对系统各层次进行描述（抽象），从而控制系统的复杂程度，例如，在软件工程中，从规格说明到编码各个阶段（层次）的详细说明、计算机系统的分层思想、计算机网络的分层思想等。

8. 按空间排序（Ordering in Space）

按空间排序指的是各种定位方式，如物理上的定位（如网络和存储中的定位）、组织方式上的定位（如处理机进程、类型定义和有关操作的定位）以及概念上的定位（如软件的辖域、耦合、内聚等）。按空间排序是计算技术中一个局部性和相邻性的概念。

9. 按时间排序（Ordering in Time）

按时间排序指的是事件的执行对时间的依赖性。例如，在具有时态逻辑的系统中，要考虑与时间有关的时序问题；在分布式系统中，要考虑进程同步的时间问题；在依赖于时间的算法执行中，要考虑其基本的组成要素。

　　10. 重用（Reuse）

　　重用指的是在新的环境下，系统中各类实体、技术、概念等可被再次使用的能力，如软件库和硬件部件的重用等。

　　11. 安全性（Security）

　　安全性指的是计算机软硬件系统对合法用户的响应及对非法请求的抗拒，以保护自己不受外部影响和攻击的能力。例如，为防止数据的丢失、泄密而在数据库管理系统中提供的口令更换、操作员授权等功能。

　　12. 折中和结论（Tradeoff and Consequences）

　　折中指的是为满足系统的可实施性而对系统设计中的技术、方案所做出的一种合理的取舍。结论是折中的结论，即选择一种方案代替另一种方案所产生的技术、经济、文化及其他方面的影响。折中是存在于计算学科领域各层次上的基本事实。如在算法的研究中，要考虑空间和时间的折中；对于矛盾的设计目标，要考虑诸如易用性和完备性、灵活性和简单性、低成本和高可靠性等方面的折中等。

4.9　本章小结

　　算法是计算学科中最具方法论性质的核心概念，也被誉为计算学科的灵魂。一个算法就是一个有穷规则的集合，其中的规则规定了一个解决某一特定类型问题的运算序列。

　　算法的重要特性有有穷性、确定性、输入、输出、能行性。

　　算法是对解题过程的精确描述，这种描述是建立在语言基础之上的，表示算法的语言主要有自然语言、流程图、伪代码、计算机程序设计语言等。

　　在算法的分析中，一般应考虑以下 3 个问题。

　　（1）算法的时间复杂度。

　　（2）算法的空间复杂度。

　　（3）算法是否便于阅读、修改和测试。

　　数据结构是一类定性的数学模型，是算法设计的基础，它由数据的逻辑结构、数据的存储结构及其运算 3 部分组成。常用的数据结构有线性表、数组、树和二叉树以及图等。

　　从广义上讲，"程序"一词可以认为是一种行动方案或工作步骤。而计算机程序就是按照工作步骤事先编排好的、具有特殊功能的指令序列。一个程序具有一个单一的、不可分的结构，它规定了某个数据结构上的一个算法。

　　软件一般指计算机系统中的程序及其文档，也可以指在研究、开发、维护以及使用上述含义下的软件所涉及的理论、方法、技术所构成的分支学科。软件一般分为系统软件、支撑软件和应用软件。

　　计算机硬件是构成计算机系统的所有物理器件、部件、设备以及相应的工作原理与设计、制造、检测等技术的总称。

　　在计算机中，二进制数的每一位只能是数字 0 或 1，它只有形式的意义，对于不同的应用，可以赋予它不同的含义。因此，可以用它来表示数值、字符、指令、图像甚至声音，对这些数据，需要进行相应的编码。

　　在实际的程序中，由于二进制数不直观。所以，在程序的输入和输出中一般用十进制数，而在分析计算机内部工作时常用十六进制数，这样，就要进行相应的转换。常用的转换有十进制与二进制之间的转换以及十六进制与二进制之间的转换。为了表示带符号的数，引入原码、反码、补码以及它们的转换。

　　二进制不仅能表示数字，还能表示字符、图像以及声音等信息。而要用计算机对这些信息进行处理，就要对这些信息进行编码。

　　计算机的"真正"硬件是数字逻辑电路，而无论多么复杂的数字逻辑电路，如组合逻辑电路、时序逻辑电路，甚至由它们构成的寄存器、计数器、存储器的存储单元电路等，从理论上说，都可以由"与"门、"或"门、"非"门 3 种最基本的逻辑电路单元组成。

　　研究数字逻辑电路时，关心的是电路所完成的逻辑功能，而不是电的或机械的性能。因此，一般只考虑输入变量和输出变量之间的逻辑关系，并用数学方式来描述。这样，就可将具体的数字逻辑电路转换成抽象的数学表达式进行研究。这方面的内容在下一章介绍。

　　CC1991 给出了学科中具有方法论性质的 12 个核心概念，即绑定、大问题的复杂性、概念模型和形式模型、一致性和完备性、效率、演化、抽象层次、按空间排序、按时间排序、重用、安全性、折中和结论等。报告认为：掌握和应用学科中具有方法论性质的核心概念是成熟的计算机科学家和工程师的标志之一。

　　核心概念的基本特征如下。

　　（1）在学科中多处出现。

　　（2）在各分支领域及抽象、理论和设计的各个层面上都有很多示例。

　　（3）在技术上有高度的独立性。

　　（4）一般都在数学、科学和工程中出现。

习题 4

4.1　什么是算法？算法有何特征？

4.2　表示算法的语言有哪几种？

4.3　判定方程 $3x + 5y = 2$ 是否有整数解。

4.4　用欧几里得算法分别求下列自然数的最大公因子：

（1）18，12

（2）21，9

（3）83，19

（4）201，81

（5）216，78

4.5　设 $e = 1 + \dfrac{1}{1!} + \dfrac{1}{2!} + \dfrac{1}{3!} + \dfrac{1}{4!} + \cdots$，试分别用自然语言、流程图和伪代码写出求解 e 的近似值的算法。

4.6　根据例 4.4、例 4.5、例 4.6 的流程图，分析它们所包含的基本结构（顺序、选择和循环）。

[*]**4.7**　分别用自然语言、流程图和伪代码写出"找零钱"问题的贪婪算法（提示：可以使用结构体的数据类型）。

4.8　就"兔子问题"而言，一对兔子 14 个月内可繁殖成多少对兔子？

[*]**4.9**　随着 N 的增大，斐波那契数列的第 N 项和第 $N+1$ 项的比值将越来越接近一个著名的数值 0.618$\cdots$，即黄金分割数，该数具有极大的美学价值，试述黄金分割数与大学生（特别是理工科学生）审美能力的培养。

4.10　在算法分析中，一般要考虑哪几个问题？

4.11　采用折半搜索算法在一个有 10 000 件商品的超市中查找 1 件特定的商品，为什么最多只需 14 次？

4.12　设数组 A 有 9 个元素，分别是 13，42，25，106，87，102，91，49，17。请采用归并排序算法对该数组元素按升序进行排列。

4.13　给定 4 输入正排序网络如图 4.23 所示。

（1）试用具体自然数 $\mathbf{N} = \{0，1，2，3，\cdots，n，\cdots\}$ 验证之。

（2）试解释其工作原理。

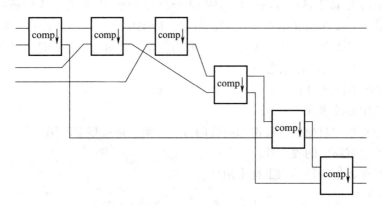

图 4.23　一个 4 输入正排序网络

4.14　给定 4 输入倒排序网络如图 4.24 所示。

（1）试用具体自然数 $\mathbf{N} = \{0，1，2，3，\cdots，n，\cdots\}$ 验证之。

（2）试解释其工作原理。

4.15　从 8 个数中找出最大的两个数的网络如图 4.25 所示。

（1）试用具体自然数 $\mathbf{N} = \{0，1，2，3，\cdots，n，\cdots\}$ 验证之。

（2）试解释其工作原理。

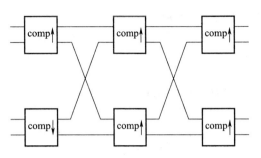

图 4.24 一个 4 输入倒排序网络

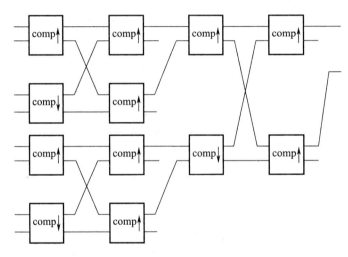

图 4.25 从 8 个数中找出最大的两个数的网络

4.16 Google 将网页分为几个等级？把自己网站的 PR 值又定为多大？

4.17 "云计算"这个概念来源于何处？

4.18 美国 DARPA 的网络挑战赛为何也被称为是红气球挑战赛，DARPA 举办赛事的目的是什么？

4.19 什么是群体智能？

4.20 数组、列表和树等数据结构是在何种意义上的数据抽象？

4.21 在除计算机学科以外的领域中，哪些案例可以用线性表、栈、队列和树这样的概念来描述？

4.22 试归纳线性表、栈和队列三类数据结构各自数据运算规则之间的区别。

4.23 假设一空栈，首先数值 3A 入栈，然后数值 2B、8C 依次入栈，随后执行一次出栈操作，最后数值 9D 和 8E 依次入栈。

（1）请按栈底到栈顶的存储顺序列出当前栈内所有数据。

（2）若执行出栈操作，取出的数据为多少？

4.24 有一个长度为 n 的栈 S，现在另外提供一个同样长度的辅助栈 S1，但仅允许通过入/出栈操作将数据从一个栈移到另一个栈。试分析，执行一系列操作后栈 S 中数据的排列顺序是否会发生变化。倘若另外提供两个辅助栈 S1、S2，其他条件不变，又会怎样？

4.25 以循环队列结构管理的数据在存储器中是向队头方向移动，还是向队尾的方向移动？

4.26 假设一仅含数值 8A 的队列，8B 和 2C 依次入队，然后执行一次出队操作，最后数据 7D 和 6E 依次入队。

（1）请按队头到队尾的存储顺序列出当前队列内所有数据。

（2）若执行出队操作，取出的数据为多少？

4.27 假设要创建一个"队列"，特殊之处在于队列中的项都有相应的优先级，即新入队的项有可能需要放在优先级相对低的项之前。请描述一个实现这种"队列"的存储系统，并证明其正确性。

4.28 设某一含有 4 个结点的树形结构，结点中的数据分别为 A3、3B、8C 和 D7。已知 A3 和 8C 为兄弟关系，而 D7 为 A3 的子结点。请问：该树中叶结点有哪些？根结点是哪个？

4.29 请列出下面数组分别按行主序、列主序的方式在主存中的存放顺序。

5E	6A	C5
8C	9B	B4
7E	B3	55

4.30 假设一个 6 行 8 列的数组按行主序存放，设起始地址为 14（十六进制）。如果数组中的每个项只需要一个存储单元，数组中的第 3 行第 4 列的项的存储地址是多少？如果每个项需要两个存储单元，那么第 3 行第 4 列的项的存储地址是多少？

4.31 若习题 4.12 中的数组采用列主序存储，那结果又是多少？

4.32 在 FORTRAN、Matlab、VB 等编程语言中，数组的下标是从 1 开始的，例如 3×4 的数组 Array_Exp 中第 1 行第 4 列的项可用 Array_Exp[1][4] 表示。在这种情况下采用行主序存储，Array_Exp[i][j] 的地址多项式是什么（假设数组首地址为 X，记录均为 1 个存储单元大小）？

4.33 设有一个三维数组，按面（S）、行（R）、列（C）的次序顺序存放，每个项仅占一个存储单元，首地址为 X。试写出该数组第 i 面、第 j 行、第 k 列的项的地址多项式。

4.34 如果运用循环方式实现一个队列，以图 4.10（d）所示的队列为例，如何判断队列是满还是空？头指针和尾指针的关系如何？

4.35 试设计一种数据结构，使其适合记录中国象棋的棋局。

4.36 根据顺序存储和链式存储各自的优势，尝试在计算机科学以外的领域中寻找一个可以应用顺序存储技术的案例，再找一个可以应用链式存储技术的案例。

4.37 数据的链式存储技术最重要的思想是通过存储单元的地址来访问数据，试在计算机学科以外的领域找一个可以应用这一思想的案例。

4.38 若采用一维数组结构来实现动态表的存储，试分析可能会遇到哪些问题。

4.39 已知一个采用一维数组形式实现的队列 Q（每项占一个存储单元），当前队首地址为 11，队尾地址为 17。现在向队内插入一项，同时移走两项。请问，当前队头地址和队尾地址分别为多少？

4.40 Vcomputer 机器内存中 71～78 存储单元为存储系统分配给一个循环队列的连续存储空间（Vcomputer 机器内存初始时内容都为 0），如图 4.26 所示，该队列当前的队头地址为 72，队尾地址为 77。

（1）若当前状态下插入 82、4C，然后执行 3 次出队操作，最后再插入 4D、9E，试分析最终上述操作完成后该循环队列队头地址和队尾地址分别为多少，并在下面的内存中标出各单元的内容。

（2）若（1）中未执行 3 次出队操作，而是连续插入 82、4C、4D、9E，试分析是否会出现异常。

4.41 试分析用高级语言编写程序时，如何用数组来实现队列。

4.42 什么条件表示单链表为空？

4.43 解释高级语言如何用一维数组实现一个栈。

4.44 假设需要创建一个存放名字的栈，且其中名字的长度不同。这里有一个方案：把名字存放在分散的存储区域，再建立一个管理这些名字存储地址的栈即可。试分析这一方案的方便之处。

4.45 图 4.27 是 Vcomputer 机器内存的一部分，其中有些单元存储的是两位十六进制数值，而每个这样的单元后面都有一个空单元。请在这些空单元中填入适当的值，使其构成一个按数值从大到小顺序排列的单链表结构。

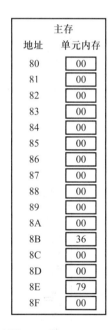

图 4.26 习题 4.40 图　　　　图 4.27 习题 4.45 图

4.46 图 4.28 为 Vcomputer 机器内存的一部分，其中地址 02 是某单链表的首地址，链表的存储结构与习题 4.45 相同。尝试通过改变地址域的值使得该链表中的结点按数值从小到大的顺序排列，并给出此时该链表的首地址。

4.47 有时候一个单链表可以有两种不同的顺序，只要为每个结点附加两个后继地址域即可。以图 4.29 所示 Vcomputer 机器内存的一部分为例（链表的存储结构与习题 4.45 相同）。尝试向每个结点的空单元中填入适当的值，使得若按结点第二个单元中的地址开始遍历链表，结点按数值的增序排列；若按结点第三个单元中的地址开始遍历链表，结点按数值的降序排列。并且给出增序、降序各自的首地址。

主存 地址	单元内存	主存 地址	单元内存	主存 地址	单元内存	主存 地址	单元内存
00	00	C0	00	D0	00	F0	00
01	00	C1	00	D1	00	F1	00
02	F5	C2	00	D2	00	F2	00
03	08	C3	00	D3	00	F3	00
04	00	C4	00	D4	7C	F4	00
05	00	C5	00	D5	DB	F5	00
06	00	C6	00	D6	00	F6	00
07	68	C7	00	D7	00	F7	00
08	C8	C8	27	D8	00	F8	00
09	00	C9	D4	D9	00	F9	00
0A	00	CA	00	DA	8A	FA	00
0B	00	CB	00	DB	FB	FB	CD
0C	00	CC	00	DC	00	FC	00
0D	00	CD	00	DD	00	FD	00
0E	00	CE	00	DE	00	FE	00
0F	00	CF	00	DF	00	FF	00

图 4.28　习题 4.46 图

主存 地址	单元内存	主存 地址	单元内存	主存 地址	单元内存	主存 地址	单元内存
00	00	B0	A0	C0	00	F0	00
01	A2	B1	00	C1	00	F1	00
02	00	B2	00	C2	00	F2	7A
03	00	B3	00	C3	00	F3	00
04	00	B4	00	C4	05	F4	00
05	00	B5	00	C5	00	F5	00
06	00	B6	00	C6	00	F6	00
07	B1	B7	00	C7	00	F7	00
08	00	B8	00	C8	00	F8	00
09	00	B9	00	C9	78	F9	00
0A	00	BA	00	CA	00	FA	00
0B	00	BB	9C	CB	00	FB	80
0C	00	BC	00	CC	00	FC	00
0D	D2	BD	00	CD	00	FD	00
0E	00	BE	00	CE	00	FE	00
0F	00	BF	00	CF	00	FF	00

图 4.29　习题 4.47 图

4.48　图 4.30 为一个存放在 Vcomputer 机器连续存储单元中的一个栈，已知栈顶地址为 74，栈底地址为 71。试问：当前执行出栈操作取出的数值是多少？执行出栈操作后栈顶地址为多少？

4.49　图 4.31 所示的 Vcomputer 机器内存中存储了一棵首地址为 91 的二叉树，每个结点的第一个单元存放的是该结点的数据，第二个单元存放的是其左子结点的地址，第三个单元存放的是其右子结点的地址。请画出这棵树。

主存				主存				主存				主存	
地址	单元内存			地址	单元内存			地址	单元内存			地址	单元内存
70	00			90	00			A0	00			B0	00
71	78			91	96			A1	00			B1	00
72	68			92	AA			A2	00			B2	AE
73	57			93	97			A3	00			B3	00
74	45			94	4D			A4	00			B4	00
75	98			95	00			A5	00			B5	00
76	00			96	00			A6	00			B6	00
77	00			97	A0			A7	53			B7	00
78	00			98	94			A8	00			B8	00
79	00			99	00			A9	00			B9	00
7A	00			9A	00			AA	6F			BA	00
7B	00			9B	00			AB	A7			BB	00
7C	00			9C	00			AC	B2			BC	00
7D	00			9D	00			AD	00			BD	00
7E	00			9E	00			AE	00			BE	00
7F	00			9F	00			AF	00			BF	00

图 4.30　习题 4.48 图　　　　　　　　图 4.31　习题 4.49 图

4.50　图 4.32 所示的 Vcomputer 机器内存中一些单元内已经存放了数据，而且这些单元后面都有两个空单元。填充这些空单元，第一个空单元存放左子结点的地址，第二个空单元存放右子结点的地址，使之表示如图 4.33 所示二叉树。（空地址用 00 表示）

4.51　图 4.34 是一个以二叉树结构组织的 5 个数据，若采用图 4.20 所示的二叉树链式存储方案，尝试将这 5 个数据存放到 Vcomputer 机器内存的 E0 ~ EF 中。

4.52　假设某连续内存中有一棵按顺序存储方式存放的二叉树，连续存放着 7 个数值（依序为 94、67、82、04、42、35、64）。请画出这棵树。

4.53　图 4.35 为一颗二叉树，倘若采用前面讲述的顺序存储方式存放，即存放在 Vcomputer 机器中一块连续的存储块内，请画出一种可能的存储方法。

4.54　什么是程序？程序包括哪些基本要素？

4.55　什么是软件？什么是硬件？

4.56　灵活运用"不插电的计算机科学"活动中的二进制与十进制数转换，将下列十进制数快速地用 10 位二进制数表示。

0，511，254，129，56，42，32，16，12，1023

主存		主存	
地址	单元内存	地址	单元内存
80	00	90	00
81	32	91	00
82	00	92	00
83	00	93	00
84	46	94	6A
85	00	95	00
86	00	96	00
87	5F	97	3E
88	00	98	00
89	00	99	00
8A	00	9A	00
8B	F2	9B	00
8C	00	9C	00
8D	00	9D	00
8E	00	9E	00
8F	00	9F	00

图 4.32　习题 4.50 图

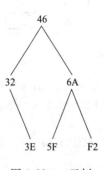

图 4.33　二叉树

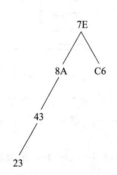

图 4.34　习题 4.51 图

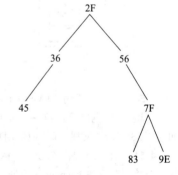

图 4.35　习题 4.53 图

4.57　灵活运用"不插电的计算机科学"活动中的二进制与十进制数转换，将下列二进制数快速地用十进制数表示。

　　　1111111111, 10000000001, 0100000011, 0001001010, 0001001101, 0000011111

4.58　将下列八进制数转化为二进制数。

　　　　　23, 74, 17777, 221, 3467, 654, 1101, 1011

4.59　将下列八进制数转化为十六进制数。

　　　　　23, 210, 1110, 7454, 2141, 41, 42, 2005

*4.60　写出下列十进制数表示的数的 8 位二进制原码、反码和补码。

$$5, \; -3, \; 20, \; 31, \; -16, \; 0, \; -17, \; -1$$

*4.61 写出下列补码表示的二进制数的真值。

$$01101110, \; 10011010, \; 1110011, \; 10001111, \; 11011010, \; 0110101$$

4.62 在一个计数范围是 0~11 的计算系统中，其模是多少？在这个系统中，任一正数或负数与其模相加，值是否有变化？

4.63 在一个计数范围是 $0 \sim 2^{32} - 1$、模为 2^{32} 的计量系统中，-2 与 $2^{32} - 2$ 指称的含义是否一样？

*4.64 设机器的字长为 8 位，求十进制数 18 和 26 的二进制补码，并计算它们补码相减的结果。

4.65 写出下列符号的 ASCII 码。

$$A, \; (, \; d, \; *, \; z, \; =, \; g, \; 17$$

4.66 编码是一件很有趣的事，请用二进制数对自己班级的同学姓氏进行编码，然后分别写在若干张卡片上，若班上同学的不同姓氏小于 8，就写在 3 张卡片上；若班上不同的姓氏小于 16，就写在 4 张卡片上，以此类推。完成准备工作后，打乱同一张卡片上姓氏的顺序，开展猜姓氏的活动。

4.67 条形码是一种简单而又具有巨大应用价值的编码技术，是物联网发展的基础，条形码最后 1 位一般被设置为校验位。请在网上查找 13 位 ISBN 校验码的计算方法，并以本书为例，计算校验位的值。

4.68 奇偶校验是一种校验代码传输正确性的方法。根据被传输的一组二进制代码的数位中"1"的个数是奇数或偶数来进行校验。采用奇数的称为奇校验，反之，称为偶校验。采用何种校验是事先规定好的，通常专门设置一个奇偶校验位，用它使这组代码中"1"的个数为奇数或偶数。下面所列的表是一组需要传输的数，若用偶校验传输数据，请用"0"或"1"替换下表中的"×"，并分析传输的工作原理。

1	0	0	0	1	0	1	×
0	1	1	1	0	0	1	×
0	0	1	1	1	0	0	×
1	1	0	0	1	1	0	×
0	1	0	0	0	0	1	×
1	1	1	0	0	0	1	×
0	1	1	0	1	0	1	×
×	×	×	×	×	×	×	×

4.69 如图 4.36 所示，根据"计"的点阵图写出它的字形码。

4.70 在一幅位图中，用来表示一个图像所使用的像素的数量同时影响了图像显示的清晰度和它所需的内存大小。这样的说法正确吗？为什么？

4.71 假如用位图技术存储一幅分辨率为 1 024 × 1 024 的彩色图片，需要多大的存储空间？

4.72 位图技术和矢量技术相比，各自的优点是什么？

4.73 在声音的存储中，为什么取样频率选定为 44.1 kHz？

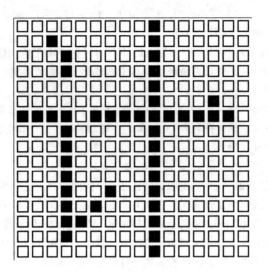

图 4.36　习题 4.69 图

4.74 请在网上分别下载一个汉字点阵编辑软件、一个图像色彩编辑软件、一个音频编辑软件，并简单使用之。

4.75 二进制与编码技术与人类的记忆有关。在数码技术得到飞速发展的今天，人类不仅可以同时保存大量的文字、图片和声音，也可以进行随意的组合，请分析这种随意的组合带来的好处和危害。

4.76 为什么在分析计算机内部工作时，常用十六进制数？

4.77 在研究数字逻辑电路时，为什么计算机科学家和工程师关心的是电路所完成的逻辑功能，而不是电的或机械的性能？

4.78 CC1991 报告提取了计算学科中的哪些核心概念？

第 5 章
学科中的数学方法

在计算学科中，采用的数学方法主要是离散数学方法。本章首先简单介绍数学的基本特征及数学方法的作用。然后介绍计算学科中常用的数学概念和术语（包括集合，函数和关系，代数系统，字母表、字符串和语言，定义、定理和证明，必要条件和充分条件）、证明方法、递归和迭代、随机数与蒙特卡罗方法、公理化方法等内容。最后介绍计算学科中的形式化方法，包括形式系统的组成、基本特点和局限性，形式化方法的定义，以及形式规格和形式验证等内容。

5.1 引言

数学有连续数学和离散数学之分，离散数学源于算术，连续数学源于几何。自牛顿和莱布尼茨创立微积分后，连续数学就以微积分为基础，用连续的观点对数学进行研究，对自然科学（如物理学等）的各种现象进行描述，成为人们认识客观世界的一个重要工具。

计算学科与物理等学科不同，它的根本问题是"能行性"问题。"能行性"这个根本问题决定了计算机本身的结构和它处理的对象都是离散型的，而连续型的问题只有经过"离散化"的处理后才能被计算机处理。因此，在计算学科中，采用的数学方法主要是离散数学的方法。理论上，凡是能用离散数学为代表的构造性数学方法描述的问题，当该问题所涉及的论域为有穷或虽为无穷但存在有穷表示时，这个问题一定能用计算机来处理。由于计算机的软硬件都是形式化的产物，因此，很自然地还可以得到一个这样的结论：凡是能被计算机处理的问题都可以转换为一个数学问题。

在对待数学的问题上，计算机科学家与数学家的侧重点不一样：数学家关心的是"是什么（What is it）"的问题，重点放在数学本身的性质上；计算机科学家则不同，他们不仅要知道"是什么"的问题，更要解决"怎么做（How to do it）"的问题。

由于传统数学研究的对象过于抽象，导致对具体问题（特别是有关计算的本质，即字符串变换的具体过程）关注不够。因此，在计算领域中，人们又创造了基于离散数学的"具体"数学的大量概念和方法（如学科中的各种形式化方法）。

本章主要介绍数学的基本特征、数学方法的作用、计算学科中常用的数学概念和术语证明方法、递归和迭代、随机数与蒙特卡罗方法、公理化方法以及形式化方法等内容。其中，常用的数学概念和术语包括集合，函数和关系，代数系统，字母表、字符串和语言，定义、定理和证明，必要条件和充分条件。

5.2　数学的基本特征

数学是研究现实世界的空间形式和数量关系的一门科学。它具有以下 3 个基本特征。

1. 高度的抽象性

抽象是任何一门科学乃至全部人类思维都具有的特性，然而，数学的抽象程度大大超过自然科学中一般的抽象，它最大的特点在于抛开现实事物的物理、化学和生物学等特性，而仅保留其量的关系和空间的形式。

2. 逻辑的严密性

数学高度的抽象性和逻辑的严密性是紧密相关的。若数学没有逻辑的严密性，在自身理论中矛盾重重，漏洞百出，那么用数学方法对现实世界进行抽象就失去了意义。正是由于数学的逻辑严密性，我们在运用数学工具解决问题时，只有严格遵守形式逻辑的基本法则，充分保证逻辑的可靠性，才能保证结论的正确性。

3. 普遍的适用性

数学的高度抽象性决定了它的普遍适用性。数学广泛地应用于其他科学与技术，甚至人们的日常生活之中。

5.3　数学方法的作用

数学方法是指解决数学问题的策略、途径和步骤。数学方法在现代科学技术的发展中已经成为一种必不可少的认识手段，它在科学技术方法论中的作用主要表现在以下 3 个方面。

1. 为科学技术研究提供简洁精确的形式化语言

人类在日常交往中使用的语言称为自然语言，是人与人之间进行交流和对现实世界进行描述的一般的语言工具。而随着科学技术的迅猛发展，对于微观和宏观世界中存在的复杂的自然规律，只有借助于数学的形式化语言才能抽象地表达。许多自然科学定律，如牛顿的万有引力定律等，都是用简明的数学公式表示的。数学模型就是运用数学的形式化语言在观测和实验的基础上建立起来的，它有助于人们认识和把握超出感性经验之外的客观世界。

2. 为科学技术研究提供数量分析和计算的方法

一门科学要从定性分析发展到定量分析，数学方法从中起了杠杆的作用。计算机的问世更为科学的定量分析和理论计算提供了必要条件，使一些过去无法解决的数学课题找到了解决的可能性。如原子能的研究和开发、空间技术的发展等都是借助于精确的数值计算和理论分析进行的。

3. 为科学技术研究提供逻辑推理的工具

数学的逻辑严密性这一特点使它成为建立一种理论体系的手段，在这方面最有意义的就是公理化方法。数学逻辑用数学方法研究推理过程，把逻辑推理形式加以公理化、符号化，为建立和发展科学的理论体系提供有效的工具。

5.4 计算学科中常用的数学概念和术语

5.4.1 集合

1. 集合的概念

集合是数学的基本概念，它是构造性数学方法的基础。集合就是一组无重复对象的全体。集合中的对象称为集合的元素。例如，计算机专业学生全部必修课程可以组成一个集合，其中的每门课程就是这一集合中的元素。

2. 集合的描述方法

通常用大写字母表示集合，用小写字母表示元素，描述集合的方式主要有以下 3 种。

（1）枚举法：列出所有元素的表示方法。

例如，1 至 5 的整数集合可表示为：

$A = \{1, 2, 3, 4, 5\}$

（2）外延表示法：当集合中所列元素的一般形式很明显时，可只列出部分元素，其他则用省略号表示。

例如，斐波那契数列可表示为：

$\{0, 1, 1, 2, 3, 5, 8, 13, 21, 34, \cdots\}$

（3）谓词表示法：用谓词来概括集合中元素的属性。

例如，斐波那契数列可表示为：

$\{F_n \mid F_{n+2} = F_{n+1} + F_n, F_0 = 0, F_1 = 1, n \geq 0\}$

3. 集合的运算

集合的基本运算有并、差、交、补和乘积等运算。

1）集合的并

设 A、B 为两个任意集合，所有属于 A 或属于 B 的元素构成的集合 C 称为 A 和 B 的并集，可表示为：$C = A \cup B = \{x \mid x \in A \vee x \in B\}$。

求并集的运算称为并（运算）。

例 5.1 若 $A = \{a, b, c, d\}$，$B = \{b, d, e\}$，求集合 A 和 B 的并。

$A \cup B = \{a, b, c, d, e\}$

2）集合的差

设 A、B 为两个任意集合，所有属于 A 而不属于 B 的一切元素构成的集合 S 称为 A 和 B 的差集，可表示为：$S = A - B = \{x \mid x \in A \wedge x \notin B\}$。

求差集的运算称为差（运算）。

例 5.2　若 $A = \{a, b, c, d\}$，$B = \{b, d, e\}$，求集合 A 和 B 的差。

$A - B = \{a, c\}$

3）集合的交

设 A、B 为两个任意集合，由 A 和 B 的所有相同元素构成的集合 C 称为 A 和 B 的交集，可表示为：$C = A \cap B = \{x \mid x \in A \wedge x \in B\}$。

求交集的运算称为交（运算）。

例 5.3　若 $A = \{x \mid x > -5\}$，$B = \{x \mid x < 1\}$，求集合 A 和 B 的交。

$A \cap B = \{x \mid x > -5\} \cap \{x \mid x < 1\} = \{x \mid -5 < x < 1\}$

4）集合的补

设 I 为全集，A 为 I 的任意一个子集，则 $I - A$ 为 A 的补集，记为 $\bar{A}$，可表示为：$\bar{A} = I - A = \{x \mid x \in I \wedge x \notin A\}$。

求补集的运算称为补（运算）。

例 5.4　若 $I = \{x \mid -5 < x < 5\}$，$A = \{x \mid 0 < x < 1\}$，求 $\bar{A}$。

$\bar{A} = I - A = \{x \mid -5 < x < 0 \vee 1 < x < 5\}$

5）集合的乘积

集合 A_1，A_2，$\cdots$，A_n 的乘积一般用法国数学家笛卡儿（Rene Descartes）的名字命名，即笛卡儿积。该乘积表示如下。

$A_1 \times A_2 \times \cdots \times A_n = \{(a_1, a_2, \cdots, a_n) \mid a_i \in A_i, i = 1, 2, \cdots, n\}$

$A_1 \times A_2 \times \cdots \times A_n$ 的结果是一个有序 n 元组的集合。

例 5.5　若 $A = \{1, 2, 3\}$，$B = \{a, b\}$，求 $A \times B$。

$A \times B = \{(1, a), (1, b), (2, a), (2, b), (3, a), (3, b)\}$

5.4.2　函数和关系

1. 函数

函数又称映射，是指把输入转变成输出的运算，该运算也可理解为从某一"定义域"的对象到某一"值域"的对象的映射。函数是程序设计的基础，程序定义了计算函数的算法，而定义函数的方法又影响着程序语言的设计，好的程序设计语言一般都便于函数的计算。

设 f 为一个函数，当输入值为 a 时输出值为 b，则记作：

$$f(a) = b$$

2. 关系

关系是一个谓词，其定义域为 k 元组的集合。通常的关系为二元关系，其定义域为有序对的集合，在这个集合中，我们说有序对的第一个元素和第二个元素有关系。例如，学生选课（如图 5.1 所示）。

在图 5.1 中，用关系的术语可以说，张三与文学以及哲学课有关系（选课关系），李四与艺术以及数学课有关系，王五与历史以及文学课有关系。

学生	课程	成绩
张三	文学	90
张三	哲学	95
李四	数学	80
李四	艺术	85
王五	历史	92
王五	文学	88

图 5.1 学生选课表

3. 等价关系

在关系中，有一种特殊的关系，即等价关系，它满足以下 3 个条件。

（1）自反性，即对集合中的每一个元素 a，都有 $a R a$。

（2）对称性，即对集合中的任意元素 a、b，$a R b$ 成立当且仅当 $b R a$ 成立。

（3）传递性，即对集合中的任意元素 a、b、c，若 $a R b$ 和 $b R c$ 成立，则 $a R c$ 一定成立。

等价关系的一个重要性质是：集合 A 上的一个等价关系 R 可将 A 划分为若干个互不相交的子集，称为等价类。

例 5.6 证明整数 **N** 上的模 3 的同余关系 R 为等价关系。

将该关系形式化地表示为：

$R = \{ (a, b) | a, b \in \mathbf{N}, a - b \in 3\mathbf{N} \}$

① 自反性证明：对集合中的任何一个元素 $a \in \mathbf{N}$，都有 $a - a = 0 \in 3\mathbf{N}$。

② 对称性证明：对集合中的任意元素 a、b，$n \in \mathbf{N}$，若 $a - b = 3n \in 3\mathbf{N}$，则有 $b - a = 3(-n) \in 3\mathbf{N}$。

③ 传递性证明：对集合中的任意元素 a、b、c、n，$m \in \mathbf{N}$，若 $a - b = 3n$，$b - c = 3m$，两等式左右两边分别相加，则有 $(a - b) + (b - c) = 3n + 3m$，即 $a - c = 3(n + m) \in 3\mathbf{N}$。

综上所述，该关系满足自反性、对称性和传递性，因此该关系为等价关系。

例 5.7 假设某人在唱歌（事件 e_1）的同时，还可以开车（事件 e_2）或者步行（事件 e_3），但一个人不能同时开车和步行。以上反映的并发现象用关系来表示时是否是等价关系？

以上反映的是一种并发（co）现象，如果用关系来表示，则这种并发关系具有自反性和对称性，即可表示为：e_1 co e_1，e_2 co e_2，e_3 co e_3；以及 e_1 co e_2（或 e_2 co e_1），e_1 co e_3（或 e_3 co e_1），但不满足传递性，即 $(e_2$ co $e_1) \wedge (e_1$ co $e_3)$ 不能推出 e_2 co e_3，即不能在开车的同时步行。因此，以上并发关系不是等价关系。

另外，常见的等价关系还有"相似"、"平行"、"$=$"等；而"$\leqslant$"、"朋友"、"同学关系"等则不是等价关系。

5.4.3 代数系统

集合是数学中最基本的概念，从集合出发可以派生"映射"的概念。进一步，对于一个

非空集合 A，可以定义，任意一个由 $A \times A$ 到 A 的映射称为集合 A 上的一个二元运算，A^n 到 A 的映射则称为集合 A 上的一个 n 元运算。

由集合 A 以及连同若干定义在该集合上的运算 f_1，f_2，$\cdots$，f_n 所组成的系统称为代数系统，该系统可以形式化的描述为：$<A, f_1, f_2, \cdots, f_n>$。

群、环、格、布尔代数是 4 种最基本的代数系统，本节主要介绍群和布尔代数。在此之前，先介绍与代数系统有关的基础知识——运算及其性质。

1. 运算及其性质

定义 5 – 1　设 A，B，C 为 3 个集合，映射 $f: A \times B \rightarrow C$ 称为从笛卡儿积 $A \times B$ 到集合 C 的代数运算。二元运算的性质如下。

（1）封闭性。设 $*$ 是定义在集合 A 上的二元运算，若对于任意的 x，$y \in A$，都有 $x * y \in A$，则称二元运算 $*$ 在 A 上是封闭的。

（2）可交换性。设 $*$ 是定义在集合 A 上的二元运算，若对于任意的 x，$y \in A$，都有 $x * y = y * x$，则称该二元运算 $*$ 是可交换的。

（3）可结合性。设 $*$ 是定义在集合 A 上的二元运算，若对于任意的 x，y，$z \in A$，都有 $(x * y) * z = x * (y * z)$，则称该二元运算 $*$ 是可结合的。

（4）可分配性。设 $*$、$\diamond$ 是定义在集合 A 上的两个二元运算，若对于任意的 x，y，z，都有 $x * (y \diamond z) = (x * y) \diamond (x * z)$ 且 $(x \diamond y) * z = (x * z) \diamond (y * z)$，则称运算 $*$ 对于运算 $\diamond$ 是可分配的。

（5）幺元。设 $*$ 是集合 A 上的一个二元运算，若存在一个元素 $e_l \in A$，对于任意的元素 $a \in A$，都有 $e_l * a = a$，称 e_l 是 A 上关于运算 $*$ 的左幺元；若存在一个元素 $e_r \in A$ 使得对于所有的 $a * e_r = a$，称 e_r 是 A 上关于运算 $*$ 的右幺元；若存在元素 $e \in A$，它既是左幺元，又是右幺元，称 e 为幺元。这时对于任意的 $a \in A$ 有 $e * a = a * e = a$。

（6）零元。设 $*$ 是集合 A 上的二元运算，若存在一个元素 $\theta_l \in A$，使得对于所有的 $a \in A$，有 $\theta_l * a = \theta_l$，称 θ_l 是 A 上关于运算 $*$ 的左零元；若存在一个元素 $\theta_r \in A$，使得对于所有的 $a \in A$，有 $a * \theta_r = \theta_r$，称 θ_r 是 A 上关于运算 $*$ 的右零元。若存在元素 $\theta \in A$，它既是左零元，又是右零元，则称 θ 为零元。这时对于所有的 $a \in A$，有 $\theta * a = a * \theta = \theta$。

（7）逆元。设 $*$ 是集合 A 上的具有单位元 e 的二元运算，对于元素 $a \in A$，若存在元素 $a_l^{-1} \in A$，使得 $a_l^{-1} * a = e$，称元素 a_l^{-1} 对于运算 $*$ 是左可逆的，而 a_l^{-1} 称为 a 的左逆元；若存在元素 $a_r^{-1} \in A$，使得 $a * a_r^{-1} = e$，称元素 a_r^{-1} 对于运算 $*$ 是右可逆的，而 a_r^{-1} 称为 a 的右逆元。

2. 群

群论（关于群的理论）起源于求解代数方程的通解，即用方程的系数经过加、减、乘、除和适当的开方来求解。据史料记载，古巴比伦人很早就知道了如何求解二次方程，文艺复兴时期的数学家也成功地找到了三次和四次方程式的通解。于是人们自然希望找到五次、六次和更高次代数方程式的通解，然而遇到了困难。

19 世纪初，包括法国数学家伽罗瓦（E. Galois）在内的不少数学家都在致力于这个问题的研究。在其他人还在努力寻求通解的时候，伽罗瓦却开始怀疑通解是否存在。于是，他转向把问题抽象化，研究起方程式及其解的一般性质，从而有了"群"的概念。群的研究证实了伽罗瓦的怀疑，即五次及更高次的代数方程式的一般代数解法并不存在。

以伽罗瓦开创的群论为标志，代数学（近世代数或抽象代数）作为研究各种代数系统的科学，在计算领域得到了广泛的应用，如算法理论、网络与通信理论、程序理论、密码学、数字逻辑电路等。

定义 5 – 2　一个代数系统 $<S，*>$，其中 S 是非空集合，$*$ 是 S 上的一个二元运算，若运算 $*$ 是封闭的，则称代数系统 $<S，*>$ 为广群。

定义 5 – 3　一个代数系统 $<S，*>$，其中 S 是非空集合，$*$ 是 S 上的一个二元运算。若

（1）运算 $*$ 是封闭的，

（2）运算 $*$ 是可结合的，

则称代数系统 $<S，*>$ 为半群。

定义 5 – 4　设 $<G，*>$ 是一个代数系统，其中 G 是非空集合，$*$ 是 G 上一个二元运算，若

（1）运算 $*$ 是封闭的；

（2）运算 $*$ 是可结合的；

（3）存在幺元 e；

（4）对于任一个元素 $x \in G$，存在它的逆元 x^{-1}；

则称 $<G，*>$ 是一个群。

不难发现，半群是可结合的广群，群是一个存在幺元且每一个元素都存在逆元的半群，群、半群、广群的关系如图 5.2 所示。

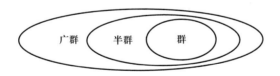

图 5.2　群、半群、广群的关系图

3．环

前面介绍的广群、半群、群都是关于"1 个"二元运算的代数系统。可以用这类系统解形如 $ax = b$ 的一元一次代数方程式的根（只需在等式的两边分别乘以 $1/a$）；而无法解形如 $ax + b = c$ 的一元一次代数方程式的根，这样就得在系统中再引入一个减运算（在等式两边分别减 b，然后在等式的两边再分别乘以 $1/a$）。显然，从实数 **R**（不含零）的角度来看，前一种代数系统是群，其形式化定义为 $<\mathbf{R}，*>$；而后一种系统有"2 个"二元运算，是一种称为环的代数系统，其形式化定义为 $<\mathbf{R}，*，->$。当然，环还要满足一定的运算性质，这些内容不在此讨论，在"离散数学"等课程中有相关介绍。

4．格

格与群和环相比，多了一个在格中具有重要意义的次序关系。

定义 5 - 5　设 < A，≤> 是一个偏序集，若 A 中任意两个元素都有最小上界和最小下界，则称 < A，≤> 为格。

5．布尔代数

布尔代数是一种特殊的格，它由 0 和 1 组成的集合以及定义在其上的"3 个运算"构成。

定义 5 - 6　给定 < A，∗，◇，′>，其中 ∗ 和 ◇ 是集合 A 上的二元运算，′ 是 A 上的一元运算。0，$1 \in A$，对于任意的 x，y，$z \in A$，若以下定律成立

(1) $x * y = y * x$　　$x \diamond y = y \diamond x$	（交换律）
(2) $x * (y \diamond z) = (x * y) \diamond (x * z)$　　$x \diamond (y * z) = (x \diamond y) * (x \diamond z)$	（分配律）
(3) $x * 0 = x$　　$x \diamond 1 = x$	（泛界律）
(4) $x * x' = 1$　　$x \diamond x' = 0$	（互补律）
(5) $x * (y * z) = (x * y) * z$　　$x \diamond (y \diamond z) = (x \diamond y) \diamond z$	（结合律）

则 < A，∗，◇，′> 称为布尔代数，其中 ∗、◇ 和 ′ 分别为并运算、交运算和补运算。0 和 1 分别为零元和幺元。

布尔代数是英国数学家和逻辑学家布尔（G. Boole）1847 年创立的，最初用来研究逻辑思维的法则。

1938 年，当时就读于麻省理工学院的香农（C. E. Shannon）在他的硕士论文《继电器和开关电路的符号分析》（*A Symbolic Analysis of Relay and Switching Circuits*）一文中分析并指出：布尔代数可以用电路来实现，并可指导电路的设计。

香农的分析源于继电器的使用，与传统开关不同，继电器用电来控制开关的闭合，输出的电压是由输入的电压决定的，若设通电为 1，断电为 0，就能与布尔代数的两个值联系起来。为了实现布尔代数的"与"、"或"、"非" 3 种运算，人们研制和生产出了与之相应的 3 种门电路（"与"门、"或"门、"非"门）。

在电路的设计和分析中，一般用符号"·"表示逻辑"与"运算（在不引起混淆的情况下，"·"可省略），用符号"+"表示逻辑"或"运算，用符号"−"表示逻辑"非"运算。布尔代数的 3 个基本逻辑运算的定义如表 5.1 所示。

表 5.1　布尔代数 3 个基本的逻辑运算

A　B	$A \cdot B$	$A + B$	$\overline{A}$
0　0	0	0	1
0　1	0	1	1
1　0	0	1	0
1　1	1	1	0

计算机的"真正"硬件就是数字逻辑电路,而无论多么复杂的数字逻辑电路,如组合逻辑电路、时序逻辑电路,甚至由它们构成的寄存器、计数器、存储器的存储单元电路等,在理论上来说,都可以由"与"门、"或"门、"非"门3种最基本的逻辑电路组成。

实际的逻辑关系是千变万化的,但它们都是"与"、"或"、"非"3种运算组合而成的。这3种基本运算反映了逻辑电路中的3种最基本的逻辑关系,其他逻辑运算都是通过这3种基本运算来实现的。

研究数字逻辑电路,我们关心的是电路所完成的逻辑功能,而不是电的或机械的性能。因此,一般只考虑输入变量和输出变量之间的逻辑关系,并用数学的方式来描述。若输入为布尔变量 A,B,C,$\cdots$,输出则为布尔函数 F,$F = f(A, B, C, \cdots)$。

这种代数表达式是以理想的形式来表示实际的数字逻辑电路,反映了逻辑电路的特征和功能。因此,可以将一个具体的数字逻辑转换成抽象的代数表达式而加以分析和研究。3个最基本的门电路图以及相应的布尔代数表达式如表5.2所示。

表5.2 "与"、"或"、"非"门电路图及相应的布尔代数表达式

名称	门电路图	布尔代数表达式
"与"门	&	$F = AB$
"或"门	≥1	$F = A + B$
"非"门	1	$F = \overline{A}$

随着数字逻辑电路的发展,现在实际使用的门电路除了"与"、"或"、"非"门外,还有"与非"、"或非"、"异或"、"同或"、"与或非"门等,它们都是由"与"、"或"、"非"逻辑导出的,它们的出现大大简化了逻辑电路设计的复杂度。

在数字逻辑电路设计中存在一个如何用最简单的组合电路实现给定逻辑功能的问题,这就是组合电路的化简问题。由于组合电路都可以用布尔代数来表示。因此,组合电路的化简也就可以转化为布尔代数表达式的化简,这方面的内容可以在"数字逻辑"等课程中学习,本书不再讨论。

*6. 一位加法器的设计

数字计算机的运算建立在算术四则运算的基础上。在四则运算中,加法是最基本的一种运算。若想建造一台计算机,那么首先必须知道如何构造一台能进行加法运算的机器。由于减法、乘法、除法,甚至乘方、开方等运算都可以用加法导出。因此,若能构造实现加法运算的

机器，就一定可以构造出能实现其他运算的机器。

进行加法运算的机器称为加法器。加法器是对以数字形式表示的两个或多个 n 位数求和的一种逻辑运算电路，是计算机中算术运算功能的核心部件。下面介绍一位加法器的设计。

首先，给出一位加法器的真值表；然后，根据真值表导出对应的布尔代数表达式，对表达式化简；最后，用门电路实现加法器。

不考虑高低进位，只考虑两个加数本身的加法器叫半加器。考虑高低进位的加法器叫全加器。先设计半加器，给出真值表，参见表 5.3，X、Y 表示两个加数，F_n 表示输出。

表 5.3　半加器的真值表

输入		输出
X_n	Y_n	F_n
0	0	0
0	1	1
1	0	1
1	1	0

根据真值表，得相应的布尔代数表达式（本书不讨论转换的细节）：

$$F_n = X_n \overline{Y}_n + \overline{X}_n Y_n$$

化简表达式（已最简），选用化简后的表达式，使用 3 种基本门电路实现半加器，设计数字逻辑电路图，如图 5.3 所示。

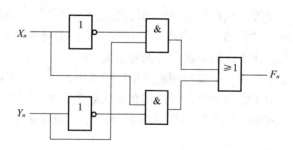

图 5.3　半加器逻辑电路图

在设计全加器时，要考虑进位，用 C_{n-1}、C_n 分别表示低位的进位和高位的进位。设计全加器时，先给出真值表（如表 5.4 所示）。

表5.4 全加器的真值表

输入			输出	
X_n	Y_n	C_{n-1}	F_n	C_n
0	0	0	0	0
0	0	1	1	0
0	1	0	1	0
0	1	1	0	1
1	0	0	1	0
1	0	1	0	1
1	1	0	0	1
1	1	1	1	1

根据真值表，得相应的布尔代数表达式：

$$F_n = \overline{X}_n \overline{Y}_n C_{n-1} + X_n \overline{Y}_n \overline{C}_{n-1} + \overline{X}_n Y_n \overline{C}_{n-1} + X_n Y_n C_{n-1}$$

$$C_n = \overline{X}_n Y_n C_{n-1} + X_n \overline{Y}_n C_{n-1} + X_n Y_n \overline{C}_{n-1} + X_n Y_n C_{n-1}$$

对 C_n 的表达式进行化简，结果为：

$$C_n = X_n Y_n + X_n \overline{C}_{n-1} + Y_n C_{n-1}$$

设计全加器逻辑电路图，实现全加器，如图5.4所示。

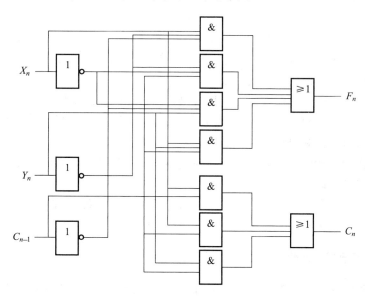

图5.4 全加器的逻辑电路图

5. 4. 4　字母表、字符串和语言

所有的计算机程序设计语言都是形式语言，其构成基础同一般自然语言一样，也是符号或字母。常用的符号有数字（0~9）、大小写字母（$A \sim Z$，$a \sim z$）、括号、运算符（+，-，*，/）等。

有限字母表指的是由有限个任意符号组成的非空集合，简称为字母表，用 Σ 表示。字母表上的元素称作字符或符号，用小写字母或数字表示，如 a、b、c、1、2、3 等。

字母表可以理解为计算机输入键盘上符号的集合。字母可以理解为键盘上的每一个英文字母、数字、标点符号、运算符号等。

字符串也称为符号串，指的是由字符组成的有限序列，常用小写希腊字母表示。字母表 Σ 上的字符串以下列方式生成：

（1）ε 为 Σ 上的一个特殊串，称为空串，对任何 $a \in \Sigma$，$a\varepsilon = \varepsilon a = a$。

（2）若 σ 是 Σ 上的符号串，且 $a \in \Sigma$，则 σa 是 Σ 上的符号串。

（3）若 α 是 Σ 上的符号串，当且仅当它由（1）和（2）导出。

直观来说，Σ 上的符号串是由其上的符号以任意次序拼接起来构成的，任何符号都可以在串中重复出现。ε 作为一个特殊的串，由零个符号组成。应当指出的是，空串 ε 不同于计算机键盘上的空格键。

语言指的是给定字母表 Σ 上的字符串的集合。例如，当 $\Sigma = \{a, b\}$，则 $\{ab, aabb, abab, bba\}$、$\{\varepsilon\}$、$\{a^n b^n \mid n \geq 1\}$ 都是 Σ 上的语言。不包含任何字符串的语言称作空语言，用 $\varnothing$ 表示。$\varnothing$ 不同于 $\{\varepsilon\}$，前者表示空语言，后者表示由空串组成的语言。

语言是字符串的集合，因此，传统的集合运算（如并、交、差、补、笛卡儿积）对语言都适用。除此之外，语言还有一种重要的专门运算，即闭包运算。

语言、文法以及自动机有着密切的关系。语言由文法产生，文法是一种数学模型，是建立在有限集合上的一组变换（运算）。因此，根据代数系统的定义，也可以将文法看作是一种代数系统，而语言正是由这种代数系统产生的。

计算机使用的语言是一种形式语言，形式语言与自动机理论密切相关，并构成计算机科学重要的理论基础，在形式语言与自动机理论中，语言又可分为短语结构语言、上下文有关语言、上下文无关语言和正规语言，它们分别由 0 型文法、1 型文法、2 型文法和 3 型文法产生。自动机是识别语言的数学模型，各类文法所对应的自动机分别是图灵机、线性有界自动机、下推自动机和有限状态自动机。

需要指出的是，语言与数学模型不是一一对应的关系，一种语言可以由不同的文法产生，也可以由不同的自动机识别。

5. 4. 5　定义、定理和证明

定义、定理和证明是数学的核心，也是计算学科理论形态的核心内容。其中，定义是蕴含在公理系统之中的概念和命题；定理是被证明为真的数学命题；证明是为使人们确信一个命题

为真而作的一种逻辑论证。

数学家们认为，定义是数学的灵魂，定理和证明是数学的精髓。对一个问题来说，给出一个精确的定义是不容易的，以至有人认为，若能像图灵给出"计算"的形式化定义那样给出"智能"的定义，那么，"智能"的本质将被揭示，"智能"领域也将产生一个质的飞跃。

例5.8 定义。

定义是对一种事物的本质特征或一个概念的内涵与外延确切而简要的说明。陈波在其著作《逻辑是什么?》一书中，从定义的作用、规则等多方面对定义做了系统的论述。

1）定义的作用

（1）综合作用：人们可以通过定义，对事物已有的认识进行总结，用文字的形式固定下来，并成为人们进行新的认识和实践活动的基础。

（2）分析作用：人们可以通过定义，分析某个语词、概念、命题的使用是否适合，是否存在逻辑方面的错误。

（3）交流作用：人们可以通过定义，在理性的交谈、对话、写作、阅读中，对于所使用的语词、概念、命题有一个共同的理解，从而避免因误解、误读而产生的无谓争论，提高成功交流的可能性。

2）定义的规则

（1）定义必须揭示被定义对象的区别性特征。

（2）定义项和被定义项的外延必须相等。

（3）定义不能恶性循环。

（4）定义不可用含混、隐晦或比喻性词语来表示。

下面再给出几个例子，以便加深对定义这个概念的理解。

例5.9 抽象。

在常用词典中，抽象一般有两种解释。一种是从许多事物中舍弃个别的、非本质的属性，抽出共同的、本质的属性，叫抽象。另一种是不能具体的、笼统的、空洞的叫抽象。

例5.10 科学。

科学是反映自然、社会、思维等的客观规律的分科的知识体系。

该定义从三方面规定了"科学是什么"，首先，科学是一种知识，而知识的本义则是对实践经验的真实陈述；其次，科学不是单个真实陈述的杂乱堆积，而是有序地组织起来的一个体系；第三，该陈述体系中的每一个陈述均可直接或间接加以证明。

例5.11 人。

人是能制造工具并使用工具进行劳动的高等动物。

该定义采用的是属加种差的定义，该定义是一种常见的内涵定义形式。该定义确定了"人"属于一种"动物"；其次，确定了人与动物种类的区别。

例5.12 哺乳动物。

哺乳动物是最高等的脊椎动物，基本特点是靠母体的乳腺分泌乳汁哺育初生幼体。除最低等的单孔类是卵生的以外，其他哺乳动物全是胎生的。

5.4.6 必要条件和充分条件

必要条件（Necessary Condition）和充分条件（Sufficient Condition）不仅是数学的两个基本概念，而且也是社会学中的两个重要概念。然而，要真正地理解并掌握这两个概念却不是一件容易的事。

一般的，若命题 p 蕴涵命题 q，即 $p \Rightarrow q$，则我们说，p 是 q 的充分条件，q 是 p 的必要条件。若两个命题相互蕴涵，即 $p \Leftrightarrow q$，我们说，p 和 q 互为充分必要条件（简称充要条件）。

从集合论的角度出发，借助于文氏图，有助于对什么是必要条件、什么是充分条件的判定。

若 $p \Rightarrow q$，则 p 是 q 的充分条件，q 是 p 的必要条件。

假设 $A = \{x \mid p\}$，$B = \{x \mid q\}$，若 $A \subseteq B$，设 x 为 A 中的任一元素，即 $x \in A$，则 $x \in B$。因此，可以判定，A 是 B 的充分条件，即 $p \Rightarrow q$，如图 5.5（a）所示。

若 $p \Leftrightarrow q$，则 p 和 q 互为充分必要条件，即 $A = B$，如图 5.5（b）所示。

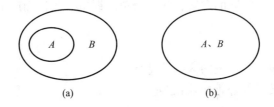

图 5.5 集合 A 和 B 相互关系的文氏图

例 5.13 人是哺乳类。在这一命题中，"人"是"哺乳类"的充分条件，"哺乳类"是"人"的必要条件。

例 5.14 正方形就是长方形。在这一命题中，"正方形"是"长方形"的充分条件，"长方形"是"正方形"的必要条件。

例 5.15 $x > 0$ 是 $x > 100$ 的必要条件。

例 5.16 $x = 2$ 是 $x^2 = 4$ 的充分条件。

在现实生活中，必要条件和充分条件常被误用。如找人才，本来是找必要条件，但人们往往会用充分条件。相反，要用充分条件时，却错误地采用必要条件。如草率地上马一个涉及面广的项目。

"必要条件"和"充分条件"是两个非常容易混淆的概念，所对应的集合大小也容易搞错。下面再介绍一个与"必要条件"和"充分条件"有关的例子，以便加深对两个概念的理解，并区别之。

对于充分条件，约束的条件自然就会多一些，若应用于人们的日常生活中，找充分条件的人往往就是俗话说的"小心眼"。对于必要条件，由于约束的条件少，人往往会变得大度，大度的人与"小心眼"的人相比，会将注意力集中在很少的却又是起关键作用的必要条件上

（用计算机的行话来说，必要条件就是找不到一个反例的条件）。

5.5 证明方法

5.5.1 直接证明法和间接证明法

1. 直接证明

假定 p 为真，通过使用公理或已证明的定理以及正确的推理规则证明 q 也为真，以此证明蕴涵式 $p \to q$ 为真。这种证明方法为直接证明法。

例 5.17 用直接证明法证明"若 p 是偶数，则 p^2 是偶数"。

证明：假定 p 是偶数为真，设 $p = 2k$（k 为整数）。由此可得，$p^2 = 2(2k^2)$。因此，p^2 是偶数（它是一个整数的 2 倍）。

2. 间接证明

因为蕴涵式 $p \to q$ 与其逆否命题 $\neg q \to \neg p$ 等价，因此可以通过证明 $\neg q \to \neg p$ 来证明蕴涵式 $p \to q$ 为真。这种证明方法为间接证明法。

例 5.18 用间接证明法证明"若 p^2 是偶数，则 p 是偶数"。

证明：假定此蕴涵式后件为假，即假定 p 是奇数。则对某个整数 k 来说有 $p = 2k + 1$。由此可得 $p^2 = 4k^2 + 4k + 1 = 2(2k^2 + 2k) + 1$，因此，$p^2$ 是奇数（它是一个整数的 2 倍加 1）。因为对这个蕴涵式后件的否定蕴涵着前件为假，因此该蕴涵式为真。

5.5.2 反证法

首先假定一个与原命题相反的命题成立，然后通过正确的推理得出与已知（或假设）条件、公理、已证过的定理等相互矛盾或自相矛盾的结果，用来证明原命题的正确。这种证明方法就是反证法，也称归谬法，是一种常用的数学证明方法。

例 5.19 证明：$\sqrt{2}$ 是无理数。

$\sqrt{2}$ 作为无理数的发现是数学史上的一个重要事件，公元前 500 年，毕达哥拉斯（Pythago-ras）学派提出了"万物皆数"的命题，把数归结为整数或整数之比。而 $\sqrt{2}$ 的发现使当时人们的认识产生了混乱，并导致了第一次数学危机。

传说毕氏学派的希帕索斯（Hippasus）因最先发现了 $\sqrt{2}$ 为不可公度比数，而被该学派投入大海。鉴于该学派迫害数学人才的"无理行为"，15 世纪的达·芬奇（L. Da. Vinci）将不可公度比数（即无限不循环小数）称为无理数。

本例是数学反证法的一个典型实例，下面证明之。

证明：

假设 $\sqrt{2}$ 是有理数，则 $\sqrt{2} = \dfrac{q}{p}$ （p、q 为正整数，且 p、q 无公因子）。

两边同时平方：$(\sqrt{2})^2 = \left(\dfrac{q}{p}\right)^2$

$$2 = \frac{q^2}{p^2}$$
$$q^2 = 2p^2 \qquad\qquad (5-1)$$

因为 q^2 为偶数，故 q 一定为偶数，对某个整数 m 来说则有

$$q = 2m \qquad\qquad (5-2)$$

将式（5-2）代入式（5-1），可得 $(2m)^2 = 2p^2$，即

$$p^2 = 2m^2$$

p^2 为偶数，则 p 也为偶数，p 和 q 均为偶数与原假设 p 和 q 无公因子相矛盾。因此，$\sqrt{2}$ 是无理数为真。

5.5.3　归纳法

1. 归纳法的定义

所谓归纳法，是指从特殊推理出一般的一种证明方法。归纳法可分为不完全归纳法、完全归纳法和数学归纳法。

2. 不完全归纳法

不完全归纳法是根据部分特殊情况做出推理的一种方法，该方法多用于无穷对象的论证，然而，论证的结果不一定正确。因此，不完全归纳法不能作为严格的证明方法。

3. 完全归纳法

完全归纳法也称穷举法，它是对命题中存在的所有特殊情况进行考虑的一种方法，用该方法论证的结果是正确的，然而，它只能用于"有限"对象的论证。

4. 数学归纳法

1）数学归纳法的概念

数学归纳法是一种用于证明与自然数 n 有关的命题正确性的证明方法，该方法能用"有限"的步骤解决无穷对象的论证问题。数学归纳法广泛地应用于计算理论研究之中，如算法的正确性证明、图与树的定理证明等方面。

2）数学归纳法的基本原理

数学归纳法由归纳基础和归纳步骤两个部分组成，基本原理如下。

假定对一切正整数 n，有一个命题 $P(n)$，若以下证明成立，则 $P(n)$ 为真：

① 归纳基础：证明 $P(1)$ 为真。

② 归纳步骤：证明对任意的 $i \geqslant 1$，若 $P(i)$ 为真，则 $P(i+1)$ 为真。

3）数学归纳法的形式化定义

根据数学归纳法的原理，可以对数学归纳法形式化地定义为：

$$P(1) \wedge (\forall n)(P(n) \rightarrow P(n+1)) \rightarrow \forall n\, P(n)$$

4）实例

例 5.20　求证命题 $P(n)$："从 1 开始连续 n 个奇数之和是 n 的平方"，即公式 $1+3+5+\cdots+(2n-1)=n^2$ 成立。

证明：

① 归纳基础：当 $n=1$ 时，等式成立，即 $1=1^2$。

② 归纳步骤：

设对任意 $k \geqslant 1$，$P(k)$ 成立，即

$$1+3+5+\cdots+(2k-1)=k^2$$

而

$$1+3+5+\cdots+(2k-1)+(2(k+1)-1)=k^2+2k+1=(k+1)^2$$

即当 $P(k)$ 成立时，$P(k+1)$ 也成立，根据数学归纳法，该命题得证。

5.5.4　构造性证明

1. 存在性证明

存在一个 x 使命题 $P(x)$ 成立，可表示为：$\exists x\, P(x)$。对形如 $\exists x\, P(x)$ 的命题的证明称为存在性证明。

2. 构造性证明

一般而言，在证明"存在某一个事物"时，人们常常会对条件和结论进行分析，构造一个符合结论要求的事实来进行证明，这就是构造性证明。或者说，构造性证明方法就是通过找出一个使得命题 $P(a)$ 为真的元素 a，从而完成该函数值的存在性证明方法。

构造性证明方法是计算机科学中广泛使用的一种证明方法，对于要解决的问题，不光要证明该问题解的存在，还要给出解决该问题的具体步骤，这种步骤往往就是对解题算法的描述。

5.6　递归和迭代

构造性是计算机软硬件系统的最根本特征，而递归和迭代是最具有代表性的构造性数学方法，它广泛地应用于计算学科各个领域，理解递归和迭代的基本思想有助于今后的学习。

递归和迭代密切相关，实现递归和迭代的基础基于以下一个事实。

不少序列项常常可以用这样的方式得到：由 a_{n-1} 得到 a_n，按这样的法则，可以从一个已知的首项开始，有限次地重复做下去，最后产生一个序列。该序列是递归和迭代运算的基础。

5.6.1 递归

1. 递归及其有关概念

递归不仅是数学中的一个重要概念，也是计算技术中重要的概念之一。20 世纪 30 年代，可计算的递归函数理论与图灵机、λ 演算和 POST 规范系统等理论一起为计算理论的建立奠定了基础。

在计算技术中，与递归有关的概念有递归关系、递归数列、递归过程、递归算法、递归程序、递归方法。

（1）递归关系指的是一个数列的若干连续项之间的关系。

（2）递归数列指的是由递归关系所确定的数列。

（3）递归过程指的是调用"自身"的过程。

（4）递归算法指的是包含递归过程的算法。

（5）递归程序指的是直接或间接调用"自身"的程序。

（6）递归方法（也称递推法）是一种在"有限"步骤内，根据特定的法则或公式对一个或多个前面的元素进行运算，以确定一系列元素（如数或函数）的方法。

在以上有关递归概念的定义中，调用自身中的"自身"两个字加了引号。若不加引号，就会出现循环定义的问题。事实上，递归定义从来不是以某一事物自身来定义的，而是以比自身简单一些的说法来定义。在计算中，这种比自身简单的说法就是要在计算结构相同的情况下，使计算的规模小于自身。

2. 递归与数学归纳法

递归是一个重要的概念，然而，对于刚入大学的学生来说，理解起来却有一定的困难，为了更好地理解递归思想，我们先给出一个简单的例子。

例 5. 21 计算 5×6。

计算方法之一：6，$6 + 6 = 12$，$12 + 6 = 18$，$18 + 6 = 24$，$24 + 6 = 30$。

计算方法之二：5×6，4×6，3×6，2×6，1×6；$1 \times 6 + 6 = 12$，$12 + 6 = 18$，$18 + 6 = 24$，$24 + 6 = 30$。

方法之二从 5×6 开始计算，假设一个刚学乘法的小学生计算不出这个数，那么，这个小学生一般会先计算 4×6，然后再加 6 就可以了，若仍计算不出，则会再追溯到 3×6，直到 1×6，然后，再依次加 6，最后得到 30。这种计算方法其实就反映了一种递归的思想，这个例子还可以用更一般的递归关系表示：

$$a_n = Ca_{n-1} + g(n), \quad n = 2, 3, 4, \cdots$$

其中，C 是已知常数，$\{g(n)\}$ 是一个已知数列。如果已知 a_{n-1} 就可以确定 a_n。从数学归纳法的角度来看，这相当于数学归纳法归纳步骤的内容。但仅有这个关系还不能确定这个数列，若使它完全确定，还应给出这个数列的初值 a_1，相当于数学归纳法归纳基础的内容。

与数学归纳法相对应，递归由递归基础和递归步骤两部分组成。数学归纳法是一种论证方法，递归是算法和程序设计的一种实现技术，涉及递归定义的证明通常采用数学归纳法。

3. 递归的定义功能

递归不仅应用于算法和程序设计之中，还广泛地应用于定义序列、函数和集合等各个方面。下面举例说明之。

1）定义序列

例 5.22 现有序列：2，5，11，23，…，$a_n = 2a_{n-1} + 1$，…。给出其递归定义。

该序列的递归定义如下：

$a_1 = 2$ 递归基础

$a_n = 2a_{n-1} + 1$，$n = 2$，3，4，…   递归步骤

2）定义函数

例 5.23 给出阶乘 $F(n) = n!$ 的递归定义。

阶乘 $F(n) = n!$ 的递归定义如下：

$F(0) = 1$ 递归基础

$F(n) = n \times F(n-1)$，$n = 1$，2，3，…   递归步骤

3）定义集合

例 5.24 现有文法 G 的生成式如下：

$S \rightarrow 0A1$ S 是文法 G 的开始符号

$A \rightarrow 01$ 递归基础

$A \rightarrow 0A1$ 递归步骤

以上这个文法的生成式采用了递归方法，该文法其实定义了这样一个集合：$L(G) = \{0^n 1^n \mid n \geq 1\}$，这是一个由相同个数的 "0" 和 "1" 组成的字符串的集合，即一种特殊的语言。以后，我们将学习到该语言可以由多种文法产生（如 0 型文法、2 型文法等），而图灵机与 0 型文法相对应，因此，图灵机可以识别该语言。

4. 阿克曼函数

在递归函数论和涉及集合的并的某些算法的复杂性研究中，有一个起重要作用的递归函数——阿克曼（Ackermann）函数，该函数是由希尔伯特的学生、德国著名数学家威尔海姆·阿克曼于 1928 年发现的。这是一个图灵机可计算的，但不是原始递归的函数。下面，我们介绍这个经典的递归函数，并给出相应的计算过程。

阿克曼函数：

$$A(m, n) = \begin{cases} n+1, & m = 0 \\ A((m-1), 1), & n = 0 \\ A(m-1, A(m, n-1)), & m, n > 0 \end{cases}$$

解阿克曼函数的递归算法的伪代码如下所示：

```
int Ackermann (int m, int n)
{
```

```
        if ( m == 0 )  return n + 1;
        if ( n == 0 ) return Ackermann( m − 1, 1 );
        return Ackermann( m − 1, Ackermann( m, n − 1 ) );
    }
```

例 5.25　计算 $A(1, 2)$。

$$
\begin{aligned}
A(1, 2) &= A(0, A(1, 1)) \\
&= A(0, A(0, A(1, 0))) \\
&= A(0, A(0, A(0, 1))) \\
&= A(0, A(0, 2)) \\
&= A(0, 3) \\
&= 4
\end{aligned}
$$

5.6.2　迭代

"迭"是屡次和反复的意思，"代"是替换的意思，合起来，"迭代"就是反复替换的意思。在程序设计中，为了处理重复性计算的问题，最常用的方法就是迭代方法，主要是循环迭代。

迭代与递归有着密切的联系，甚至，一类如 $X_0 = a$，$X_{n+1} = f(n)$ 的递归关系也可以看作是数列的一个迭代关系。可以证明，迭代程序都可以转换为与它等价的递归程序，反之，则不然。就效率而言，递归程序的实现要比迭代程序的实现耗费更多的时间和空间。因此，在具体实现时，又希望尽可能将递归程序转化为等价的迭代程序。

在第 4 章中，我们给出了一个斐波那契数的迭代算法，显然，就斐波那契数的求解算法而言，可以使用迭代方法或递归方法来解决。

5.7　随机数和蒙特卡罗方法

前面介绍了递归和迭代，它们解决的是数列的有序问题。而在实际生活中，很多数列是无序的，这就要引入"概率"这个数学概念。在计算机科学中，与"概率"相关的最基础的两个概念是随机数与蒙特卡罗（Monte Carlo）方法。随机数最重要的特性是：它生成的数与前面的数毫无关系。而蒙特卡罗方法则是一种计算机随机模拟方法，是一种基于"随机数"的计算方法，它广泛地应用在原子能、应用物理、固体物理、化学、生态学、社会学以及经济行为等领域。

5.7.1　随机数

在连续型随机变量的分布中，最简单而且最基本的分布是单位均匀分布。由该分布抽取的简单子样称为随机数序列，其中每一个体称为随机数。

单位均匀分布也称为 [0，1] 上的均匀分布，其分布密度函数为：

$$f(x) = \begin{cases} 1, & 0 \leqslant x \leqslant 1 \\ 0, & \text{其他} \end{cases}$$

分布函数为：

$$F(x) = \begin{cases} 0, & x < 0 \\ x, & 0 \leqslant x \leqslant 1 \\ 1, & x > 1 \end{cases}$$

随机数可分为两类。

（1）真随机数：由随机物理过程来产生，例如放射性衰变、电子设备的热噪音、宇宙射线的触发时间等。

（2）伪随机数：由计算机按递推公式大量产生。

使用计算机进行模拟时需要大样本的均匀分布随机数数列，该数列需要由给定的公式计算产生，以下介绍产生伪随机数的数学方法。

常见的产生随机数的方法有乘同余法、加同余法、乘加同余法、取中方法等，其中最常用的是线性同余法，该方法选择 4 个数：模数 m，乘数 a，增量 c 和种子 x_0，使得 $2 \leqslant a < m$，$0 \leqslant c < m$ 以及 $0 \leqslant x_0 < m$。生成一个伪随机数序列 $\{x_n\}$ 使得对所有 n，$0 \leqslant x_n < m$。使用以下逐次同余的公式产生伪随机数序列：

$$x_{n+1} = (ax_n + c) \bmod m$$

不少计算机实验都要求产生 0 到 1 之间的伪随机数。要得到这样的数，可以用线性同余法生成的数除以模数，即使用 x_n/m。

例如选 $m = 9$，$a = 7$，$c = 4$ 和 $x_0 = 3$，产生的伪随机数序列如下：

$x_1 = 7x_0 + 4 = 7 \times 3 + 4 = 25 \bmod 9 = 7$

$x_2 = 7x_1 + 4 = 7 \times 7 + 4 = 53 \bmod 9 = 8$

$x_3 = 7x_2 + 4 = 7 \times 8 + 4 = 60 \bmod 9 = 6$

$x_4 = 7x_3 + 4 = 7 \times 6 + 4 = 46 \bmod 9 = 1$

$x_5 = 7x_4 + 4 = 7 \times 1 + 4 = 11 \bmod 9 = 2$

$x_6 = 7x_5 + 4 = 7 \times 2 + 4 = 18 \bmod 9 = 0$

$x_7 = 7x_6 + 4 = 7 \times 0 + 4 = 4 \bmod 9 = 4$

$x_8 = 7x_7 + 4 = 7 \times 4 + 4 = 32 \bmod 9 = 5$

$x_9 = 7x_8 + 4 = 7 \times 5 + 4 = 39 \bmod 9 = 3$

由于 $x_9 = x_0$ 且每一项只依赖于前面的一项，所以产生的序列（尚未除以模数）如下：

$$3, 7, 8, 6, 1, 2, 0, 4, 5, \cdots$$

这个序列含 9 个不同的数，然后重复循环。

大部分计算机使用线性同余法生成伪随机数。常使用的线性同余发生器的增量 $c = 0$。这样的发生器称为纯乘式发生器。例如以 $2^{31} - 1$ 为模，以 $7^5 = 16\ 807$ 为乘数的纯乘式发生器就广为采用，以这些值计算可以产生 $2^{31} - 2$ 个数的序列。

在 Raptor 中，random 函数可以产生 $[0, 1)$ 之内的伪随机数。例如，使用以下流程图①可以产生一个 $[0, 1)$ 之间的随机数：

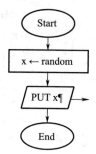

如果需要产生范围在 $[-6, 15)$ 之内的随机数，可以使用 random $* 21 - 6$ 这样的表达式。

在 C 语言中，rand( ) 函数可以产生范围在 0 至 RAND_MAX 间的伪随机数，其中 RAND_MAX 定义在 stdlib. h 中（至少为 32 767）。例如，使用以下程序可以产生一个 0 ~ 32 767 之间的随机数：

```
#include <stdlib.h>
#include <stdio.h>
main()
{
printf ("%d\n", rand());
}
```

试着运行以上代码多次，会发现这段程序只能输出某一个固定值，这是由于 rand( ) 函数使用的是默认值的随机数种子，只能产生固定的随机数。为了产生不可预见的随机序列，可以使用 srand( ) 函数，利用系统时间作为随机数种子提供给 rand( )，产生随机数。这样就保证了每次生成伪随机数时的种子值都是不同的。以下代码随机产生了 10 个伪随机数。

```
#include <stdio.h>
#include <stdlib.h>
#include <time.h>
main()
{
int i;
srand ((unsigned)time(NULL));
for (i = 0; i <= 10; i ++)
```

---

① 流程图中符号"¶"是 Raptor 系统自动产生的。详见附录 A。

```
    printf( "%d\n", rand( ) );
}
```

5.7.2 蒙特卡罗方法

蒙特卡罗方法的基本思想很早以前就被人们所发现和利用。早在 17 世纪，人们使用事件发生的"频率"来近似事件的"概率"。1777 年法国科学家蒲丰（Buffon）提出的投针问题就是蒙特卡罗方法的一种尝试，蒲丰进行了大量的投针实验来计算圆周率 π。20 世纪 40 年代，冯·诺依曼、斯坦尼斯·乌拉姆（Stanislaw Ulam）和尼古拉·梅特罗波利斯（Nicholas Metropolis）在美国洛斯阿拉莫斯国家实验室参加"曼哈顿计算"的原子弹研制工作时，正式提出了蒙特卡罗方法。有文献介绍，乌拉姆的叔叔经常在蒙特卡罗赌场赌钱，而该方法正是以概率为基础的随机模拟方法，因此，冯·诺依曼就将此方法命名为蒙特卡罗方法。

通常蒙特卡罗方法通过构造符合一定规则的随机数来解决数学上的各种问题。对于那些由于计算过于复杂而难以得到解析解或者根本没有解析解的问题，蒙特卡罗方法是一种有效的求出数值解的方法。蒙特卡罗方法在数学中最常见的应用就是蒙特卡罗积分以及计算圆周率 π。

以蒙特卡罗方法近似计算圆周率为例，具体过程如下：让计算机每次随机生成两个 0 到 1 之间的数，看以这两个实数为横纵坐标的点是否在单位圆内。生成一系列随机点，统计单位圆内的点数与总点数，当随机点取得越多时，圆周率的值就可以越精确的得到。图 5.6 显示了一个带有 1/4 圆在内的正方形，落在 1/4 单位圆内的随机点数量与总的落在正方形上的随机点数量的比值等于 π/4，由此，可以计算出 π 的值，相应的蒙特卡罗方法计算 π 的流程图如图 5.7 所示。

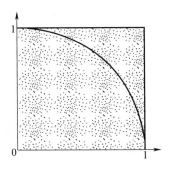

图 5.6 蒙特卡罗方法计算 π

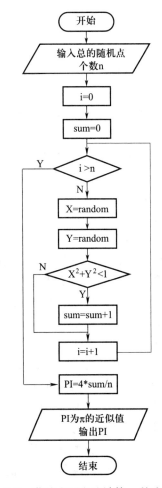

图 5.7 蒙特卡罗方法计算 π 的流程图

5.8 公理化方法

本节介绍的公理化方法包含理论体系的公理化构建。

5.8.1 理论体系

1. 什么是理论

从数学的角度来说，理论是基本概念、基本原理或定律（联系这些概念的判断）以及由这些概念与原理逻辑推理出来的结论组成的集合，该概念可以形式化地定义为：

$$T = <C, P, S>$$

其中，

T 表示理论，

C 表示基本概念的集合，

P 表示基本原理或定律的集合，

S 表示由这些概念与原理逻辑推理出来的结论组成的集合。

2. 构建理论体系的常用方法

每一个理论都由一组特定的概念和一组特定的命题组成。在一个理论中，基本概念（原始概念）和基本命题（原始命题）必须是明确的，否则就会出现"循环定义"和"循环论证"的严重问题。因此，构建一个理论体系必须采用科学的方法。公理化方法就是一种构建理论体系的常用方法。

要分析一种理论体系存在的合理性及其意义，则采用逻辑和历史相统一的方式。逻辑和历史相统一是历史唯物主义的思想方式。这种方式不是形式逻辑的那种非此即彼的判断方式，而是探究每一个逻辑链环存在的合理性的思维方式，它既要求人们从历史的角度去探索每种理论体系（含存在问题的理论体系）产生的背景，又要求肯定该理论体系是对这个领域历史发展过程的一个总结，是一个不可或缺的逻辑链环。

本书不再对逻辑和历史相统一的方法作进一步介绍，而是将重点放在与计算学科密切相关的公理化方法上，这种思想方法深刻地影响着现代西方科技的发展。而在我国，公理化思想方法的教育是一个弱项，需要引起教育界的高度重视。

3. 采用公理化方法构建理论体系的一个成功案例——牛顿成功的基石

有资料显示，当年在剑桥大学就读的艾萨克·牛顿（Isaac Newton）在不具备欧氏几何学基础知识的情况下，就能读懂晦涩的、通篇繁杂公式的笛卡儿几何学，受到剑桥大学艾萨克·巴罗（Isaac Barrow）教授的赏识。在巴罗教授的指点下，以公理化思想为核心的欧氏几何学对牛顿的一生影响非常大，正是简单、易学的欧氏几何学，使他明白了建立一套公理完备的科学体系的基本方法——公理化思想方法。

加强了"理论思维"的牛顿抽空又把笛卡儿的几何学从头至尾看了一遍，找到了其中大量的错误，他简直就像跟作者赛跑一般，一边读着书一边就远远地超出了作者的水平，公理化思想方法成为以后牛顿取得大量革命性成果的基本研究范式。在牛顿以后撰写的著作中都采用了公理化的思想方法，如《自然哲学的数学原理》一书。在书中，他模仿欧氏几何的公理化体系，综合前人的经验和自己的创新，奠定了经典物理学的基础——著名的牛顿三定律。此书一出，学界顿时将牛顿视为天人，此后几百年，他的崇高地位也无人能够撼动丝毫，直到20世纪又爆发了新的革命为止。

5.8.2　公理化方法的基本概念

1. 什么是公理化方法

公理化方法是一种构造理论体系的演绎方法，它是从尽可能少的基本概念、公理出发，运用演绎推理规则，推出一系列的命题，从而建立整个理论体系的思想方法。

2. 公理系统的3个条件

用公理化构建的理论体系称为公理系统，该公理系统需要满足无矛盾性、独立性和完备性的条件。

（1）无矛盾性。这是公理系统的科学性要求，它不允许在一个公理系统中出现相互矛盾的命题，否则这个公理系统就没有任何实际的价值。

（2）独立性。公理系统所有的公理都必须是独立的，即任何一个公理都不能从其他公理推导出来。

（3）完备性。公理系统必须是完备的，即从公理系统出发，能推出（或判定）该领域所有的命题。

为了保证公理系统的无矛盾性和独立性，一般要尽可能使公理系统简单化。简单化将使无矛盾性和独立性的证明成为可能，简单化是科学研究追求的目标之一。一般而言，正确的一定是简单的（注意，这句话是单向的，反之不一定成立）。

关于公理系统的完备性要求，自哥德尔发表关于形式系统的"不完备性定理"的论文后，数学家们对公理系统的完备性要求大大放宽了。也就是说，能完备更好，即使不完备，同样也具有重要的价值。

3. 几个简单实例

在计算学科各分支领域，如形式语义学、关系数据库理论、分布式代数系统等领域都采用了公理化方法。下面给出使用公理化方法的几个简单实例。

5.8.3　实例

例 5.26　正整数的公理化概括。

原始概念：1。

原始命题（公理）：任何正整数 n 或者等于 1，或者可以从 1 开始，重复地"加 1"来得到它。

例 5.27　平面几何的公理化概括（欧氏几何）。

在欧几里得的《几何原本》中，欧几里得用公理化方法对当时的数学知识（平面几何）做了系统化、理论化的总结。在书中，他以点、线、面为原始概念，以 5 条公设和 5 条公理为原始命题，给出了平面几何中的 119 个定义、465 条命题及其证明，构建了历史上第一个数学公理体系。

原始概念：点、线、面。

原始命题（公设和公理）如下：

公设 1：两点之间可作一条直线。

公设 2：一条有限直线可不断延长。

公设 3：以任意中心和直径可以画圆。

公设 4：凡直角都彼此相等。

公设 5：在平面上，过给定直线之外的一点，存在且仅存在一条平行线，即所谓的"平行公设（公理）"。

公理 1：等于同量的量彼此相等。

公理 2：等量加等量，和相等。

公理 3：等量减等量，差相等。

公理 4：彼此重合的图形全等。

公理 5：整体大于部分。

例 5.28　《周髀算经》中的"盖天学说"。

据有关记载，《周髀算经》成书于公元前 100 年左右。在《周髀算经》中，介绍了一个描述天象的"盖天学说"，该学说构建了一个几何宇宙模型。该学说中的公理有两个。

（1）天地为平行平面，相距 80 000 里，在北极下方的大地中央有一底面直径为 23 000 里、高为 60 000 里、上尖下粗的"璇玑"（即极下，极下阳光照不到，故万物不生）。

（2）日照四旁各 167 000 里。日光向四周照射的极限距离是 167 000 里，人所见到也是这个距离。换言之，日光照不到 167 000 里之外，人也看不见 167 000 里之外。

从公理可以演绎出：夏至南万六千里，冬至南十三万五千里，日中立竿无影。此一者天道之数。周髀长八尺，夏至之日晷一尺六寸。髀者，股也；正晷者，勾也。正南千里，勾一尺五寸；正北千里，勾一尺七寸。其大意为，在某地竖一个 8 尺高的竿，太阳移动了一千里，这个竿的影子和原来的相差一寸，即日影千里差一寸。而从"日照四旁" 167 000 里，以及用公理演绎出的冬至日道半径 238 000 里，又可导出宇宙半径为 405 000 里，从而构建了一个天、地为圆形平行平面的宇宙模型。

现在，大家知道这个宇宙模型与实际的天象吻合得并不好，与同时代古希腊类似模型相比也存在较大的差距，而当时，中国天文学家完全可以用代数方法相当精确地解决一些天文学问题，至于宇宙究竟是什么形状或结构，完全可以不去过问。然而，《周髀算经》中的"盖天学说"却是个例外。中国科学史专家江晓原教授对"盖天学说"进行了研究，认为这是中国古代学者唯一一次公理化方法尝试。至于这种公理化思想，是受外来因素的影响，还是中国本土科学中某种随机出现的变异？这些问题还有待进一步研究。

* 5.9 形式化方法

形式化与公理化不同，形式化不一定导致公理化，公理系统也不一定是形式系统。如欧氏几何公理系统就不是形式系统。然而，在近代数学中，形式系统大多都是形式化的公理系统。

形式化在计算领域中的应用主要是以"形式系统"的形式存在的。我们在第 3 章介绍过，计算机的软硬件系统都是形式化的产物，形式化方法现已广泛地应用于计算学科各个领域，包括电路设计、人工智能、安全至上的领域、保密至上的领域、铁路、微处理器的验证、规格和程序的验证等方面。

下面先介绍形式系统的组成、基本特点和局限性。然后，介绍计算学科中的形式化方法，包括形式化方法概述，使用形式化方法的原因，以及形式规格和形式验证方面的内容。

5.9.1 形式系统的组成、基本特点和局限性

1. 形式系统的组成

形式系统由下面几个部分组成。

（1）初始符号。初始符号不具有任何意义。

（2）形式规则。形式规则规定一种程序，借以判定哪些符号串是本系统中的公式，哪些不是。

（3）公理。即在本系统的公式中，确定不加推导就可以断定的公式集。

（4）变形规则。变形规则亦称演绎规则或推导规则。变形规则规定，从已被断定的公式如何得出新的被断定公式。被断定的公式又称为系统中的定理。

在以上 4 个组织部分中，前两部分定义了一个形式语言，后两部分在该形式语言上定义了一个演绎结构。形式系统由形式语言和定义于其上的演绎结构组成。

在计算机系统中，软硬件都是一种形式系统，它们的结构也可以用形式化方法描述，程序设计语言更是不折不扣的形式语言系统。

2. 形式系统的基本特点

（1）严格性。在形式系统中，初始符号和形式规则都要进行严格的定义，不允许出现在有限步内无法判定的公式。形式系统采用的是一种纯形式的机械方法，它的严格性高于一般的数学推导。

（2）抽象性。抽象性不是形式系统的专利，抽象是人们认识客观世界的基本方法，只不过形式系统具有更强的抽象性。

形式系统的抽象性表现在它自身仅仅是一个符号系统，除了表示符号间的关系（字符号串的变换）外，不表示任何别的意义。

3. 形式系统的局限性

一个形式系统如果是无矛盾的，那么，它就具有下面两个局限性。

（1）不完备性。1931年，哥德尔提出的关于形式系统的"不完备性定理"指出：如果一个形式的数学理论是足够复杂的（复杂到所有的递归函数在其中都能够表示），而且它是无矛盾的，那么在这一理论中存在一个语句，而这一语句在这一理论中是既不能证明也不能否证的。

（2）不可判定性。如果对一类语句C而言，存在一个算法AL，使得对C中的任一语句S而言，可以利用算法AL来判定其是否成立，则C称为可判定的，否则，称为不可判定的。

著名的"停机问题"就是一个不可判定性的问题。该问题是指一个任给的图灵机对于一个任给的输入而言是否停机的问题。图灵证明这类问题是不可判定的。

需要指出的是：计算机系统就是一种形式系统，因此，计算机系统一样也具有形式系统的局限性。

5.9.2 形式化方法概述

1. 形式化方法的简单定义

形式化方法是基于严密的、数学上的形式机制的开发方法。它包括形式规格以及支持规格语言的语法检查和规格属性证明的方法和工具。

从计算学科来说，形式化方法起源于20世纪60年代狄克斯特拉（E. W. Dijkstra）和霍尔（C. Hoare）等人在程序验证方面的工作以及斯科特（D. S. Scott）等人在程序语义学方面的工作。现在，形式化方法已成为计算学科中的一个重要的研究领域，其作用相当于传统工程设计，如计算流体动力学在航空设计中的作用。

2. 系统构建的关键：系统的形式化规格

形式规格是系统构建的关键。它包括客户需求的定义、程序实施、结果测试和程序文档等内容。形式规格有助于系统参与方各自的意见达成一致。

形式规格描述的是系统"做什么（What to do）"，而不是"如何做（How to do）"的问题。形式规格是以数学语言写成的，由于数学语言的精确性，从而避免了用自然语言编写规格带来的歧义性。

通过逐步求精，使规格越来越具体，并接近于实际的实现。若初始规格正确，且每步求精都是有效的，那么，就可以以非常高的可信度断定所研制的软件的正确性。

需求是构建系统的基石，需求确认的目标是证明需求不仅正确，而且还是客户的实际需求。形式化方法可以用于需求建模，使用模型检测工具可以验证系统的属性是否满足给定的要求。

证明系统的某个属性是否满足要求是一项非常重要的工作，尤其在安全至上和保密至上的应用系统中。系统的属性是需求定义的逻辑结果，若需要，还可以对系统的属性进行适当的调整。因此，就某种意义而言，形式化方法可用于系统需求的调试。

3. 形式化方法的主要优点和面临的冲击

形式化方法主要的优点是数学模型对研究系统的属性非常有用，形式化方法的使用可以得到更为稳健的软件，从而增加软件的可信度。而对不少软件人员来说，由于在形式化等方面所受教育的影响，形式规格和数学技术的使用很可能会对他们带来一种文化上的冲击。

4. 为什么使用形式化方法

（1）高质量软件生产的要求。

软件中存在的缺陷会引起很多问题，如给客户的业务造成损失，甚至危及生命。因此，人们希望采用更为有效的方法，使他们的软件生产过程变得成熟起来。研究表明，形式化方法有助于将软件产品的缺陷减到最小程度。

（2）节约成本的需要。

有证据表明，形式化方法的使用减少了软件开发项目的成本。例如，对 IBM 的大型 CICS 事务处理项目的独立审核表明，9% 的成本节约要归功于形式化方法的使用。而对 T800 型变换计算机的 Inmos 浮点单元的独立审核也证明，由于形式化方法的使用，估计减少了 12 个月左右的测试时间。

（3）安全至上软件开发中的强制使用。

在某些环境下，形式化方法的使用是强制性的。英国国防部在 20 世纪 90 年代颁布了两个在软件开发生存周期中使用形式化方法的有关防卫标准。

第一个防卫标准（Defense Standard）编号是 0055，即 Def Stan 00-55。该标准要求在选购安全至上的软件时，要求开发商在开发过程中强制使用形式化方法，并要求使用形式数学的方法证明程序中关键任务的正确性。

另一个防卫标准编号是 0056，即 Def Stan 00-56。该标准提供了一种指南，以便确定哪一个系统或系统的哪一个部分是安全至上的，若是，则要求在这些系统的开发过程中使用形式化方法。

5.9.3 形式规格

规格就是对系统或者对象及其期望的特性或者行为进行的描述。规格所要描述的内容包括功能特性、行为特性、结构特性、时间特性。功能特性侧重于系统的功能方面，即做什么；行为特性侧重于系统的具体行为演化，即如何做；结构特性侧重于系统的组成，各个组成部分或者子系统间的联系和复合；时间特性则是时间相关的系统特性。

形式规格通过具有明确数学定义的文法和语义的语言实现以上描述。形式规格技术可分为操作类、描述类和双重类。

1. 操作类规格技术

操作类规格技术通过可执行模型描述系统，即模型本身能够采用静态分析和执行模型得到验证。尽管操作类技术于 20 世纪 70 年代末就已提出，但是还是在 Zave 将操作类方法引入编程语言 PAISley 之后才引起研究人员的重视。操作类技术侧重于系统行为的特性描述，主要包括有限状态机及其扩展技术和 Petri 网技术等。

2. 描述类规格技术

描述类规格技术的数学基础是代数或者逻辑。此类技术具有数学上的严密性和高度抽象性，并通过做什么的方式进行系统性能规格。

基于不同的数学基础，描述类规格技术进一步分为基于代数的描述技术和基于逻辑的描述技术。

（1）基于代数的描述技术。基于代数的描述技术以抽象数据类型 ADT 概念为基础，可以对系统进行由粗到细的多层次抽象。在此类方法中，系统本身视为一个 ADT，规格则在于描述其文法和语义。文法定义给出 ADT 中算子域的描述。语义则通过数学表达式给出这些算子的执行，这些数学表达式的形式为用编程语言书写的一组公理。复杂 ADT 由简单 ADT 定义，重复进行则完成整个系统的规格，这样也就给后期的验证带来方便。验证可以在各个层次的规格上进行，复杂 ADT 的特性可通过简单 ADT 特性的验证而得到验证。基于代数的描述技术主要有 Z、LOTOS、VDM 和 Larch 等。

（2）基于逻辑的描述技术。基于逻辑的描述技术通过逻辑规则来规格系统的演化，与操作类技术不同的是规格所描述的系统状态空间是抽象和无限的。这些规则一般是一阶 Horn 子句或者高阶逻辑公式。这类技术不能够对系统的结构特性进行描述。时态逻辑是从命题逻辑基础上演变而来的，并通过引入时态算子实现对断言随时间变化进行的描述和解释。典型的时态算子包括 always、sometimes、henceforth 和 eventually 等。基于时态逻辑的描述规格技术主要有计算树逻辑 CTL、实时区间逻辑 RTIL、赋时计算树逻辑 TCTL 和赋时命题时态逻辑 TPTL 等。

3. 双重类规格技术

理想的形式规格技术应该是既具有操作类技术的可执行性和可视性，又具有描述类技术的形式可验证性。双重类规格技术则是在此方面的努力，现有的此类规格技术包括 ESM/RTTL、TRIO + 和 TROL 等。

5.9.4　形式验证

形式验证就是基于已建立的形式规格，对规格系统的相关特性进行分析和验证，以评判系统是否满足期望的特性。形式验证不能完全确保系统性质的正确无误，但可以最大限度地分析系统，并尽可能发现其中的不一致性、模糊性、不完备性等错误。形式验证的主要技术包括模型检验、定理证明以及模型检验与定理证明的结合。

1. 模型检验

模型检验方法是针对有穷状态系统的一种自动验证方法。其基本思想是在一个模型 M 中证明性质 f 是否保持：$M \models f$。

其中，M 代表模型，f 是这个模型需要满足的性质，用时态逻辑如 CTL 或 LTL 进行描述。

模型检验技术对模型的所有可能状态进行遍历，考察状态是否满足所需的性质，这种遍历通常是自动并且高效的。为了保证搜索能够终结，搜索的状态空间必须有限。对于状态空间比较大的系统，模型检验工具面临着状态搜索空间爆炸的问题。

模型检验方法有两个主要的优势。① 能够自动验证协议是否满足其需要的性质。② 当性质不满足时，模型检测工具能提供导致该结果的事件序列，即反例，从而为漏洞定位和改进提供方便。

模型检验的主要局限性在于出现状态组合爆炸的问题，而有序布尔决策图 OBDD 是表述状态迁移系统的一种高效率方法，它的应用使得较大规模系统的验证成为可能。

2. 定理证明

定理证明的问题是证明公式 f 有效性的问题，即 f 应该在所有模型中被保持。为了使用定理证明的方法，则需要把要证明的问题转换到定理证明的领域。这需要将模型和规格（通常是时态的）的描述添加到定理证明的逻辑中去。由于定理证明需要大量的专业知识和大量的人工指导，使得定理证明使用起来非常困难。

定理证明实质上是从系统公理中寻找特性证明的过程。证明采用公理或者规则，且可能推演出定义和引理。在定理证明中，我们将问题本身转换为一个序列（比如$\neg F$ 就是最简单的序列）。一个序列的证明过程实质上是一棵推演树的形成过程。通常，我们的生成方法是从根结点到叶结点的。它的根是要被证明的命题（在定理证明中，我们通常称为"定理"），孩子是由旧序列运用推演规则生成的新序列。当推演树中的每一个序列都关联了推演规则，证明则完成。我们很容易想到，当证明完成时，树的叶子关联的肯定是公理。也可以说，自底向上的证明是从定理到公理推演的过程。证明的开始，定理被看作是当前的子目标，然后将推演规则运用到当前子目标上，产生新的子目标，也就是说，规则的结论与当前的子目标匹配，规则的前提就变成了推演树中新的子目标（新序列），这样的过程一直下去，一直到与公理匹配。

同样地，定理证明的实施也需要定理证明器的支持。现有的定理证明器包括用户导引自动推演工具、证明检验器和复合证明器。用户导引自动推演工具有 ACL2、Eves、LP、Nqthm、Reve 和 RRL，这些工具由引理或者定义序列导引，每一个定理采用已建立的推演、引理驱动重写和简化启发式来自动证明；证明检验器有 Coq、HOL、LEGO、LCF 和 Nuprl；复合证明器 Analytica 中将定理证明和符号代数系统 Mathematica 复合，PVS 和 Step 将决策过程、模型检验和交互式证明复合在一体。

3. 模型检验与定理证明相结合

通过以上对模型检验和定理证明的阐述，可以看出模型检验和定理证明的优缺点是互补的。模型检验是自动的，而定理证明不是。定理证明能够处理状态空间很大的系统、带参数的系统，甚至是状态空间无限的系统，而模型检验只能处理状态空间相对较小的系统。定理证明对用户的专业知识要求很高，而模型检验只需用户懂得如何描述系统和性质即可。由于模型检验是自动运行的，所以效率比较高，而定理证明需要大量的人工干预，所以效率相对较低。模型检验和定理证明特点的比较如表 5.5 所示。

表 5.5　模型检验和定理证明特点比较

	定理证明	模型检验
自动程度	低	高
系统要求	有限或无限系统	有限系统且状态数小
检验效率	不高	高
用户要求	高	不高

　　随着计算机领域的不断扩大和发展，所涉及的系统也越来越复杂，仅使用模型检验技术已无法处理日益复杂的系统，而只使用定理证明技术，效率和成本（这里把验证人员的专业要求也视为成本之一）也是无法接受的。由于模型检验和定理证明的特点的互补性，将模型检验和定理证明相结合，可以很好地解决各自的缺陷。

　　模型检验技术与定理证明技术的结合主要有两种，一种是以定理证明技术为主导，即在定理证明中加入模型检验。这种方法主要是将模型检验作为定理证明中的一条推演规则或决策程序使用，利用模型检验验证通过定理证明规则产生的子目标。通过这种方式整合的工具或系统主要有 HOL-Voss、VossProver、PVS、STeP 等。另一种是以模型检验为主导，即在模型检验前使用定理证明来化简系统规格。这种方法是将定理证明作为辅助的方法用于模型检验中。用定理证明提供的规则来分解验证目标为可模型检验的子目标。通过这种方式整合的工具或系统主要有 Cadence SMV、CVC 等。

5.10　本章小结

　　《计算作为一门学科》报告要求，计算机科学的第一门课程不仅要介绍算法、数据结构、程序设计、各分支领域的基本概念等内容，还应在课程的教学中介绍与学科有关的数学和其他理论的基本概念和思想方法。

　　本书设计的结构符合《计算作为一门学科》报告对计算机科学第一门课程的要求，很自然地将与学科有关的数学（含形式化方法）和其他理论（含系统化方法）的基本概念和思想方法融入教材，为学生后续课程的学习作铺垫。

　　数学分为离散数学与连续数学两大类，它们分别以离散型变量和连续型变量为研究对象。离散型就是变量的变化是可数的（含无限，如自然数 0，1，2，3，…），与之对应的是连续型，其变量是不可数的（如函数的连续性）。正是两种不同数学思维方式的辩证发展，造就了丰富多彩的数学世界，并成为人们描述和刻画现实世界的重要工具。

　　从人类历史的发展过程来看，人们最早了解的数学就是离散数学。随着人类社会的发展、人们对自然现象认识的逐步深入，连续性概念就被提出来了。我们知道，函数的连续性是微积分的基础，连续是函数可导、可积的必要条件。自微积分创立后，随着应用的推广，以微积分为基础的连续数学就占据了数学的主导地位。随着现代科学技术的发展，特别是计算技术的兴起，离散数学又重新找到了它的地位。

"能行性"这个根本问题决定了计算机本身的结构和它处理的对象都是离散型的，而连续型的问题只有经过"离散化"的处理后才能被计算机处理。因此，离散数学得到了越来越大的重视，并成为计算学科，以及其他相关学科（如电子、通信等）使用的主要数学方法。甚至有学者呼吁，在非数学专业，以离散数学取代以"微积分"为代表的连续数学，作为大学一年级的基础数学课程。

由于传统数学的侧重点放在数学性质的研究上，缺乏对计算这个庞大的应用领域的本质内容即字符串变换过程的具体表述。为此，克努特在麻省理工学院提出了"具体数学"的概念。

克努特认为，计算机科学家与数学家的共同点主要体现在抽象的运用以及对公式的理解。不同点在于，数学家侧重于强烈的几何推理和关于无限问题的推理，计算机科学家侧重于对变化的动态过程（不连续过程）状态的重点把握。另一个显著的不同是，计算机科学家倾向于将问题分解成若干状态，并精确地定义事物处理的每一个步骤。数学家则从本能上倾向于用一个单纯的公式来描述一切事物所有的状态。

计算机软硬件系统都是形式化的产物，都可以用形式化的数学方法进行描述。为了获得高质量的软硬件系统，人们希望在开发的前端就使用形式化方法。

形式化方法的意义在于它能帮助发现其他方法不容易发现的系统描述的不一致或不完整性，从而有助于增强软件开发人员对系统的理解。因此，可以说，形式化方法是提高软件系统，特别是安全至上的软件系统的安全性与可靠性的重要手段。

现在，在计算机硬件以及安全协议等领域，形式化方法已取得了很大的成功。然而，就一般软件的开发而言，形式化方法的应用目前还存在不少问题。形式化方法研究的目的就是希望能够提供更好的理论、方法和工具，最终扩大形式化方法的应用范围和使用价值。

随着形式化方法在理论研究和实际应用方面取得的进展，计算机界对形式化方法的教育也越来越重视。2004 年 8 月，IEEE-CS 和 ACM 联合任务组提交的 SE2004 最终报告将软件工程的形式化方法（含形式规格、形式验证、程序变换的原理与应用等内容）列为专业教学计划中的一门核心课程。

习题 5

5.1　在计算学科中，采用的数学方法主要是离散数学的方法还是连续数学的方法，为什么？

5.2　在对待数学的问题上，计算机科学家与数学家各自的侧重点是什么？

5.3　数学有哪些基本特征？

5.4　数学方法有什么作用？

5.5 什么叫集合？集合的基本运算有哪几种？

5.6 什么是函数？

5.7 什么是关系？等价关系要满足哪些条件？

5.8 血缘关系是不是等价关系？

5.9 一般来说，若能分别给出满足某个概念正反两个方面的 3 个例子，我们就说，这个概念被真正地掌握了。等价关系是学科中一个非常重要的概念，是我们对现实世界进行"划分"并降低问题复杂性的一个强有力工具，分别给出 3 个满足等价关系和 3 个不满足等价关系的例子。

5.10 并发关系是否是等价关系？试举例说明。

5.11 什么是代数系统？

5.12 简述二元运算的性质。

5.13 什么是群？什么是环？

5.14 什么是格？什么是布尔代数？

5.15 为什么说可以将一个具体的数字逻辑转换成抽象的代数表达式而加以分析和研究？

5.16 为什么说若能构造实现加法运算的机器，就一定可以构造出能实现其他运算的机器？

5.17 什么是字符串？什么是语言？语言、文法与自动机有何关系？

5.18 什么是定义，其作用和规则是什么？

***5.19** 查资料，分别给出并分析违反定义规则的 3 个实例。

5.20 分别给出本书关于抽象、科学和人的定义。

5.21 "科学"目前还没有一个严格的统一定义，查资料，分析进化论的奠基人、英国博物学家达尔文（Charles Robert Darwin）给出的科学定义。

5.22 查资料，分析 17 世纪法国伟大的哲学家、物理学家、数学家笛卡儿在其著作《谈谈方法》一书中关于"智慧"的定义。

5.23 用文氏图画一个至少有 6 种哺乳动物（含人和老虎）的集合，并从充分条件和必要条件两个方面判定人与哺乳动物之间的关系。

5.24 判定下列句子，哪些句子涉及必要条件、充分条件，或充分必要条件，或既不是充分条件也不是必要条件？

（1）欧拉对任一连通无向图是否存在"欧拉回路"的判定。

（2）兼容并包。

（3）新上项目的讨论。

（4）让爱包容。

（5）外语水平是优秀人才的什么条件。

（6）良好的品德是成为学术大师的什么条件。

（7）海纳百川。

（8）不拘一格降人才（或者说，业绩是隐含在其中的什么条件）。

（9）宽以待人。

（10）有容乃大。

（11）抓大放小。

（12）宽容。

（13）伟大的人格是成为伟大科学家的什么条件。

（14）俗话说的大气。

（15）博士学位是获得诺贝尔奖的什么条件。

（16）掌握布尔代数的基础知识是完成复杂数字逻辑电路设计的什么条件。

（17）有无污点是判断一个人是否有资格推动社会点滴进步的什么条件。

5.25 为什么说必要条件是一种决不能少的条件，也就是一种找不到一个反例的条件？

***5.26** 试结合实例，用魔术的最根本理论"人不能同时注意两件事"（唯一公理），论述为什么约束条件多了（条件越充分），少数必要的条件就越容易被忽视。

***5.27** 从条件的充分性和必要性入手，分析当前激烈争论的一个社会问题。

5.28 数学方法中有哪几种主要的证明方法？

5.29 尽管计算机科学植根于数学、实验科学以及工程，但是它毕竟与这些领域不同。比如，数学侧重的是定义，定理和证明等有关事物性质方面的内容，计算机科学则不同，它不仅要知道"是什么的问题"，更要解决"怎么做的问题"。本书例 5.19 就是一个典型的数学问题，是一个证明 $\sqrt{2}$ 为无理数的问题。计算机科学则不同，它需要找出求解平方根的一般算法，请查有关资料，找出一个求解平方根的算法，并根据算法求解 $\sqrt{2}$（提示，可找"亚历山大的海伦算法"）。

5.30 用伪代码给出求解斐波那契数的递归算法。

5.31 求下列阿克曼函数值。

（1）$A(0, 1)$

（2）$A(1, 0)$

（3）$A(1, 1)$

（4）$A(2, 1)$

（5）$A(2, 2)$

5.32 什么是递归和迭代？二者有何联系？

5.33 在本书有关递归概念的定义中，为什么要对调用自身中的"自身"两个字加引号？

5.34 使用 Raptor 工具编写一个程序，要求产生 10 个在区间 $[-6, 100)$ 上的随机数。

5.35 使用 Raptor 工具，采用蒙特卡罗方法编写一个程序，计算圆周率 π 的值。

5.36 给出"理论"的形式化定义。

5.37 分析一种理论体系存在的合理性及其意义一般采用什么方法，而构造一种理论体系常用什么方法？

5.38 简述公理系统的 3 个条件。

5.39 分别对正整数、平面几何（欧氏几何）进行公理化概括。

5.40 简述我国古代学者唯一的一次公理化方法尝试。

***5.41** 利益是市场经济最根本的，也是唯一的、最原始的概念，根据公理化的思想，完全可以从这个概念出发分析市场经济领域（如土地、房产交易，医疗改革，国企改革，劳资纠纷等）的任何一个问题。从这个概念出发，分析当前经济领域中一个有争论的热点问题。

***5.42** 在经济领域，为避免因利益而引发的恶性争斗，使经济活动有序，就要制定各种"游戏"规则，这些规则的制定必然是各方利益博弈的结果。查阅有关资料，从利益这个最根本的概念出发，分析市场经济中的几个具体规则（如 WTO）。

***5.43** 查阅有关资料，论述公理化思想对现代西方科技发展的影响。

*5.44   为什么我国教育界要高度重视公理化思想方法的教育？

5.45   简述形式系统的组成、基本特点和局限性。

5.46   什么是形式化方法？

5.47   软件系统构建的关键是什么？

5.48   形式规格描述的是什么？

5.49   使用形式化方法的原因是什么？

5.50   什么是形式验证？形式验证有哪两种主要技术？

5.51   简述计算机科学家与数学家的共同点和不同点。

5.52   为什么说形式化方法是提高软件系统，特别是安全至上的软件系统的安全性与可靠性的重要手段？

第 6 章
学科中的系统科学方法

系统科学方法广泛地应用于社会、经济和科学技术等各个领域。在计算学科中，采用的系统科学方法主要是模型方法，包括建模、验证和实现。建模属于学科抽象方面的内容，模型的验证属于学科理论方面的内容，模型的实现属于学科设计形态方面的内容。为理解学科中的系统科学方法。本章首先介绍系统科学方法的基本概念和应遵循的基本原则等内容；然后针对软件的复杂性以及人所固有的局限性，介绍在软件开发中为什么要引入系统科学方法；最后介绍计算学科中两种最常用的系统科学方法，即结构化方法和面向对象方法。

6.1 引言

系统科学方法是指用系统的观点来认识和处理问题的各种方法的总称，它是一般科学方法论中的重要内容。系统科学方法为现代科学技术的研究带来了革命性的变化，并在社会、经济和科学技术等各个方面都得到了广泛的应用。

模型方法是系统科学的基本方法，研究系统具体来说就是研究它的模型。模型是对系统原型的抽象，是科学认识的基础和决定性环节。

模型与实现是认识与实践的一种具体体现，在计算学科中，它反映了抽象、理论和设计 3 个过程的基本内容。模型与实现包括建模、验证和实现 3 方面的内容。其中，建模主要属于学科抽象形态方面的内容，模型的验证主要属于学科理论形态方面的内容，而模型的实现则主要属于学科设计形态方面的内容。

本章主要介绍学科中有关系统建模（抽象）和实现（设计）两方面的内容，至于模型的验证（理论），在第 5 章已经介绍。

6.2 系统科学与系统科学方法

系统科学起源于人们对传统数学、物理学和天文学的研究，诞生于 20 世纪 40 年代。系统科学的崛起被认为是 20 世纪现代科学的两个重大突破性成就之一。

建立在系统科学基础之上的系统科学方法开辟了探索科学技术的新思路，它是认识、调控、改造和创造复杂系统的有效手段，它为系统形式化模型的构建提供了有效的中间过渡模式。现代计算机普遍采用的组织结构，即冯·诺依曼型计算机组织结构就是系统科学在计算技术领域所取得的应用成果之一。随着计算技术的迅猛发展，计算机软硬件系统变得越来越复杂。因此，系统科学方法在计算学科中的作用也越来越大。

6.2.1　系统科学的基本概念

系统科学是探索系统的存在方式和运动变化规律的学问，是对系统本质的理性认识，是人们认识客观世界的一个知识体系。计算学科中一些重要的系统方法，如结构化方法、面向对象方法都沿用了系统科学的思想方法。如何更好地借鉴系统科学的思想方法是计算科学界应引起重视的问题，而了解系统科学的基本概念和方法是我们自觉运用系统科学方法的基础。

1. 系统（System）和子系统（Subsystem）

系统是指由相互联系、相互作用的若干元素构成的、具有特定功能的统一整体。系统可以形式化地定义为：

$$S = <A, R>$$

其中，

（1）A 表示系统 S 中所有元素的集合，

（2）R 表示系统 S 中所有元素之间关系的集合。

一个大的系统往往是复杂的，它通常可以划分为一系列较小的系统，这些系统称为子系统。子系统可以形式化地定义为：

$$S_i = <A_i, R_i>$$

其中，

（1）$S_i \subset S$，

（2）$A_i \subset A$，

（3）$R_i \subset R$。

2. 结构（Structure）和结构分析（Structure Analysis）

结构是指系统内各组成部分（元素和子系统）之间相互联系、相互作用的框架。

结构分析的重要内容就是划分子系统，并研究各子系统的结构以及各子系统之间的相互关系。

3. 层次（Hierarchy）和层次分析（Hierarchy Analysis）

层次是划分系统结构的一个重要工具，也是结构分析的主要方式。系统的结构可以表示为各级子系统和系统要素的层次结构形式。一般来说，在系统中，高层次包含和支配低层次，低层次隶属和支撑高层次。明确所研究的问题处在哪一个层次上，可以避免因混淆层次而造成的概念混乱。

层次分析的主要内容有系统是否划分层次、划分了哪些层次、各层次的内容、层次之间的关系以及层次划分的原则等。

4. 环境（Environment）、行为（Behavior）和功能（Function）

系统的环境是指一个系统之外的一切与它有联系的事物组成的集合。系统要发挥它应有的作用，达到应有的目标，系统自身一定要适应环境的要求。

系统的行为是指系统相对于它的环境所表现出来的一切变化。行为属于系统自身的变化，同时又反映环境对系统的影响和作用。

系统的功能是指系统行为所引起的、有利于环境中某些事物乃至整个环境存在与发展的作用。

5. 状态（State）、演化（Evolution）和过程（Process）

状态是系统科学中的基本概念之一，它是指系统的那些可以观察和识别的形态特征。状态一般可以用系统的定量特征（如温度 T、体积 V 等）来表示。

演化是指系统的结构、状态、特征、行为和功能等随着时间的推移而发生的变化。系统的演化性是系统的基本特性。

过程是指系统的演化所经过的发展阶段，它由若干子过程组成。过程的最基本元素是动作，动作不能再分。

6. 系统同构（System Isomorphism）

系统同构是指不同系统数学模型之间存在的数学同构，它是系统科学的理论依据。在数学中，同构有以下两个重要特征。

（1）两个不同的代数系统，它们的元素基数相同，并能建立一一对应的关系。

（2）两个代数系统运算的定义也对应相同。也就是说，一个代数系统中的两个元素经过某种运算后得到的结果与另一个代数系统对应的两个元素经相应的运算后得到的结果元素互为对应；还可以说，一个代数系统中的元素若被其对应代数系统的元素替换后，可得另一代数系统的运算表。

系统同构是数学同构概念的拓展。根据系统同构的性质，就可以用一种性质和结构相同的系统来研究另一种系统。甚至，针对不同学科领域和不同现实系统之间存在系统同构的事实，还可以对各学科进行横向综合的研究。

根据同构的特征可知，布尔代数与数字逻辑电路同构。因此，可以用数字逻辑电路来表示布尔代数，也可以用布尔代数来研究数字逻辑电路。

提到同构，还会涉及同态的概念。不同系统间的数学同态关系具有自反性和传递性，但不具有对称性。因此，数学同态一般用于模型的简化，不能用来划分等价类。

6.2.2 系统科学遵循的一般原则

1. 整体性原则

整体性原则是基于系统要素对系统的非还原性或非加和性关系要求人们在研究系统时应从整体出发，立足于整体来分析其部分以及部分之间的关系，进而达到对系统整体更深刻的理解。

在讲到系统的整体性时，我们要谈到"涌现性"（Emergent Property）一词。系统科学把整体具有而部分不具有的东西（即新质的涌现）称为"涌现性"。从层次结构的角度看，涌现性是指那些高层次具有而还原到低层次就不复存在的属性、特征、行为和功能。

简单地借用亚里士多德的名言"整体大于部分之和"来表述整体涌现性是不够的。在某些特殊情况下，当部分构成整体时，出现了部分所不具有的某些性质，同时又可能丧失了组成部分单独存在时所具有的某些性质。这个规律叫做"整体不等于部分之和"原理，也称为"贝塔朗菲定律"。系统的整体功能是否大于或小于部分功能之和关键取决于系统内部诸要素相互联系、相互综合的方式如何。

2. 动态原则

动态原则是指系统总是动态的，永远处于运动变化之中。人们在科学研究中经常采用理想的"孤立系统"或"闭合系统"的抽象，但在实际中，系统无论是在内部各要素之间，还是在内部环境与外部环境之间，都存在着物质、能量及信息的交换和流通。因此，实际系统都是活系统，而非静态的死系统、死结构。我们在研究系统时，应从动态的角度去研究系统发展的各个阶段，以准确把握其发展过程及未来趋势。

3. 最优化原则

亦称整体优化原则，就是运用各种有效方法从系统多种目标或多种可能的途径中选择最优系统、最优方案、最优功能、最优运动状态，达到整体优化的目的。

4. 模型化原则

模型化原则就是根据系统模型说明的原因和真实系统提供的依据，提出以模型代替真实系统进行模拟实验，达到认识真实系统特性和规律性的方法。模型化方法是系统科学的基本方法。

系统科学研究主要采用的是符号模型而非实物模型。符号模型包括概念模型、逻辑模型、数学模型，其中最重要的是数学模型。数学模型是指描述元素之间、子系统之间、层次之间以及系统与环境之间相互作用的数学表达式，如树结构、图、代数结构等。数学模型是系统定性和定量分析的工具。研究系统的模型化方法通常是指通过建立和分析系统的数学模型来解决问题的方法和程序。

用计算机程序定义的模型称为基于计算机的模型（Computer-Based Model）。所有数学模型均可转化为基于计算机的模型，并通过计算来研究系统。而一些复杂的、无法建立数学模型的系统，如生物、社会和行为过程等，也可建立基于计算机的模型。计算实验对一些无法用真实实验来检验的系统是唯一可行的检验手段。

6.2.3　常用的几种系统科学方法

1. 系统分析法

系统分析法是以运筹学和计算机为主要工具，通过对系统各种要素、过程和关系的考察，确定系统的组成、结构、功能、效用的方法。系统分析法广泛应用于计算机硬件的研制和软件的开发、技术产品的革新、环境科学和生态系统的研究以及城市管理规划等方面。

2. 信息方法

信息方法是以信息论为基础，通过获取、传递、加工、处理、利用信息来认识和改造对象的方法。

3. 功能模拟方法

功能模拟方法是以控制论为基础，根据两个系统功能的相同或相似性，应用模型来模拟原型功能的方法。

4. 黑箱方法

黑箱是指内部要素和结构尚不清楚的系统。黑箱方法就是通过研究黑箱的输入和输出的动态系统，确定可供选择的黑箱模型进行检验和筛选，最后推测出系统内部结构和运动规律的方法。

5. 整体优化方法

整体优化方法是指从系统的总体出发，运用自然选择或人工技术等手段，从系统多种目标或多种可能的途径中选择最优系统、最优方案、最优功能、最优运动状态，使系统达到最优化的方法。

6.2.4 实例

为便于理解系统的基本概念，下面举几个例子进行说明。

例 6.1 科学的分类。

根据科学知识本质特征的不同，我国著名科学家钱学森将科学划分为工程技术、技术科学、基础科学和哲学 4 个层次。

4 个科学层次是相互联系、相互作用的。其中，工程技术泛指一切应用和技术领域；技术科学是为工程技术提供工程理论的科学；基础科学是揭示客观世界运动规则和本质关系的科学；哲学是对科学知识总的概括，是最高一层的科学。

例 6.2 生命系统。

美国心理学家米勒（S. Miller）把生物圈看作是一个生命系统，他认为一切活着的具体系统都是"生命系统"，并将生命系统划分为 7 个层次，即细胞、器官、生物体、群体、组织、社会和超国家系统，以及 19 个关键的子系统。20 世纪 50 年代，米勒创立了一般生命系统理论，该理论对解决生命世界的统一性问题有十分重要的意义。

例 6.3 化学元素周期表。

进入 19 世纪后，由于化学分析方法的改进，到 1869 年，人们已经发现了 63 种化学元素。随着新元素发现的增加以及对这些元素性质的更多了解，人们反而对眼前纷繁复杂的化学世界产生了一种迷惑：难道世界上的化学物质就是这样杂乱无章地凑到一起的吗？

为了寻找化学元素之间的内在联系，许多科学家开始致力于这方面的探索。1869 年 3 月，俄国化学家门捷列夫发表了《元素属性和原子量的关系》的论文，首创了化学元素周期表，揭示了化学元素性质呈周期性变化的内在规律，并指明了发现新元素的方向。化学元素周期表的建立使化学科学走上了系统化的道路，成为化学发展的主要基石之一。

例 6.4 整数。

当把整数看作是一个系统时，根据等价关系，可以将整数划分为若干互不相交的子集。例如，可以将整数划分为奇数和偶数。再比如，若以 3 为模，可将非负整数 S 划分为下面 3 类具有同余关系（同余关系是一种等价关系）的集合 S_1、S_2 和 S_3。

若余数为 0，则具有同余关系的数据构成第一个集合：$S_1 = \{0, 3, 6, \cdots, 3n, \cdots\}$。

若余数为 1，则具有同余关系的数据构成第二个集合：$S_2 = \{1, 4, 7, \cdots, 3n+1, \cdots\}$。

若余数为 2，则具有同余关系的数据构成第三个集合：$S_3 = \{2, 5, 8, \cdots, 3n+2, \cdots\}$。

以上整数的划分体现出了集合论中等价关系（满足自反性、对称性和传递性的关系）的一个重要性质，即将"整数"推广为更一般性的"元素"时，只要元素之间的关系为等价关系，则可将这些元素组成的集合划分为若干互不相交的子集。等价关系的这种性质具有重要的理论和应用价值。

例 6.5 计算机网络。

计算机网络是计算机系统中一个有代表性的复杂系统，需要高度协调的工作才能保证系统的正常运行。为此，必须精确定义网络中数据交换的所有规则（网络协议），然而由这些规则组成的集合却相当庞大和复杂。

为了解决复杂网络协议的设计问题，国际标准化组织（ISO）采用系统科学的思想，定义了现在被广泛使用的开放系统互连（Open System Interconnection，OSI）模型，该模型将整个网络协议划分为 7 个层次，即物理层、数据链路层、网络层、运输层、会话层、表示层和应用层，从而有效地降低了网络协议的复杂性，促进了网络技术的发展。

6.3 软件开发中使用系统科学方法的原因

系统科学方法针对的是复杂性问题，而复杂性又是相对于人的能力而言的。为了让大家理解软件开发的复杂性。本节先介绍人固有能力的局限性，以及使用工具后产生的力量；然后介绍复杂性的定义以及软件系统开发的主要困难和软件系统的复杂性；最后给出控制和降低软件系统复杂性的系统化方法，以及使用这种方法应遵循的基本原则。

6.3.1 人固有能力的局限性以及使用工具后产生的力量

人类的劳动总的来说可以分为两种：一种是体力劳动，另一种是脑力劳动。相应地，人的能力总的来说也可以分为两种：一种是人体活动产生的力量，即体力；另一种是使用大脑产生的记忆、理解、想象等的能力，即脑力。

查看最能代表人的体力极限的世界纪录（如跳高、举重等），就可以做出判断，人的体力相当有限。然而，要人们承认这个事实却很困难，各种小说、电影等更是极力地夸大人体的力量。

人的脑力也相当有限，因涉及记忆、理解、想象甚至与智力有关的问题，人们更难接受这个事实。

就体力而言，例如，目前跳高的世界纪录是 2.45 m（1993 年，古巴人哈维尔·索托马约尔创造），而对一个普通的成年人来说，要想跳过 1 m 的高度并不困难。现在，如果我们借鉴算法大小 O 的表示方法，那么，显然，世界冠军与我们一般的成年人相比，其体力处在同一个数量级。

就脑力而言，要说人的能力处在同一个数量级更是让人难以接受。然而，如果能像体育运动那样明确比赛规则的话，就不得不接受人固有的脑力也处在同一个数量级的事实。比如，1加 2 加 3 一直加到 N，规定必须一步一步相加，当 N 确定时，人们所花费的时间不会相差太多，更一般地，当用同一个算法解决同一个问题时，不同的人所花费的时间大致在一个数量级之中。换言之，在这种意义上，人的脑力处于同一个数量级。

既然人的体力和脑力极其有限，人固有的体力和脑力又处在同一个数量级上，那又如何解释人类在认知和改造客观世界中所产生的巨大力量？答案在于，依靠工具，人既能够创造工具又能够使用工具。

尽管人还未能跳过 2.45 m 的高度，计算的速度也不快（智力本质上可以看作是一个认知过程，就时间而言，所有的智力过程都是不可逆的、确定的计算过程，也就是一种计算）。然而，若使用有形的工具，如飞机，人就可以飞得很高；使用无形的工具，如数学理论，就可以在较短的时间内解决一些复杂的计算问题。

为便于理解，自己计算 $1+2+3+4+5+6+7+8+9+10$ 所用的时间（必须按相加的次序一步一步地相加），并将该时间与计算 $(1+10)\times5$ 所用的时间进行比较。然后，再回头阅读本小节的内容。

6.3.2 复杂性

根据信息论的观点，复杂度可以定义为系统表明自身方式数目的对数，或是系统可能状态数目的对数：$K=\log N$，其中 K 是复杂度，N 是不同的可能状态数。一般来说，一个系统越复杂，它所携带的信息越多。若两个系统各自有 M 个和 N 个可能状态，那么，组合系统的状态数目是两者之积 MN，其复杂度为 $K=\log MN$。

从可操作性的角度来看，复杂性可以定义为：寻找最小的程序或指令集来描述给定的"结构"，即一个数字序列。若用比特计算的话，这个程序的大小相对于数字序列的大小就是其复杂性的量度。克拉默在其经典著作《混沌与秩序——生物系统的复杂结构》（*Chaos and Order：the Complex Structure of Living Systems*）一书中给了几个简单的例子，用于分析相应程序的复杂性。

例 6.6　序列 *aaaaaaa*…

这是一个亚（准）复杂性系统，相应的程序为：在每一个 *a* 后续写 *a*。这个短程序使得序列得以随意复制，不管要多长都可以办到。

例 6.7　序列 *aabaabaabaab*…

与例 6.6 相比，该例要复杂一些，但仍可以很容易地写出程序：在两个 *a* 后续写 *b*，并重复这一操作。

例 6.8　*aabaababbaabaababb*…

这个例子与例 6.7 相似，也可以用很短的程序来描述：在两个 *a* 后续写 *b* 并重复。每当第三次重写 *b* 时，将第二个 *a* 替换为 *b*。这样的序列具有可定义的结构，有对应的程序来表示。

例 6.9　*aababbababbbabaaababbab*…

这个例子无结构，若想编程，则必须将字符串全部列出。结论：一旦一个程序的大小与试图描述的系统相提并论，则无法编程。或者说，当系统的结构不能被描述，或描述它的最小算法与系统本身具有相同的信息比特数时，则称该系统为根本复杂系统。在达到根本复杂之前，人们仍可以编写出能够执行的程序，否则，做不到。

6.3.3　软件系统的复杂性

人固有的能力极其有限，但是，这种有限的能力可以用来创造工具和使用工具，最后产生巨大的力量。一个典型的使用工具的案例就是阿基米得给出的一个利用杠杆原理的案例：给我一个支点，我就能撬起地球。

谈到力学、物理学，就不得不提到一个近代科学的巨人，那就是牛顿。牛顿给出过一个著名的定律——万有引力定律。利用它，可以解决复杂的行星的轨迹问题。温伯格（Gerald M. Weinberg）在其著作《系统化思维导论》（*An Introduction to General Systems Thinking*）一书中对牛顿的贡献进行了分析。他认为，牛顿是一个天才，但他的才能并不在于他的大脑计算能力特别突出，而在于懂得如何对问题做合理的简化和理想化，从而把复杂的问题转化为普通人的大脑可以处理的、相对简单的问题。牛顿是这样，爱因斯坦也是这样。

温伯格的判断是有道理的，然而，相对于物理学科，计算学科却没有那么幸运，计算机的软、硬件系统存在大量不能化简的状态，这就使得构思、描述和测试计算机系统不能依靠像物理学那样简单的定律来完成，而必须另外寻找能够控制和降低复杂性的方法。

1. 软件的复杂性

在计算机中，软件系统的状态比硬件系统的状态往往要多若干数量级。另外，由于软件系统中的实体扩展不像硬件系统那样，可以由相同元素重复添加，从而使计算机中软件的复杂度呈非线性增长。因此，找到控制和降低软件复杂性的方法也就找到了控制和降低计算机系统复杂性最根本的方法。于是，我们可以将问题的焦点放在计算机软件上。

关于软件的复杂性，1999 年图灵奖获得者布鲁克斯（Frederick P. Brooks）在其著作《人月神话》（*The Mythical Man - month*）一书中从复杂度、一致性、可变性、不可见性等方面做了系统的分析，揭示了软件所固有的困难。下面简述之。

（1）复杂度。布鲁克斯认为，没有两个软件部分是相同的（至少在语句级别上），若有相同的，人们会把它们合并成一个可供调用的子函数，因此，复杂是软件的根本属性。

软件开发面对的是客观世界模型的构建问题，相对于物理学，物理学家可以忽视大量实体内容的描述，仅仅关注诸如力、时间、质量和速度等非常有限的内容，从而大大降低了问题的复杂度，而软件工程师却不能这样做。

构成软件复杂度的实体及其关系的描述不仅引发了大量学习和理解上的负担，而且随着软件规模的增长，使得团队成员之间的沟通以及管理变得越来越困难，从而使软件的开发逐渐地演变成一场灾难。要避免这场灾难，或者说，要顺利地完成一个软件系统的开发，其关键就在于能否控制和降低该软件系统的复杂性。

（2）一致性。大型软件开发中，为保持各子系统之间的一致性，软件必须随接口的不同、时间的推移而变化。这些变化不能被抽象掉，因此，又增加了软件的复杂性。

（3）可变性。与计算机硬件、建筑、汽车等实体相比，软件实体经常会面对持续的变更压力。人们一般认为，已购买的计算机硬件、建筑、汽车等实体修改起来成本太高，于是打消了修改这些产品的念头。而对软件实体，人们却不这样认为，因为它是一个纯粹思维活动的产物，可以无限扩展。

软件处于用户、法律、计算机硬件及其应用领域等各种因素融合而成的文化环境之中。该环境中的因素持续不断地变化着，这些变化无情地强迫着软件也随之变化。

（4）不可见性。软件是看不见的，当利用图示方法来描述软件结构时，也无法充分表现其结构，从而使软件的复杂度大大超过具有电路图表示的计算机硬件的复杂度，使得人们之间的沟通面临极大的困难。

2. 软件系统开发的难点：概念结构的规格、设计和测试

布鲁克斯指出软件复杂度是软件生产的主要困难，不仅如此，他还分析了在软件领域人们所取得的进展，并且认为，这些进展只是解决了软件复杂度的一些次要方面的问题，如果说有重大进展的话，那就是从汇编语言到高级语言的进展，其他的进展只能算是一种渐进。

的确如此，高级语言抽象掉了汇编语言所关心的寄存器、位、磁盘等概念，使软件开发的生产率提高了若干倍，同时，软件的可靠性、简洁性也大为提高，相对于汇编语言，高级语言有效地降低了软件的复杂性。

布鲁克斯认为，对于一个软件系统的开发来说，最为困难的是对其概念结构（概念模型）的规格、设计和测试，而不是对概念结构的实现，以及对这种实现的测试。当然，他也承认，在实现的过程中会出现语法的错误，但是，相对于概念结构方面的错误则要小得多。

软件系统开发的难点在软件系统概念结构的规格、设计和测试上。因此，我们又可以将注意力更为集中。换言之，就是将重点尽可能放在软件开发的前端，而不是编码阶段。

在软件开发的前期，要对用户的需求进行分析，然后将这种需求抽象为一种信息结构，这种结构被称为概念结构。其主要特点如下。

（1）能真实、充分地反映现实世界，包括事物和事物之间的联系，能满足用户对数据的处理要求。

（2）易于理解，从而可以用它和不熟悉计算机的用户交换意见。

（3）易于更改，当应用环境和应用要求改变时，能容易地对概念结构进行修改和扩充。

（4）易于向计算机支持的数据结构转换。

软件概念结构的特点决定了这种结构的设计在很多情况下很难采用形式化的方法，而采用非形式化的系统化方法（如结构化方法、面向对象方法等）却可以有效地控制和降低概念结构设计的复杂性。最后，完成编码，使软件形式化。

系统化方法早已是大学"软件工程"等课程的主要内容，而使用系统化方法的真正原因却被人们忽视了，这样做会使人们过高地估计自己有限的能力，从而削弱了人们自觉地应用系统化方法的基本原理去控制和降低软件开发复杂性的巨大力量。

6.3.4　软件开发的系统化方法需要遵循的基本原则

在软件中存在着大量不能简化的实体，我们把这些实体称为元素。软件系统就是由这些相互联系、相互作用的若干元素组成的、具有特定功能的统一整体。软件系统的概念结构则是指系统内各组成部分（元素和子系统）之间相互联系、相互作用的框架。

在系统科学中，一个系统指的就是一个集合，或者说，指的是一个事物的集合。因此，我们可以用集合的思想来讨论系统的复杂性。根据笛卡儿积，由两个具有相互作用的元素构成的系统会有 4 种不同的状态，而由 10 个元素组成的系统存在 $2^{10} = 1\ 024$ 个状态，64 个元素组成的系统存在 2^{64} 个状态，即 18 446 744 073 709 551 616（比搬迁著名的 Hanoi 塔的次数多 1）。随着元素的不断增加，系统必将出现"组合爆炸"的问题。对于这种"组合爆炸"问题，不要说人所固有的极其有限的计算能力，就是计算机也无法处理。

笛卡儿积具有重要的理论价值，可以说，事物之间所有的关联都在笛卡儿积之中。然而，人与机器对笛卡儿积产生的"组合爆炸"问题是无法进行处理的。因此，尽管笛卡儿积"完美无缺"，但却无任何实际的应用价值。因此，在实际工作中，我们还要充分运用与集合相关的函数、关系、定义等数学工具，将注意力放在事物之间具有实质性关联的方面，最终控制和降低系统的复杂性。

对软件的分析，可以从系统的角度，也可以从集合的角度来分析。因此，控制和降低软件的复杂度的问题就可以转化为如何降低系统的复杂性，或更为基础地如何降低集合复杂性的问题了。

要使一个集合的复杂性下降，就要想办法使它有序；而要使一个集合有序，最好的办法就是对它按等价类进行分割。类似地，要使一个软件系统的复杂性下降，无非也是分割，通俗一点讲，也就是将一个大系统划分为若干小的子系统，最终，使人们易于理解和交流。下面给出软件开发的系统化方法需要遵循的几个基本原则。

（1）抽象第一的原则。所谓抽象，就是要对实际的事物进行人为处理，抽取所关心的、共同的、本质特征的属性，并对这些事物及其特征属性进行描述。由于抽取的是共同的、本质特征的属性，从而大大降低了系统元素的绝对数量。

（2）层次划分的原则。如果一个系统过于复杂，以至于很难处理，那么，就得先将其分解为若干子系统。如何进行分解？什么样的分解是一个好的分解？

我们知道，一个系统就是一个集合。那么，一个系统的分解也就是一个集合的分解。在集合分解中，有一个称为等价类的重要概念，使用满足等价关系的 3 个条件（自反性、对称性和传递性）就可以将一个集合划分为若干互不相交的子集（等价类），这样的子集不仅具有某种共同性质的属性，还可以完全恢复到原来的状态。这种划分具有非常重要的意义，它可以使我们将注意力集中于子集中那些具有共同性质的属性以及子集之间实质性的关联，从而使无序变为有序，最终大大地降低系统的复杂性。

在计算机系统中，人们希望在层次的划分中遵循等价类划分的 3 个基本原则。另外，为便于记忆，还希望划分后的层次数目控制在心理学中有关短时记忆最大容量 7±2 的范围之内，像计算机网络的层次结构、计算机的体系结构等均遵循这样的原则。

（3）模块化原则。模型化原则就是根据系统模型说明的原因和真实系统提供的依据，提出以模型代替真实系统进行模拟实验，达到认识真实系统特性和规律性的方法。模型化方法是系统科学的基本方法。

系统科学研究主要采用的是符号模型而非实物模型。研究系统的模型化方法通常是指通过建立和分析系统的数学模型来解决问题的方法和程序。

用计算机程序定义的模型称为基于计算机的模型。所有的数学模型均可转化为基于计算机的模型，并通过计算来研究系统。另外，计算实验对一些无法用真实实验来检验的系统来说还是唯一可行的检验手段。

针对软件，在考虑模块化时还要充分考虑 Meyer 给出的以下 5 个原则。

（1）模块可分解性。要控制和降低系统的复杂性，就必须有一套相应的将问题分解成子问题的系统化机制，这种机制是形成模块化设计方案的关键。

（2）模块可组装性。要充分利用现存的（可复用的）设计构件能被组装成新系统，要尽可能避免一切从头开始的模块化设计方案。

（3）模块可理解性。要使系统中的模块能够作为一个独立的单位（不用参考其他模型）被理解，从而使系统中的模块易于构造和修改。

（4）模块连续性。在对系统进行小的修改时，要尽可能只涉及单独模块的修改，而不要涉及整个系统，从而保证修改后副作用的最小化。

（5）模块保护。在模块出现问题时，要将其影响尽可能控制在该模块的内部，要使错误引起的副作用最小化。

6.4　结构化方法

结构化方法（Structured Methodology）是计算学科的一种典型的系统开发方法。它采用了系统科学的思想方法，从层次的角度自顶向下地分析和设计系统。结构化方法包括结构化分析（Structured Analysis，SA）、结构化设计（Structured Design，SD）和结构化程序设计（Structured Program Design，SP）3 部分内容。其中，SA 和 SD 主要属于学科抽象形态的内容，SP 则主要属于学科设计形态方面的内容。

在结构化方法中，有两大类典型方法，一类是以 Yourdon 的结构化设计、Gane/Sersor 结构化分析方法以及 Demarco 结构化分析方法为代表的面向过程（面向数据流）的方法；另一类是以 Jackson 方法和 Warnier-Orr 方法为代表的面向数据结构的方法。

结构化方法是其他系统开发方法（如面向对象方法）的基础，不了解传统的结构化方法就不利于真正掌握其他系统开发的方法。为此，本章先介绍结构化方法，再介绍面向对象的系统开发方法。

6.4.1　结构化方法的产生和发展

1. 结构化程序设计方法的形成

结构化方法起源于结构化程序设计语言。在使用 SP 之前，程序员都是按照各自的习惯和思路来编写程序，没有统一的标准，这样编写的程序可读性差，更为严重的是程序的可维护性极差，经过研究发现，造成这一现象的根本原因是程序的结构问题。

1966 年，C. Böhm 和 G. Jacopini 提出了关于"程序结构"的理论，并给出了任何程序的逻辑结构都可以用顺序结构、选择结构和循环结构来表示的证明。在程序结构理论的基础上，1968 年，狄克斯特拉提出了"GOTO 语句是有害的"问题，并引起普遍重视。SP 逐渐形成，并成为计算机软件领域的重要方法，对计算机软件的发展具有重要的意义。伴随着 SP 的形成，相继出现了 Modula-2、C 以及 Ada 等结构化程序设计语言。

2. 结构化设计方法的形成

结构化程序设计需要事先设计好每一个具体的功能模块，然后将这些设计好的模块组装成一个软件系统。接下来的问题是如何设计模块。

源于结构化程序设计思想的结构化设计方法就是要解决模块的构建问题。1974 年，W. Stevens、G. Myers 和 L. Constantine 等人在《IBM 系统》（*IBM System*）杂志上发表了《结构化设计》（*Structured Design*）论文，为结构化设计方法奠定了思想基础。此后这一思想不断发展，最终成为一种流行的系统开发方法。

3. 结构化分析方法的形成

结构化设计方法建立在系统需求明确的基础上。如何明确系统的需求就是结构化分析所要解决的问题。结构化分析方法产生于 20 世纪 70 年代中期，最初的倡导者有 Tom Demarco、Ed Yourdon 等人。结构化分析在 20 世纪 80 年代又得到了进一步的发展，并随着 Ed Yourdon 于 1989 年所著的《现代结构化分析》（*Modern Structured Analysis*）的出版而流行开来。现代结构化分析更强调建模的重要性。

6.4.2 结构化方法遵循的基本原则

结构化方法的基本思想就是将待解决的问题看作一个系统，从而用系统科学的思想方法来分析和解决问题。结构化方法遵循以下基本原则。

（1）抽象原则。抽象原则是一切系统科学方法都必须遵循的基本原则，注重把握系统的本质内容，而忽略与系统当前目标无关的内容。它是一种基本的认知过程和思维方式。

（2）分解原则。分解原则是结构化方法中最基本的原则，是一种先总体、后局部的思想原则。在构造信息系统模型时，它采用自顶向下、分层解决的方法。

（3）模块化原则。模块化是结构化方法最基本的分解原则的具体应用，它主要出现在结构化设计阶段中，其目标是将系统分解成具有特定功能的若干模块，从而完成系统指定的各项功能。

6.4.3 结构化方法的核心问题

模型问题是结构化方法的核心问题。建立模型（简称建模）是为了更好地理解我们要模拟的现实世界。建模通常是从系统的需求分析开始，在结构化方法中就是使用 SA 方法构建系统的环境模型；然后使用 SD 方法确定系统的行为和功能模型；最后使用 SP 方法进行系统的设计，并确定用户的实现模型。

1. 环境模型

SA 的主要任务就是要完成系统的需求分析，并构建现实世界的环境模型。在结构化方法中，环境模型包括需求分析、环境图和事件列表等内容。

（1）需求分析。需求分析是系统分析的第一步，它的主要任务是明确用户的各种需求，并对系统要做什么作一个清晰、简洁和无二义性的文档说明。

需求分析阶段的用户一般是高级主管、人事主管和执行官，且基本上都不直接参与新系统的开发。

（2）环境图。环境图是数据流图的一种特殊形式。环境图模拟系统的一个大致边界，并展示系统和外部的接口、数据的输入和输出以及数据的存储。

（3）事件列表。事件列表是发生在外部世界，但系统必须响应的叙述性列表。事件列表是对环境图的一个补充。

2. 行为和功能模型

SD 的主要任务就是要在系统环境模型的基础上建立系统的行为和功能模型，完成系统内部行为的描述。实现系统行为和功能模型的主要工具有数据字典、数据流图、状态变迁图和实体—联系模型等。

（1）数据字典。数据字典是一个包含所有系统数据元素定义的仓库。数据元素的定义必须是精确的、严格的和明确的。一个实体一般应包括以下几个部分的内容：① 名字，② 别名，③ 用途，④ 内容描述，⑤ 备注信息。

（2）数据流图。数据流图是 SA 和 SD 的核心技术，采用面向处理过程的思想来描述系统，是一种描述信息流和数据从输入到输出变换的应用图形技术。

（3）状态变迁图。状态变迁图及时地描述了对象的状态，着重系统的时间依赖行为。状态变迁图源于实时系统的建模，并被广泛应用于商业信息处理领域中。

状态变迁图看起来非常像数据流图，然而，它们之间却存在着本质的不同。数据流图着重于数据流和数据转换的过程，而状态变迁图着重于状态的描述，如激励发生时的开始状态和系统执行响应后的结果状态。状态变迁图的条件和一个过程的输入数据流相对应，同时，还与控制流的流出相对应。

（4）实体－联系模型。实体－联系模型被用来模拟系统数据部件之间的相互关系。实体－联系模型独立于当前的系统状态，并与具体的计算机程序设计语言无关。

3. 实现模型

SP 的主要任务就是要在系统行为和功能模型的基础上建立系统的实现模型。实现该模型的主要工具有处理器模型、任务模型以及结构图等。

（1）处理器模型。在多处理器系统和网络环境中，还需要将处理器分成不同的组，以便确定操作在哪个处理器上进行。

（2）任务模型。任务模型建立在处理器模型的基础之上，将所有过程都划分成操作系统的任务。

（3）结构图。结构图是使用图形符号来描述系统的过程和结构的工具。结构图常由数据流图转换而来，展示了模块的划分、层次和组织结构以及模块间的通信接口，从而有助于设计者和程序开发人员进行系统的设计。

在结构图中，通常有一个主模块在最高层，由该主模块启动程序并协调所有的模块。低级模块则包含更详细的功能设计。

4. 模块设计

在结构化方法中，SP 阶段的目标就是将系统分解成更容易实现和维护的模块。SP 方法要求每个模块执行单一的功能，而且不同模块间的依赖性要尽可能低。

5. 实现阶段

实现阶段包括系统的编码、测试和安装。这一阶段的产物主要是能够模拟现实世界的软件系统。除此之外，软件文档和帮助用户熟悉系统的客户培训计划也是这一阶段的产物。

6.4.4　实例：高校信息管理系统

在信息系统的结构化设计中，一般采用自顶向下、逐步细化的分解原则。首先将系统分解为若干子系统；然后，将子系统继续分解，一直到每一个子系统都足够基础，不需要再分为止。这样就可以将一个复杂的大系统划分为若干具有特定功能的子系统，从而使系统的复杂性下降，同时，又使待解决的问题具体化。

结构化方法要求结构清晰、层次分明。这种方法与我们日常生活中常用的方法（如撰写论文大纲）相似。下面，以高等学校信息管理系统为例，介绍结构化设计的部分内容。

任一所高等学校都有人事管理、财务管理、教务管理、科研管理以及图书管理等方面的管理问题。为便于讨论，本节只对教务管理系统进行适当的分解（如图 6.1 所示）。

图 6.1 建立的结构其实是采用结构化方法构建的系统现实模型的一种结构图，至于系统的环境模型、行为和功能模型以及现实模型的其他内容将在以后的课程（如"软件工程"）中学习，本节不再讨论。

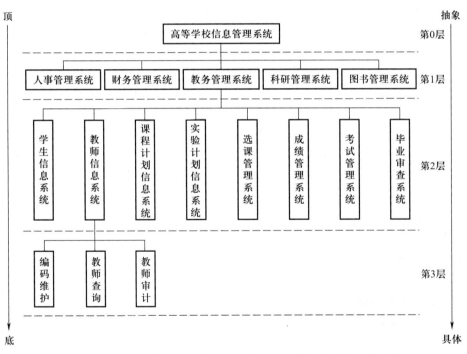

图 6.1　高等学校信息管理结构图（主要显示教务管理的部分内容）

6.5　面向对象方法

面向对象（Object-Oriented，OO）方法是以面向对象思想为指导进行系统开发的一类方法的总称。这类方法以对象为中心，以类和继承为构造机制来抽象现实世界，并构建相应的软件系统。

6.5.1　面向对象方法的产生和发展

1. 面向对象程序设计语言的形成

与结构化方法一样，面向对象方法也起源于面向对象程序语言（Object-Oriented Programming Language，OOPL）。面向对象程序语言开始于 20 世纪 60 年代后期，第一个 OOPL 是挪威计算中心的 Kristen Nygaard 和 Ole-Johan Dahl 于 1967 年研制的 Simula 语言，该语言引入了许多面向对象的概念，如类和继承性等。

受 Simula 语言的影响，1972 年，Alan Kay 在 Xerox 公司研制成功了 Smalltalk 语言，并对面向对象的一些概念做了更精确的定义。1980 年，Xerox 公司推出的 Smalltalk-80 语言标志着 OOPL 进入实用化阶段。

20 世纪 80 年代，OOPL 得到了极大的发展，相继出现了一大批实用的面向对象语言，如 Objective C（1986 年）、C++（1986 年）、Self（1987 年）、Eiffel（1987 年）和 Flavors（1986 年）等。

2. 面向对象设计和面向对象分析的形成

20 世纪 80 年代中期，随着 OOPL 的推广使用，面向对象技术很快被应用到系统分析和系统设计之中。20 世纪 90 年代，面向对象分析（Object-Oriented Analysis，OOA）和面向对象设计（Object-Oriented Design，OOD）开始成熟，一些实用的面向对象开发方法和技术相继出现，如 G. Booch 提出的面向对象开发方法学，P. Coad 和 E. Yourdon 提出的 OOA 和 OOD 等。这些方法的提出标志着面向对象方法逐步发展成为一类完整的系统化的技术体系。

6.5.2　面向对象方法的基本思想

《大英百科全书》描述了"分类学理论"中有关人类认识现实世界普遍采用的如下 3 个构造法则。

（1）区分对象及其属性。

（2）区分整体对象及其组成部分。

（3）形成并区分不同对象的类。

按照 P. Coad 和 E. Yourdon 的论述，面向对象思想正是根据以上 3 个常用的构造法而建立起来的。在实际应用中，它采用对象及其属性，整体和部分，类、成员和它们之间的区别等 3 个法则来对系统进行分析和设计，遵循了分类学理论的基本原理，符合认识来源于实践，又服务于实践的科学思维方式。

在 OO 方法中，对象和类是其最基本的概念。其中，对象是系统运行时的基本单位，是类的具体实例，是一个动态的概念；而类是对具有相同属性和操作（或称方法、服务）的对象进行的抽象描述，是对象的生成模板，是一个静态的概念。

类可以形式化地定义为：

$$Class = <ID, INH, ATT, OPE, ITF>$$

其中，

（1）ID 为类名，

（2）INH 为类的继承性集，

（3）ATT 为属性集，

（4）OPE 为操作集，

（5）ITF 为接口消息集。

类是数理哲学和逻辑哲学的根本问题，类理论是逻辑方法学、数学方法论和哲学方法论的本体论基础。对"类"的进一步认知，如对类的构成原则、基本特征、种类以及类的关系与类的运算等的认知，有助于理解 OO 方法的实质，感兴趣的读者可参阅赵总宽等人编著的《现代逻辑方法论》一书。

1. 面向对象模型及其特性

面向对象模型是一个可见的、可复审的和可管理的层次模型集，一般认为面向对象模型应包括下面几个特性。

（1）身份、状态、行为。

① 身份是某一对象区别于其他对象的属性。所有的对象都有一个可以相互区别的身份。对象与对象之间相互区别是通过它们固有的独立的个体存在，而不是通过它们的属性来区分的，相同的属性不等于相同的身份（例如两个苹果，尽管有相同的形状、颜色或质地，但仍是两个独立的苹果）。

② 状态是指对象所有属性被附上值所具有的一种情形。

③ 行为是指对象在其状态变化和消息传递过程中的作用及反应，状态可以定义为行为的累积结果，而行为则可改变对象的状态。

（2）分类。分类意味着有相同的数据结构（属性和状态）和行为的对象组成一个类，每个类描述一个类的集合。每个对象都是它的类的一个实例，实例的每个属性都有它自己的值，但是和类的其他实例共享相同的属性名和操作。

（3）继承。继承是指在类中基于层次的关系、共享属性和操作。一个类可以被细化为子类，每个子类继承父类的所有属性，并可以增加它独有的属性。

（4）多态。多态是指相同的操作在不同的类上可以有不同行为的特性。

2. 面向对象模型遵循的基本原则

面向对象模型遵循的基本原则有抽象、封装、模块化以及层次原则等。

（1）抽象。抽象是处理现实世界复杂性的最基本方式，在 OO 方法中，它强调一个对象和其他对象相区别的本质特性。对于一个给定的域，确定合理的抽象集是面向对象建模的关键问题之一。

（2）封装。封装是对抽象元素的划分过程，抽象由结构和行为组成，封装用来分离抽象的原始接口和它的执行。

封装也称为信息隐藏（Information Hiding），它将一个对象的外部特征和内部的执行细节分割开来，并将后者对其他对象隐藏起来。

（3）模块化。模块化是已经被分为一系列聚集的和耦合的模块的系统特性。对于一个给定的问题，确定正确的模块集几乎与确定正确的抽象集一样困难。通常，每个模块应该足够简单，以便能够被完整地理解。

（4）层次。抽象集通常形成一个层次。层次是对抽象的归类和排序。在复杂的现实世界中有两种非常重要的层次，一个是类型层次，另一个是结构性层次。

确定抽象的层次是基于对象的继承，它有助于在对象的继承中发现抽象间的关系，知道问题的所在，理解问题的本质。

6.5.3 面向对象方法的核心问题

面向对象方法与结构化方法一样，其核心问题也是模型问题。面向对象模型主要由 OOA 模型、OOD 模型组成。其中，OOA 主要属于学科抽象形态方面的内容，OOD 主要属于学科设计形态方面的内容。

1. OOA 模型

OOA 关心的是构建现实世界的模型问题。如何解决现实世界的建模问题呢？根据系统科学的思想，首先需要对复杂的系统进行分解，最常用的分解方法就是分层。

关于 OOA 模型的分层方法有不少，本书采用 P. Coad 和 E. Yourdon 的分层方法。该方法将 OOA 模型划分为 5 个层次，即主题层、对象层、结构层、属性层和服务层。OOA 的主要任务就是要在问题域上构建具有这 5 个层次内容的 OOA 模型。

（1）主题层。主题给出 OOA 模型中各图的概况，为分析员和用户提供了一个相互交流的机制，有助于人们理解复杂系统的模型构成。

（2）对象层。对象是属性及其专用服务的一个封装体，是对问题域中的人、事和物等客观实体进行的抽象描述。对象由类创建，类是对一个或多个对象的一种描述，这些对象能用一组同样的属性和服务来刻画。

（3）结构层。在 OO 方法中，组装结构和分类结构是两种重要的结构类型，它们分别刻画"整体与部分"组织以及"一般与特殊"组织。

组装结构（即整体与部分）遵循了人类思维普遍采用的第二个基本法则，即区分整体对象及其组成部分。

分类结构（即一般与特殊）遵循了人类思维普遍采用的第三个法则，在 OO 方法中，就是类、成员和它们之间的区别。

（4）属性层。属性是描述对象或分类结构实例的数据单元，类中的每个对象都具有它的属性值，属性值就是一些状态的信息数据。

（5）服务层。一个服务就是收到一条信息后所执行的处理（操作）。服务是对模型化的现实世界的进一步抽象。

2. OOD 模型

OOA 与 OOD 不存在转换的问题。OOD 根据设计的需要，仅对 OOA 在问题域方面建立的 5 个抽象层次进行必要的增补和调整。同时，OOD 还必须对人机交互、任务管理和数据管理 3 个部分的内容进行抽象，最后建立完整的 OOD 模型。该模型的主要内容可以用表 6.1 所示的形式来概括。

表 6.1　OOD 模型

抽象层次 主要内容	主题层	对象层	结构层	属性层	服务层
问题域					
人机交互					
任务管理					
数据管理					

在 OOA 模型中，对象强调问题域，用问题域中的意义来表示事物或概念。在 OOD 中，当对象含有问题域中的意义时，对象被称为语义对象。除了分析以外，OOD 不仅强调系统的静态结构，还强调系统行为的动态结构。

3. 支持 OOA 和 OOD 模型的实现问题

使用 OOPL 来实现 OOA 和 OOD 模型相对来说比较容易，因为 OOPL 的构造与 OOA 和 OOD 模型的构造是相似的，OOPL 支持对象、运行多态性和继承等概念。使用非 OO 语言则需要特别注意和规定保留程序的 OO 结构。OO 概念可以映射到非 OO 语言结构中，这只是一个表达方式的问题，不是语言能力的问题，因为编程语言最终要转换为机器语言，对 OO 模型而言，使用 OOPL 效果更好一些。

6.5.4　实例：图书管理系统

本节以图书馆管理系统为例，先给出一个用面向对象方法得到的图书管理系统类图，然后介绍面向对象方法中的若干概念。

在图书馆管理系统中，借阅者可以查阅图书馆所藏的图书、杂志、光盘，以及个人借阅图书的情况；图书管理员可以对借阅者借书和还书的请求进行相应操作，对书刊进行管理和维护。

观察图 6.2，可以了解面向对象方法中的类、封装、继承、聚合关系、关联以及服务等重要概念。

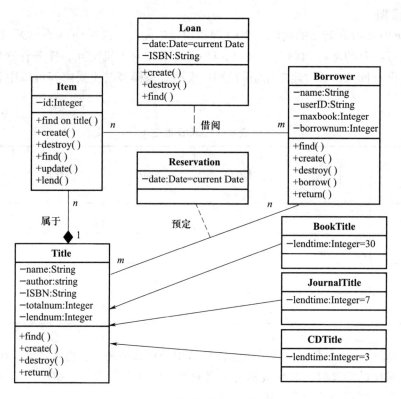

图 6.2   图书管理系统类图

1. 类

面向对象方法中最重要的一个概念就是类。在图 6.2 中，共划分有 8 个类：Item（书目）、Title（标题）、BookTitle（图书）、JournalTitle（期刊）、CDTitle（随书 CD 光盘）、Reservation（预订信息）、Borrower（借书者信息）、Loan（借阅信息）。

2. 封装

在图 6.2 中，一个矩形对应一个类。矩形将类名、属性、操作封装在一起。对外界而言，就是一个个矩形黑匣子，封装的技术将类实现的细节隐藏起来，使设计者能够将精力放在更高层的设计中，从而提高软件系统开发的效率。

设想一下，若设计者知道底层的细节，从心理学的角度来讲，设计者很难摆脱这样的事实、不以这些细节为基础设计模块的算法。由于细节是很可能变化的，因此，一旦变了，整个模块都得重写。

3. 继承

继承是面向对象方法中的一个重要特征，它使得某类对象可以继承另外一类对象的特征和能力。

在本例中，由于图书、期刊和光盘都是图书馆藏书的一种，它们都包含标题、作者等信息和查找等操作。因此，可以提取图书、期刊和光盘的共同特征，构造 Title 类，将 Title 作为父类，BookTitle、JournalTitle、CDTitle 作为 Title 的子类，把共同的属性和操作放在父类 Title 中，而将各自不同的属性和操作放在 BookTitle、JournalTitle、CDTitle 等子类中。

4. 聚合关系

一个对象由若干其他对象组合而成的一种包含关系称为聚合关系。在图 6.2 中，Title 包含了 Item。也就是说，一个标题可以包含多个书目，而一个书目必然属于一个标题。显然，这是一种一对多的关系。

5. 关联

系统中的类不是相互独立的个体，它们之间存在某种关联。其中，继承和聚合就是关联的特殊形式。继承是一般与特殊的关联，聚合是整体和部分的关联。

在图 6.2 中，还存在一般性的关联，如 Borrower 类和 Title 类就是一般性关联，即它们间的预订关系。借书者可以在该标题没有相应书目时对该标题进行预订。每个借书者可以预订多个标题，每个标题也可以有多个借书者预订。这是一种多对多的关联。另外，Borrower 类和 Item 类存在借阅的关联。在借书时，一个借书者可以借阅多个书目，但每个书目一次只能被一个借阅者借阅，因此，这一关联是一对多的。

6. 属性

属性用于刻画对象的状态，是对对象的细节描述，如 Borrower 类有姓名（name）、读者号（userID）、最大可借书量（maxbook）、已借书量（borrownum）等属性；Title 类有名称（name）、作者名（author）、图书号（ISBN）、该标题的书目数量（totalnum）等属性。在图 6.2 中，BookTitle、JournalTitle、CDTitle 类虽然只定义了最大借阅时间（lendtime），但由于它们是 Title 的子类，因此，还继承有 Title 类的所有属性。

7. 服务

服务就是操作，是对象拥有的行为。属性是对对象类的一种静态特征描述，而服务是对对象类动态特征的描述。如 Borrower 类有查询（find）、借阅（borrow）、还书（return）等操作；Title 类有创建（create）、删除（destroy）、查找（find）等操作。BookTitle、JournalTitle、CDTitle 类虽然没有定义操作，但继承了 Title 类中创建、删除、查找等操作。

6.6 本章小结

20 世纪以来，对新技术革命最具有贡献的两个事件分别是以计算技术为代表的信息技术在理论和实用方面取得的重大突破，以及系统科学方法的应用。前者是后者得以成功的基础，后者又为前者的发展开辟了道路。

计算机软硬件系统都是形式化的产物，因此，人们希望在计算机软硬件系统开发的初期就全部使用形式化方法。然而，对于现实世界中很多复杂系统却很难，甚至无法用数学方法进行直接的描述。为最终实现形式化，就需要有一种中间过渡，其作用是先将系统的复杂性降下来，系统科学方法做的正是这项工作。现代计算机普遍采用的组织结构，即冯·诺依曼型计算机组织结构就可以认为是系统科学在计算技术领域所取得的应用成果之一。随着计算技术的迅猛发展，计算机软硬件系统变得越来越复杂。因此，现在更需要将系统科学方法有效地引入计算领域。

系统科学方法针对的是复杂性问题，而复杂性又是相对于人的能力而言的。其实，人所固有的能力极其有限，然而，这种有限的能力可以用来创造工具和使用工具，从而产生巨大的力量。

系统科学方法是人们在生产过程中创造的认识现实世界的有效工具，使用这种工具可以大大地降低软件系统的复杂性，从而使软件的研制处于某种可控的状态。例如，计算学科中的虚拟机、网络的层次结构都可以认为是源自系统科学中的结构和层次两个概念。

系统科学方法进入大学"软件工程"等课程已有几十年的时间，然而，使用系统科学方法的真正原因往往被人们忽视。这种忽视阻碍了人们使用系统科学方法的自觉性和能动性。

在计算机软件领域，很多新的方法与技术都起源于程序设计语言，并向软件生存周期的前期阶段发展。这种发展趋势具有十分重要的意义，它使那些富有生命力的新方法和新技术就此形成自己系统化的技术体系。本章所介绍的结构化方法和面向对象方法以及上一章介绍的形式化方法都遵循这一发展规律，它们极大地推动了计算技术的发展。

本章所介绍的结构化方法和面向对象方法都是计算技术中常用的系统开发方法，两种开发方法目前都非常流行，选择哪一种方法要根据分析者的熟练程度和项目的类型而定。

就目前而言，十全十美的开发方法是不存在的，真正实用的系统开发方法往往是多种开发方法的结合。如何综合应用，这就要根据所开发系统的规模、系统的复杂程度、系统开发方法的特点以及所能使用的计算机软件等诸多因素综合考虑后决定。

系统科学方法在科学技术方法论中占有重要的地位，如何更好地将系统科学的成果应用于计算学科是值得我们思考的问题。下面，给出黑箱方法在计算学科中的一些应用，以起抛砖引玉之用。

黑箱方法在计算学科中的一个重要应用是在软件的测试方面，由于无法了解软件系统的内部结构及其算法，测试人员往往会把软件系统当作一个"黑箱"，从软件的行为，而不是内容结构出发来设计测试用例，以发现软件的错误，衡量软件的质量，并对其是否能满足设计要求进行评估。另外，在计算学科中，黑箱方法还完全可以应用于计算机病毒以及计算机加密和解密等领域。这类应用的前提在于以下事实：经计算机加密程序处理的数据，必定存放在计算机存储设备的一个确定范围之内；一般所指的计算机病毒分两类情况被调用，一类是通过修改中断地址而被调用；另一种是通过修改操作系统的文件（如 DOS 操作系统中的 Io. sys、Command. com 等），并因该类文件的调用而被调用。由于知道目的地或中间环节，因此无论黑箱多复杂，一般都可以解，至少可以让它失效。例如，解 PC-Lock 的方法和解 Boot 区病毒的方法。

习题 6

6.1　什么是系统科学？系统科学应遵循哪些原则？

6.2　如何正确理解系统的整体涌现性？

6.3　常用的系统科学方法有哪几种？

6.4　简述人固有能力的局限性以及使用工具后产生的力量。

6.5　按人的平均寿命 75 岁计算，除去睡觉、娱乐以及学习等所需的时间，一个人一生可直接用于工作的时间（这个时间一般是指创造社会财富的时间）应该是多少？以此为根据，阐述工具（含思想、方法等无形的工具）的选择，对正确、高效处理问题的重要性。

6.6　计算 $1+2+3+4+5+6+7+8+9+10$ 所用的时间（必须按相加的次序一步一步地相加），并将该时间与计算 $(1+10) \times 5$ 所用的时间进行比较，并回答两者的计算结果是否相同，若相同，为什么用的计算时间不一样，试从方法（也就是工具）的选择上进行解释。

*6.7　著名计算机科学家、图灵奖获得者狄克斯特拉教授认为，优秀的程序员对待编写程序的态度是完全谦卑的，特别是，他们会像逃避瘟疫那样逃避"聪明的技巧"，试从人所固有能力的局限性这个方面进行分析。

6.8　从可操作性的角度给出复杂性的定义。

*6.9　结合克拉默给出的用于分析程序复杂性的几个例子，分析结构与复杂性的关系。

6.10　为什么温伯格认为，牛顿和爱因斯坦的才能并不在于他们的大脑计算能力特别突出，而在于懂得如何对问题做合理的简化和理想化，从而把复杂的问题转化为普通人的大脑可以处理的、相对简单的问题。

6.11　从软件的复杂度、一致性、可变性、不可见性等方面简述软件所固有的困难。

6.12　布鲁克斯认为，对于一个软件系统的开发来说，最为困难的是什么？

6.13　为什么说笛卡儿积"完美无缺"，但却无任何实际的应用价值？

6.14　软件开发的系统化方法需要遵循的基本原则是什么？

*6.15　狄克斯特拉认为，编程的艺术就是处理复杂性的艺术，试从软件开发需要系统化方法的角度进行分析。

6.16　什么是结构化方法？结构化方法应遵循哪些基本原则？

6.17　在结构化方法中如何建立和实现模型？

6.18　面向对象思想与"分类学理论"中有关人类认识现实世界普遍采用的 3 个构造法则有什么关系？

6.19　如何理解面向对象方法中的对象和类？

6.20　面向对象模型有哪些特性？

6.21　面向对象模型应遵循哪些基本原则？

6.22　面向对象模型主要由什么组成？

6.23　结构化方法和面向对象方法的产生和发展规律有何相同之处？

6.24　从图书管理系统类图（图 6.2）中可以知道，一本图书可被多个读者借阅，一个读者可借阅多本图书，一个管理员既可管理图书信息，也可管理读者信息，试画出该图书管理系统的 E – R 图（提示：借阅时，有"借阅号、出借日期、还书日期"等属性）。图书，读者，管理员 3 个实体的属性如下：

图书（图书号，书名，类别，出版社，出版日期，作者名，可借数量）

读者（读者姓名，读者号，最大可借书量，已借书量，性别，读者类别）

管理员（管理员号，管理员类别，性别，联系电话，登录密码）

第7章

社会与职业问题

　　作为未来的实际工作者，计算学科的学生不仅要了解专业，还要了解社会，以及与职业生涯有关的法律和道德等方面问题。根据 CS2013 系列报告的要求，本章选择了"社会问题与专业实践"中的 9 个主题进行介绍，包括计算的历史、计算的社会背景、道德分析的方法、职业和道德责任、基于计算机系统的风险和责任、团队工作、知识产权、隐私和公民的自由、计算机犯罪等。

7.1　引言

　　20 世纪 80 年代以来，随着计算技术（特别是网络技术）的迅猛发展和广泛应用，由这一新技术带来的诸如网络空间的自由化、网络环境下的知识产权，以及计算机从业人员的价值观与工作观等社会与职业问题已极大地影响了计算产业的发展，并引起业界人士的高度重视。CC1991 报告将"社会、道德和职业的问题"列入计算学科主领域之中，并强调它对计算学科的重要作用和影响。

　　CC1991 报告要求计算专业的学生不但要了解专业，还要了解社会。例如，要求学生要了解计算学科的基本文化、社会、法律和道德方面的固有问题；了解计算学科的历史和现状；理解它的历史意义和作用。另外，作为未来的实际工作者，他们还应当具备其他方面的一些能力，如能够回答和评价有关计算机的社会冲击这类严肃问题，并能预测将已知产品投放到给定环境中去会造成什么样的冲击；知晓软件和硬件的卖方及用户的权益，并树立以这些权益为基础的道德观念；意识到他们各自承担的责任，以及不负这些责任可能产生的后果；另外，他们还必须认识到自身和工具的局限性等。

　　CC2001 充分肯定了 CC1991 关于"社会、道德和职业的问题"的论述，并将它改为"社会与职业问题"，CS2013 则将该领域定义为"社会问题与专业实践"，继续强调它对计算学科的重要作用和影响。"社会问题与专业实践"主要属于学科设计形态技术价值观方面的内容，广义地讲，它属于一种技术方法。

　　根据 CS2013 等系列报告，本书将"社会问题与专业实践"领域划分为以下 11 个知识单元。

（1）计算的历史。

（2）计算的社会背景。

（3）道德分析的方法和工具。

（4）职业和道德责任。

（5）基于计算机系统的风险与责任。

（6）团队工作。

（7）知识产权。

（8）隐私与公民的自由。

（9）计算机犯罪。

（10）与计算有关的经济问题。

（11）哲学框架。

本章主要介绍其中（1）～（9）子领域的内容，（10）和（11）两个子领域只列出以下研究主题，以供参考。

与计算有关的经济问题子领域的研究主题有：垄断及其对经济的影响，劳动力的供应和需求对计算产品质量的作用，计算领域的定价策略，访问计算机资源中的差异和由此产生的不同效果等。

哲学框架子领域的研究主题有：相对主义、功利主义和道德理论，道德的相对论问题，从历史的角度看科学道德，哲学方法与科学方法等。

7.2　计算的历史

7.2.1　计算机史前史

在 1946 年美国研制成功第一台高速电子数字计算机 ENIAC 之前，计算机器的发展经历了一个漫长的阶段。根据计算机器的特点，可以将其划分为 3 个时代：算盘时代、机械时代和机电时代。

1. 算盘时代

这是计算机器发展史上时间最长的一个阶段。这一阶段出现了表示语言和数字的文字及其书写工具、作为知识和信息载体的纸张和书籍以及专门存储知识和信息的图书馆。这一时期最主要的计算工具是算盘，其特点是：通过手动完成从低位到高位的数字传送（十进位传送），数字由算珠的数量表示，数位则由算珠的位置来确定，执行运算就是按照一定的规则移动算珠的位置。

2. 机械时代

随着齿轮传动技术的产生和发展，计算机器进入了机械时代。这一时期计算装置的特点是：借助于各种机械装置（齿轮、杠杆等）自动传送十进位，而机械装置的动力则来自计算人员的手。例如，1641 年，法国人帕斯卡利用齿轮技术制成了第一台加法机，德国人莱布尼茨在此基础上又制造出能进行加、减、乘、除的演算机；1822 年，英国人巴贝奇制成了第一台差分机（Difference Engine），这台机器可以计算平方表及函数数值表；1834 年，巴贝奇又提出了分析机（Analytical Engine）的设想，他是提出用程序控制计算思想的第一人。值得指出的是，分析机中有两个部件（用来存储输入数字和操作结果的"strore"和在其中对数字进行操作的"mill"）与现代计算机相应部件（存储器和中央处理器）的功能十分相似。遗憾的是该机器的开发因经费短缺而失败。

3. 机电时代

计算机器的发展在电动机械时代的特点是：使用电力做动力，但计算机构本身还是机械式的。1886 年，赫尔曼·霍勒瑞斯（Herman Hollerith）制成了第一台机电式穿孔卡系统——造表机，成为第一个成功地把电和机械计算结合起来制造电动计算机器的人。这台造表机最初用于人口普查卡片的自动分类和计算卡片的数目。该机器获得了极大的成功，于是，1896 年，霍勒瑞斯创立了造表公司 TMC（Tabulating Machines Company），这就是 IBM 公司的前身。电动计算机器的另一代表是由美国人霍华德·艾肯（Howard Aiken）提出、IBM 公司生产的自动序列控制演算器（ASCC），即 Mark Ⅰ，它结合了霍勒瑞斯的"穿孔卡"技术和巴贝奇的通用可编程机器的思想。1944 年，Mark Ⅰ正式在哈佛大学投入运行。IBM 公司从此走向开发与生产计算机之路。

从 20 世纪 30 年代起，科学家认识到电动机械部件可以由简单的真空管来代替。在这种思想的引导下，世界上第一台电子数字计算机在爱荷华州立大学（Iowa State University）诞生了。1941 年，德国人朱斯（Konrad Zuse）制造了第一台使用二进制数的全自动可编程计算机。此外，朱斯还开发了世界上第一个程序设计语言——Plankalkul，该语言被当作现代算法程序设计语言和逻辑程序设计的鼻祖。1946 年，世界上第一台高速、通用计算机 ENIAC 在宾夕法尼亚大学研制成功。从此，电子计算机进入了一个快速发展的新阶段。

7.2.2 计算机硬件的历史

现代计算机的历史可以追溯到 1943 年英国研制的巨人计算机和同年美国哈佛大学研制的 Mark Ⅰ。今天，计算机已经历了 4 代，并得到了迅猛发展。

1. 第一代计算机（1946—1957）

第一代计算机利用真空管制造电子元件，利用穿孔卡作为主要的存储介质，体积庞大，重量惊人，耗电量也很大。UNIVAC-I 是第一代计算机的代表，它是继 ENIAC 之后由莫奇利和埃克特再度合作设计的。

2. 第二代计算机（1958—1964）

在计算机的历史上，1947 年晶体管的发明是一个重要的事件。使用晶体管的计算机被称作第二代计算机。和真空管计算机相比，晶体管计算机无论是耗电量还是产生的热能都大大降低，而可靠性和计算能力则大为提高。第二代计算机利用磁芯制造内存，利用磁鼓和磁盘取代穿孔卡作为主要的外部存储设备。此时，出现了高级程序设计语言，如 FORTRAN 和 COBOL。

3. 第三代计算机（1965—1971）

这一代计算机的特征是使用集成电路代替晶体管，使用硅半导体制造存储器，广泛使用微程序技术简化处理机设计，操作系统开始出现。系列化、通用化和标准化是这一时期计算机设计的基本思想。

4. 第四代计算机（1972 年至今）

这一代计算机的主要特征是采用了大规模（LSI）和超大规模（VLSI）集成电路，使用集成度更高的半导体元件做主存储器。在此期间，微处理器产生并高速发展，个人微型计算机市场迅速扩大。第四代计算机在体系结构方面的发展引人注目，发展了并行处理机、分布式处理机和多处理机等计算机系统。同时，巨型、大型、中型和小型机也取得了稳步的进展。计算机发展呈现出网络化和智能化的趋势。

随着第四代计算机向智能化方向发展，最终将导致新一代计算机的出现。新一代计算机的研制是各国计算机界研究的热点，如知识信息处理系统（KIPS）、神经网络计算机、生物计算机等。知识信息处理系统是从外部功能方面模拟人脑的思维方式，使计算机具有人的某些智能，如学习和推理的能力。神经网络计算机则从内部结构上模拟人脑神经系统，其特点是具有大规模的分布并行处理、自适应和高度容错的能力。生物计算机是使用以人工合成的蛋白质分子为主要材料制成的生物芯片的计算机。生物计算机具有生物体的某些机能，如自我调节和再生能力等。

7.2.3　计算机软件的历史

软件是由计算机程序和程序设计的概念发展演化而来的，是程序和程序设计发展到规模化和商品化后所逐渐形成的概念。软件是程序以及程序实现和维护程序时所必需的文档的总称。

1. 第一位程序员

19 世纪初，在法国人约瑟夫·雅各（Joseph Marie Jaquard）设计的织布机里已经具有初步的程序设计的思想。他设计的织布机能够通过"读取"穿孔卡上的信息完成预先确定的任务，可以用于复杂图案的编织。早期利用计算机器解决问题的一般过程如下：

（1）针对特定的问题制造解决该问题的机器。

（2）设计所需的指令并把完成该指令的代码序列传送到卡片或机械辅助部件上。

（3）使计算机器运转，执行预定的操作。

英国著名诗人拜伦（Byron）的女儿、数学家爱达·奥古斯塔·拉夫拉斯伯爵夫人（A. L. Ada）在帮助巴贝奇研究分析机时，指出分析机可以像织布机一样进行编程，并发现进行程序设计和编程的基本要素，被认为是有史以来的第一位程序员，而著名的计算机语言 Ada 就是以她的名字命名的。

2. 布尔逻辑与程序设计

在计算机的发展史上，二值逻辑和布尔代数的使用是一个重要的突破。其理论基础是由英国数学家布尔奠定的。1847 年，布尔在《逻辑的数学分析》（*The Mathematical Analysis of Logic*）中分析了数学和逻辑之间的关系，并阐述了逻辑归于数学的思想。这在数学发展史上是一个了不起的成就，也是思维的一大进步，并为现代计算机提供了重要的理论准备。值得一提的是，布尔的理论与那个时代研究的大多数数学理论一样，在相当长的时间内并没有得到具体的应用，直到 100 年后，基于香农等人的工作，布尔代数才被应用于计算。

在基于继电器的计算机器时代，所谓"程序设计"实际上就是设置继电器开关以及根据要求使用电线把所需的逻辑单元相连，重新设计程序就意味着重新连线。所以通常的情况是："设置程序"花了许多天时间，而计算本身几分钟就可以完成。此后，随着真空管计算机和晶体管计算机的出现，程序设计的形式有不同程度的改变，但革命性的变革则是 1948 年香农重新发现了二值演算之后发生的。二值逻辑代数被引入程序设计过程，程序的表现形式就是存储在不同信息载体上的"0"和"1"的序列，这些载体包括纸带、穿孔卡、氢延迟线以及后来的磁鼓、磁盘和光盘。此后，计算机程序设计进入了一个崭新的发展阶段。就程序设计语言来讲，经历了机器语言、汇编语言、高级语言、非过程语言等 4 个阶段，第 5 代自然语言的研究也已经成为学术研究的热点。

3. 计算机软件产业的发展

计算机软件的发展与计算机软件产业化的进程息息相关。从狭义来说，软件产业仅包括软件产品，如系统软件和应用软件等。从广义来说，还包括软件服务业即系统集成（包括计算机系统设计和维护业务等）。

全球软件产业源于美国。在电子计算机诞生之初，计算机程序是作为解决特定问题的工具和信息分析工具而存在的，并不是一个独立的产业。计算机软件产业化是在 20 世纪 50 年代，随着计算机在商业应用中的迅猛增长而发生的。这种增长直接导致了社会对程序设计人员需求的增长，于是一部分具有计算机程序设计经验的人分离出来专门从事程序设计工作，并创建了他们自己的程序设计服务公司，根据用户的订单提供相应的程序设计服务。这样就产生了第一批软件公司，如 1955 年由 Elmer Kubie 和 John W. Sheldon 创建的计算机使用公司（CUC）和 1959 年创建的应用数据研究（ADR）公司等。

进入 20 世纪 60 年代和 70 年代，计算机的应用范围持续快速增长，使计算机软件产业无论是软件公司的数量还是产业的规模都有了更大的发展。同时与软件业相关的各种制度也逐步建立。1968 年 Martin Goetz 获得了世界上第一个软件专利；1969 年春，ADR 公司就 IBM 垄断软件产业提出了诉讼，促使 IBM 在 1969 年 6 月 30 日宣布结束一些软件和硬件的捆绑销售，为软件产品单独定价。这一时期成立的软件公司有美国计算机公司（CCA）、Information Builder 公司和 Oracle 公司等。

目前，全球软件产业排在前几位的主要有美国、欧盟、日本、印度、爱尔兰、韩国等。美国是世界上最大的软件生产国，拥有全球最成熟的软件市场，约占有全世界四成以上的市场份额。世界 500 强软件企业前 10 位中有 8 家公司的总部设在美国，其中包括微软、思科、IBM、Oracle、SUN 等。印度是软件产业增长最快的国家，被誉为"牛背上崛起的软件大国"，软件出口占据了印度整个出口总额 1/5 以上，其年出口量仅次于美国，培育出一批像 Tata、Infosys、Wipro 和 Satyam 等在国际软件行业具有一定知名度和竞争实力的软件大公司。日本软件产业总规模仅次于美国，主要是围绕家电行业发展起来的，在嵌入式软件、应用软件、游戏产品方面独具特色。

7.2.4 计算机网络的历史

计算机网络是指将若干台计算机用通信线路按照一定规范连接起来，以实现资源共享和信息交换为目的的系统。

1. 计算机网络发展的 4 个阶段

（1）第一代网络：面向终端的远程联机系统。其特点是：整个系统里只有一台主机，远程终端没有独立的处理能力，它通过通信线路点到点的直接方式或通过专用通信处理机或集中器的间接方式和主机相连，从而构成网络。在前一种连接方式下主机和终端通信的任务由主机来完成；而在后一种方式下该任务则由通信处理机和集中器承担。这种网络主要用于数据处理，远程终端负责数据采集，主机则对采集到的数据进行加工处理，常用于航空自动售票系统、商场的销售管理系统等。

（2）第二代网络：以通信子网为中心的计算机通信网。其特点是：系统中有多台主机（可以带有各自的终端），这些主机之间通过通信线路相互连接。通信子网是网络中纯粹通信的部分，其功能是负责把消息从一台主机传到另一台主机，消息传递采用分组交换技术。这种网络出现在 20 世纪 60 年代后期。1969 年由美国国防部预研局（DARPA）建立的阿帕网（ARPANet）就是其典型代表。

（3）第三代网络：遵循国际标准化网络体系结构的计算机网络。其特点是：按照分层的方法设计计算机网络系统。1974 年美国 IBM 公司研制的系统网络体系结构（SNA）就是其早期代表。网络体系结构的出现方便了具有相同体系结构的网络用户之间的互连。但同时其局限性也是显然的。20 世纪 70 年代后期，为了解决不同网络体系结构用户之间难以相互连接的问题，国际标准化组织（ISO）提出了一个试图使各种计算机都能够互连的标准框架，即开放系统互连基本参考模型（OSI）。该模型包括 7 层：物理层、数据链路层、网络层、传输层、会话层、表示层和应用层。模型中给出了每一层应该完成的功能。

20 世纪 80 年代建立的计算机网络多属第三代计算机网络。

（4）第四代网络：宽带综合业务数字网。其特点是：传输数据的多样化和高的传输速度。宽带网络不但能够用于传统数据的传输，而且还可以胜任声音、图像、动画等多媒体数据的传输，数据传输速率可以达到每秒几十到几百兆位，甚至达到每秒几十吉位。第四代网络将可以提供视频点播、电视现场直播、全动画多媒体电子邮件、CD 级音乐等网上服务。作为因特网的发源地，美国在第四代计算机网络的筹划和建设上走在了世界的前列。1993 年 9 月美国提出了国家信息基础设施（National Information Infrastructure，NII）行动计划（NII 又被译为信息高速公路），该文件提出高速信息网是美国国家信息基础结构的 5 个部分之一，也就是这里所说的宽带综合业务数字网。现在世界各国都竞相研究和制定建设本国"信息高速公路"的计划，以适应世界经济和信息产业的飞速发展。

2. 因特网（Internet）的由来

因特网是由许多计算机网络连成的网络，即网络的网络。它的产生主要分 3 个过程。

（1）阿帕网的诞生：1969 年，第一个计算机网络——阿帕网诞生，这种计算机网络跨越的地理范围较大，如一个省、一个国家甚至全球，被称为广域网。

（2）以太网的出现：1973 年，鲍勃·梅特卡夫（Bob Metcalfe）在施乐（Xerox）公司发明了以太网（Ethernet）。这种计算机网络所跨越的地域较小，如几个办公室、一栋大楼。今天的以太网已成为局域网的代名词。局域网的传输速率高出阿帕网几千倍，成为中小型单位网络建设较理想的选择。

（3）因特网的产生：1973 年，美国斯坦福研究院的文特·瑟夫（Virt Cerf）提出了关于计算机网络的一个重要概念——网关（Gateway），这对最终形成 TCP/IP（传输控制协议/网际协议）起了决定性的作用，因此他被人们誉为"因特网之父"。1974 年 5 月，文特·瑟夫和鲍勃·卡恩（Bob Kahn）正式发表了传输控制协议（TCP），即后来的 TCP/IP 两个协议（1978 年将 TCP 中的处理分组路由选择部分分割出来，单独形成一个 IP 协议）。

1977 年，文特·瑟夫和鲍勃·卡恩成功地实现了阿帕网、无线分组交换网络和卫星分组交换网三网互连。虽说因特网源于阿帕网，但是真正促成因特网形成的则是美国国家科学基金会（NSF）。1986 年，主干网使用 TCP/IP 协议的 NSF 网络建成。1986—1991 年，并入 NSF 网的网络数从 100 个增到 3 000 个。1989 年，NSF 网络正式改称为因特网。

7.2.5 中国计算机事业发展的历程

本小节的内容主要来源于李国杰院士在"中国计算机事业创建 50 周年纪念会暨 2006 中国计算机大会"上所作的题为"中国计算机事业 50 年回顾和展望"的大会报告。

中国计算机事业最早的拓荒者是华罗庚教授，1952 年，华罗庚教授在全国大学院系调整中，在中科院数学所建立了中国第一个电子计算机研究小组，任务就是要设计和研制中国自己的电子计算机。

另一位突出的代表是冯康教授，他创造了一套独立于西方创造的解微分方程问题的系统化计算方法，现在，该方法被国际上称为有限元法。

还有一位杰出的科学家是我国自主创新的楷模、2001 年国家最高科学技术奖获得者、北京大学教授王选。王选教授领导研制的华光和方正系统已在国内的报社、出版社、印刷厂得到普及，并出口中国港、澳、台地区以及美国、马来西亚等国，为新闻出版全过程的计算机化奠定了基础。

我国最早研制成功的第一台基于电子管的小型数字计算机是 1958 年 8 月 1 日由中科院计

算所等单位联合研制成功的 103 型计算机。

以中科院计算所为首, 1959 年 10 月 1 日, 我国又研制成功了 104 型计算机、大型通用电子管计算机 (1964 年) 以及大型通用的晶体管计算机 (1965 年)。

1973 年, 由北京大学等单位共同研制了每秒运算 100 万次的集成电路计算机 (150 型计算机), 并运行了我国自行设计的操作程序。

20 世纪 80 年代以后, 主要研制高端计算机, 如银河、神威、曙光等一系列产品。银河一号使我国设计的计算机上了每秒 1 亿次的台阶, 之后突破了 10 亿、100 亿、千亿、万亿的大关。

20 世纪 90 年代, 我国研制高端计算机的步伐明显加快, 从曙光 1 号到曙光 4000A, 10 年左右性能提高 1 万多倍。几十年来高端计算机的研制为我国造就了一批计算机设计的领军人物, 如张效祥、慈云贵、高庆狮等。

我国软件研究和计算机是同步的, 1959 年, 在 104 机上, 研制成功了自主设计的 FORTRAN 编译程序。

20 世纪 80 年代以后, 我国软件开发的重点转向软件开发环境、中间件、构建库, 影响较大的是青鸟系统。20 世纪 90 年代以后, 在 UNIX 和 Linux 基础上, 开发出了 COSIX 和麒麟等操作系统, 国产数据库也开始占领市场。

我国软件领域方面的重大成果和欧洲学者有较多的联系, 如可执行的持续逻辑语言, 以及区段演算理论。代表性的人物有吴文俊院士, 他在 20 世纪 70 年代发明了用计算机证明几何定理的吴方法, 并获 2000 年首届国家最高科学技术奖。

在人工智能技术方面, 比较突出的成就是汉字识别、中文信息处理和专家系统, 其中汉王公司汉字识别软件在市场上占有比较大的份额。另一个是 "863" 支持的农业专家系统, 历时十几年覆盖全国 20 多个省市, 经济成果明显。

就我国计算机产业而言, 2005 年销售收入达到 10 644 亿, 但是利润只有 209 亿, 利润低于传统产业, 没有体现出高技术产业的特点。李国杰院士认为, 这是因为我国计算机产业基本上是加工产业, 处于产业的下游, 要改变这种局面, 必须加大科研投入, 尽快掌握核心技术, 争取向产业的上游发展, 特别要抓住计算机产业更新换代的机会, 开拓新的市场。

7.3   计算的社会背景

7.3.1   计算的社会内涵

高科技是一把双刃剑, 计算机也不例外。计算机的广泛使用为社会带来了巨大的经济利益, 同时也对人类社会生活的各个方面产生了深远的影响。不少社会学家和计算机科学家正在密切关注着计算机时代所特有的社会问题,如计算机化对人们工作和生活方式、生活质量的影响,计算机时代软件专利和版权、商业机密的保护,公民的权利和计算机空间的自由,计算的职业道德和计算机犯罪等。实际上,如何正确地看待这些影响和这些新的社会问题并制定相应的策略已经引起了越来越多计算职业人员和公众的重视。

7.3.2 网络的社会内涵

由计算机和通信线路构成的计算机网络正在使我们所在的这个世界经历一场巨大的变革,这种变革不但在人们的日常工作和生活中体现出来,而且深刻地反映在社会经济、文化等各个方面。比如,计算机网络信息的膨胀正在逐步瓦解信息集中控制的现状;与传统的通信方式相比,计算机通信更有利于不同性别、种族、文化和语言的人们之间的交流,更有助于减少交流中的偏见和误解;"网络社会"这一"虚拟的真实(Virtue Reality)"社会有着自己独特的文化和道德,同时也存在其特有的矛盾和偏见。现在,网络技术飞速发展的事实已经使不同国籍的人们不得不对网络技术对社会政治、经济、文化、军事、国防等领域的影响及其社会意义进行认真的考虑。

网络作为资源共享的手段是史无前例的。以因特网为例,经过几十年的飞速发展,今天因特网已经成为规模空前的信息宝库。许多信息发达国家的人们已习惯于从因特网上了解他们感兴趣的信息。如今,网络建设的发展已经成为衡量一个社会信息化程度的重要标准。网络的迅猛发展创造了一个新的空间:计算机空间(Cyberspace)。计算机空间长期以来处于无序状态,如因特网上至今流传着"三无"的说法(无国界、无法律、技术无法管理)。自 20 世纪 90 年代以来,随着计算机犯罪(如网上诈骗、发布恶意计算机程序等)和网络侵权事件的增多,人们逐渐认识到,为了让网络长远地造福于社会,就必须规范对网络的访问和使用。这就为各国政府、学术界和法律界提出了挑战,现在各国面临的一个难题就是如何制定和完善网络法规。具体地说,就是如何在计算机空间里保护公民的隐私,如何规范网络言论,如何保护电子知识产权,如何保障网络安全等。

此外,网络对社会的另一个重要影响就是促使世界各国在面临网络新技术为社会带来的共同挑战时重新认识开展国际合作的重要性。

7.3.3 因特网的增长、控制和使用

因特网的规模到底有多大,现在已经没有人能够讲得清楚了。下面给出的几个数据可以从一个侧面反映因特网的增长。1969 年,因特网的前身阿帕网诞生的时候,只有 4 台主机;1984 年,因特网上的主机也仅为 1 024 台;1993 年,约为 386 万台;2002 年 4 月,约为 19 062 万台。现在,已不计其数,基本上是一台计算机就可联上因特网。

仅就我国而言,据中国互联网络信息中心(CNNIC)发布的《第 35 次中国互联网络发展状况统计报告》。截至 2014 年 12 月,我国网民规模达 6.49 亿,互联网普及率为 47.9%,手机网民规模达 5.57 亿,较 2013 年增加 5672 万人。网民中使用手机上网的人群占比由 2013 年的

81.0% 提升至 85.8%，71.9% 的视频用户选择用手机收看视频，其次是台式计算机/笔记本式计算机，使用率为 71.2%，手机成为收看网络视频节目的第一终端。平板电脑、电视的使用率都在 23% 左右。网民中学生群体的占比最高，为 23.8%，其次为个体户/自由职业者，比例为 22.3%，企业/公司的管理人员和一般职员占比合计达到 17.0%。

以上数据表明，因特网已成为人们工作、学习、生活、交流的重要平台。然而，我国个人互联网使用的安全状况却不容乐观。据 CNNIC 报告，2014 年，在我国，有 46.3% 的网民遭遇过网络安全问题，在安全事件中，计算机或手机中病毒或木马、账号或密码被盗情况最为严重，分别达到 26.7% 和 25.9%，在网上遭遇到消费欺诈比例为 12.6%。

由于使用因特网是不受控制的，因此造成的负面效应不容忽视。因特网上的资料和信息并不是对所有人都适合的，这一点已经成为人们的共识。为了保证网络资源的合理使用，世界上许多国家和机构都制定了相应的政策和法规。

以美国为例，自 20 世纪 80 年代以来，美国政府相继颁布了《计算机反欺诈和滥用法》、《全球电子商务框架》和《数字千年版权法》等多项法律法规或政策性文件，初步建立了互联网法制的整体框架。例如，颁布于 1986 年的《计算机反欺诈和滥用法》的主要目的是惩处计算机欺诈和与计算机有关的犯罪行为，被视为惩治计算机黑客犯罪的里程碑；1997 年 7 月 1 日发布的《全球电子商务框架》报告阐述了美国政府在建立全球电子商务基础结构上的原则立场，是具有划时代意义的政策性文件；1998 年 10 月 28 日由美国总统克林顿签署的《数字千年版权法》对网络上的软件、音乐、文字作品的著作权给予了新的保护。

澳大利亚堪培拉大学在其制定的《网络使用和用户的责任与义务》中规定：该校的网络，包括因特网和 E-mail，必须只能用于与该校有关的事务；用户必须以一种礼貌的、负责任的方式进行网上通信；用户必须遵守国家立法和学校制定与网络相关的规章、制度和政策，还规定学校有权利也有义务监督本校网络的使用与访问，以保证其与国家立法和学校的法规、制度和政策相符合。

在我国，网络立法已经受到有关方面的高度重视，近年来我国出台了多部有关网络使用规范、网络安全和网络知识产权保护的规定，如 1997 年 5 月 20 日修正的《中华人民共和国计算机信息网络国际联网管理暂行规定》，2000 年发布的《互联网信息服务管理办法》、《中文域名注册管理办法（试行）》、《教育网站和网校暂行管理办法》、《计算机病毒防治管理办法》、《关于音像制品网上经营活动有关问题的通知》、《计算机信息系统国际联网保密管理规定》和《全国人大常委会关于维护互联网安全的决定》，2005 年 9 月 25 日，国务院新闻办公室和信息产业部联合发布的《互联网新闻信息服务管理规定》等。这些管理规定的制定标志着我国网络法规的起步。

从技术上对用户使用因特网实施控制可以用两种方法来实现。一种是使用代理服务器的技术。代理服务器位于网络防火墙上，代理服务器收到用户请求的时候，就检查其请求的网页地址是否在受控列表中，如果不在就向因特网发送该请求，否则拒绝请求，这是一种根据地址进行访问控制的方法，微软开发的 I-Gear 使用的就是这种方法。还有一种基于信息内容的控制技术，即从技术角度控制和过滤违法与有害信息。它主要是对每一个网页的内容进行分类，并根据内容特性加上标签，同时由计算机软件对网页的标签进行监测，以限制对特定内容网页的检索。如互联网内容选择平台（Platform for Internet Content Selection，PICS）就是这一类的技术。1996 年，Microsoft、Netscape、SurfWatch、CyberPatrol 和其他一些软件厂商宣布已经开发出了自己的 PICS 兼容产品。同年，AOL、AT&T WorldNet、CompuServe 和 Prodigy 开始提供免费的 PICS 兼容软件。

7.3.4　有关性别的问题

　　计算领域中的性别问题已经引起了国内外许多学者的注意。从世界范围来看，从事计算机科学的研究及从事 IT 等行业的女性所占的比例显然大大低于男性，这不仅仅是男女之间生理的差异带来的问题，更主要包括文化、经济等深层的社会环境造成的影响。在我国，虽然当前女性的就业率位居世界榜首，但与发达国家相比，我国女性从事以体力劳动为主的产业的比重较高，而从事信息和服务部门的比重甚低。当然，这种因性别问题造成的就业差别将随着数字化时代的到来而逐步淡化。20 世纪 80 年代以来，计算机信息与网络技术的迅速发展及广泛应用给女性的职业选择带来了新的契机，同时也为女性平等、独立地步入社会创造了良好的条件。21 世纪，女性可以通过计算机网络从事网上编辑、美术设计、广告设计、会计、教师等多种职业。新的观念和新的工作模式使女性也开始加入 SOHO（Small Office and Home Office）的行列。与此同时，互联网改变了现实社会中人与人之间的关系，突破了现实生活中地域、人的社会地位、职业以及性别等的差异，意味着个体间的真正平等。在这一变化中，女性可通过互联网以个人身份加入国际社会，扩大视野，创造更多、更自由的发展空间。

　　网络时代的另一性别问题是女性涉足网络的人数远远低于男性。据一些网络调查表明，在我国，女性互联网用户数量大大低于男性，除去女性在家庭中的地位、受教育程度以及男女之间在兴趣培养方面的差异等因素外，更主要的原因之一是网络空间的复杂性、易变性，使女性在网络中常常容易被骚扰、被欺骗，以及在网络上遇到色情问题等。使女性远离网络的另一原因还包括女性的网络素养问题，即对信息的判断能力及创造和传播能力。

　　以上有关性别的问题只是计算时代诸多性别问题中的一个侧面，如何面对和消除性别问题带来的负面影响依然是目前各国学者研究和争论的热门话题。

7.4　道德分析的方法

　　道德分析的主要内容包括对道德争论的分析、确定及其评价，如何进行道德选择及道德评价，如何理解软件设计的社会背景，识别假设和价值观念等。本节着重讲述道德分析的一个重要方法——道德选择及道德评价。

1．道德选择

道德选择就是在处理与道德相关的事务时以道德原则（Ethical Principles）为根据，以与道德原则一致为标准对可能的道德观点进行选择的过程。进行道德选择是一件困难而复杂的事情。这种选择往往伴随着来自经济的、职业的和社会的压力，有时这些压力会对我们所信守的道德原则或道德目标提出挑战、掩盖或混淆某些道德问题。道德选择的复杂性还在于，在许多情况下同时存在多种不同的价值观和不同的利益选择，我们必须为这些相互竞争的价值观和利益进行取舍。除此之外，有时我们赖以进行道德选择的重要事实是我们不知道、无法知道或不清楚的。既然道德选择可能会在使一些人受益的同时损害其他一些人的利益，所以我们就必须对此进行权衡，充分考虑各种道德选择可能出现的后果。

2．道德评价

道德评价是道德选择的关键。道德评价必须遵循一定的道德原则。1984 年，Kitchener 提出了下面 5 条为公众和许多社会组织接受的道德原则。

（1）自治（Autonomy）原则。

（2）公正（Justice）原则。

（3）行善（Beneficence）原则：尽量预防和制止对他人造成的危害，并主动作对他人有益的事。

（4）勿从恶（Nonmaleficence）原则：强调不要对他人造成伤害，并避免可能对他人造成伤害的行为。

（5）忠诚（Fidelity）原则：诚实对人，信守诺言。

3．道德选择中其他相关因素及道德选择过程

在确定了道德评价的标准之后，为了使道德选择顺利进行，进行道德选择的人还必须具备其他一些必要的条件。比如选择者对各种选择的道德意义必须具有一定的敏感性、理解力和对道德问题的奉献精神，必须能够对复杂、不明朗或不完整的事实做出比较恰当的评价，要避免在执行道德选择时因为方式不当而对一个职业造成伤害。

道德选择一般包括以下步骤。

（1）确定所面临的问题：尽量搜集更多的信息以帮助自己对当前问题有一个清晰的认识，包括问题的性质、已有的事实、前提和假设等。

（2）利用现有的道德准则，检查该问题的适用性，如果适用则采取行动进行解决；如果问题比较复杂，解决方案尚不明确，则继续下面的步骤。

（3）从不同的角度认识所面临的难题的性质，包括确定特定情况下适用的道德原则，并对相互之间可能发生冲突的道德原则进行权衡。

（4）形成解决问题的候选方案。

（5）对候选方案进行评价，考虑所有候选方案的潜在道德后果，做出最为有利的选择。

（6）实施所选方案。

（7）对实施的结果进行检查和评价。

7.5 职业和道德责任

7.5.1 职业化的本质

职业化的英文单词是 Professionalism，该单词也常被译为"职业特性"、"职业作风"、"职业主义"或"专业精神"等。那么职业化的本质是什么呢？

英国德蒙福特大学（De Montfort University，DMU）信息技术管理与研究中心穆罕默德教授认为"职业化"应该视为从业人员、职业团体及其服务对象——公众之间的三方关系准则。该准则是从事某一职业并得以生存和发展的必要条件。实际上，该准则隐含地为从业人员、职业团体（由雇主作为代表）和公众（或社会）拟订了一个三方协议，协议中规定的各方的需求、期望和责任就构成了职业化的基本内涵。如从业人员希望职业团体能够抵制来自社会的不合理要求，能够对职业目标、指导方针和技能要求不断进行检查、评价和更新，从而保持该职业的吸引力。反过来，职业团体也对从业人员提出了要求，要求从业人员具有与职业理想相称的价值观念，具有足够的、完成规定服务所要求的知识和技能。类似地，社会对职业团体以及职业团体对社会都具有一定的期望和需求。任何领域提供的任何一项专业服务都应该达到三方的满意，至少能够使三方彼此接受对方。

"职业化"是一个适用于所有职业的一个总的原则性协议，但具体到某一个行业时，还应考虑其自身特殊的要求，如在广播行业里，公众要求广播公司和广播人员公正地报道新闻事件，广播公司则对广播人员的语言有特别的要求。

7.5.2 软件工程师的伦理规范

任何一个职业都要求其从业人员遵守一定的职业和伦理规范，同时承担起维护这些规范的责任。虽然这些职业和伦理规范没有法律法规所具有的强制性，但遵守这些规范对行业的健康发展是至关重要的。在计算机日益成为各个领域及各项社会事务中的中心角色的今天，那些直接或间接从事软件设计和软件开发的人员有着既可从善也可从恶的极大机会，同时还可影响周围其他从事该职业的人的行为。为使软件工程成为一个有益的和受人尊敬的职业，1998 年，IEEE-CS 和 ACM 联合特别工作组在对多个计算学科和工程学科规范进行广泛研究的基础上，制定了软件工程师职业化的一个关键规范：资格认证。在经过广泛的讨论和严格的审核之后，IEEE-CS 和 ACM 采纳了特别工作组提出的《软件工程资格和专业规范》。该规范不代表立法，它只是向实践者指明社会期望他们达到的标准，以及同行们的共同追求和相互的期望。该规范要求软件工程师应该坚持下列 8 项伦理规范。

（1）公众：从职业角色来说，软件工程师应当始终关注公众的利益，按照与公众的安全、健康和幸福相一致的方式发挥作用。

（2）客户和雇主：软件工程师应当有一个认知，了解什么是客户和雇主的最大利益。他们应该总是以职业的方式担当他们的客户或雇主的忠实代理人和委托人。

（3）产品：软件工程师应当尽可能地确保他们开发的软件对于公众、雇主、客户以及用户是有用的，在质量上是可接受的，在时间上要按期完成并且费用合理，同时没有错误。

（4）判断：软件工程师应当完全坚持自己独立自主的专业判断并维护其判断的声誉。

（5）管理：软件工程的管理者和领导应当通过规范的方法赞成和促进软件管理的发展与维护，并鼓励他们所领导的人员履行个人和集体的义务。

（6）职业：软件工程师应该提高他们职业的正直性和声誉，并与公众的兴趣保持一致。

（7）同事：软件工程师应该公平合理地对待他们的同事，并应该采取积极的步骤支持社团的活动。

（8）自身：软件工程师应当在他们的整个职业生涯中积极参与有关职业规范的学习，努力提高从事自己的职业所应该具有的能力，以推进职业规范的发展。

软件工程资格认证将会指导从业者遵循有关协会期望他们所要符合的规范和他们所要奋斗的目标，或两者之一。更重要的是，认证将使公众意识到责任心对职业的重要性。

另外，在软件开发的过程中，软件工程师及工程管理人员不可避免地会在某些与工程相关的事务上产生冲突。为了减少和妥善地处理这些冲突，软件工程师和工程管理人员就应该以某种符合职业伦理的方式行事。1996 年 11 月，IEEE 伦理规范委员会指定并批准了《工程师基于伦理基础提出异议的指导方针草案》，草案提出了 9 条指导方针。

（1）确立清晰的技术基础：尽量弄清事实，充分理解技术上的不同观点，而且一旦证实对方的观点是正确的，就要毫不犹豫地接受。

（2）使自己的观点具有较高的职业水准，尽量使其客观和不带有个人感情色彩，避免涉及无关的事务和感情冲动。

（3）及早发现问题，尽量在最底层的管理部门解决问题。

（4）在因为某事务而决定单干之前，要确保该事务足够重要，值得为此冒险。

（5）利用组织的争端裁决机制解决问题。

（6）保留记录，收集文件：当认识到自己处境严峻的时候，应着手制作日志，记录自己采取的每一项措施及其时间，并备份重要文件，防止突发事件。

（7）辞职：当在组织内无法化解冲突的时候，要考虑自己是去还是留。选择辞职既有好处也有缺点，做出决定之前要慎重考虑。

（8）匿名：工程师在认识到组织内部存在严重危害，而且公开提请组织的注意可能会招致有关人员超出其限度的强烈反应时，对该问题的反映可以考虑采用匿名报告的形式。

（9）外部介入：组织内部化解冲突的努力失败后，如果工程人员决定让外界人员或机构介入该事件，那么不管他是否决定辞职，都必须认真考虑让谁介入。可能的选择有执法机关、政府官员、立法人员或公共利益组织等。

7.5.3　与检举有关的内容

1. 检举和检举制度

1）检举的概念

检举是指公司雇员、组织成员或其他社会成员对欺诈、辱骂、虐待等不正当行为向特定对象进行揭发举报或向社会公开曝光的行为。

2）检举的类型

美国人乔治（Richard T. De. George）在其著作《经济伦理学》（*Business Ethics*）中将检举分为以下4种类型。

（1）个人检举：针对某个人而不是针对某个组织或系统的不正当行为进行的检举。如社会某一成员揭露性骚扰者的不正当行为、公司某员工检举所遭遇的暴力侵犯等。从道德上讲，个人检举是允许做但不强求做的事，除非事情的某些方面表明一部分人将会立即受到伤害。

（2）内部检举：针对出现在一个组织或系统内部的不正当行为进行的检举。例如，公司员工向董事会揭发某些员工或领导的不正当行为，学生检举考试作弊行为等。在这种情况下，检举是指向特定的人报告那些不正当的行为。

（3）外部检举：当事态过于严重，检举者从组织内部得不到令人满意的答复时，他就不得不将事情告知组织以外的人。一般只有目光短浅的公司里才会发生对外检举事件，一个管理良好的公司会考虑到公司及其员工的利益和工作热情，重视内部发生的此类事件。

（4）政府检举：指政府工作人员向管理性或调查性机构对其所在部门发生的不道德行为进行的检举。例如，向立法委员会报告费用超额的现象、向新闻媒体披露政府内部的腐败情况等。

3）检举制度

检举制度是一种利用检举作为控制组织的不正当行为，提高管理水平、维护有效经济所必需的透明性的手段。如美国IBM公司在人事管理上就制定了一套严格的消除不满的检举制度，这项制度不仅局限于IBM公司的总部，也适用于分布在不同国家的分公司。2001年底位列全美500强第7位的美国安然（Enron）公司破产事件震惊了全世界。安然公司高层管理人员虚报成绩，欺骗员工、股东和社会以及利用政府为自己攫取利益的行为，在使人们看到美国公司制度缺陷的同时，也突出地显示社会监督的重要性。检举作为社会监督的一种有力手段也引起了公众和相关研究人员的关注。

世界上许多政府部门和组织都制定了与检举相关的制度和政策，以鼓励公众和雇员对部门和组织内不合理、不合法、不道德以及与公众利益相背离的行为和做法进行检举，同时保护检举人的利益不受侵害。例如中国的《中华人民共和国监察法》、英国剑桥大学的《公共利益检举法案1998》等。在我国，根据《中华人民共和国著作权法》、《计算机软件保护条例》以及新刑法中关于"侵犯知识产权罪"和"扰乱市场秩序罪"的有关规定，一个公司如果生产、销售或者复制使用非法软件，属于非常明确的违法行为，任何人都可以进行检举。

2．与职业相关的检举行为

在这里，我们将讨论范围限制到一种与职业相关的具体、特定的检举方式上，即非政府检举、非个人检举，未来的职业人员关心的检举如下。

（1）检举的目的是出于道德原因，如盈利性公司的员工希望生产安全的产品。

（2）检举的内容是一些产品和操作方面的情况，如设计错误、使用劣等材料、违规操作或者低于生产工艺标准等。

（3）所检举的行为极有可能对社会公众、公司员工以及产品的使用者造成严重的危害。

将注意力放在以上行为之内的主要原因如下。

（1）检举合理化的条件是随着事件情况不同而变化的。

（2）经济损失与身体伤害有巨大的差别。对于不道德操作方式产生的经济损失和身体伤害这两种案例的处理方式是不同的。

（3）内部检举和个人检举都会给公司带来问题，但这些行为和问题大都被限制在公司内部。外部检举和非个人检举都是与公众相关的行为，因为此时受到伤害的是公众而非公司。作为典型，应该分析那些由于公司的操作方式、产品设计、员工行为使产品使用者和无辜旁人受到严重人身伤害，甚至死亡的案例。

（4）唯一要考虑的导致检举行为的动机出自于道德，至于那些出于复仇心理或其他原因的检举行为不在我们的讨论范围之内。

3．有效的检举行为

以上集中分析的是一种特殊的检举行为，它是没有政府参加、不为个人目的向外界检举公司内部错误的行为。该行为目的是为了揭露公司的产品、法令或政策可能严重威胁公众或使用者的身体健康。

对公司来说，任何检举行为都是不忠实和不服从的表现，可能会给公司带来负面影响或将公司牵涉到某项调查之中。那么，在什么情况下，员工能够检举公司，什么情况下不能？

下面列出 5 项条件，若满足前 3 项，则检举行为是公正的；若该检举同时还满足后两项附加条件，那么该行为就是义不容辞的道德义务。

（1）公司的产品或政策将会给公司员工或公众造成严重、巨大的伤害，无论受害人是使用者还是旁观者或其他人员。

（2）一旦员工确定某种产品可能会给使用者或公众造成严重危害，应向其直接领导报告，使其了解自己的意见。否则，该员工的检举行为就不是完全公正的。

（3）若员工的上级领导没有对员工的报告做出积极的反应，员工应该尽一切可能通过公司内部程序在公司内部解决问题。

（4）检举人必须有令人信服的确凿证据，能说服一个理智、公正的观察员相信他对事情的估计是正确的，公司的产品、法令或政策确实会给公众或顾客造成严重的伤害或带来巨大威胁。

（5）员工必须有充分的理由相信，一旦将问题公之于众后，产品会进行改进，而且员工应有绝对把握，值得为此冒险。

若有了前3个条件，公司还没有采取措施防止危害发生，员工则已经履行了对公司应尽的义务，这时，就有充足的理由对外检举公司产品可能造成的危害，但这并不表示公司里的员工有义务对外检举公司的错误。

若员工不顾自己是否确信估计的正确性，不顾领导和同事的意见，不通过公司内部机制而直接进行检举，由于检举可能会对公司产生严重的后果，这时，就需要后两个附加条件起作用。需要指出的是：任何可能使检举行为成为强制性责任的条件都将损害检举的效果，使检举泛滥，对公众没有好处。因此，检举必须满足一定的条件，不能滥用。

7.5.4 计算中的"可接受使用"政策

"可接受使用"政策通常是指计算机或网络资源提供者制定的共享资源使用规则，该规则明确资源提供者和用户各自的责任和义务，指出什么样的行为是可接受的，什么样的行为是不可接受的。接受"可接受使用"政策中规定的条款往往是用户获得共享资源使用权的前提条件。比如我们在申请免费电子信箱的时候常常看到这样的一句话：您只有无条件接受以下所有服务条款，才能继续申请……如果我们选择了"接受"，申请继续，否则申请终止。

"可接受使用"政策是资源服务提供者为维持其服务、保证其服务用于所期望的目的、保护大多数用户及自身的利益不受损害而制定的。一般来讲，所制定的政策必须与有关的国家法律或组织规章制度相一致。

7.6 基于计算机系统的风险和责任

7.6.1 历史上软件风险的例子

计算机系统一般由硬件和软件两部分构成，二者的可靠性构成了整个系统的可靠性。相应地，系统的风险也就由硬件风险和软件风险构成。根据CC2001教学计划的要求，本书以历史上著名的"Therac-25"事件为例，着重讲述系统设计中存在的软件风险及其影响。Therac-25事件就是历史上软件风险的著名案例。

Therac-25是加拿大原子能公司（AECL）和一家法国公司CGR联合开发的一种医疗设备（医疗加速器），它产生的高能光束或电子流能够杀死人体毒瘤而不会伤害毒瘤附近健康的人体组织。该设备于1982年正式投入生产和使用。在1985年6月到1987年1月不到两年的时间里，因该设备引发了6起由于电子流或X光束过量使用而造成的医疗事故，造成了4人死亡、2人重伤的严重后果。事故的原因要从Therac-25的设计说起。

Therac-25与其前两代产品Therac-6和Therac-20相比，最大的不同之处在于：软件部分在系统中的作用有差异。在前两代产品中，软件仅仅为操作硬件提供了某种方便，硬件部分具有独立的监控电子流扫描的保护电路；而在 Therac-25 中，软件部分是系统控制机制必要的组成部分，保证系统安全运转的功能更多地依赖于软件。Therac-25 系统有 X 模式和 E 模式两种工作模式。在 X 模式下机器产生 25 MeV 的 X 光束，在 E 模式下则产生各种能量级别的电子流；由于前者的能量非常高，所以必须经过一个厚厚的钨防护罩之后才能够与病人发生病变的人体组织相接触。模式的选择由操作员从终端上输入的数据决定。

据调查，1985 年到 1987 年间发生的 6 起事故是操作员的失误和软件缺陷共同造成的。在 1985 年第一起事故中，操作员在终端上输入错误的控制数据 "X" 后随即对此进行了纠正。但就在纠正输入数据的操作结束时，系统发出错误信息，操作员不得不重新启动计算机。然而就在这段时间里，躺在手术台上接受治疗的病人一直接受着过量的 X 光束的照射，结果造成其肩膀灼伤。三周之后，同样的事情又发生了。当操作员重新启动计算机的时候，支撑钨防护罩的机械手已经缩回，而 X 光束却没有被切断，结果病人被置于超出所需剂量 125 倍的强光束的辐射之下而最终致死。

事后的调查表明，Therac-25 系统中使用的软件有一部分直接来自为前两代产品开发的软件，整个软件系统并没有经过充分的测试。而 1983 年 5 月 AECL 所做的 Therac-25 安全分析报告中，有关系统安全分析只考虑了系统硬件（不包括计算机）的因素，并没有把计算机故障所造成的安全隐患考虑在内。Therac-25 作为医疗加速器设备历史上最为严重的辐射事故之一，给人们以深刻的启示：软件设计的不当很可能对系统的安全性造成巨大隐患，甚至危及人的生命。因此，在开发应用系统，尤其是安全至上的应用系统时，必须充分地考虑当系统出现故障时，怎样才能将危害降至最低。

7.6.2   软件的正确性、可靠性和安全性

软件的正确性、可靠性和安全性是影响软件质量的 3 个重要因素。根据 McCall 等人提出的软件质量度量模型，正确性是指程序满足其规格说明和完成用户任务目标的程度。正确性的评价准则包括可跟踪性、完整性和一致性。可靠性是指程序在要求的精度下，能够完成其规定功能的期望程度。可靠性的评价准则包括容错性、准确性、一致性、模块性和简洁性。安全性则是对软件的完备性进行评价的准则之一，指控制或保护程序和数据机制的有效性，比如对于合理的输入，系统会给出正确的结果，而对于不合理的输入程序则予以拒绝等。在 1985 年 ISO 建议的软件质量度量模型中，正确性和安全性是软件质量需求评价准则（SQRC）中的两条准则，前者包括软件质量设计评价准则（SQDC）中的可跟踪性、完备性和一致性，后者则包括其中的存取控制和存取审查。而 McCall 模型中的可靠性因素则体现在可容性准则和可维护性准则中。

7.6.3   软件测试

软件测试（Software Testing）是发现软件缺陷、保证软件质量的主要手段。根据 1983 年制定的美国国家标准和 IEEE 标准的定义，软件测试就是以手工或自动方式，通过对软件是否满

足特定的需求进行验证或识别软件的实际运行结果与期望值之间的不同，而对系统或系统部件进行评价的过程。

1. 软件测试的目标

（1）测试是一个程序的执行过程，其目标是发现错误。

（2）一个好的测试用例能够发现至今尚未察觉的错误。

（3）一个成功的测试则是发现至今尚未察觉的错误的测试。

遗憾的是，现在并没有一种测试方法能够找出软件中存在的所有错误。对于大型软件系统，更加难以保证它是没有任何错误的。

对于软件测试的局限性，狄克斯特拉有句名言：测试只能够证明软件是有错的，但不能证明软件是没有错误的（Testing reveals the presence，but not the absence of bugs）。

2. 软件测试的原则

（1）程序员或程序设计机构不应测试由其自己设计的程序。

（2）测试用例设计中，不仅要有确定的输入数据，而且要有确定预期输出的详尽数据。

（3）测试用例的设计不仅要有合理的输入数据，还要有不合理的输入数据。

（4）除了检查程序是否做完了它应做的事之外，还要检查它是否做了不应做的事。

（5）保留全部测试用例，并作为软件的组成部分之一。

（6）程序中存在错误的概率与在该段程序中已发现的错误数成比例。

7.6.4 软件重用中隐藏的问题

软件重用是指在新的环境中，一些软件部件、概念和技术等被再次使用的能力，它是提高软件生产率、降低软件开发成本的有效手段。软件重用技术就是要把软件设计人员从反复设计相互雷同程序的重复劳动中解放出来。软件重用可以在不同的级别上实施，重用的单位可以是软件规格说明、软件模块和软件代码等。

与此同时，软件重用还对软件开发的各个阶段提出了新的要求和新的问题。比如在基于部件的软件开发中，为了保证软件重用部件能够成功地运用在新的应用环境中，重用部件开发者必须考虑到以下几个问题：重用部件在新的特定的环境中能否合理地发挥作用？根据是什么？对重用部件的测试是否充分考虑了可能出现的各种不同情形？设计的时候是否考虑了各种可能环境下部件的有效性、可靠性、健壮性以及可维护性？

20 世纪 90 年代后，随着面向对象软件设计方法的广泛应用，软件重用的应用前景越来越广阔，但软件重用中还存在不少理论和技术问题，尚需进一步的研究。

7.6.5 风险评定与风险管理

所谓风险就是潜在的问题，已知的确定会发生的问题不是风险。风险源于实际工作环境的不确定性。不同行业中风险的具体类别也不相同。例如，在软件工程中，可能的风险包括技术风险（如目前还比较薄弱的技术领域）、来自用户的风险（如用户对项目执行情况的确认、用户新需求对原来需求的影响)、关键开发人员离职的风险、开发队伍管理不善的风险 (如资源配置和协调落后) 等。

风险管理 (Risk Management) 一词最初是由美国的萧伯纳博士于 1930 年提出的,至今还没有一个统一的概念。Karl E. Wiegers 在 *Know Your Enemy*: *Software Risk Management* 一文中给出的解释是:风险管理就是使用适当的工具和方法把风险限制在可以接受的限度内。中国台湾的袁宗慰把风险管理定义为:在对风险的不确定性及可能性等因素进行考察、预测、收集、分析的基础上,制定出包括识别风险、衡量风险、积极管理风险、有效处置风险及妥善处理风险所致损失等一整套系统而科学的管理方法。尽管定义的细节不尽相同,但风险管理的目的却是一致的,即以一定的风险处理成本达到对风险的有效控制和处理。

一般来说,风险管理包括以下几个阶段。

(1) 风险评定。风险评定是风险管理的出发点,同时又是风险管理的核心,它包括以下 3 方面的内容。

① 风险识别 (Risk Identification),就是要确定风险的存在情况,对所面临的以及潜在的风险加以判断、归类整理并对风险的性质进行鉴定的过程。

② 风险分析 (Risk Analysis),就是基于目前掌握的信息对风险发生时可能造成的损害及损害程度进行评价的过程。

③ 风险优先级评定 (Risk Prioritization),其任务就是对可能存在的风险设置优先级。对发生的可能性比较大,并对组织的整体利益有较大影响的风险要设置较高的优先级。

风险评定的主要方法有失败模型和效果分析法、危险和可操作性能 (HAZOP) 评定法、历史分析法、认为错误分析法、概率风险评定法和树分析法。

(2) 选择处理风险的方法。对各种处理风险的方法进行优化组合,把风险成本降到最低。

(3) 风险管理效果评价。分析、比较已实施的风险管理技术和方法的结果与预期目标的契合程度,以此来评判管理方案的科学性、适应性和收益性。同时,当项目风险发生新变化,如目标平台改变、项目成员变动、用户需求变动的时候,风险的优先级以及风险处理的方法也要相应改变。所以风险管理效果评价的另一个内容就是对风险评定及管理方法进行定期检查、修正,以保证风险管理方法适应变化了的新情况。

需要指出的是,尽管风险管理的过程大致相同,但行业不同风险管理的原理和具体要求也不相同,如医疗、保险、审计等行业都有其各自独特的风险管理问题,需要引起职业人员的注意。

7.7　团队工作

本节从团队的目标等最基本的概念入手,介绍工作关系与团队关系之间的区别,以及团队的运行机制、团队激励和团队僵局等内容。

7.7.1 基本概念

1. 团队和团队合作

团队（Team）最基本的定义就是为了共同目标而进行合作的两个人以上的集合。团队合作就是利用团队之间的彼此了解和个人特长，发挥自我优势，在团队中一起通过责任、奉献和知识共享，通过成员的共同努力产生积极的作用，使团队的绩效水平远大于个体成员绩效的总和。

工作中的团队合作理念最早起源于美国，但真正在实践中很好地运用团队合作理念的却是第二次世界大战之后的日本。日本人在决心重振经济时诚恳地接受了团队合作这一理念，从而奠定了他们在当今世界市场中的领先地位。美国公司近来也开始效仿他们的日本对手，他们引入质量小组（试图通过举行头脑风暴会议解决企业问题的小团体），开展员工参与，果断地根据美国实际运用团队概念。例如，在加利福尼亚州的弗里蒙特，通用汽车与丰田公司的合作项目就是团队合作的一个实例。1987年，美国审计总署发现，在476家大型企业中，70%的企业采用了最简单的团队合作形式——质量小组。波音、卡特彼勒（Caterpillar）、福特、通用电气、通用汽车以及数码设备公司等主要企业都极力提倡团队合作的概念。20世纪90年代，几乎所有主要企业都投入了大量的人力和财力，用于在管理层和员工中开展团队合作。

2. 团队与群体的区别

团队属于群体的概念范畴，而又不同于一般的群体。一个群体是不是一个团队，是有一定的判断标准的。例如，一群人偶然一起乘一部电梯，那这只能说是一群人在一起，而不能将其视为一个通过共同合作来达到共同目标的团队。若电梯突然坏了，这群人要想方设法尽快从电梯中逃离，那么，这一群人由于有了共同的目标而成为一个团队。

日常生活中，我们接触更多的是工作群体（Work Group）的概念，它与团队合作是完全不同的两个概念，群体中不一定需要积极的协同力量，群体的总体绩效也不一定大于个人绩效之和。另外，在群体中，责任常常由个人承担，每个人的职责很明确，而在团队中，个体责任与共同的责任同时存在，甚至更多的时候是共同责任。

3. 工作关系和团队关系

（1）工作关系是以完成各自的工作为目标而产生的关系，工作组成员之间存在一定的等级关系，下级只是因为工作的职位原因才服从上级。在这样的模式下，一般管理层和员工之间由于没有共同的目标，他们之间的关系是中性或者消极的。

（2）团队关系是建立在大家共同要实现的业绩目标基础之上的，大家为了共同的业绩利益一起工作而产生的一种关系。在这种工作关系下，管理层和员工之间能融洽地合作，不会因为个人利益而产生冲突，他们之间的关系是积极的。

团队合作和团队关系侧重的是采取实际行动和具体步骤，以解决团队内部问题并实现目标；而工作关系和协作则致力于它的基础建设，即互相尊重、信任与和谐。

7.7.2　团队目的

团队的组建目的是为了获得更高的业绩。对高效的团队来说，共同的业绩目标起到的激励作用远比组建团队的愿望本身更大。

团队组建的目的是为了业绩，剩下的工作就是围绕这个目标而展开。在团队建设中，不少人强调：团结、归属感是团队的重要特征。实际却并非如此，当工作组强调业绩标准而非所谓的团结和归属感的时候，它不仅能取得显著的业绩，而且因为共同的切身利益，团队个体之间，往往会更加彼此尊重，并最终促进各自的友谊。

要寻找解决团队问题的最佳方案，就必须始终以团队面临的业绩为中心，坚定不移地应用最合适的机制，取得最大的业绩。

7.7.3　团队机制

1. 团队机制的定义

团队最重要的特征不是团结、归属感，也不是授权，而是它的运作机制。根据《韦氏大学字典》的定义，"机制"一词含有"有序的或规定的行动和行为方式"之意。更为重要的是，"机制"是建立在基本原则基础上的，欲从这些准则的实施中有所获益就必须恪守基本原则。例如，减肥就必须坚持"少吃、吃得科学、加强锻炼"这 3 条原则，少其中一条减肥计划就难以成功。团队机制就是这样的约束机制。

2. 两种最常见的团队机制

在卡森巴旗（J. R. Katzenbach）与史密斯（D. K. Smith）合著的《团队的修炼》一书中，给出了两种基本的团队机制：团队制和单一领导。

如果工作组能够认真区分哪些目标的实现最适用团队制，哪些最适用单一领导制，那么团队的业绩潜力将会大大提高。

（1）单一领导制。在单个领导的指导和管理下，通过集合每个人的工作贡献来实现整体的目标。这个领导主要负责的活动如下。

① 做出并传达决策。

② 确定业绩目标。

③ 确定工作节奏和工作方法。

④ 评估成果

⑤ 设定标杆和标准。

⑥ 通过明晰的个人职责，掌握工作组的工作情况，强调成果的管理。

单一领导制是所有管理得当的组织所熟悉的管理方法，也是其重要的组成部分。历史上，大多数组织部门和事业部主要采用这样的机制。

（2）团队制。当实现某个挑战需要建立团队时，团队制的优势是灵活多变的应对方式和依靠集体力量。与单一领导制一样，团队制同样经受了时间的检验，也是一种有用的机制。它与单一领导制有以下不同之处。

① 在团队制中，由最适合的人做出决策。

② 应用团队制的团队分别制定、确认自己的团队目标，也可以由团队统一制定、确认。

③ 团队制中，工作的节奏和工作的方法由团队制定。

④ 团队制中，团队会坚持进行严格的成果评估。

⑤ 团队制中的团队成员会制定高标准。

⑥ 团队制中的成员既对自己负责，又对他人负责。

对于何时、何地以及如何应用团队制或单一领导制，工作组成员必须深思熟虑，要有清醒的认识。不言而喻，如果应用得当，两种机制都有效。

3. 提高业绩的常用方法

无论选择的是团队制还是单一领导制，采用的都是以成果描述为目标，而不是以活动描述为目标。以成果描述为目标指的是界定成功的具体成果，而以活动描述为目标是指给出取得成功需完成的必要活动。这里的成果指的是努力的结果、成效、最终产品或行动产生的影响，它们清晰可见，实实在在，可以以多种方式去衡量。例如，学校饭堂以学生反馈的信息来衡量自己的工作成果。

所以以成果描述的目标必须满足 SMART 标准，即具体的、可测量的，目标远大，可以实现的、现实的、时限的。

下面举几个以成果为目标进行描述的例子。

例 7.1 第二季度公司要赢得至少 5 个新客户。

例 7.2 月底前，完成新软件许可权的审批工作。

以上例子还可以用活动来描述。

例 7.3 制定赢得新客户的实施计划。

例 7.4 改变新软件许可权的审批过程。

7.7.4 团队激励

个人绩效评估、固定的小时工资、个人激励等传统的以个人导向为基础的评估与奖励机制与高效团队的开发是不相适应的。在团队中，必须建立适应以集体绩效为导向的考核体系，才能充分地衡量团队绩效。因此，除了根据个体的贡献进行评估和奖励以外，管理人员还应该考虑以团队为基础来进行绩效评估、利润分享、小群体激励及其他方面的创新，以强化团队的奋进精神。

1. 物质奖励强化整体绩效目标

在团队激励中，将物质奖励与整个团队的绩效目标挂钩，可以把团队共同的目标转变为具体的、可衡量的、现实可行的绩效目标，从而提高团队的合作水平，减少恶性冲突，达到明确团队共同目标的作用。以物质奖励为基础的总目标在很大程度上可以转移团队的视线，它起着充当整个团队的"导航系统"的作用，在团队这条大船上，即使每个人站的位置不一样，也能保证用力的方向与目的地是协调一致的。正是这种激励方式，成为各属员协调的基点和各自能力的衔接点，使他们达成"轻小我目标，重大我目标"的共识，整个团队自然形成"求大同，存小异"的格局。

2. 精神激励推动个体目标实现

物质激励解决了团队协同一致的难题，但是当群体承担责任（类似于人们常说的"吃大锅饭"）时，必定会出现有人窝工、磨洋工的现象，导致整个团队陷入"木桶短板效应"的困境中。此时问题的关键在于管理者如何去激发团队成员内在的潜力。

（1）尽量让团队成员做自己感兴趣的事。每个人至少要对其工作的一部分有高度兴趣，并充分感受到工作的快乐，从而提高其创造力与生产力。

（2）让沟通畅通无阻。管理者可以提供多维沟通管道，让员工了解如何开展工作、自己对团队工作的影响、团队的营运状况等各方面的信息，并鼓励员工提出问题及分享资讯，保证员工有机会关心团队的问题，以增加其归属感。

一个团队仅有少说多做是不够的，要进行充分的沟通，在沟通的基础上明确各自的任务和职责，然后进行分工协作，才能把大家的力量形成合力。否则，团员只管低头拉车，各走各路，永远不会形成合力，也就无所谓效益和业绩了，甚至会造成反作用。

团队没有交流沟通，就不可能达成共识；没有共识，就不能协调一致，也不可能有默契；没有默契，就不能发挥团队的绩效，就失去了建立团队的基础，所以有效的沟通是建立高效团队的前提。

（3）通过参与决策获得凝聚力。让员工参与一些与自身利益相关的决策，这种做法表示对他们的尊重及处理事情的务实态度。当员工有参与感时，对工作的责任感便会增加，也较能轻易接受新的方式及改变。

（4）通过授权使员工有成就感。通过授权，员工在独立自主的环境中获得的成绩更能清晰地被发现、被认可，因此获得的成就感就越强，做事自然更有动力。

（5）给员工提供学习和成长的机会。大部分员工的成长来自工作上的发展，工作也会为员工带来新的学习以及吸收新技巧的机会，对多数员工来说，得到新的机会来表现、学习与成长是最好的激励方式。

总之，在团队的考核体系上，应当更多地将团队成员的物质奖励与集体绩效挂钩，而将精神奖励与团队成员的个体目标挂钩。前者是出于塑造团队的凝聚力、提升团队合作性的目的，而后者是出于激发和保持团队工作热情、积极性的考虑。

7.7.5　团队僵局

团队会遇到什么样的困境，这些困境是怎么造成的？如何摆脱？

（1）目标不明确。

（2）态度错误。

人们需要采取的普遍态度应该是在失败的时候不要指责某一两个成员，因为所有人都参与了工作。如果不采取这种态度,团队需要的责任感、集体工作成果和领导的职责就会丧失,团队将陷入僵局或无所作为。

（3）技能缺乏。

一个团队面对挑战的最大优势就是它有能力集中所有成员的多种技能和智慧,完成单凭个人努力无法完成的任务。当团队缺乏所需的工作技能时,问题就会出现。换言之,成员资格更多取决于岗位需要而不是个人技能。除非团队的工作方式能够另外提供工作技能,否则,问题不能有效地解决。例如,要打入韩国的速食品市场的营销计划,需要一个了解韩国口味的成员。

（4）成员资格变更。

通常团队运行几个月后其成员资格会发生变化。每当有新成员加入团队,其他成员领导和发起人就应该一道努力使新成员融入团队中。在某种意义上来讲,这相当于再次重建团队,因为新老成员应该对工作方法达成一致,内部统一,协调职责。

（5）时间压力。

时间是寻求业绩的团队的敌人,尤其是对于那些还不具备工作技能、成员还不太熟悉工作机制的团队来说。形成业绩目标,以结果描述的目标和工作方法需要建立在全体成员具有同等职能水平基础上,这比建立单一领导制花费的时间要多。形成团队所耗费的时间更多,这也是使团队陷入僵局的一个原因。

（6）缺乏原则和责任感。

团队的业绩很大程度上决定于团队的原则和责任感,而不是所谓的责权分配和通力合作。

无论团队的任务如何变化,团队的6项原则都要始终严格遵守。忽视6条中的任何一条,都会困扰团队,甚至使团队瘫痪。长期陷入僵局的团队会丧失信心和责任感;他们可能放弃原则低效运转。因此,让成员认识到陷入僵局的可能性和为什么陷入僵局非常重要,一旦有了这种认识,成员往往可以攻克难题,至少比以前表现更好。当一个陷入僵局的团队无法自己摆脱困境的时候,就需要外界的干预。若这两种方法都无效,那么就要考虑彻底重组或解散团队了。

7.8　知识产权

7.8.1　知识产权概述

知识产权通常是指各国法律所赋予智力劳动成果的创造人对其创造性的智力劳动成果所享有的专有权利。

世界知识产权组织（World Intellectual Property Organization，WIPO）认为,构思是一切知识产权的起点,是一切创新和创造作品萌芽的种子。人类正因为具有提出无穷无尽构思的能力，才独一无二。然而，人们通常却把这一特殊能力视为理所当然，不太在意自己生活所依赖的有多少是他人构思的成果，比如节省力气的发明、赏心悦目的外观设计、挽救生命的技术等。

WIPO 总干事卡米尔·伊德里斯博士说，构思成就了人类的今天，也是人类未来繁荣和发展所必需的。正因为如此，才必须创造环境，对创造性构思加以鼓励和奖赏。也正因为如此，才有了知识产权的存在。

1. 知识产权的 3 个特点

（1）知识产权专有性，即独占性或垄断性。

（2）知识产权地域性，即只在所确认和保护的地域内有效。

（3）知识产权时间性，只在规定期限保护。

2. 知识产权所有人的专有权利

按照 1967 年 7 月 14 日在斯德哥尔摩签订的《关于成立世界知识产权组织公约》第二条的规定，知识产权所有人应当包括下列权利。

（1）关于文学、艺术和科学作品的权利。

（2）关于表演艺术家的演出、录音和广播的权利。

（3）关于人们努力在一切领域的发明的权利。

（4）关于科学发现的权利。

（5）关于工业品式样的权利。

（6）关于商标、服务商标、厂商名称和标记的权利。

（7）关于制止不正当竞争的权利。

（8）在工业、科学、文学和艺术领域里一切其他来自知识活动的权利。

世界各国大都有自己的知识产权保护法律体系。在美国，与出版商和多媒体开发商关系密切的法律主要有 4 部：《版权法》、《专利法》、《商标法》和《商业秘密法》。在我国，与知识产权保护密切相关的法律主要有 3 部：《著作权法》、《商标法》和《专利法》。

3. 知识产权与其他产权的比较

知识产权与不动产和动产的主要共同点在于，都受国家法律的保护，都具有价值和使用价值，都可以进行买卖、赠予和使用。

知识产权与其他形式的产权的主要区别在于，知识产权是无形的，即无法以其本身具体的形体来加以定义或辨识，它必须以某种可辨识的方式加以表达才能予以保护。

7.8.2　著作权、商标、专利、集成电路布图设计和商业秘密

在世界贸易组织（WTO）的《与贸易有关的知识产权协议》（Agreement on Trade-Related Aspects of Intellectual Property Rights，TRIPS）中，将知识产权分为著作权、商标、地理标记、工业品外观设计、专利、集成电路布图设计、未经披露的信息（商业秘密）等 7 种类型。本节只介绍与计算领域相关的著作权、商标、专利、集成电路布图设计和商业秘密等内容。

1. 著作权

著作权又称版权，它是法律赋予作者或其他著作权人因创作或合法拥有文学、艺术和自然科学、社会科学、工程技术等作品而享有的各项权利的总称。

《著作权法》第三条对著作权中所保护的作品做了下列具体规定。

（1）文字作品。

（2）口述作品。

（3）音乐、戏剧、曲艺、舞蹈、杂技艺术作品。

（4）美术、建筑作品。

（5）摄影作品。

（6）电影作品和以类似摄制电影的方法创作的作品。

（7）工程设计图、产品设计图、地图、示意图等图形作品和模型作品。

（8）计算机软件。

（9）法律、行政法规规定的其他作品。

同时，该法第五条规定，下列作品不受著作权法的保护。

（1）法律、法规，国家机关的决议、决定、命令和其他具有立法、行政、司法性质的文件，及其官方正式译文。

（2）时事新闻。

（3）历法、通用数表、通用表格和公式。

《计算机软件保护条例》第八条规定，软件著作权人享有下列各项权利。

（1）发表权，即决定软件是否公之于众的权利。

（2）署名权，即表明开发者身份，在软件上署名的权利。

（3）修改权，即对软件进行增补、删减，或者改变指令、语句顺序的权利。

（4）复制权，即将软件制作一份或者多份的权利。

（5）发行权，即以出售或者赠予方式向公众提供软件的原件或者复制件的权利。

（6）出租权，即有偿许可他人临时使用软件的权利，但是软件不作为出租的主要目的的（如出租装有必要软件的计算机）除外。

（7）信息网络传播权，即以有线或者无线方式向公众提供软件，使公众可以在其个人选定的时间和地点获得软件的权利。

（8）翻译权，即将原软件从一种自然语言文字转换成另一种自然语言文字的权利。

（9）应当由软件著作权人享有的其他权利。

软件著作权人可以许可他人行使其软件著作权，并有权获得报酬。软件著作权人可以全部或者部分转让其软件著作权，并有权获得报酬。

TRIPS 规定，著作权保护应延及表达方式，但不得延及思想、过程、操作方法与数学概念。至于数据或其他内容的汇编，无论是采用机器可读方式或其他方式，只要其内容的送取或编排构成了智力的创造，就应对其本身进行保护。

2．商标

商标是能够将一个企业的商品或服务区别于另一个企业的商品或服务的符号或符号组合的标志。这样的符号包括个人姓名、字母、数字、图形要素、颜色，以及这些符号的组合。

商标必须向使用所在国家或地区商标局进行申请注册，在申请书中，必须有一份申请注册标志的清晰图样，包括颜色、形状等。该标志必须符合若干条件，才能作为商标或其他类型的标记受到保护。

TRIPS 规定，加入 WTO 的各缔约方可以根据商标的实际使用来确定可注册性。但是，对一个商标的实际使用不应成为提交注册申请的前提条件。不得仅以没有在申请日起的 3 年内实现所声称的使用为由驳回另一个相同的申请。

最后，申请的商标不得与另一个已获商标权的商标相同或相似。这可以通过申报地商标局检索和审查，或根据第三方提出的异议进行确定。

3．专利

专利是对发明授予的一种专有权利。专利适用于所有技术领域中的任何发明，不论它是产品还是方法，只要它具有新颖性、创造性和实用性。

在我国，专利分为发明专利、实用新型专利和外观设计专利。在《专利法实施细则》中，对发明、实用新型以及外观设计做了如下定义。

（1）发明是指对产品、方法或者其改进所提出的新的技术方案。

（2）实用新型是指对产品的形状、构造或者其结合所提出的适于实用的新的技术方案。

（3）外观设计是指对产品的形状、图案或者其结合以及色彩与形状、图案的结合所做出的富有美感并适于工业应用的新设计。

专利需经申请才能获得。首先，申请人应向代表国家的专利主管机关提出专利申请，经审查合格后，才能批准。在我国，代表国家依法授予专利权的机构是中华人民共和国国家知识产权局。

TRIPS 规定，专利权人有权禁止第三方在未经其同意的情况下制造和使用，以及提供和出售该专利，甚至还可以禁止该专利产品（含采用该专利生产的产品）的进口。

4．集成电路布图设计

为了保护集成电路布图设计专有权，鼓励集成电路技术的创新，促进科学技术的发展。2001 年，国务院颁布了《集成电路布图设计保护条例》，该条例已于 2001 年 10 月 1 日施行。

条例所保护的集成电路布图设计（简称布图设计），是指集成电路中至少有一个是有源元件的两个以上元件和部分或者全部互连线路的三维配置，或者为制造集成电路而准备的上述三维配置。

受保护的布图设计应当具有独创性，即该布图设计是创作者自己的智力劳动成果，并且在其创作时该布图设计在布图设计创作者和集成电路制造者中不是公认的常规设计。

条例对布图设计的保护不延及思想、处理过程、操作方法或者数学概念等。布图设计专有权经国务院知识产权行政部门登记产生，未经登记的布图设计不受条例的保护。

TRIPS 规定：若行为人在获得非法复制布图设计的集成电路或装有该集成电路的产品时，不知道或无证据证明该行为人知道这些电路或产品采用了非法复制的布图设计，则任何缔约方都不得将这种行为视为非法行为。缔约方约定，当行为人收到足够清楚的通知后，就有义务向权利人支付一定的费用。

5. 商业秘密

在我国《刑法》和《反不正当竞争法》中，将商业秘密定义为：不为公众所知悉、能为权利人带来经济利益，具有实用性，并经权利人采取保密措施的技术信息和经营信息。

侵犯商业秘密的主要形式如下。

（1）以盗窃、利诱、胁迫或者其他不正当手段获取权利人的商业秘密。

（2）泄露或允许他人使用其了解或掌握的归所在单位或原单位所有的商业秘密。

（3）与权利人有业务关系的单位和个人违反合同约定或者违反权利人保守商业秘密要求，泄露、使用或者允许他人使用其所掌握的权利人的商业秘密。

（4）权利人的职工违反合同约定或者违反权利人保守商业秘密的要求，泄露、使用或者允许他人使用其所掌握的权利人的商业秘密。

（5）第三人明知或者应知前述侵犯商业秘密是违法行为，仍从那里获取、使用或者泄露权利人的商业秘密。

（6）以高薪或者其他优厚条件聘用掌握或者了解权利人商业秘密的人员，以获取、使用、泄露权利人的商业秘密。

7.8.3 数字千年版权法和 TEACH 法案

在 CC2001 和 CS2013 报告有关"知识产权"的主题中，要求本专业学生对数字千年版权法案和 TEACH 法案有一定的了解，下面分别进行介绍。

1. 数字千年版权法

1998 年 10 月 8 日，美国国会通过了数字千年版权法（Digital Millennium Copyright Act，DMCA），该法案是自 1976 年以来，对美国版权法做的一次最重要的修改和补充，它为数字市场制定了一定的游戏规则，对数字产品进行了非常严格的保护，但也引起国际上的争议，实施上也遇到了一定的困难。

由于与远程教育有关的诸多利益群体在网络传播方面无法达成一致的意见，因此，DMCA没有对美国版权法第 110 条第二款（教学使用作品的豁免条件）做出相应的修改，但要求版权局局长在本法案生效后半年内，与版权人、非营利教育机构、非营利图书馆和档案保管处的代表磋商后，将推广远程教育的建议呈送国会。1995 年，美国版权办公室将建议递交给了国会，几经审查和讨论，最终产生了美国《技术、教育与版权协调法案》（Technology, Education and Copyright Harmonization Act），简称 TEACH 法案。

2. TEACH 法案

2002 年 10 月 3 日，美国国会通过了关于远程教育的新法律 TEACH 法案。TEACH 法案是在保护具有知识产权的著作和允许远程教育中教育者使用这些材料之间的一种折中。

该法案允许老师、图书管理员以及其他教育工作者在不用提前获得版权所有人允许的情况下在数字教室使用这些有版权的著作。

7.8.4　软件专利

按照知识产权保护法规，软件设计人员对其智力成果（所开发的软件）享有相应的专有权利。但是不同的国家对软件保护的形式是不一样的。软件专利是其中的一种。

美国和欧盟也有各自的软件专利保护方法。历史上，美国专利和商标局一度不愿意给计算机软件授予专利。20 世纪 70 年代的做法是避免给包含或与计算机计算有关的发明授予专利，理由是他们认为专利只能授予处理方法（Process）、机器（Machine）或制造厂商制造的零件（Articles of Manufacture）等，而不能授予科学事实或描述科学真理的数学表达式。美国专利和商标局认为计算机程序以及包含或与计算机程序相关的发明仅仅是数学算法，而不是机器或处理过程。20 世纪 80 年代，在美国最高法院的干涉下，美国专利和商标局被迫改变了立场，开始区别对待纯粹的数学算法和只是包含了数学算法的发明。后者可以授予专利。20 世纪 90 年代，法院又进一步认定：如果一项发明使用了计算机操纵数字，而这些数字又表示真实世界中的某个值，那么该发明就是一种处理方法，因而是可以授予专利的。法院的这些决定反映在为专利审查员编纂的指导方针里，该指导方针用于确定一项与软件相关的发明是否能够授予专利。

现在，在美国，软件不仅能被授予专利，并且相关的申请条件也较为宽松，从而使该国软件获得专利的数量大大增加，据报道 2001 年一年获得软件专利的数量就超过了 1 万项。相比之下，欧洲各国对软件申请专利的要求就比较严格。

目前，在我国，软件只能申请发明专利，申请条件较严。因此，一般软件通常用著作权法来保护。软件开发者依照《著作权法》和《计算机软件保护条例》对其设计的软件享有著作权。

我国在加入 WTO 之后，对知识产权的保护越来越重视，但软件的知识产权保护问题却较为复杂，它和传统出版物的版权保护既相似又有不同，需要各个方面的专家进行深入的研究，以拿出适合我国软件发展的对策。

7.8.5　有关知识产权的国际问题

随着国际贸易和国际商业往来的日益发展，知识产权保护已经成为一个全球性的问题。各国除了制定自己国家的知识产权法律之外，还建立了世界范围内的知识产权保护组织，并逐步建立和完善了有关国际知识产权保护的公约和协议。1990 年 11 月，在关税与贸易总协定（乌拉圭回合）多边贸易谈判中达成了 TRIPS 草案，它标志着保护知识产权新的国际标准的形成。

TRIPS 有以下主要特点。

（1）内容涉及面广。

（2）保护水平高，在不少方面超过了现有的国际公约对知识产权的保护水平。

（3）将 WTO 中有形商品贸易的原则和规定延伸到对知识产权的保护领域。

（4）强化了知识产权执法程序和保护措施。

（5）强化了协议的执行措施和争端解决机制，把履行协议保护产权与贸易制裁绑定在一起。

（6）设置了"与贸易有关的知识产权理事会"作为常设机构，监督协议的实施。

信息时代的知识产权问题要复杂得多，法律条文之外的讨论、争议和争论为知识产权问题增加了丰富的内容，同时这些讨论、争议和争论的存在又是完善现有知识产权保护法律体系的必要前提。Michael C. McFarland 在《知识产权、信息和公共利益》一文中列举了信息时代与电子数据相关的事务上可能存在的知识产权冲突，尤其是网络环境下的知识产权问题。

美国立法中与网络知识产权保护相关的法律有《数字千年版权法》、《反域名抢注法》等。其中，《反域名抢注法》保护公司商标不受到恶意注册域名行为的损害。

当前，有关知识产权的道义基础、因特网专利、数字时代的版权、信息的公平使用、联机社区法规、现有知识产权法律在数字化时代的使用等问题已引起人们的关注，表明了人们对信息时代知识产权问题的重视。

7.8.6 我国有关知识产权保护的现状

我国在知识产权方面的立法始于 20 世纪 70 年代末，经过 20 多年的发展现在已经形成了比较完善的知识产权保护法律体系，它主要包括《著作权法》、《专利法》、《商标法》、《出版管理条例》、《电子出版物管理规定》和《计算机软件保护条例》等。在网络管理法规方面还制定了《中文域名注册管理办法（试行）》、《网站名称注册管理暂行办法实施细则》和《关于音像制品网上经营活动有关问题的通知》等管理规范。

另外，我国还积极参加相关国际组织的活动，非常重视加强与世界各国在知识产权领域的交往与合作。1980 年 6 月 3 日，中国正式成为世界知识产权组织成员国。从 1984 年起，中国又相继加入了《保护工业产权巴黎公约》、《关于集成电路知识产权保护条约》、《商标国际注册马德里协定》、《保护文学和艺术作品伯尔尼公约》、《世界版权公约》、《保护录音制品制作者防止未经许可复制其录音制品公约》与《专利合作条约》等诸多公约。这样，不但使中国在知识产权保护方面进一步和国际接轨，同时也提高了中国现行知识产权保护的水平。

商业秘密作为一种无形资产是知识产权的一部分，具有重大价值，需要法律的保护。美国专门制定了《商业秘密法》，加强对商业秘密的保护。我国现有的商业秘密的法律保护条款主要分散在《反不正当竞争法》、《刑法》和《公司法》等法规中。然而，现行的商业秘密法律在与国际管理接轨中尚存在保护力度不够、法律规则不完善等问题，需要进一步加强和完善。

7.9   隐私和公民自由

7.9.1   隐私保护的道德和法律基础

隐私又称私人生活秘密或私生活秘密。隐私权即公民享有的个人生活不被干扰的权利和个人资料的支配控制权。具体到计算机网络与电子商务中的隐私权，可从权利形态来分：隐私不被窥视的权利、不被侵入的权利、不被干扰的权利、不被非法收集利用的权利；也可从权利内容上分：个人特质的隐私权（姓名、身份、肖像，声音等）、个人资料的隐私权、个人行为的隐私权、通信内容的隐私权和匿名的隐私权等。

在西方，人们对权利十分敏感，不尊重甚至侵犯他人的权利被认为是最可耻的。例如，在西方国家，人们不能随便问他人的年龄、工资等这一类触及隐私权的敏感问题。随着我国改革开放和经济的飞速发展，人们也开始逐渐对个人隐私有了保护意识。人们希望属于自己生活秘密的信息由自己来控制，从而避免对自己不利或自己不愿意公布于众的信息被其他个人、组织获取、传播或利用。因此，尊重他人隐私是尊重他人的一个重要方面，隐私保护实际上体现了对个人的尊重。

在保护隐私安全方面，目前世界上可供利用和借鉴的政策法规有《世界知识产权组织版权条约》（1996 年）、美国《知识产权与国家信息基础设施白皮书》（1995 年）、美国《个人隐私权和国家信息基础设施白皮书》（1995 年）、欧盟《欧盟隐私保护指令》（1998 年）、加拿大的《隐私权法》（1983 年）等。

从总体上说，我国目前还没有专门针对个人隐私保护的法律。在已有的法律法规中，涉及隐私保护的有以下规定。

我国《宪法》第 38 条、第 39 条和第 40 条分别规定：中华人民共和国公民的人格尊严不受侵犯，禁止用任何方式对公民进行非法侮辱、诽谤和诬告陷害。中华人民共和国的公民住宅不受侵犯，禁止非法搜查或者非法侵入公民的住宅。中华人民共和国的通信自由和通信秘密受法律的保护，除因国家安全或者追究刑事犯罪的需要，公安机关或者检察机关依照法律规定的程序对通信进行检查外，任何组织或者个人不得以任何理由侵犯公民的通信自由和通信秘密。

《民法通则》第 100 条和第 101 条规定：公民享有肖像权，未经本人同意，不得以获利为目的使用公民的肖像，公民、法人享有名誉权，公民的人格尊严受到法律保护，禁止用侮辱、诽谤等方式损害公民、法人的名誉。

在宪法原则的指导下，我国刑法、民事诉讼法、刑事诉讼法和其他一些行政法律法规分别对公民的隐私权保护做出了具体的规定，如刑事诉讼法第 112 条规定：人民法院审理第一审案件应当公开进行，但是有关国家秘密或者个人隐私的案件不公开审理。

目前，我国出台的有关法律法规也涉及计算机网络和电子商务等中的隐私权保护，如

《计算机信息网络国际联网安全保护管理办法》第7条规定：用户的通信自由和通信秘密受法律保护。任何单位和个人不得违反法律规定，利用国际联网侵犯用户的通信自由和通信秘密。《计算机信息网络国际联网管理暂行规定实施办法》第18条规定：用户应当服从接入单位的管理，遵守用户守则；不得擅自进入未经许可的计算机学校，篡改他人信息；不得在网络上散发恶意信息，冒用他人名义发出信息，侵犯他人隐私；不得制造传播计算机病毒及从事其他侵犯网络和他人合法权益的活动。

7.9.2　基于 Web 的隐私保护技术

在电子信息时代，网络对个人隐私权已形成了一种威胁，计算机系统随时都可以将人们的一举一动记录、收集、整理成一个个人资料库，使我们仿佛置身于一个透明的空间，毫无隐私可言。隐私保护已成为关系到现代社会公民在法律约束下的人身自由及人身安全的重要问题。

人们认识到，仅靠法律并不能达到对个人隐私完全有效的保护，而发展隐私保护技术就是一条颇受人们关注的隐私保护策略。发展隐私保护技术的直接目的就是为了使个人在特定环境下（如因特网和大型共享数据库系统中），从技术上对其私人信息拥有有效的控制。现在，有许多保护隐私的技术可供因特网用户使用。

基于 Web 的隐私保护技术主要有防火墙、数据加密技术、匿名技术、P3P 技术，以及 Cookies 管理等 5 种类型。

1. 防火墙

防火墙是一个位于计算机和它所连接的网络之间的软件。防火墙具有很好的保护作用，入侵者必须首先穿越防火墙的安全防线，才能接触目标计算机。流入流出计算机的所有网络通信均要经过此防火墙，防火墙对流经它的网络通信进行扫描，这样能够过滤掉一些攻击，以免其在目标计算机上被执行，从而可以防止特洛伊木马、黑客程序等窃取客户机上的个人隐私信息，也可以屏蔽某些 IP 地址的访问。

2. 数据加密技术

数据加密技术是提高信息系统及数据的安全性和保密性，防止秘密数据被外部破析所采用的主要技术手段之一。目前各国除了从法律上、管理上加强数据的安全保护外，从技术上分别在软件和硬件两方面采取措施，推动数据加密技术和物理防范技术的不断发展。按作用不同，数据加密技术主要分为数据传输、数据存储、数据完整性的鉴别以及密钥管理技术等。

3. 匿名技术

匿名技术是指通过代理或其他方式为用户提供匿名访问和使用的因特网的能力，使用户在访问和使用因特网的时候隐藏其身份和属于个人的信息，从而保护用户的隐私。其中，利用中间代理来隐匿用户的身份是一种广泛使用的技术，主要包括基于代理服务器的匿名技术（Proxy-based Anonymizers）、基于路由的匿名技术（Routing-based Anonymizers）和基于洋葱路由的匿名技术（Onion Routing-based Anonymizers）等匿名技术。

4．P3P 技术

在许多 Web 应用中，用户向服务商提供个人信息是必需的。例如在线购物时，必须提供银行账号、联系地址等；在健康咨询时，必须提供病史信息等。由此，在服务商的网站系统中将收集存储着大量的个人隐私信息，因而，服务商有责任和义务采取相应的措施保护其系统中的隐私信息。服务商所采取的措施有虚拟隐私网络（Virtual Private Networks）和防火墙，以防止黑客从系统中窃取隐私信息。另外，服务商在收集用户的隐私信息时，将其隐私政策公布在网站上，以提示用户是否同意其收集和使用隐私信息。然而，众多的网站有着各自不同的隐私政策，而且很难被用户理解。据权威机构调查显示，这些隐私政策只有大学文化的用户才能理解。

为此，在 2002 年 4 月，W3C（World Wide Web Consortium）开发出一个隐私偏好平台 P3P（Platform for Privacy Preferences）。P3P 使 Web 站点能够以一种标准的机器可读的 XML 格式描述其隐私政策，包括描述隐私信息收集、存储和使用的词汇的语法和语义。Web 用户可用 APPEL（A P3P Preference Exchange Language）定义自己的隐私偏好规则，基于这一规则，用户 Agent 可自动或半自动地决定是否接受 Web 站点的隐私政策。因此，P3P 提高了用户对个人隐私性信息的控制权。用户在 P3P 提供的个人隐私保护策略下，能够清晰地明白网站对自己隐私信息做何种处理，并且 P3P 向用户提供了个人隐私信息在保护性上的可操作性。

5．Cookies 管理

Cookie 的英文原意是"甜饼"，是 Web 服务器保存在用户硬盘上的一段文本，允许一个 Web 站点在用户的计算机上保存信息并且随后再取回它。使用 Cookie 可以方便 Web 站点为不同用户定置信息，实现个性化的服务，同时解决 HTTP 协议有关用户身份验证的一些问题。

通过使用 Cookie 保存用户资料，Web 站点可以在用户浏览时自动认证身份，从而省去用户登录的烦琐。例如，论坛可以通过 Cookie 了解身份和最后访问时间，除了不需要再次使用用户名与密码登录外，还可以把最后一次访问后发出的主题以不同颜色的图标显示，指引阅读。

随着互联网巨大商机的出现，Cookie 也从一项服务性工具变成了一个可以带来巨大财富的工具。部分站点利用 Cookie 收集大量用户信息，并将这些信息转手卖给其他有商业目的的站点或组织，如网络广告商等，从中牟利。使用 Cookie 技术，当用户在浏览 Web 站点时，不论是否愿意，用户的每一个操作都有可能被记录下来，在毫无防备的情况下，用户正在浏览的网站地址、使用的计算机的软硬件配置，甚至用户的名字、电子邮件地址都有可能被收集并转手出售。随着互联网的商业化发展，该问题越来越严重，个人隐私的泄露所带来的并不单纯是一些垃圾邮件，一旦个人资料被滥用，以及信用卡密码被盗，造成的后果不堪设想。

因此，作为一般用户，如何正确地使用与设置 Cookie 功能，在享受 Cookie 带来的便利的同时，又能避免它所导致的隐私泄露问题，这才是最重要的。这就需要依靠 Cookie 管理技术，主要包括在客户机上安装 Cookie 管理软件和使用 Cookie 隐私设置。

常见的 Cookie 管理软件包括 Bullet Proof Soft 和 No Trace 等，这些软件允许用户关闭 Cookie

文件，选择性地接受来自某些服务器的 Cookie 文件以及搜索和查看其中的内容，但它们只能起到防备性的保护作用，不能控制用户在网络交互过程中的隐私泄漏。而通过使用隐私设置，用户就可自行决定如何处理来自该网站的 Cookie，决定是否允许将网站 Cookie 保存在计算机上。

例如，在 IE 6.0 的"工具"菜单上单击"Internet 选项"命令，在"隐私"选项卡上，移动滑块可以改变隐私级别，将滑块移到最高处表示禁止所有 Cookie；移到最低处表示接受所有 Cookie。换言之，所有的网站都可以在计算机上保存它们的 Cookie，并被允许读取和改变它们所创建的 Cookie。

在浏览器中，默认使用的隐私保护为中级，该等级可以阻止没有 P3P 隐私策略的第三方网站的 Cookie，阻止不经机器使用者同意就使用个人可识别信息的第三方网站的 Cookie。在关闭 IE 浏览器时，自动从计算机上删除不经同意就使用个人可识别信息的第一方网站的 Cookie。

所谓第一方网站，是指当时正在浏览的网站，第三方网站则是指当前正在浏览网站以外的站点，当前浏览网站的一些内容可能是由第三方网站所提供的。例如，许多网站上使用的广告都是由第三方站点提供，这些广告也有可能使用 Cookie。在 IE 6.0 的"工具"菜单上，单击"Internet 选项"→"隐私"→"高级"命令可对来自第一方和第三方网站的 Cookie 进行自定义设置，一般情况下应该禁止第三方 Cookie，因为需要利用 Cookie 为用户定制信息，实现个性化服务的只是当前正在浏览的网站。

另外，在 IE 6.0 浏览器的"工具"菜单上，单击"Internet 选项"→"隐私"→"站点"命令可单独为某个网站指定 Cookie 使用许可，可设置"阻止"或"允许"该网站使用 Cookie。通过该设置和对第三方网站 Cookie 管理等其他隐私保护功能，可以为自己建立一个相对安全的互联网浏览环境。

总之，网络信息隐私是集社会、法律、技术为一体的综合性概念。因而，网络信息隐私保护必须最大化技术的作用，并为从法律上解决隐私侵权提供有力的技术支持。一个有效的隐私保护系统应该是：在未经本人的许可下，他人不能或无权收集和使用个人的信息。在这一系统下，隐私信息的收集需要与本人协商，隐私信息的使用需要得到社会的监督，隐私信息的侵权需要得到法律的制裁。然而，近年来各种立法并没能阻止对隐私的侵权，隐私保护技术的作用也非常有限，因此还需努力探索真正有效的隐私保护技术。

7.9.3　计算机空间的言论自由

计算机空间是随着计算机信息网络的兴起而出现的一种人类交流信息、知识、情感的生存环境。它具有 3 个特征。

（1）信息传播方式数码化（或非物体化）。

（2）信息范围和速度的时空压缩化。

（3）获取信息全面化。

计算机空间的言论自由是一个引起全球关注的问题，同时也是一个在各国政府、产业界、学术界和法律界引起众多争议的问题。

1996 年 2 月，为了限制、阻止网上色情内容对青少年的影响和危害，美国总统克林顿签署了《通信规范法》（Communications Decency Act of 1996，CDA）。但该法生效几分钟后，美国公民自由联盟（ACLU）以该法侵害美国宪法第一修正案赋予公民的言论自由权利为由，对美国政府提出起诉。1997 年 6 月 26 日，美国最高法院终审裁定《通信规范法》违背了美国宪法，并宣布即刻废止。2000 年 6 月，一项以限制未成年人访问国际互联网上的成人内容的《儿童在线保护法》（美国国会 1998 年 1 月通过）也遭遇同样的结局。政府规范网络言论的努力又一次归于失败。

国际上，规范计算机空间言论自由的问题引起了广泛的关注。1997 年召开的经济合作和发展组织（OECD）会议对就因特网内容和在线服务达成国际协议的可能性进行了讨论。同年 9 月，在巴黎召开的第 29 届联合国教科文组织（UNESCO）代表大会上，与会的各国代表讨论了建立计算机空间法律框架的可能性。会议提交的报告把计算机空间的言论自由与信息的自由流通和信息权并列列为该组织需要考虑的重要的、复杂的、相互依赖的法律和道德问题之一。

1998 年 9 月 1 日，澳大利亚广播局（Australian Broadcasting Authority）主管 Gareth Grainger 在联合国教科文组织国际代表大会上发表的演讲中说道：很清楚，计算机空间管理的一些基本原则在国际范围内正在得到广泛的认可。这种认可在北美、欧洲和亚太地区已经得到明确的表达。接着他列举了 13 条重要的计算机空间管理原则。其中一些涉及对网络有害内容的控制问题，如第 6 条原则认为国家权力机关有权宣布某些在线服务的内容是非法的；而第 8 条原则列举了与提供和使用在线服务相关的一些要求，比如要求在线服务提供者高度重视对未成年人和青年的保护，不使他们接触可能对其造成危害的内容。

在我国，无论是政府、立法界或学术界都同样面临着如何规范网络言论自由的问题。面对这样一个全球性难题，我国社科院新闻所研究员张西民提出 3 点意见。

（1）网络自律先行，法律慎行。

（2）法律的制定和调整要考虑技术的可能和可行性，以实现法律的现实性。

（3）把经济社会发展作为制定这方面法律的参照。

计算机空间言论自由的规范问题最终解决要靠全球各国的共同协作，可谓任重而道远。

7.9.4　相关的国际问题和文化之间的问题

与隐私和公民自由相关的国际问题可以从两方面来理解。一方面，世界各国在政治、经济、历史和文化等方面的差异往往造成了隐私和公民自由在不同的国家有不同的理解。比如在美国，个人收入被视为隐私，而在其他国家则未必如此；初到一个文化差异比较大的国家时人们常常会遭遇所谓的"文化冲击"（Cultural Shock）；同样的个人行为在一个国家被视为个人自由，而在另一个国家则可能被明令禁止等。在进行国际交往的时候，这些差异往往是潜在冲突的根源。另一方面，当这个世界跨入信息时代的时候，各国在许多领域都同时面临着新技术带来的挑战，其中一些只有通过国际协作才能够解决，比如因特网上的隐私保护和言论自由问题。

第 29 届联合国教科文组织代表大会提交的报告非常重视计算机空间的道德和法律问题，并且非常希望通过国际合作协调各国和各国际组织为解决该问题所做的努力。该组织希望在下面几个主要领域建立解决其相关问题的国际框架：主权、裁判权和国际合作，民主和公平，言论自由和正直，隐私和加密，知识产权保护、数据库保护、信息访问和公平使用，安全、道德和暴力——尤其是对未成年人的保护，电子商务和跨国界的数据流交换，劳工法律事务。

7.10　计算机犯罪

7.10.1　计算机犯罪及相关立法

计算机犯罪的概念是 20 世纪五六十年代在美国等信息科学技术比较发达的国家首先提出的。国内外对计算机犯罪的定义都不尽相同。美国司法部从法律和计算机技术的角度将计算机犯罪定义为：因计算机技术和知识起了基本作用而产生的非法行为。欧洲经济合作与发展组织的定义是：在自动数据处理过程中，任何非法的、违反职业道德的、未经批准的行为都是计算机犯罪行为。

一般来说，计算机犯罪可以分为两大类：使用了计算机和网络新技术的传统犯罪和计算机与网络环境下的新型犯罪。前者如网络诈骗和勒索、侵犯知识产权、网络间谍、泄露国家秘密以及从事反动或色情等非法活动等，后者比如未经授权非法使用计算机、破坏计算机信息系统、发布恶意计算机程序等。

与传统的犯罪相比，计算机犯罪更加容易，往往只要一台连到网络上的计算机就可以实施。计算机犯罪在信息技术发达的国家里发案率非常高，造成的损失也非常严重。据估计，美国每年因计算机犯罪造成的损失高达几百亿美元。

2000 年 12 月，由麦克唐纳国际咨询公司进行的一项调查结果表明：世界上大多数国家对有关计算机犯罪的立法仍然比较薄弱。大多数国家的刑法并未针对计算机犯罪制定具体的惩罚条款。麦克唐纳公司的总裁布鲁斯·麦克唐纳表示：很多国家的刑法均未涵盖与计算机相关的犯罪，因此企业和个人不得不依靠自身的防范系统与计算机黑客展开对抗。在被调查的 52 个国家中，仅有 9 个国家对其刑法进行了修改，以涵盖与计算机相关的犯罪。调查中发现，美国已制定有针对 9 种计算机犯罪的法律，唯一没有被列入严惩之列的就是网上伪造活动。日本也制定了针对 9 种计算机犯罪的法律，唯一尚未涵盖的就是网上病毒传播。但是，调查人员指出，总体而言，很多国家即使制定有相关法律也在尺度方面非常薄弱，不足以遏制计算机犯罪。

我国刑法认定的几类计算机犯罪如下。

（1）违反国家规定，侵入国家事务、国防建设、尖端科学技术领域的计算机信息系统的行为。

（2）违反国家规定，对计算机信息系统功能进行删除、修改、增加、干扰造成计算机信息系统不能正常运行，后果严重的行为。

（3）违反国家规定，对计算机信息系统中存储、处理或者传输的数据和应用程序进行删除、修改、增加的操作，后果严重的。

（4）故意制作、传播计算机病毒等破坏性程序，影响计算机系统正常运行，后果严重的行为。

这几种行为基本上包括了国内外出现的各种主要的计算机犯罪。

7. 10. 2　黑客

虽然 Cracking 和 Hacking 都被翻译成"黑客行为"，但二者是有区别的。Cracking 是指闯入计算机系统的行为。Cracker 指在未经授权的情况下闯入计算机系统并以使用、备份、修改或破坏系统数据或信息为目的的人，媒体又称之为"坏客"或"解密高手"。Hacking 的原意是指勇于探索、勇于创新、追求精湛完美的技艺的工作作风。Hacker 最初是指在美国大学计算团体中，以创造性地克服其所感兴趣领域，即程序设计或电气工程领域的局限和不足为乐的人。根据有关资料，现在常常在 4 种意义上使用该词。

（1）熟知一系列程序设计接口，不用花太多的精力就能够编写出新奇有用软件的人。

（2）试图非法闯入或恶意破坏程序、系统或网络安全的人。软件开发群体中很多人希望媒体在该意义下使用 Cracker 而不是 Hacker。在这种意义下的黑客常常被称为"黑帽子黑客"。

（3）试图闯入系统或者网络以便帮助系统所有者能够认识其系统或网络安全缺陷的人。这种人常常被称为"白帽子黑客"，他们中的许多人都受雇于计算机安全公司，他们的行为是完全合法的。其中不少人是从"黑帽子黑客"转化而来的。

（4）通过所掌握的知识或用反复实验的方法修改软件从而改变软件功能的人，他们对软件所做的改变通常是有益的。由此可见，Cracker 意味着恶意破坏和犯罪，而 Hacker 常常意味着能力，而确切的意义则要根据具体的情况而定。

7. 10. 3　恶意计算机程序和拒绝服务攻击

1. 恶意计算机程序

恶意程序通常是指带有攻击意图所编写的一段程序。这些威胁可以分成两个类别：需要宿主程序的威胁和彼此独立的威胁。前者一般为不能独立于实际的应用程序、实用程序或系统程序的程序片段，包括后门（Backdoor，有时也称陷门 Trapdoor）、逻辑炸弹（Logic Bomb）、特洛伊木马（Trojan Horse）、病毒（Virus）；后者是可以被操作系统调度和运行的自包含程序，如细菌（Bacteria）、蠕虫（Worm）等。

（1）后门。计算机操作的陷门设置是指进入程序的秘密入口，它使得知道后门的人可以不经过通常的安全检查访问过程而获得访问。程序员为了进行调试和测试程序，已经合法地使用了很多年的后门技术。当后门被无所顾忌的程序员用来获得非授权访问时，后门就变成了威胁。对后门进行操作系统的控制是困难的，必须将安全测量集中在程序开发和软件更新的行为上才能更好地避免这类攻击。例如，近来网络上流广泛流传的 Backdoor. Hacarmy. E 病毒，就是一个后门服务器程序，它允许未经验证的远程访问访问受感染的计算机。

（2）逻辑炸弹。在病毒和蠕虫之前最古老的程序威胁之一是逻辑炸弹。逻辑炸弹是嵌入在某个合法程序里面的一段代码，被设置成当满足特定条件时就会发作，也可理解为"爆炸"，它具有计算机病毒明显的潜伏性。一旦触发，逻辑炸弹可能改变或删除数据或文件，引起机器关机或完成某种特定的破坏工作。如 1996 年上海某公司寻呼台主控计算机系统被损坏一案就是一个比较典型的逻辑炸弹的案例。该公司某工程师因对单位不满，遂产生报复心理，离职时在计算机系统中设置了逻辑炸弹。这一破坏性程序在当年 6 月 29 日这一特定的时间激活，导致系统瘫痪，硬盘分区表被破坏，系统管理执行文件和用户资料数据全部丢失，使公司遭受很大的损失。

（3）特洛伊木马。特洛伊木马是一个有用的或表面上有用的程序或命令过程，包含了一段隐藏的、激活时实施不想要的或者有害的功能的代码。它的危害性是可以用来非直接地完成一些非授权用户不能直接完成的功能。特洛伊木马的另一动机是数据破坏，程序看起来是在完成有用的功能（如计算器程序），但它也可能悄悄地在删除用户文件，直至破坏数据文件，这是一种非常常见的病毒攻击。公元前 1200 年，在特洛伊战争中，古希腊人利用把士兵隐藏在木马腹中的战术攻克了特洛伊城堡。这种战术用于计算机犯罪中，就是一种以软件程序为基础进行欺骗和破坏的犯罪手段。特洛伊木马程序和计算机病毒不同，它不依附于任何载体而独立存在。如 AIDS 事件就是一个典型的特洛伊木马程序，它声称是艾滋病数据库，当运行时它实际上毁坏了硬盘。

（4）病毒。病毒是一种攻击性程序，采用把自己的副本嵌入到其他文件中的方式来感染计算机系统。当被感染文件加载进内存时，这些副本就会执行去感染其他文件，如此不断进行下去。病毒经常都具有破坏性作用，有些是故意的，有些则不是。通常，生物病毒是指基因代码的微小碎片：DNA 或 RNA，它可以借用活的细胞组织制造几千个无缺点的原始病毒的复制品。

计算机病毒就像生物上的对应物一样，带着执行代码进入，感染实体，寄宿在一台宿主计算机上。典型的病毒获得计算机磁盘操作系统的临时控制，然后，每当受感染的计算机接触一个没被感染的软件时，病毒就将新的副本传到该程序中。因此，通过正常用户间的交换磁盘以及向网络上的另一用户发送程序的行为，感染就有可能从一台计算机传到另一台计算机。在网络环境中，访问其他计算机上的应用程序和系统服务的能力为病毒的传播提供了滋生的基础。

世界上第一个计算机病毒是 1983 年出于学术研究的目的而编写的，而计算机第一次真正遭受病毒的恶意攻击则是在 1987 年。当时来自巴基斯坦拉合尔一台计算机上的病毒感染了美国 Delaware 大学的计算机，至少造成该校一名研究生论文被毁。从此之后，计算机病毒就以每月 100 个以上新病毒的速度不断增长。目前世界上的计算机病毒达 4 万种，并且增长速度更是达到了每月近 300 种。

（5）蠕虫。网络蠕虫程序是一种使用网络连接从一个系统传播到另一个系统的感染病毒程序。一旦这种程序在系统中被激活，网络蠕虫可以表现得像计算机病毒或细菌，或者可以注入特洛伊木马程序，或者进行任何次数的破坏或毁灭行动。为了演化复制功能，网络蠕虫传播主要靠网络载体实现。例如，近年网络上流行的 CodeRed（红色代码）蠕虫病毒，就是利用微软 Web 服务器 IIS 4.0 或 5.0 中 index 服务的安全缺陷，攻破目的机器，并通过自动扫描感染方式传播蠕虫。由于很多 Windows NT/2000 系统都默认提供 Web 服务，因此该蠕虫的传播速度极快，大大地加重了网络的通信负担，常常造成网络瘫痪。而 Code Red II 是一个加入木马功能的蠕虫，破坏力较大。

（6）细菌。计算机中的细菌是一些并不明显破坏文件的程序，它们的唯一目的就是繁殖自己。一个典型的细菌程序可能什么也不做，除了在多道程序系统中同时执行自己的两个副本，或者可能创建两个新的文件外，每一个细菌都在重复地复制自己，并以指数级复制，最终耗尽了所有的系统资源（如 CPU、RAM、硬盘等），从而拒绝用户访问这些可用的系统资源。

2. 拒绝服务攻击

拒绝服务（Denial of Service，DoS）攻击是一种常见的网络攻击方式，其基本特征是：攻击者通过某种手段，如发送虚假数据或恶意程序等剥夺网络用户享有的正常服务。DoS 攻击常见的形式有缓冲区溢出攻击，如向一个特定的服务器发送大量的垃圾邮件耗尽其邮件服务器的资源，使合法的邮件用户不能得到应有的服务；扰乱正常 TCP/IP 通信的 SYN 攻击和 Teardrop 攻击；向目标主机发送哄骗 Ping 命令的 Smurf 攻击等。

单一的 DoS 攻击一般是采用一对一方式的，当攻击目标 CPU 速度低、内存小或者网络带宽小等各项性能指标不高时它的效果是明显的。随着计算机与网络技术的发展，计算机的处理能力迅速增长，内存大大增加，同时也出现了千兆级别的网络，这使得 DoS 攻击的困难程度加大了，目标对恶意攻击包的"消化能力"加强了不少，例如，若攻击软件每秒可以发送 3 000 个攻击包，而被攻击主机与网络带宽每秒可以处理 10 000 个攻击包，这样一来攻击就不会产生什么效果。

因此，近年来又出现了一种攻击力更强、危害更大的"分布式的拒绝服务"（DDoS）攻击，这种攻击是在传统的 DoS 攻击基础之上产生的一类攻击方式，采用了分布协作的方式，从而更容易在攻击者的控制下对目标进行大规模的侵犯。

2000 年 2 月 7 日，Yahoo、Amazon 和 eBay 等著名站点遭受的攻击就是 DDoS 攻击，攻击期间，服务器基本停止了对合法用户的服务。现在，对 DDoS 攻击的防范已经引起计算机安全人员的高度重视。

7.10.4　防止计算机犯罪的策略

一般来说，防范计算机犯罪有以下几种策略。

（1）加强教育，提高计算机安全意识，预防计算机犯罪。一方面，社会和计算机应用部门要提高对计算机安全和计算机犯罪的认识，从而加强管理，减少犯罪分子的可乘之机；另一方面，从一些计算机犯罪的案例中看到，不少人，特别是青少年常常出于好奇和逞强而在无意中触犯了法律。应对这部分人进行计算机犯罪教育，提高其对行为后果的认识，预防犯罪的发生。

（2）健全惩治计算机犯罪的法律体系。健全的法律体系一方面使处罚计算机犯罪有法可依，另一方面能够对各种计算机犯罪分子起到一定的威慑作用。

（3）发展先进的计算机安全技术，保障信息安全。比如使用防火墙、身份认证、数据加密、数字签名和安全监控技术、防范电磁辐射泄密等。

（4）实施严格的安全管理。计算机应用部门要建立适当的信息安全管理办法，确立计算机安全使用规则，明确用户和管理人员职责；加强部门内部管理，建立审计和跟踪体系。

7.11　本章小结

社会和职业问题的提出源于软件工程职业化的进程，并引起 IEEE/CS 和 ACM 的高度关注。在 IT 2005 报告中，引用了一份由美国高校和公司劳资协会联合发布的调查报告，介绍了雇主对求职者品质的期待，按期待的强烈依次排列如下。

（1）沟通技能（口头和书面）。

（2）诚实/正直。

（3）团队工作技能。

（4）人际关系技能。

（5）动机/主动性。

（6）强烈的职业道德。

（7）分析技能。

（8）机动性/适应性。

（9）计算机技能。

（10）自信。

雇方在挑选求职者时对这些品质的重视进一步强调了社会和职业问题在学科教育中的重要性。在步入社会的最初几年，毕业生面临的最大挑战往往不是专业知识方面的，而是社会与职业方面出现的问题。

习题 7

7.1　CC1991 报告关于"社会、道德和职业的问题"的主要论述是什么？

*7.2 书中为什么多次提到并要求学生了解人所固有能力的局限性，以及工具的局限性？

7.3 从硬件来看，计算机的发展经历了哪些阶段？

7.4 计算机网络的发展经历了哪几个阶段？

7.5 因特网是怎样产生的？

7.6 简述我国计算机发展的历程。

7.7 计算机网络有何社会内涵？

7.8 为什么在一些国家要限制对因特网的访问？如何从技术上实现对用户使用因特网的控制？

7.9 结合国内外情况，分析当前计算领域中存在的性别问题。

7.10 什么是道德选择，它包括哪些步骤？试用算法流程图的方式描述这些步骤，或用 Raptor 编制一个进行道德选择的程序。

7.11 职业化的本质是什么？

7.12 软件工程师应具备哪些基本的伦理规范？

7.13 如何解决软件开发过程中出现的冲突？

7.14 什么是检举？检举有哪 4 种类型？

7.15 职业人员关注的检举是什么，为什么这样关注？

7.16 在什么情况下员工能够检举公司，在什么情况下不能？试用算法流程图的方式描述有效检举的步骤，或用 Raptor 编制一个职业化的员工是否应该检举公司的程序。

7.17 什么是计算中的"可接受使用"政策？

7.18 以"Therac-25 事件"为例，简述系统设计中存在的软件风险及其影响。

7.19 什么是软件测试？软件测试的目标是什么？软件测试的原则是什么？

7.20 阐述软件的正确性、可靠性和安全性之间的不同。

7.21 软件重用中包括哪些隐藏的问题？

7.22 什么是风险管理？在风险管理中如何进行风险评定？

7.23 什么是团队？什么是团队合作？

7.24 团队与群体的区别是什么？

7.25 工作关系和团队关系如何区别？

7.26 团队的目的是什么？

7.27 团队最重要的特征是什么？

7.28 为什么说团队机制的建立所遵循的基本原则是一个非常重要的问题？

7.29 提高团队业绩的常用方法是什么？

7.30 试举 5 个以成果为目标进行描述的例子。

7.31 在团队激励中，如何用物质奖励强化整体绩效目标？

7.32 在团队激励中，如何用精神激励推动个体目标实现？

7.33 为什么说有效的沟通是建立高效团队的前提？

7.34 团队会遇到什么样的困境，这些困境是怎么造成的？如何摆脱？

7.35 为什么要对创造性构思加以鼓励和奖赏？

7.36 什么是知识产权？它的特点是什么？专利所有人有哪些权利？

7.37 知识产权与其他产权的相同点和不同点在哪里？

7.38　什么是著作权、商标、专利、集成电路布图设计和商业秘密？

7.39　简述数字千年版权法和 TEACH 法案。

7.40　简要分析隐私权在国内外的法律基础。

7.41　简述基于 Web 的隐私保护技术。

7.42　在 IE 浏览器上设置 Cookie，为自己建立一个相对安全的互联网浏览环境。

7.43　我国刑法认定的计算机犯罪有哪几类？

7.44　什么是黑客行为？

7.45　恶意计算机程序包括哪几种？

7.46　什么是拒绝服务攻击？什么是分布式的拒绝服务攻击？

7.47　如何防止计算机犯罪？

7.48　为什么说，在步入社会的最初几年，毕业生面临的最大挑战往往不是专业知识方面的，而是社会与职业方面出现的问题？

第 8 章
探讨与展望

本章首先对学科中的若干问题进行探讨，包括计算本质的认识历史、第三次数学危机与希尔伯特纲领、图灵对计算本质的揭示、如何定义一门学科、计算学科是"工科"还是"理科"、程序设计在计算学科中的地位、计算学科目前的核心课程能否培养学生计算方面的能力、理论与实践的结合、创新与发明、能力的培养、复杂度、难度与能力，以及 SOLO 分类法与注意力等。然后，以 CS2013 报告以及计算思维的培育为基础，从计算技术的变化和文化的改变两个方面对计算教育当前面临的一些问题做出回答，对计算教育的发展做简单展望。

8.1 引言

在第 1.4 节，我们介绍了本书关于"计算机科学导论"课程建立在"计算学科二维定义矩阵"基础上的情况，分析了建立在这个关于学科概念认知模型上的导引以及它的优点和不足。针对不足，自然有了本章，即"探讨与展望"，从而使本书的内容更加完备。

8.2 若干问题的探讨

8.2.1 计算本质的认识历史

1. 古代中国的"算法化"思想

在很早以前，人们就碰到了必须计算的问题。已经考证的，远在旧石器时代，刻在骨制和石头上的花纹就是对某种计算的记录。然而，在 20 世纪 30 年代以前，人们并没有真正认识计算的本质。尽管如此，在人类漫长的岁月中，人们一直没有停止过对计算本质的探索。很早以前，我国学者就认为，对于一个数学问题，只有当确定了其可用算盘解算它的规则时，这个问题才算可解。这就是古代中国的"算法化"思想。

2. 计算机器制造的先河

算盘作为主要的计算工具流行了相当长的一段时间，直到中世纪，哲学家们提出了这样一个大胆的问题：能否用机械来实现人脑活动的个别功能？最初的实验目的并不是制造计算机，而是试图从某个前提出发机械地得出正确的结论，即思维机器的制造。早在 1275 年，西班牙神学家雷蒙德·露利（R. Lullus）就发明了一种思维机器（"旋转玩具"），从而开创了计算机器制造的先河。

在"旋转玩具"中，数值可以由圆盘的旋转角度表示，其正、负可以由转动的方向确定。"旋转玩具"引起了许多著名学者的研究兴趣，最终导致了能进行简单数学运算的计算机器的产生。受"旋转玩具"的影响，并伴随着机械钟（用齿轮传动）的产生和发展。1641 年，法国人帕斯卡（B. Pascal）利用齿轮技术制造了第一台加法机；1673 年，德国人莱布尼茨（G. W. V. Leibniz）在帕斯卡的基础上又制造了能进行简单加、减、乘、除的计算机器；19 世纪 30 年代，英国人巴贝奇（C. Babbage）制造了用于计算对数、三角函数以及其他算术函数的"分析机"；20 世纪 20 年代，美国人万尼瓦尔·布什（V. Bush）研制了能解一般微分方程组的电子模拟计算机等。

历史上，模拟计算机采用的运算方法通常不是我们理解的"四则运算"，冯·诺依曼在《计算机与人脑》（*The Computer And The Brain*）一书中介绍了一种经典式的模拟计算机——微分分析机及其 3 种基本的运算，即 $(x+y)/2$、$(x-y)/2$、积分。而采用差动齿轮可以实现前两种运算；采用一种称之为"积分器"的部件，可以把两个函数 $x(t)$、$y(t)$ 形成一种称为"斯蒂杰斯"的积分。就解全微分方程而言，运算 $(x \pm y)/2$ 和"斯蒂杰斯"积分比常用的 4 种基本算术运算（$x+y$，$x-y$，xy，x/y）更为有效。

当然，从微分分析机的 3 种基本出发，通过一定的组合，可以产生常用的加法、减法和乘法，若再与一定的"反馈"方法结合，还可以产生常用的除法。

以上计算的历史包含了人们对计算过程的本质和它的根本问题进行的探索，同时，还为现代计算机的研制积累了经验。

其实，对计算本质的真正认识取决于形式化研究的进程，而"旋转玩具"就是一种形式化的产物，不仅如此，它还标志着形式化思想革命的开始。

8.2.2 第三次数学危机与希尔伯特纲领

1. 第三次数学危机

形式化方法和理论的研究起源于对数学的基础研究。数学的基础研究是指对数学的对象、性质及其发生、发展的一般规律进行的科学研究。

德国数学家康托尔（G. Cantor，1845—1918）从 1874 年开始，对数学基础做了新的探讨，发表了一系列集合论方面的著作，从而创立了集合论。康托尔创立的集合论对数学概念做了重要的扩充，对数学基础的研究产生了重大影响，并逐步发展成为数学的重要基础。

不久，数学家们却在集合论中发现了逻辑矛盾，其中最为著名的是 1901 年罗素（B. Russell）在集合论概括原则的基础上发现的"罗素悖论"，从而导致了数学发展史上的第三次危机。

"罗素悖论"可以这样形式化地定义：$S = \{x \mid x \notin S\}$。为了使人们更好地理解集合论悖论，罗素将"罗素悖论"改写成"理发师悖论"。其大意是，一个村庄的理发师宣布了这样一条规定："给且只给村里那些不自己刮胡子的人刮胡子"。现在要问：理发师给不给自己刮胡子呢？如果理发师给自己刮胡子，他就属于那类"自己刮胡子的人"，按规定，该理发师就不能给自己刮胡子；如果理发师不给自己刮胡子，那么，他就属于那类"不自己刮胡子的人"，按规定，他就应该给自己刮胡子。由此可以推出两个相互矛盾的等价命题：理发师自己给自己刮胡子⇔理发师自己不给自己刮胡子。

2．希尔伯特纲领

为了消除悖论、奠定更加牢固的数学基础，20 世纪初，逐步形成了关于数学基础研究的逻辑主义、直觉主义和形式主义三大流派。其中，形式主义流派的代表人物是大数学家希尔伯特（D. Hilbert）。他在数学基础的研究中提出了一个设想，其大意是：将每一门数学的分支形式化，构成形式系统或形式理论，并在以此为对象的元理论即元数学中，证明每一个形式系统的相容性，从而导出全部数学的相容性。希尔伯特的这一设想就是所谓的"希尔伯特纲领"。

"希尔伯特纲领"的研究基础是逻辑和代数，主要源于 19 世纪英国数学家乔治·布尔（G. Boole）所创立的逻辑代数体系（即布尔代数）。它的目标就是要寻找通用的形式逻辑系统，该系统应当是完备的，即在该系统中可以机械地判定任何给定命题的真伪。

希尔伯特对实现自己的纲领充满信心。然而，1931 年，奥地利 25 岁的数理逻辑学家哥德尔（K. Gödel）提出的关于形式系统的"不完备性定理"中指出，这种形式系统是不存在的，从而宣告了著名的"希尔伯特纲领"的失败。希尔伯特纲领的失败同时也暴露了形式系统的局限性，它表明形式系统不能穷尽全部数学命题，任何形式系统中都存在着该系统所不能判定其真伪的命题。

"希尔伯特纲领"虽然失败了，但它仍然不失为人类抽象思维的一个伟大成果，它的历史意义是多方面的。对计算学科而言，最具有意义的是，希尔伯特纲领的失败启发人们应避免花费大量的精力去证明那些不能判定的问题，而应把精力集中于解决具有"能行性"的问题。

8.2.3　图灵对计算本质的揭示

在哥德尔等人研究成果的影响下，20 世纪 30 年代后期，图灵从计算一个数的一般过程入手对计算的本质进行了研究，从而实现了对计算本质的真正认识。

根据图灵的研究，直观地说，计算就是计算者（人或机器）对一条两端可无限延长的纸带上的一串 0 和 1 执行指令，一步一步地改变纸带上的 0 或 1，经过有限步骤，最后得到一个满足预先规定的符号串的变换过程。图灵用形式化方法成功地表述了计算这一过程的本质。图灵的研究成果是哥德尔研究成果的进一步深化，该成果不仅再次表明了某些数学问题是不能用任何机械过程来解决的思想，而且还深刻地揭示了计算所具有的"能行过程"的本质特征。

图灵的描述是关于数值计算的，不过，我们知道英文字母表的字母以及汉字均可以用数来表示，因此，图灵机同样可以处理非数值计算。不仅如此，更为重要的是，由数值和非数值（英文字母、汉字等）组成的字符串既可以解释成数据，又可以解释成程序，从而计算的每一过程都可以用字符串的形式进行编码，并存放在存储器中，以后使用时译码，并由处理器执行，机器码（结果）可以从高级符号形式（即程序设计语言）机械地推导出来。

图灵的研究成果是：可计算性 = 图灵可计算性。在进行可计算性问题的讨论时，不可避免地要提到一个与计算具有同等地位和意义的基本概念，那就是算法。算法也称为能行方法或能行过程，是对解题（计算）过程的精确描述，它由一组定义明确且能机械执行的规则（语句、指令等）组成。根据图灵的论点，可以得到这样的结论：任一过程是能行的（能够具体表现在一个算法中），当且仅当它能够被一台图灵机实现。

图灵机与当时哥德尔、丘奇（A. Church）、波斯特（E. L. Post）等人提出的用于解决可计算问题的递归函数、λ 演算和 POST 规范系统等计算模型在计算能力上是等价的。在这一事实的基础上，形成了著名的丘奇 – 图灵论题。

图灵机等计算模型均是用来解决"能行计算"问题的，理论上的能行性隐含着计算模型的正确性，而实际实现中的能行性还包含时间与空间的有效性。

伴随着电子学理论和技术的发展，在图灵机这个思想模型提出不到 10 年的时间里，世界上第一台电子计算机诞生了。

其实，图灵机反映的是一种具有能行性的用数学方法精确定义的计算模型，而现代计算机正是这种模型的具体实现。

计算运用了科学和工程两者的方法学，理论工作已大大地促进了这门艺术的发展。同时，计算并没有把新的科学知识的发现与利用这些知识解决实际的问题分割开来。理论和实践的紧密联系给该学科带来了力量和生机。

正是由于计算学科理论与实践的紧密联系，并伴随着计算技术的飞速发展，计算学科已成为一个极为宽广的学科。

8.2.4 如何定义一门学科

"计算作为一门学科"报告从定义一个学科的要求、学科的简短定义以及支撑一个学科所需要的足够的抽象、理论和设计的内容等方面，详细地阐述了计算作为一门学科的事实。前面的章节中已经介绍了计算学科的定义及其各主领域 3 个形态的核心内容。下面给出定义一门学科的 5 个要求。

（1）定义应该能为本领域以外的人所理解。

（2）定义应该以本领域以内的人为着力点。

（3）定义必须是明确的。

（4）必须阐明本学科的数学、逻辑和工程的历史渊源。

（5）必须指明本学科的根本问题和已有的重要成果。

从"计算作为一门学科"报告中来看，专家们的确就是根据这 5 点要求给出了计算学科的定义。

8.2.5　计算学科属"工科"还是"理科"

计算学科属"工科"还是"理科"的问题是一个长期以来一直困扰计算机界的问题。这个问题在"计算作为一门学科"报告中得到阐明。报告给出了一个计算学科的二维定义矩阵，使得学科各主领域中有关抽象、理论和设计 3 个形态的核心内容完整地呈现出来，该二维定义矩阵是对学科的一个高度概括和总结。3 个学科形态的内容以及学科的根本问题都清楚地表明：计算机科学和计算机工程在本质上没有区别，学科中的抽象、理论和设计要解决的都是计算中的"能行性"和"有效性"的问题。相对而言，计算机科学注重理论和抽象，计算机工程注重抽象和设计，计算机科学和工程则居中。因此，不能简单地将计算学科归属于"理科"还是"工科"，在统一认识之后，ACM 和 IEEE-CS 任务组将计算机科学、计算机工程、计算机科学和工程、计算机信息学以及其他类似名称的专业及其研究范畴统称为计算学科。

8.2.6　程序设计在计算学科中的地位

"计算作为一门学科"报告认为，计算学科所包括的范围要远比程序设计大得多。例如，硬件设计、系统结构、操作系统结构、应用系统的数据库结构设计以及模型的验证等内容覆盖了计算学科的整个范围，但是这些内容并不是程序设计。

计算机界长期以来一直认为程序设计语言是进入计算学科其他领域的优秀工具，甚至还有人认为计算科学的导论课程就是程序设计，计算科学等于程序设计等。这些认识过分地强调了程序设计的重要性，从而阻碍了我们对计算学科的深入认识，削弱了我们宣传和展现计算学科的深度和广度的力量，并使喜欢迎接挑战的最优秀的学生离这个学科而去。这类观点还否定了计算科学是理论与实践密切的、有机的、协调一致的产物，并将使我们误入歧途。

程序设计只是计算学科课程中固定练习的一部分，是每一个计算学科专业的学生应具备的能力。同时，程序设计语言还是获得计算机重要特性的一个有力工具。

8.2.7　计算学科目前的核心课程能否培养学生计算方面的能力

"计算作为一门学科"报告认为，就培养能力而言，一些大学的核心课程的设置是不合适的，主要存在以下几方面的问题。

（1）面向计算学科方法论的思维能力是培养学生能力的重要内容，而目前多数高校计算课程中尚未将此作为其有机的组成部分。

（2）计算领域的历史内容常常不被强调，以致许多毕业生忽视计算学科的历史，重复原来的错误。

（3）许多计算专业的学生毕业后进入商业领域，而他们学习的课程并没有注重培养这方面的能力。这种能力究竟应该由计算机系来培养，还是由商业系来培养是一个长期争论的老问题。

（4）计算领域典型的实践活动包括设置和实验、为大型协作课题做贡献以及和其他学科的交流等，以便让他们能有效地运用计算学科的抽象和理论知识。但是，目前大多数课程忽视了对实验室操作、集体项目和交叉学科的研究。

"计算作为一门学科"报告是 1989 年发布的，经过 20 多年的努力，计算思维与相应的学科方法论的实质内容已被多数高校列为学生第一重要的能力培养目标。随着软件开发工具，特别是可视化开发工具的进步，实验室操作，集体项目以及交叉学科的研究变得更加可行。一些学科的核心课程（如导论系列课程）也越来越能培养学生面向专业的计算能力。

8.2.8　在计算课程中如何做到理论与实践相结合

"计算作为一门学科"报告认为，这个问题实际上就是如何做到将课堂上讲授的原理与实验室培养的技能紧密结合的问题。ACM 和 IEEE-CS 的专家们非常重视这个问题，他们从实验室工作的 3 个目的出发，介绍了解决这个问题的一般方法：

（1）提供具体经验。实验室必须提供将课堂上讲授的原理运用于实际软件和硬件的设计、实现和测试的具体经验，以培养学生关于实际计算的感性认识，帮助学生理解抽象概念。

（2）强调程序设计。必须强调学生对实验室技术、硬件能力、软件工具的正确理解和运用。实验室主机上要求备有许多的软件工具以及实验和方案的适当文档，并教会学生如何正确地使用这些工具及文档。

（3）介绍实验方法。包括对实验的使用和设计、软件和硬件监控器、结果的统计分析，以及研究结果的适当陈述，使学生们懂得如何将粗心的观察和细心的实验区别开来。

实验课题应与课堂讲授的材料相协调。个人实验课题一般探讨硬件与软件的结合。根据不同的情况，实验作业可以强调简化软件开发过程的技术与工具，或强调分析和测量已有软件或比较已知的算法，还有的则可以强调基于课堂上所学原理的程序开发。

8.2.9　发明与创新

创新和创造以及发明和发现是人们经常提到的几个概念，这几个概念也容易被人们所混淆。为便于理解，我们先介绍发现与发明；然后介绍创造与创新，以及发明与创新的关系；最后介绍创新的两个重要特征：新颖性和价值性。

1. 发现与发明

发现是对客观规律、事物的首先正确认知。发现的结果原来是客观存在的，只是后来才被人们正确认识。比如物质的本质、现象、运动规律等，不管你是否发现，它本来就是客观存在的。后来你首先认识到了，就是发现。

发明属于科技成果在某领域中的新创造。通常指人们做出的前所未有的成果。这种成果包括有形的物品和无形的方法等，其特征是这些物品或方法在发明前客观上是不存在的。技术研究前的重要成果多属发明。发明注重首创性，可以申请发明专利。

发现和发明的区别是：发现是认识世界，发明是改造世界。发现要回答"是什么"、"为什么"、"能不能"问题，主要属于非物质形态财富；发明要回答"做什么"、"怎么做"、"做出来有什么用"等问题，主要是知识的物化，体现在能直接创造物质财富。

2. 创造与创新

创造就是人们为了实现开发前所未有的独创性成果目标，借助有灵感激发的高智能劳动，产生新社会价值成果的活动。这个成果是指新概念、新设想、新理论，也可以指新技术、新工艺、新产品，要求新颖、独特、有社会价值。

创新是由美籍奥地利经济学家约瑟夫·熊彼特（J. A. Sheumpeter）于 1912 年首先提出来的。他认为，创新是指一种生产函数的转移，或是一种生产要素与生产条件的重要组合，其目的在于获取潜在的超额利润。他还认为，创新是发明的第一次商业化应用，并将创新概括为以下 5 种形式。

（1）生产新的产品。

（2）引进新的生产方式。

（3）开辟新的市场。

（4）开拓并利用新的材料或半成品的供给来源。

（5）采用新的组织方法。

由此可见，熊彼特的创新概念实质上是一个经济学意义上的概念。创新的概念还有多种解释，目前较为一致的看法是：创新是新设想（或新概念）发展到实际和成功应用的阶段。因此，可以认为，创造强调的是新颖性和独特性，而创新强调的是创造的某种社会实现。现在常讲的创新从广义上援引了这个概念，比如知识创新、技术创新、理论创新、管理创新、制度创新等。

创造着重指"首创"，是一个具体结果。创新是创造的过程和目的性结果，侧重宏观影响的结果。例如，蒸汽机的出现是发明，而将它应用于其他工业则是创新。创新更注重经济性、社会性和价值性。

3. 发明与创新的关系

在创新的过程中需要发明，但发明不可预测，也不能计划，而创新可以预测，可以有计划地去做。现在有人把发明看得很重，而轻视创新。应该说，发明很重要，但发明只是第一步，真正要有用，就得创新。据有关资料介绍，全球申请的发明专利真正推广应用的不到 15%。

4. 创新的两个重要特征

我国《高等教育法》明确规定：高等教育的任务是培养具有创新精神和实践能力的高级专门人才。

创新就是创造性地提出问题和创造性地解决问题。具体地说，它是指个体根据一定的目的和任务，利用已知的一切条件，产生出新颖、有价值的成果的认知和行为活动。它有两个重要特征：新颖性、价值性。

根据新颖性在时间和地域范围上的层次性可将创新划分为 3 个层次。

（1）低级层次：只对创造者个人来说是前所未有的。例如，人们在日常生活、工作中提出的一些新问题及新建议等。

（2）中间层次：具有地区、行业的新颖性，具有一般的社会价值，能产生一定的经济效益和社会效益。例如，一个新的旅游项目的开发、新医疗设备的生产等。

（3）最高层次：具有原创性，具有巨大的历史价值，甚至可以改变整个社会的理念、改变科学和技术的面貌。例如，创建一个科学理论体系、提出一种新的划时代的思想等。

德国国家信息技术研究中心（GMD）主席 Dennis Tsichritzis 认为，创新至少具有以下 4 个过程。

（1）提出新思想。极具生命力的新思想可以改变一个理论，然后改变实践这一新理论的活动。出版科学论文的目的就是通过同行的审查来证实其新颖性和原创性。

（2）产生新实践。

（3）产生新产品。

（4）开拓新业务。

前 3 个过程是研究中心的主旨，计算学科与大多数学科一样，将第一个过程置于最有价值的地位。

8.2.10　关于能力的培养

教育的目的就是要培养学生从事某一领域的工作能力。工作能力也就是有效的活动能力，它是评价一个人在本领域从事独立的实践活动水平的标准，这个评价标准是基于本领域的历史的。

培养能力的教育过程有 5 个步骤。

（1）引起学习该领域的动机。

（2）充分展示该领域能做什么。

（3）揭示该领域的特色。

（4）追溯这些特色的历史根源。

（5）实践这些特色。

计算领域的工作者应该具备什么能力？大致有以下两类能力。

（1）面向计算学科的思维能力：发现本领域新的特性的能力。这些特性将导致新的活动方式和新的工具的产生。面向计算学科的思维能力应包含两层意思：其一是面向计算学科方法论的思维能力，其二是面向计算学科的数学思维能力。

在面向计算学科的思维方式这类问题上，狄克斯特拉教授告诫我们，在计算机科学的教学过程中不要用拟人化的术语，而要用数学的形式化方法。他认为，教给无所怀疑的年轻人有效地使用形式化的方法是人生的一件快事，因为回报丰厚，学生不久将激动地发现，一旦掌握了形式化这种简单的思想工具，不仅将给他带来一种完全超过自己原有的、粗放的、梦想的能力，还将给他带来认识客观世界的新途径，以及建立在此基础上的全新的、可观的自信心。

（2）使用工具的能力：使用本领域的工具有效地进行其他领域实践活动的能力。

在以上两种能力中，面向计算学科的思维能力是大学计算专业课程设计的主要目的。当然，计算专业的工作者也应当熟悉工具，以便与其他学科的人们有效地合作，进行那些学科的设计活动。

8.2.11　难度、复杂度与能力

在教学过程中，相当多的教师采用增加难度而非提高复杂程度（复杂度）的方法来培养学生的思维能力。这源于对复杂度和难度两个概念的混淆，这种混淆限制了教育学中著名的 Bloom 分类法对提高学生思维能力的作用。

1. 难度与复杂度之间的差异

美国人苏珊（David A. Sousa）在其著作《脑与学习》（*How the Brain Learns*）一书中指出：复杂度和难度针对的是两种完全不同的心理操作过程，复杂度针对的是大脑处理信息时所运用的思维过程；而难度针对的是一个人在同一复杂程度内完成学习目标所需要付出努力的量。

Bloom 分类法（Bloom's Taxonomy）是美国教育家和心理学家本杰明·布卢姆（Benjamin S. Bloom，1913—1999）等人于 1956 年创立的一种教育目标分类体系，它降低了课程评估的复杂程度，为课程开发提供了基本的依据。Bloom 分类法将人类思维的复杂程度划分为 6 个水平，从简单到最复杂，依次为知识、理解、应用、分析、综合和评估。虽然有 6 个不同的水平，但其难度等级区分并不那么严格，个体在不断的学习过程中很容易从一种水平发展到另一种水平。Bloom 认为此分类系统不只是一套测验的工具，也是撰写学习目标的通用语言，它可以促进各领域达到沟通的效果，并能促进课程中教育目标、教学活动与评价的一致性。历经多年的使用，该分类法又得到改进（1994），再经过 7 年的讨论，最终在 2001 年出版了被大多数学者接受的修订版的分类法（Anderson，2001），相应的难度与复杂度分类水平图所图 8.1 所示。

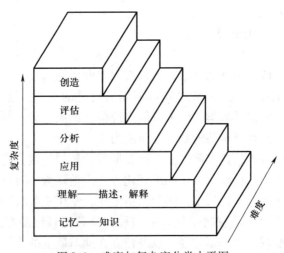

图 8.1　难度与复杂度分类水平图

需要特别指出的是，图 8.1 的 6 个水平层次（记忆、理解、应用、分析、评估、创造），不是累积层次，即前一个层次不是后一个层次的基础，这一结论动摇了只有扎实的基础才能进行较高层次思维的论断，使人们可以在较短的时间内尽快进入到分析，评估和创造等较高层次的思维阶段，至于，记不住的知识可以查，不会的知识可以有针对性地在思维的过程中弥补。

例 8.1　回答下面两个问题，并分析它们的复杂程度。

第一个问题：中国的首都在哪里？

第二个问题：用自己的话解释首都的含义。

北京是中国的首都。首都是国家最高政权机关的所在地，是国家的政治中心。第一个问题属于知识水平层（最下层，记忆层）的问题，第二个问题属于理解水平层（倒数第二层）的问题。显然，第二个问题比第一个问题的复杂程度要高一层。

例 8.2　分析下面问题的复杂程度和难度。

第一个问题：说出中国的首都名称。

第二个问题：说出中国各省及省会城市的名称。

第三个问题：按由北到南、由西到东的顺序说出中国各省及其省会的名称。

第一个问题属于知识水平层的问题，只需简单的记忆；第二个问题仍属于知识水平层的问题，但其难度却较第一个问题困难，需要更多的记忆；第三个问题较前两个问题都难，需要收集更多信息并按照方位进行排列，而其所处的层次仍是知识水平层。这就是说，在复杂度没有增加的情况下，难度增加了。

例子说明，在学习过程中，可能付出了很多努力，做了大量的知识积累，但思维水平却依然停留在较低层次上。在教学过程中，为了迎接所谓的更大挑战，人们往往会有意（或无意）地增加难度，而忽视复杂度的提高，使教学陷入一种不易察觉的误区。

2. 与人本身固有能力关系最大的是难度还是复杂度？

前面介绍了难度与复杂度之间的差异。现在要问的是：复杂度和难度哪一个与人本身固有的能力关系最大呢？通常人们会选择复杂度，一般认为只有那些本身能力较强的人才能达到分析，评估以及创造这样更高的层次。其实，这是一种误解，这种误解带来了一系列的教育问题。

假设在一个班级中，将学生划分为 3 类，一类是学得快的，一类是平均水平的，还有一类是学得慢的学生。在教学中，教师一般会根据"平均水平的学生"所需要的学习时间来安排课时。这样就会出现以下 3 种情况。

（1）学得快的学生：提前完成教师布置的学习任务，用剩下的时间对概念进行分类。

（2）平均水平的学生：刚好完成教师布置的学习任务。

（3）学得慢的学生：只学习了部分内容，还需要用额外的时间才能完成教师给定的学习任务。

在以上分类中，学得快的学生能在规定的时间内提前学完，在余下的时间里可以对概念进行分类。这就是为什么学得快的学生常常提升得快的原因。当教师试图达到更高的学习目标时，学得快的学生能够在工作记忆中加工概念的重要属性，以便在更高层次的思维水平上进行运用；而学得慢的学生由于没有时间分类，在工作记忆中还会受到其他各种重要或不重要的信息干扰，不能识别复杂加工所需要的内容，就如同一个人在长途跋涉中背着 5 个大包袱，不堪重负。基于这样的结果，长此以往，不少教师在潜意识里就会错误地认为只有学得快的学生才具有更高层次的思维能力。

在 Bloom 的研究中，他让学得慢的学生不必去学习那些非重要的内容，从一开始就将重点集中于关键的问题和重要的信息上。当教师逐步提高分类法中的思维水平时，这些学生在许多方面都要好于对照组的学生。当教师能够很好地区分复杂度和难度两个概念时，就会对 Bloom 分类法产生新的认识，这种认识可以让更多的学生取得更大成功。换言之，降低与个人本身固有能力密切相关的学习难度，把更多的时间放在学生分析、评估和创造能力的训练上，才是使学生取得更大成功的关键。

Bloom 的研究带给人们一个非常重要的启示，那就是，完全可以依据 Bloom 分类法将教育目标、教学活动与教学评估统一起来，以"课程改革"为核心进行大学专业的综合改革。课程改革的一个有效方法是：对课程中的基础概念进行合理的设置，删除 Bloom 分类法中底层大约 1/4 或更多需要记忆的知识内容，将结余下来的时间，对学生进行更高层次（如分析、评估）的思维训练，创造出更有价值的成果（如工具等）。

如果教师不再受自己主观意识的错误影响，他们就能使那些学得慢的学生成功地进行更高层次的思维，最终成为推动国家社会与科技进步的人。1979 年的诺贝尔物理奖获得者史蒂文·温伯格（Steven Weinberg）教授在其成长过程中就受益于这样的教师。他在 2003 年 11 月 27 日出版的《Nature》杂志上发表短文"科学家的四个黄金忠告"（Scientist：Four golden lessons）介绍了他的成长。他写道：当我得到大学学位的时候，物理学的文献在我眼里就像一个未经探索的汪洋大海。但很幸运的是，在史蒂文·温伯格做研究生的第一年，就碰到了一些资深的物理学家，这些学者建议他第一年就开始进行物理学的前沿研究，他惊讶地发现他们的意见是可行的。为此，史蒂文·温伯格很快就拿到了一个博士学位。他写道，虽然我拿到了博士学位，但我对当时的物理学还几乎是一无所知。他进一步写道，不过，我的确得到了一个很大的教益：没有人了解所有的知识，你也不必。

8.2.12 SOLO 分类法与浅层学习、深度学习

深度学习是一种主动、探究式、理解性的学习方式，它要求学习者掌握非结构化的深层知识并进行批判性思维，能主动建构知识，有效迁移应用，以及对问题求解的方法和结果能够进行有效评估。与之相对应的浅层学习则是一种被动、机械、记忆性的学习方式，它把信息作为孤立的、不相关的事实来被动接受，进行的是简单的重复和机械的记忆。

在 Bloom 分类法的基础上，学术界又做了大量工作，取得了一系列成果。其中比格斯（John B. Biggs）和科利斯（Kevin F. Collis）在其著作《学习质量评价：SOLO 分类理论》

（*Evaluating the Quality of Learning*：*The SOLO Taxonomy*）中给出的可观察的学习成果结构分类法（Structure of the Observed Learning Outcome Taxonomy，简称 SOLO 分类法）就是一个很好的补充。

SOLO 分类法沿用了系统科学中的结构和层次两个基本概念，将 SOLO 划分为前结构、单点结构、多点结构、关联结构、抽象拓展结构等 5 个层次，这些层次分别与无学习、浅层学习和深层学习相对应，其核心内容如表 8.1 所示。在 SOLO 分类法中，"单点结构与多点结构"对应于 BLOOM 分类法中的"记忆和理解"，"关联结构与抽象拓展结构"对应 BLOOM 分类法中的"应用、分析、评估和创造"。SOLO 分类法关注学习者对问题做出反应时所表现的思维过程和所达到的认知水平，能使教育评价的触角深入到质的层面，能为深度学习和课程评估提供支持。

需要注意的是，表 8.1 中的"问题回答的心理年龄"与回答问题人的实际年龄有严格的区分。通常情况下，一个能够做出很复杂推理的人当他不打算回答问题时，就会胡乱地给出一个前结构的回答。人们通常说的"老少，老少"，说的就是这类处理问题的方式，有时，老人和小孩没有什么不同。但是，当涉及很多人利益的时候，比如，在制定一个公共政策时（比如，课程评估的标准），制定标准的专家需要更加慎重。

表 8.1　SOLO 分类法与浅层学习、深度学习之间的关系

学习类型	SOLO层次	层次结构的内涵	回答结构
无学习	前结构	同义反复、转换、跳跃到个别细节上，没有一致的感觉，甚至问题是什么都没弄清就收敛，问题线索和解答混淆，问题回答的心理年龄在 4~6 岁之间，能力最低	
浅层学习	单点结构	只能联系单一事件进行"概括"，没有一致的感觉，迅速收敛，只接触到某一点就立刻跳到结论上去，只能将问题线索与单个相关要素联系起来，结论不一致，问题回答的心理年龄在 7~9 岁之间，能力低	
	多点结构	只根据几个有限的、孤立的事件进行"概括"，虽然想达到一致，只注意孤立的素材，回答收敛太快，用同样的素材得出不同结论，能将问题线索与多个孤立的相关要素联系起来，问题回答的心理年龄大约在 10~12 岁之间，能力为中	

续表

学习类型	SOLO层次	层次结构的内涵	回答结构
深层学习	关联结构	能在设定的情景或已经历的经验范围内利用相关知识进行概括，在设定的系统中没有不一致的问题，但因只有一种收敛方式，在系统之外可能会出现不一致，能将问题线索与相关的素材及其相互关系联系起来，问题回答的心理年龄大约在 13~15 岁之间，能力较强	
	抽象拓展结构	能对未经历的情景进行概括，不一致性消失，不觉得一定要给出收敛的回答，即结论开放，可以容许逻辑上兼容的几个不同解答，问题回答的心理年龄在 16 岁以上，能力最高，具备了形式思维运用的能力	

说明：▲表示线索，R 表示解答，⊗表示不相关或不适当的素材，●表示给出的相关素材，○表示未给出的相关假设。

8.2.13 科学素养

众所周知，提高公众的科学素养（Science Literacy）对于一个国家、一个民族的发展以及前途都至关重要。鉴于此，不少国家已将理工科专业课程教学改革的首要目标确定为提高学生的科学素养。

科学素养的基本要素是科学知识，科学素养的核心要素是科学的思维方式，科学素养的灵魂是科学的精神，它体现的是对科学的关心和热爱，是人们从事科学事业的基础。下面介绍科学素养的定义、科学的性质、学生科学素养培养的有关标准，以及计算学科学生科学素养的培养等内容。

1. 科学素养的定义

1996 年初出版的美国《国家科学教育标准》（*The National Science Education Standards*）对科学素养做了如下定义：科学素养就是对个人决策、参与公共和文化事务以及经济生产所需要的科学概念和过程的知识和理解。具有科学素养的人能够提出、发现和解答与日常体验有关的问题。他们能够描述、解释和预言自然现象。

科学素养有不同的程度和形式，人的一生中科学素养都在不断发展和深化，而不仅仅局限于在校期间。这一标准概括了每一个公民一生科学素养的不断提高所必要的广泛的知识和技能基础，同时也为那些有志于科学事业的人们奠定了基础。

2. 科学的性质

对科学素质的定义首先来自对科学性质的认识。下面介绍美国面向 21 世纪人才培养的"2061 计划"在《面向全体美国人的科学》（*Science for All Americans*）一书中有关"科学的性质"的内容，包括科学性质的 3 个主题：科学世界观、科学的探索方法和科学事业的本质。

1）科学世界观

科学世界观是科学家对自己所从事的工作的一些基本信念和态度。下面介绍科学世界观的具体内容。

（1）世界是可被认知的。宇宙是一个巨大的单一系统。科学家们相信，宇宙间的众多事物都以恒定的规律发生和发展，通过认真的、系统的研究都是可以认知的。

（2）科学理念是会变化的。在科学界，不管理论新旧，总是在不断地对其进行验证、修改，有时还会抛弃。科学家认为，即使无法获得绝对正确的真理，得到日益精确的近似真理还是可以做到的。新的观察发现可以对流行的理论提出挑战。无论一种理论对一组现象的解释多么完美，但可能还有其他理论也同样适用。

（3）科学知识的持久性。虽然科学家反对能获得绝对真理的概念，但绝大部分知识都具有持久性。例如，爱因斯坦创立相对论时，不是完全否定牛顿的物体运动定律，而是指出在一个更广泛的概念中牛顿定律是一条只能有限度运用的近似的定律。连续性和稳定性如同变化一样都是科学的特征。

（4）科学不能为所有问题提供完整答案。世间有许多事物不能用科学方法检验。例如，信仰就其本性是不能证明或否定的（例如，超自然力和事物的存在，以及生活的真正目的）。在另外一些场合，一些有效的科学方法还可能遭受一些相信奇迹、算命、占星术和迷信的人的反对。

2）科学的探索方法

从根本上来说，科学的各学科在依靠证据、利用假设和理论、运用逻辑推理等许多方面是相同的，然而科学家在调查现象，开展工作，使用的基本原理、定性或定量的分析方法不尽相同。不过，科学家之间在技术、信息和概念方面的交流不断进行着，他们对什么构成科学上有效的调查研究有着共同的认识。

尽管科学的某些特性是职业科学家工作所特有的，但是，每个人在科学地思考日常生活中的有趣事物时都可以运用。下面介绍科学探索方法的具体内容。

（1）科学需要证据。科学主张的正确性要通过对现象的观察来判定。在某些场合，科学家们可以自由地控制条件，准确地获得证据。但是，有些控制条件无法实现，必须在足够广阔的范围和与自然界相似的环境下进行观察，才能推断出各种因素产生的影响。由于科学需要证据，所以，开发新的、更好的观察仪器和观察技术就有重大的价值。

（2）科学是逻辑和想象的融合。对科学发展来说，运用逻辑推理和严密地核查证据是必需的。但是，科学概念不会仅从数据中、从一定量的分析中自动地形成。提出假设，构建理论来想象这个世界是怎样运转的，然后再解决假设和理论如何能够接受现实的检验问题。有些科学发现完全是意外中偶然获得的。但是，通常要具有知识和创造性的洞察力才能认识到这种意外事物的意义。

（3）科学解释和预见。科学的本质是通过观察验证。但是，科学理论只适用已经观察到的现象是不够的，也就是说，科学理论还应具有预见性。证明某种理论的预见性并非必然要求预测未来的事件，预测也可以是以仍未被发现或研究过的证据为依据。例如，人类起源的理论已由新发现的猿人化石证实。

（4）科学家要避免偏见。当科学家面对一个声称正确的事物时，就会反问"如何证实"。由于对数据的解释不同，记录或报告方式不同，以及选取什么样的数据，科学验证可能会被歪曲。科学家的国籍、性别、民族、年龄、政治信仰等都可能影响他们偏向寻求或强调这种或那种数据或解释。在一个研究领域，防范难于察觉的偏见的措施就是让许多不同的研究人员或研究小组参与这项工作。

（5）科学不仰仗权威。从长远的观点来看，没有一个科学家可以代表绝对真理。在科学史上，著名的科学权威也曾多次出现过错误。从近期角度来看，与主导思想大相径庭的新概念可能遭到强烈的批评，从事这项研究的科学家也很难得到支持。在创立正确的学说时，向新概念挑战是正常的。这样就很可能使最有声望的科学家拒绝接受新的理论，尽管已有足够的证据使很多一般科学家信服。然而，从长远的观点来看，理论是由结果来判断的。当一些人提出一个新的，或者经过改进的理论后，若新理论比旧理论能解释更多的现象，或者回答更重要的问题，新理论就会渐渐地取代旧理论。

3）科学事业

科学作为一项事业，具有个人、社会和团体 3 个层面。科学活动是当今世界的主要特征之一，与其他的特征相比，科学或许更能把我们这个时代同以前的各个时代区别开来。下面介绍科学事业的具体内容。

（1）科学是一项复杂的社会活动。科学工作涉及许多个体去从事许多不同的工作，科学在一定程度上在世界各国范围内进行。作为一项社会活动，科学不可避免地要反映社会价值和社会观点。例如，20 世纪以前，妇女和黑人由于受到教育和就业机会的限制，基本上被排斥在大部分科学研究之外，即使极少数人能够克服这种障碍，他们的研究工作也会受到科学机构的轻视。进入 20 世纪以后，这种状况才有所好转。

（2）科学由学科内容组成，由不同机构研究。组织形式上，科学是所有不同科学领域或不同学科的有机结合。

（3）科学研究中有着普遍接受的道德规范。大部分科学家的自身行为都能符合科学研究的道德规范。恪守准确记录、研究公开、反复验证的传统，研究工作受到同行的严格核查等，这些传统使绝大多数科学家都具有良好的职业道德规范。然而，有时由于受到最先公布一种理论或一项观察结果所带来声誉的压力，一些科学家不愿公开这些资料，甚至篡改他们的发现。这种对科学本性的亵渎阻碍了科学的发展，一旦发现这种情况，就会受到科学界和研究资助机构的强烈谴责。

（4）科学家在参与公共事务时，既是科学家又是公民。科学家可以通过提供信息、见解和分析技巧，影响为公众所关心的事物，他们往往能够帮助公众以及公众的代理人了解事件产生的原因（如自然灾害和技术灾害），估计规划政策的潜在后果（如各种耕种方法对生态的影响）。当科学家发挥顾问的作用时，科学家试图区别事实和解释，研究结果和猜测意见时，人们总是期望他们极其小心谨慎。这就是说人们希望他们能充分地利用科学探索的各项原则。

在工作中，虽然科学家们尽最大努力避免自己和他人的偏见，但是，当公共利益以及他们个人的利益、合作伙伴的利益、本单位的利益和本社区的利益受到威胁时，他们也会同别人一样产生偏见。例如，由于对科学的偏爱，许多科学家在比较科学研究和其他社会需求的资金分配时，可能就不太客观。

3. 学生科学素养培养的有关标准

《面向全体美国人的科学》是数百名科学家、数学家、工程师、医师、哲学家、历史学家和教育家 3 年工作的结晶，这是一本关于人的科学素养的书。他们认为：教育的最高目标是为了使人们能够过一个实现自我和负责任的生活做准备。他们还认为：如果广大公众不了解科学、数学和技术，以及没有科学的思维习惯，科学技术提高生活的潜力就不能发挥。没有科学素养的民众，美好世界的前景是没有指望的。

美国《国家科学教育标准》中的标准共分 8 个类别：概念和过程的统一标准，科学探究标准，物质科学、生命科学以及地球和空间科学标准，科学与技术标准，个人和社会视角中的科学标准，科学的历史和本质标准。美国《国家科学教育标准》不仅将所有科学类课程的最终目标确定为提高学生的科学素养，而且还以标准的形式规定了学生从幼儿园到高中需要学习的知识和技能。

4. 计算学科学生科学素养的培养

对计算学科而言，可以按照 IEEE-CS 和 ACM 的要求，将学科中富有智慧的思想与方法（这是更具体的、易于使用的面向学科的科学思维方式）放在最重要的地位，将学科知识锁定在有限的核心知识单元（或核心概念）上，继续强调社会和职业问题对学科发展的影响。对于计算学科所有的专业课程，将其教学改革的目标确定为尽可能地提高学生的科学素养，或更为具体的专业素养，在专业课程的教学过程中，不断地、有意识地侧重于提高学生的科学素养。与之配套，将专业评估的目标（尽可能具体）也锁定在科学素养的培养上。若能如此，计算学科的人才培养必定更为明确和良性。

8.2.14　注意力

经过 3 个多月的学习，如果以本书为基础的课程还不能让你感受到课程的力量，那可能就是其他问题了。比如，心理学的问题，其中一个重要的内容就是注意力（attention）问题。

心理学认为，注意是人在清醒意识状态下的心理活动，是对一定对象的指向和集中。具有注意的能力称为注意力。只有那些进入注意状态的信息，才能被认知，并通过进一步加工而成为个体的经验，其目标、范围和持续时间取决于外部刺激的特点和人的主观因素。

注意力是智力的 5 个基本因素之一，是记忆力、观察力、想象力、思维力的准备状态，所以注意力被人们称为"心灵的门户"。

注意力有 5 大特点：不能共享，无法复制；是有限的、稀缺的；它有从众的特点，受众可以相互交流、相互影响；可以传递，名人广告就说明了这一点；注意力产生的经济价值是间接体现。

下面简单介绍两个案例，以及软件项目经理们的一个共同结论。一个案例介绍的是"苹果之父"史蒂夫·乔布斯（1955—2011，Steve Jobs）的注意力，另一个是案例介绍的是诺贝尔物理学奖获得者、美籍华裔科学家丁肇中教授的注意力。

乔布斯的极致之处就表现他的注意力上。他在做某件事时，会首先设定优先级，把注意力对准目标，把分散精力的事情全部过滤掉。比如，他专注于麦金塔计算机早期的用户界面，iPad 和 iPhone 的设计，把音乐公司引进 iTunes 商店，等等。而对于那些他不想处理的诸如法律纠纷、业务事项以及他的癌症诊断这类事情，则会坚决地忽视。在苹果手机的发展上，他只保留几个核心产品，砍掉一切其他业务，让苹果手机回到正轨。他剔除按键让电子设备简单化，剔除功能让软件简单化，剔除选项让界面简单化。正是由于乔布斯的工作方式——极致的注意力，使他取得了大量丰硕的成果，他被评为《时代周刊》封面人物，获得了美国总统授予的国家技术勋章，《财富》年度的最伟大商人等荣誉。

据《中国科学报》（2014.10.20）报道，丁肇中也是一个注意力的高手。2014 年 10 月 18 日，丁肇中教授在位于北京中关村的中国科学院学术会堂作学术报告，他说道，他从来没有同时做过两件事。在报告后的互动交流中，丁肇中也一再强调兴趣和集中注意力做一件事的重要性。他直言自己小时候成绩不好，甚至常常是最后一名。他认为，他绝对不是天分高的人。他很早就认识到自己能力是很有限的，所以集中所有的能力做最重要的一件事情。在麻省理工学院 1 000 多名教授中，丁肇中是唯一的不教书的教授，他对此的解释是"我一生中最重要的选择就是只做一件事"。而在回答"具备什么条件才能加入阿尔法磁谱仪研究团队"这一问题时，他表示除了脑子要"比较清楚"外，也一再强调注意力的重要性，他说道，一定要认为这是你最重要的工作，其他工作都是次要的。

在软件开发领域，注意力与工作效率也有非常大的关系。在《Crystal Clear：小团队的敏捷开发方法》（*Crystal Clear：A Human-Powered Methodology for Small Teams*）一书中，作者科克伯恩（Cockburn）介绍了他对资深的软件项目经理们的采访，得到了一个经理们的共同结论，那就是，一名开发人员一次最多只能承担 1～1.5 个项目任务，才能保证其工作效率。一旦接管了第三个项目，那么他在这三个项目上都将无所作为。

本节这里指的注意力，英文是 attention，也即"专注力"，是在数码科技发展非常迅猛的今天特别强调的，这种强调源于一种深深的忧虑。每天爆炸性的信息，改变了人类的生活和沟通方式，极大地影响着人们的深度思考，不断变化的信息干扰，使人很难将注意力集中于一个关键点上，这是科学发现与技术创新的大忌，需要引起人们的高度重视。

8.3 计算学科教育的展望

计算学科的迅猛发展对计算学科教育的内容、思想方法和手段均产生了深刻的影响。下面以 CS2013 报告，以及计算思维的培育为基础，从计算技术的变化和文化的改变两方面对计算教育当前面临的一些问题做出回答。同时，对未来计算教育的发展趋势做一些简要的分析和展望。

8.3.1 技术的变化

从计算学科 3 个形态的内容来看，影响计算领域变化的不是来自其抽象和理论两个形态的东西，而主要是来自其设计形态的内容，即来自于技术的进步，这就是我们只讨论计算技术的改变对计算学科教育影响的原因。

1965 年，Intel 公司的创始人摩尔（Gordon Moore）提出了著名的摩尔定律，他预测微处理器处理速度每 18 个月要提高一倍，该定律至今仍然适用。结果，可以获得的计算能力呈指数增长，这使得在短短的几年前尚不能解决的问题有可能得到解决。该学科的其他变化，比如万维网出现后网络的迅猛增长更富戏剧性，这表明该变化也是革命性的。渐进的和革命性的变化都使计算领域所要求的知识体系和教育过程受到影响。

就计算机科学的国际教程而言，相对于 CC2001 教程，CS2008 是一个修订版，它保留了 CC2001 划分的 14 个分支领域，对核心单元及其学时作了一些调整，强调了"网络安全"与"并行计算"两方面的内容。CS2008 是一个中期检查报告，而 CS2013 则是一个全面反映十几年来计算技术变化的新报告。

CS2013 将 CC2001 定义的核心单元分为两种：Core-Tier1 和 Core-Tier2。下面，给出 CS2013 中计算机科学知识体分支领域的核心学时安排，为更于比较，同时也给出 CS2008 和 CC2001 相应的核心学时安排（如表 8.2 所示）。

CS2013 将核心单元划分为两类，第一类要求必修，第二类要求 80%～90% 必修。CS2013 对核心学时的要求是一个折中方案，介于 CC2001 和 CS2008 的要求之间。

表8.2 CS2013、CS2008、CC2001核心学时分配对照表

分支领域	CS2013		CS2008	CC2001
	Tier1	Tier2	核心	核心
1. 算法和复杂性（AL）	19	9	31	31
2. 体系结构和组织（AR）	0	16	36	36
3. 计算科学（CN）	1	0	0	0
4. 离散结构（DS）	37	4	43	43
5. 图形学与可视化（GV）	2	1	3	3
6. 人机交互（HC）	4	4	8	8
7. 信息保障与安全（IAS）	3	6	—	—
8. 信息管理（IM）	1	9	11	10
9. 智能系统（IS）	0	10	10	10
10. 网络通信（NC）	3	7	15	15
11. 操作系统（OS）	4	11	18	18
12. 基于平台的开发（PBD）	0	0	—	—
13. 并行与分布式计算（PD）	5	10	—	—
14. 程序设计语言（PL）	8	20	21	21
15. 软件开发基础（SDF）	43	0	47	38
16. 软件工程（SE）	6	22	31	31
17. 计算机系统基础（SF）	18	9	—	—
18. 社会问题与专业实践（SP）	11	5	16	16
总的核心学时	165	143	290	280

1. All Tier1 + All Tier2 Total：165 + 143 = 308
2. All Tier1 + 90% of Tier2 Total：165 + 143 * 90% = 293.7
3. All Tier1 + 80% of Tier2 Total：165 + 143 * 80% = 279.4

学科核心知识点是当前计算学科的重要内容，反映了当前学科技术的变化，但是大量概念的罗列也对计算学科的教学带来了很大的挑战。另外，跨学科因素也越来越受到本学科的重视，如何融入课程，又是一个紧待解决的问题。

8.3.2 文化的改变

计算教育也受到文化变更和变更赖以发生的社会背景的影响。例如，以下变化都对教育过程的性质产生了影响。

1. 从"狭义工具论"到计算思维

在社会上，"狭义工具论"课程往往与计算机的使用，计算机的编程等内容绑定在一起，受到国际信息科学界的广泛批评，由李国杰院士任组长的中国科学院信息领域战略研究组撰写的《中国至 2050 年信息科技发展路线图》一书指出，"狭义工具论"是信息科技向各行业渗透的最大障碍，对信息科技的全民普及有害。

2010 年 7 月 19 日至 20 日，C9 高校联盟（包括北京大学、清华大学、浙江大学、复旦大学、上海交通大学、南京大学、中国科技大学、哈尔滨工业大学、西安交通大学）在西安交通大学举办了首届"九校联盟（C9）计算机基础课程研讨会"。陈国良院士在会议上作了"计算思维能力培养研究"的报告。会议研讨了国内外计算机基础教学的现状和发展趋势，并就如何增强大学生计算思维能力的培养，进行了充分的交流和认真的讨论，2010 年 9 月在《中国大学教学》杂志上发表了影响深远的《九校联盟（C9）计算机基础教学发展战略联合声明》，旗帜鲜明地把"计算思维能力的培养"列为计算机基础教育的核心任务。

2012 年 5 月 15 日，教育部高教司在合肥工业大学召开了"大学计算机"课程改革研讨会，会上明确了大学计算机课程要像大学数学、大学物理一样，成为大学的基础性课程。这是教育部对非计算机专业大学计算机课程的新要求。

针对国内外计算机教育发展的新动向，2012 年春节刚过，教育部高等学校计算机科学与技术专业教学指导委员会、中国计算机学会教育专业委员会、全国高等学校计算机教育研究会召开了一次主任（理事长）扩大会议，就计算思维能力的培养进行了研究。认为"随着信息化的全面深入，无处不在、无事不用的计算使计算思维成为人们认识和解决问题的重要基本能力之一。一个人若不具备计算思维的能力，将在从业竞争中处于劣势；一个国家若不使广大受教育者得到计算思维能力的培养，在激烈竞争的国际环境中将不可能引领而处于落后地位。计算思维，不仅是计算机专业人员应该具备的能力，而且也是所有受教育者应该具备的能力。计算思维，也不简单类比于数学思维、艺术思维等人们可能追求的素质，它蕴含着一整套解决一般问题的方法与技术。因此，作为教育部计算机教育的咨询与指导机构和计算机教育专业社团，我们有责任来推动计算思维观念的普及，促进在教育过程中对学生计算思维能力的培养，为提高我国在未来国际环境中的竞争力做出贡献。"会议发表了"积极研究和推进计算思维能力的培养"报告。

在对计算思维进行了长达 5 年的跟踪研究和教学实践的基础上，教育部高教司在 2012 年设立了"以计算思维为切入点的大学计算机课程改革项目"。2013 年 5 月中旬，教育部高等学校大学计算机课程教学指导委员会的新老两届主任和副主任共聚深圳，就进一步推动项目进展，在高校计算机教育中加强计算思维的研究和教育进行了深入的讨论，并在深圳发表旨在大力推进以计算思维为切入点的计算机教学改革的宣言，即"计算思维教学改革宣言"。

宣言开篇写道：一个古老而又年轻的概念，计算思维的概念，正在科技界和教育界萌发、激荡和蔓延。所到之处，彻底更新和改变了现在被广泛认同的一些理论和认识。一种新的关于计算和计算机科学的观点正在以雷霆万钧之势荡涤着旧有的传统，焕发出面向新时代和新技术的崭新面貌。从事计算机科学、思维科学、教育科学、社会科学、人文科学等各方面的专家，围绕着不同的要求和目的被吸引到这一领域里来。这种共同的兴趣将酝酿着新的重大的理论革命和技术飞跃，一种全新的对于计算机科学的理解和应用的时代已经展现在我们的面前。

综上所述，人们已经认识到计算思维的重要性了，文化正在改变。一些学者更是进一步地指出，计算思维的培育是教育改革，乃至科技改革的一个重要突破口，或者说，是中国科教战线的"诺曼底"。

2. 计算的发展影响了教育的变革

在过去的十多年，计算领域已得到了大大的拓展。计算领域的拓宽明显地影响着教育的变革，这其中包括计算学科的学生对计算的了解程度及其应用能力的提高，以及接触与不接触计算的人们之间技术水平的差距。

3. 经济影响

人们对高新技术产业的极度狂热极大地影响了高等教育。对计算专家的巨大需求和能够得到丰硕经济回报的前景吸引了许多学生涉足该领域，其中包括一些对计算专业几乎没有一点内在兴趣的学生。而产业的大量需求使得高等学校的吸引力大大降低，造成人才的大量流失，反过来，又极大地影响着计算专业人才的培养。

4. 计算能否作为一门学科已不再是问题

在计算发展的初期，许多机构还在为"计算"的地位而抗争。毕竟，那时候它还是一个新的科目，没有支持其他多数学术领域的历史基础。在某种程度上，这个问题贯穿了 CC1991 创作过程的始末。该报告与"计算作为一门学科"报告密切相关，并为"计算"的重要地位而进行的抗争获得了胜利。现在，计算学科已经成为许多大学最大最活跃的学科之一，同时再也没有必要为把计算教育是否列入学科而进行争论了。现在的问题是找到一种方法来满足这种需求。

5. 计算学科的拓展

随着计算学科的成长及其合法地位的确定，计算学科的研究范围得到了扩展。早年，计算主要聚焦在计算机科学上，其基础是数学和电气工程。近些年来，计算学科已发展成为一个更大更具包容性的领域，开始涉及越来越多的其他领域，如数学、科学、工程和商业等。

CC2001 任务组认为，理解计算学科的拓展对计算教育的影响是我们工作的重要组成部分。为此，CC2001 认为，与计算相关的处于主导地位的专业有计算机科学、信息系统、计算机工程、软件工程等。随着信息技术的发展，CC2004 报告，增加了一个新的主导专业，即信息技术。现在，这几个专业的知识体和核心课程报告已被提交。我国教育部高等学校计算机科学与技术教学指导委员会也制定了相应的计算机科学、计算机工程、软件工程、信息技术专业规范。

CS2013 进一步确认了计算学科的拓展，报告认为，随着计算机科学的拓展，跨学科的领域，用"计算－X"表示，如"计算生物学"、"计算工程学"等都已得到认可。因此，本学科应该拥有一种与其他学科进行融合的开放性视野。

8.3.3 制定教学计划的原则

CS2013 报告与 CC2001 和 CS2008 报告制定教学计划的原则相似，主要有以下内容。

（1）计算机科学课程的设计应该具有支持学生在不同学科工作的灵活性。计算是一个连接并且来自许多学科的广泛领域，包括数学、电子工程、心理学、统计学、美术、语言学、物理和生命科学。所以，计算机科学专业的学生应具有跨领域工作的能力。

（2）计算机科学课程应该为各行各业培养出优秀毕业生，这样，才会吸纳更多人才到这一领域来。计算机科学几乎影响着现代社会进步的各个方面。CS2013 涉及的领域很广，包括主题为"计算－X"（如计算金融或计算化学）和"X－信息学"（如生态信息学或生物信息学）。

（3）CS2013 应在毕业生对课程内容的预期精通水平方面给予引导。它的成果应表明毕业生预期的精通水平，给涵盖整个知识体的内容提供教学样例。

（4）CS2013 必须提供符合实际，有指导性和灵活性的可取建议，使课程设计创新，跟得上本领域的最新发展。

（5）CS2013 必须考虑不同类型的院校，比如 3 年制的专科学校、人文科学院校、研究机构。

（6）CS2013 必须在各个主题和推荐的重要内容中进行谨慎选择，以确定计算机科学专业本科教学的核心基础内容。

（7）计算机科学课程的设计要为毕业生在快速变化的领域取得成功做好准备。课程必须为学生的终身学习做好准备，并要包含作为本科教育一部分的专业实践（如沟通技能、团队精神、职业道德）。计算机科学专业的学生必须认知理论与实践的相互关系、明白抽象的重要性、领会优秀工程设计的价值。

（8）CS2013 在选择内容上提供最大灵活性的同时，应该明确计算机科学专业的毕业生应具备的基本技能与知识。

（9）在组织课程内容方面，CS2013 应提高最大的灵活性。知识领域不是为了描述特定课程的，而是希望人们把知识体的主题与课程进行结合，产生新颖的、有趣的课程方案。

（10）CS2013 各个草案的复审必须基于广泛团体的共同参与。CS2013 的完成需要各种不同团体的参与，包括工业、政府，涉及计算机科学教育的高等教育机构，报告要将这些团体的相关反馈考虑进去。

8.3.4　对本科毕业生的期望

根据 CS2013、CC2001 以及 CC1991 报告，本书给出对计算机科学专业本科毕业生的期望。

1．对学科知识点的掌握

计算机科学的本科毕业生应该掌握 CS2013 知识体所描述的核心单元的知识点。

2．熟悉常见的主题和原则

毕业生应该理解大量反复出现的主题，如抽象、复杂度、演化，以及一系列的通用原则（如共享公共资源、安全和并行）。毕业生应该认识到这些主题的原则不仅仅是应用在原有主题领域，而是广泛地应用于计算机科学的各个领域。

3．体会理论与实践的相互影响

计算机科学是一个理论与实践密切联系的学科。毕业生应该明白理论与实践的相互影响，以及理论与实践的边界和范畴。

4．有系统层次的视野

毕业生应该有从不同层次的抽象来思考问题的能力。对计算机的理解应该超越各种组件的实现细节，有从计算机系统的结构和构建的过程去欣赏计算之美的能力。

5．解决问题的能力

毕业生要知道怎样运用学到的知识去解决实际问题，而不是仅仅知道编制和处理代码。有在系统的功能、性能、实用性等方面进行评估的基础上设计和改进系统的能力。能够认识到对于给定的问题会有多种解决方案，要知道选择一个方案并不完全是纯粹的技术活动，要了解这些方案对人们生活可能带来的影响。

6．项目经验

为保证毕业生能够成功运用学到的知识，他们必须参与至少一个实际项目。一般情况下，可能是软件开发项目，也可能是其他环境下的项目。这些项目与传统的课程项目相比，要更具综合性，从而挑战学生的能力。另外，学生要有机会发展人际沟通技能，这是项目经验的一部分。

7．终身学习的认同感

毕业生应该要认识到计算领域进步的迅速性。认识到特定的语言和技术平台都在随时间变化，因此，毕业生要知道在他们的职业生涯中要继续学习和提升技能。为发展这种能力，他们应该接触多种编程语言、工具、模式、技术。另外，毕业生要学会规划自己的职业生涯。

8．职责承诺

毕业生要知道计算学科固有的社会、法律、道德和文化问题。要进一步认识到国际上不同的社会、法律、道德标准。了解相关的道德问题、技术问题、审美价值的相互作用，以及对计算系统发展的重要作用。明白个人责任与集体责任的关系，还有失败的可能影响。要知道自身的局限性，以及工具的局限性。

9. 良好的沟通和组织能力

毕业生要有给观众展示技术问题及解决方案的能力，涉及面谈、书面表达或是电子设备上的交流。还要准备好作为团队一员进行有效率工作的能力。要能够规划好自己的学习与发展，包括时间管理、事件安排、进程管理。

10. 计算机广泛适应性的意识

平台范围从微型嵌入式传感器到高性能集群和分布式云，计算机应用几乎影响了现代生活的每个方面，毕业生要了解所有的可利用计算机的机会。

11. 对特定领域知识的体会

毕业生要明白计算机科学与许多不同的领域都有交互，很多问题的求解需要计算技能和计算学科的知识。因此，在毕业生的职业生涯中，要有能与来自不同领域专家进行交流学习的能力。

8.3.5 未来的计算学科教育

本小节从教程的继续完善、"计算机专业规范"的实施、网络教学以及计算思维的培育等几个重要问题入手，对未来计算学科的教育作简要分析。

1. 教程的继续完善

CC2001 和 CS2013 报告强调：计算机科学核心本身并不能构成一个完整的教程。为了使教程得到完善，计算学科教学计划还必须增加计算职业所需的一定技能和背景知识，以及高级课程知识单元的内容。报告认为一个成功的计算专业大学毕业生除了需要掌握计算机科学知识体中包括的技术之外，还需要具备一定的数学素养、科学的研究和思维方法、有效的交流技能以及作为项目组成员富有成效地开展工作的能力。为了使教程有一定的深度，报告概述了一系列高级课程的内容，并讨论了高级课程的设置问题。最后，针对各类高校继续完善教学计划的需要，报告还给出和分析了几个教程模型。

2. 中国"计算机专业规范"的实施问题

专业没有规范，就会导致教师处于一种尴尬的境地，他们必须在学生、公众、学校以及各级领导互不相同的，甚至是相互矛盾的要求之间做出选择。

由于缺乏具体的指导，每位教师必须自己决定如何上好所承担的课程。当教学效果没有达到期望的目标时，受到责难的往往是教师，而不是本该对此负主要责任的学校和领导。另外，他们的教学内容以及教学方式在很大程度上还受所选教材以及所谓的"重要考试"（如题库出题以及教学评估考试等）所左右。其后果就是开发出的课程资源对学科大多数内容来说只是做了表面性的描述，不可能有真正的深入。

由于学科知识内容的极度膨胀，即使一个学生每天学习 10 小时，没有休息日，也无法掌握学科中的每个知识点。不仅如此，不少知识点在毕业时已经过时。因此，就要制定专业规范，规范的核心内容要被尽可能多的人接受。IEEE-CS 和 ACM 做了这项工作，国内教指委根据他们的报告，结合中国的实际情况，制定了我国的专业（方向）规范。

　　一般来说，好的规范应比现实超前一到两步，并成为人们努力的目标。当然，这也自然会引起一些争议。

　　规范不能直接改变教学的结果，真正能改变的是人。这就是实施我国"计算机专业规范"的关键所在。尽管规范中的内容不可能被所有人接受，但是规范的推出可以促进我们对知识单元本质问题的讨论。另外，还可以为公众提供一种更为开阔的视野，也能为简化课程提供帮助，甚至还能为各种利益集团（如教师、学生家长、学校行政人员、政府官员、出版商等）在关于哪些知识对于所有学生来说都是重要的这一点上达成共识，有利于教学。

　　教学质量是高等学校的生命线，对计算学科各专业来说，"计算机专业规范"只是一个新的起点，它是引导我们进行教学改革与实践的一个指南，随着规范的实施，在实践过程中，对规范进行重新的审视和修改也是必要的。

　　3. 网络教学

　　在网络教学方面，MOOCs（Massive Open Online Courses）无疑是目前最具革命性的一种教学方式，"M"代表 Massive（大规模），与传统课程只有几十个或几百个学生不同，一门MOOCs 课程动辄上万人，更多的可达几十万人；第二个字母"O"代表 Open（开放），以兴趣导向，凡是想学习的，都可以进来学，不分国籍，只需一个邮箱，就可注册参与；第三个字母"O"代表 Online（在线），学习在网上完成，无须旅行，不受时空限制，"C"则代表Course（课程）。这一大规模在线课程掀起的风暴始于 2011 年秋天，被誉为"印刷术发明以来教育最大的革新"，呈现"未来教育"的曙光。2012 年，被《纽约时报》称为"MOOCs 元年"。目前，Coursera、edX 和 Udacity 是世界上最有影响力的 3 个 MOOCs 平台。

　　CS2013 认为，MOOCs 最令人激动的地方是它可以扩展学生的人数，但却有评测编程作业的技术挑战。报告认为，MOOC 平台提供的评估学生学习效率的定量能力可能会改变计算机科学本身的教学。

　　4. 关于计算思维的培育

　　计算思维的倡导者周以真教授认为"计算思维是每个人的基本技能，不仅仅属于计算机科学家。在阅读、写作和算术（英文简称 3R）之外，我们应当将计算思维加到每个孩子的解析能力之中。正如印刷出版促进了 3R 的传播，计算和计算机也以类似的正反馈促进了计算思维的传播"。2011 年，美国国家科学基金委员会启动了 CE21（The Computing Education for the 21st Century）计划，希望到 2015 年，为美国 10 000 所高中培养 10 000 名讲授计算思维的中学教师，周以真教授更是希望到 2050 年计算思维能传播到全世界。

　　中国科学院自动化所王飞跃教授认为，计算思维是计算机科学发生"涅槃"般"重生"的前奏，他提出了"计算文化"的新概念，从计算思维到计算文化将是"路漫漫其修远兮，吾将上下而求索"。

　　2014 年 11 月 1 日，在长沙召开的第十届"大学计算机课程报告论坛"上，教育部高等学校大学计算机教学指导委员会主任委员李廉教授作了"从数学思维到计算思维"的大会报告，李廉教授呼吁建立新的思维习惯，通过计算思维表现的方法论解决问题和设计系统。

陈国良院士 2015 年 6 月在《中国大学教学》杂志上发表论文"大学计算机素质教育：计算文化、计算科学、计算思维"，论文认为，计算思维源于西方、兴于东方。我们不必将培养计算思维作为口号反复鼓吹，但是我们在学科研究、在人才培养中应该不遗余力地引导学生去理解、体会、落实计算思维。这不仅仅是计算机专业教育的使命，同样也是面向全体大学生的计算机基础教育的使命。

8.4 本章小结

本书前 7 章的内容是基于"计算学科二维定义矩阵"这个学科认知模型展开的，是对学科做的系统化梳理。本章则是建立在前 7 章系统化梳理的基础上对学科内容的补充。其中，"难度、复杂度与能力""SOLO 分类法与浅层学习、深度学习之间的关系"、"注意力"3 小节是本章最有实用价值的内容，我们期待在下一个版本中，就 CS2013 报告以及计算教育界所关心的问题进行深入探讨，对学科未来的教育做进一步展望。

习题 8

8.1 在本书"学科导论"课程结构的设计上，为什么要引入"探讨与展望"一章？

8.2 如何定义一门学科？

8.3 简述人们对计算本质的认识历史。

8.4 给出罗素悖论的形式化描述，并简述其大意。

8.5 什么是"希尔伯特纲领"？

8.6 第三次数学危机与希尔伯特纲领有什么联系？

8.7 对计算学科而言，希尔伯特纲领的失败具有何种意义？

8.8 图灵是如何揭示计算本质的？

8.9 计算学科是"理科"，还是"工科"？

8.10 简述程序设计在计算学科中的地位。

8.11 当前大学计算学科核心课程的设置存在哪些主要问题？

8.12 如何做到计算课程中的理论与实践相结合？

8.13 什么是发现？什么是发明？什么是创造？

8.14 发明与创新有何关系？

8.15 《中华人民共和国高等教育法》中规定的高等教育的任务是什么？

8.16 什么是创新？创新的两个重要特征是什么？"创新"包括哪些过程？

8.17 根据新颖性在时间和地域范围上的层次性可将创新划分为哪 3 个层次？

8.18　出版科学论文的目的是什么？

8.19　培养能力的教育包括哪几个过程？

8.20　计算领域工作者应具备什么能力？

8.21　面向计算学科的思维能力包含哪两层意思？

8.22　试用 3 个实例区分难度和复杂度两个重要概念。

8.23　试画出难度与复杂度分类水平图。

8.24　与人本身固有能力关系最大的是难度还是复杂度，为什么？

8.25　为什么说不少教师在潜意识里会错误地认为只有学得快的学生才具有更高层次的思维能力？

8.26　为什么说 Bloom 分类法对大学专业的改革有非常重要的启示？

8.27　如何使学得慢的学生成功进行高级思维，成为推动国家社会与科技进步的人？

8.28　书中介绍了"中国的首都在哪里"这类问题属于知识水平层（最下层）的问题，若增加这个问题的难度，比如，试写出世界上所有国家首都的名字（或改为所有国家现任最高领导人的名字），这个最低层次的问题可以难倒多少人？进一步而言，是否增加难度，世界上任何一类最低层次的问题都足以难倒任何一个人？

8.29　用 8.2.11 节，即"难度、复杂度与能力"小节的知识，分析传统的"厚积薄发"观念在科学发现与技术创新方面所起的副作用（提示：有正作用，但是这里只要求分析副作用，建议先对"厚积"所需时间的程度进行分类）。

8.30　在网上查找诺贝尔物理奖获得者史蒂文·温伯格发表的短文 Scientist：Four golden lessons。以该文为例，判断厚实且宽广的专业基础知识是开始学科前沿研究并取得成果的什么条件（充分条件，必要条件，充要条件，或既不是充分也不是必要条件）。

8.31　什么是冯·诺依曼计算机？试构造 SOLO 分类法中的不同结构（前结构、单点结构、多点结构、关联结构、抽象拓展结构）并分析之。

8.32　为什么说科学理念是会变化的？

8.33　科学能不能为所有问题提供完整的答案，为什么？

8.34　为什么说，开发更好的观察仪器和观察技术有重大的价值？

8.35　在一个研究领域，防范难于察觉的偏见，可以采用什么措施？

8.36　科学家在参与公共事务时，会不会产生偏见，为什么？

8.37　美国《国家科学教育标准》中的标准有哪几个类别？

8.38　在计算学科，如何提高学生的科学素养？

8.39　在计算学科学生科学素养培养中，为什么要将学科知识限制在核心知识单元（或核心概念）上，试从复杂度、难度与能力的关系这方面进行论述。

***8.40**　在创立正确学说时，尽管已有足够的证据使很多一般科学家信服，然而，往往是最有声望的科学家却不一定接受这样的新理论。为什么会出现这样的情况？

8.41　什么是注意力？查资料，分析数码科技对注意力的影响，给出自己解决这个问题的算法步骤。

8.42　CS2013 将原来 CC2001 划分的 14 个分支领域进行了重新划分，划分为多少个分支领域？具体的领域名是什么？

8.43　近年来，中国计算机教育界对"计算思维"的培育做了哪些事？请列出其中的 3 件事。

8.44 制定计算教学计划应遵循哪些基本原则？本书结合 CS2013 的要求，对本科毕业生有什么期望？

8.45 试从教程的继续完善、"计算机专业规范"的实施、网络教学以及计算思维培育等几个重要问题入手，对未来计算学科的教育作简要分析。

8.46 为什么要制定"计算机专业规范"，规范的推出有什么好处？

*__8.47__ 查资料，了解陈国良院士、李廉教授、王飞跃教授对"计算思维能力"培养的有关论述。

本章共设计有 10 组实验，这些实验与第 2 章至第 6 章的核心内容相呼应，可以让学生在体会计算机科学编程之美的过程中进一步理解学科的核心概念，提高学生面向学科的问题解决和系统设计的思维能力。10 组实验分别为：分支和循环结构的简单程序设计，RSA 公开密钥密码系统，存储程序式计算机的简单程序设计，递归算法、迭代算法及其比较，数组实验，栈的基本操作：push 和 pop，归并排序与折半查找，蒙特卡罗方法应用，简单的卡通与游戏实验，基于 Access 的简单数据库设计等，所有实验均安排有"热身实验"阶段的内容，该阶段内容的设计可以让学生尽快将注意力集中于问题解决的建模和算法上来。

9.1 分支和循环结构的简单程序设计

1. 实验目的

（1）熟悉可视化计算工具 Raptor 的运行环境。

（2）掌握 Raptor 中赋值、输入、输出、过程调用、选择、循环 6 种符号的使用方法。

（3）能够设计顺序、选择、循环结构的简单程序。

2. 实验准备

（1）认真阅读"附录 A　Raptor 可视化程序设计概述"的内容。

（2）阅读本书第 2.4 节和第 4.2 节内容。

（3）查看 Raptor 帮助文档，了解子函数使用方法。

3. 热身实验

1）选择结构

给定分段函数 $y = \begin{cases} 1, & x \leqslant 0 \\ 2, & 0 < x \leqslant 2 \\ 3, & x > 2 \end{cases}$，程序如图 9.1 所示，请回答以下问题。

问题 1：选择语句"x <= 0"的 No 分支和"x <= 2"的 Yes 分支各表示什么？

问题 2：在 $x \leqslant 0$、$0 < x \leqslant 2$ 和 $x > 2$ 的范围内为 x 各取一个值，分别模拟程序的运算过程。

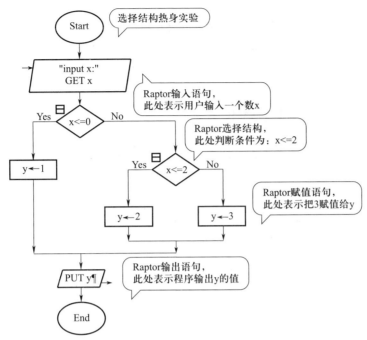

图9.1 分段函数计算案例

问题3：在 End 处添加"程序结束"注释。

2）循环结构

给定循环结构示例程序如图9.2所示，请回答以下问题。

问题1：模拟程序运行，说明该程序的功能。

问题2：删除赋值语句"loopnum←loopnum − 1"，查看程序的变化。

问题3：更改赋值语句"loopnum←loopnum − 1"为"loopnum←loopnum + 1"，查看程序的变化。

问题4：结合问题2和3，思考程序跳出无限循环的必要条件。

3）性能分析

某公司面试要求写一个程序，计算当 n 很大时 1 − 2 + 3 − 4 + 5 − 6 + 7 + ⋯ + n 的值。图9.3（a）和图9.3（b）是求解该问题的两个程序，请回答以下问题。

问题1：读懂两个程序，说明两个程序的设计思路。

问题2：请给出公式 $F(n) = 1 − 2 + 3 − 4 + 5 − 6 + 7 + \cdots + n$ 的递推公式。

问题3：把调用 Raptor 任意一种基本符号都当做一次计算开销，请计算当 n 等于 5 时两个程序各自的计算开销。

问题4：当 n 非常大时，请分别估算图9.3（a）和图9.3（b）的计算开销。

问题5：对比分析两个程序，在程序可读性上给出你的看法。

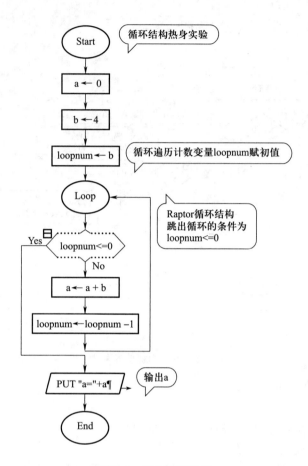

图 9.2　循环结构示例

4．进阶实验

1）求平方根的"亚历山大的海伦算法"

图 9.4 为"亚历山大的海伦算法"近似求解平方根的程序，查看 Raptor 帮助文档，了解 abs 函数和"^"运算符的功能。

2）两个正整数求和的算法

请设计一个顺序结构的程序，计算两个正整数 a 和 b 的和，a 和 b 的值由用户输入。

3）两个整数较大值的判定

请设计一个选择结构的程序，判断两个整数 a 和 b 的大小，输出"the larger one is a/b"及较大值，a 和 b 的值由用户输入。

4）输出 1 至 10 的累加和

请设计一个循环结构的程序，计算 $1+2+3+\cdots+10$ 的结果。

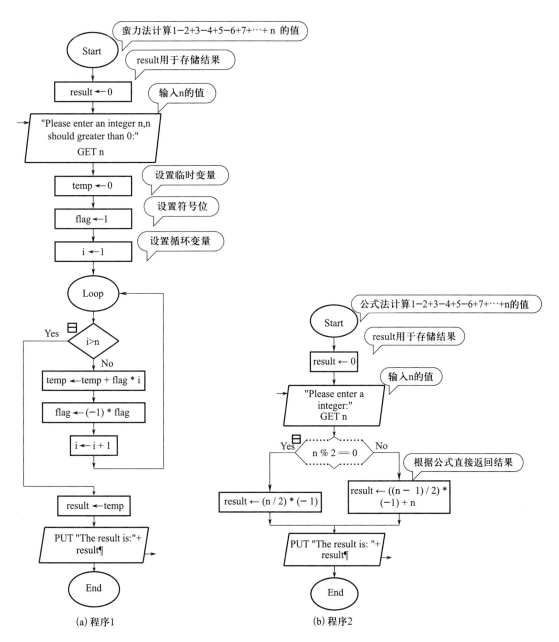

图 9.3 一道面试题的两个程序

5）三个数最大值的判定

请设计一个程序，判断三个整数 a、b 和 c 的最大值，输出 "a/b/c is the largest" 及最大值，a、b 和 c 的值由用户输入。

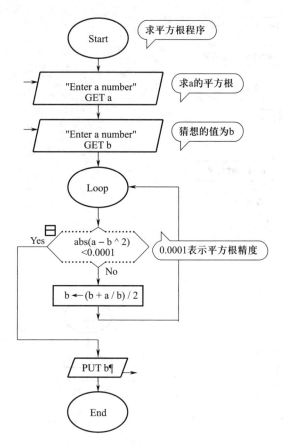

图 9.4 "亚历山大的海伦算法"求平方根示例

6）两个循环嵌套程序效率的比较

给定两个程序，如图 9.5（a）和图 9.5（b）所示。请说明两个程序的功能，并比较两个程序的性能。

5. 综合实验

1）分段函数求解

给定分段函数 $y = \begin{cases} x^3, & x > 4 \\ 3x + 2, & 2 < x \leqslant 4 \\ 8, & x \leqslant 2 \end{cases}$

请设计一个程序，由用户输入一个数值 x，计算 y 的值。

2）农场主问题

一位农场主有鸡和羊若干，这些动物共有 26 个头，64 只脚。请设计一个程序，计算出鸡和羊的数量。

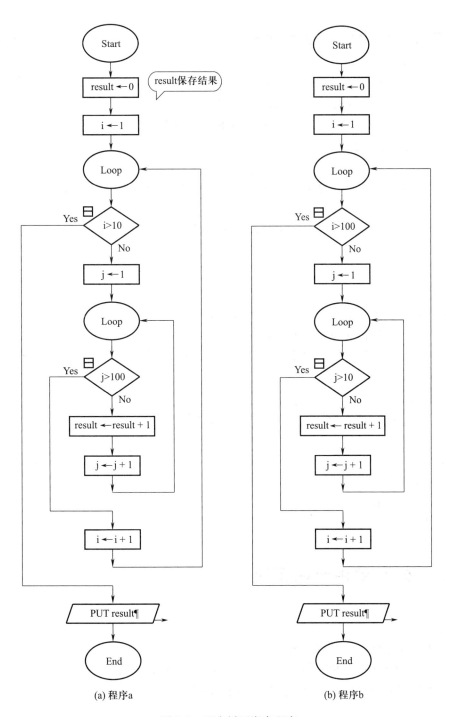

(a) 程序a   (b) 程序b

图 9.5 两个循环嵌套程序

3）金字塔图形的输出

请设计一个程序，输出图9.6所示形状。

4）二分支函数

设计一个函数，该函数用来实现以下两个函数的功能：

$$f(n_1) = n/1! + n/3! + n/5! + n/7! + n/9!$$
$$f(n_2) = n/2! + n/4! + n/6! + n/8! + n/10!$$

图9.6　金字塔图形

6．热身实验参考答案

1）选择结构

问题1："x <= 0"的 No 分支表示 x > 0；"x <= 2"的前提条件为 x > 0，Yes 分支表示 0 < x < = 2。

问题2：y = 1 的前提条件是 x <= 0，y = 2 的前提条件是 0 < x <= 2，y = 3 的前提条件是 x > 2，为x 赋值 −1、1 和 3 后分别输出 1、2 和 3。

问题3：略。

2）循环结构

问题1：该程序功能为输出公式 a = b * b 的结果。

问题2：由于缺乏循环判断参数，程序进入无限循环。

问题3：由于循环判断参数与跳出循环条件差值越来越大，程序进入无限循环。

问题4：略。

3）性能分析

问题1：程序1基于过程求解，在程序中体现计算过程。程序2基于结果求解，在程序中体现计算结果。

问题2：$F(n) = F(n-1) + (-1)^{n-1}n$

问题3：28 和 5。

问题4：4n + 8 和 5。

问题5：略。

9.2　RSA 公开密钥密码系统

1．实验目的

（1）熟悉可视化计算工具 Raptor。

（2）掌握 Raptor 中的赋值、输入、输出、调用、循环等符号的使用。

（3）掌握构建 RSA 公钥密码系统的简单程序的方法。

2．实验准备

（1）认真阅读"附录A　Raptor 可视化程序设计概述"的内容。

（2）认真阅读本教材第 2.3 节内容。

（3）了解初等数论中的费马定理、欧拉定理。

1）欧拉定理（Euler Theorem）

在数论中，欧拉定理（也称费马－欧拉定理）是一个关于同余性质的定理。欧拉定理表明，若 n、a 为正整数，且 n、a 互质，则

$$a^{\varphi(n)}(\bmod\ n) = 1$$

其中，欧拉函数 $\varphi(n)$ 表示不大于 n 且与 n 互质的正整数的个数。

$$\varphi(n) = \begin{cases} n-1, & n \text{ 为质数} \\ \varphi(p)\varphi(q) = (p-1)(q-1), & n = pq \text{ 且 } p\text{、}q \text{ 均为质数} \end{cases}$$

2）费马小定理（Fermat Theory）

若 p 为质数，且 a、p 的最大公约数 $Gcd(a, p) = 1$，则 $a^{(p-1)}(\bmod\ p) = 1$。

即：若 a 为整数，p 为质数，且 a、p 互质（即两者只有一个公约数 1），则 $a^{(p-1)}$ 除以 p 的余数恒等于 1。

证明这个定理非常简单，由于 p 是质数，所以有 $\varphi(p) = p-1$，代入欧拉定理即可证明。

3）举例

给出一个简单的例子帮助理解欧拉定理，令 $a = 3$、$n = 7$，a、n 互质。在比 7 小的正整数集合中与 7 互质的数有 1、2、3、4、5、6，所以 $\varphi(7) = 6$。

计算 $a^{\varphi(n)}(\bmod\ n) = 3^6(\bmod\ 7) = 729 \bmod 7 = 1$，与定理结果相符。

3. 热身实验

1）质数判定

给定判断输入的数值是否为质数的程序，如图 9.7 所示。请回答以下问题。

问题 1：给定数值 n = 1，n = 2，n > 2，分别写出程序的运算过程。

问题 2：思考程序跳出循环的必要条件。

2）输出给定区间内质数

给定一程序如图 9.8 所示，请回答以下问题。

问题：给定区间，如 [3, 11]，模拟程序运行过程。

3）欧拉函数

给定欧拉函数求解程序如图 9.9 所示，请回答以下问题。

问题 1：模拟程序运行，介绍该程序的功能。

问题 2：模拟程序运行，介绍该程序子程序的功能。

问题 3：在 x 为质数，或者 x = pq 且 p、q 均为质数的情况下，分别输入 x 值，模拟程序运行过程，验证欧拉函数（例如 x = 11，x = 3 × 11）。

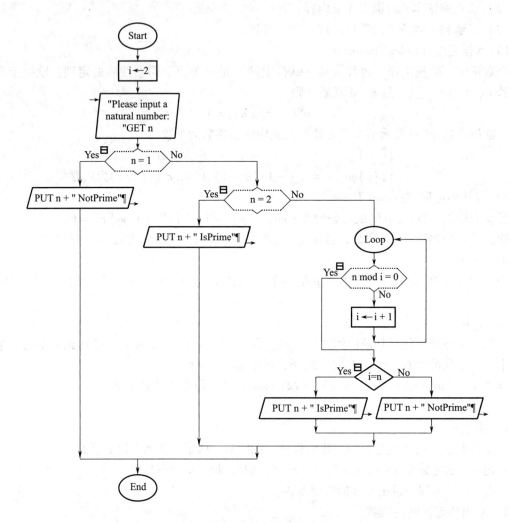

图 9.7　质数判定的程序示例

4．进阶实验

1）RSA 公开密钥密码系统的构建

给定构建 RSA 公开密钥密码系统的程序如图 9.10 所示，模拟程序的运算过程，并了解程序功能。

注：考虑到 Raptor 存在数据溢出的问题，这里假设输入的两个质数 p、q 的值都不大。对于密码学中的大数运算问题，具体可参考国外著名密码学 C 语言函数库——MIRACL。

2）RSA 公开密钥密码系统的加密和解密

请设计一个程序，给定两个不同的质数 p 和 q，输出 RSA 公钥密码系统的公钥和私钥，并且能够对输入的明文和密文分别进行加密和解密。

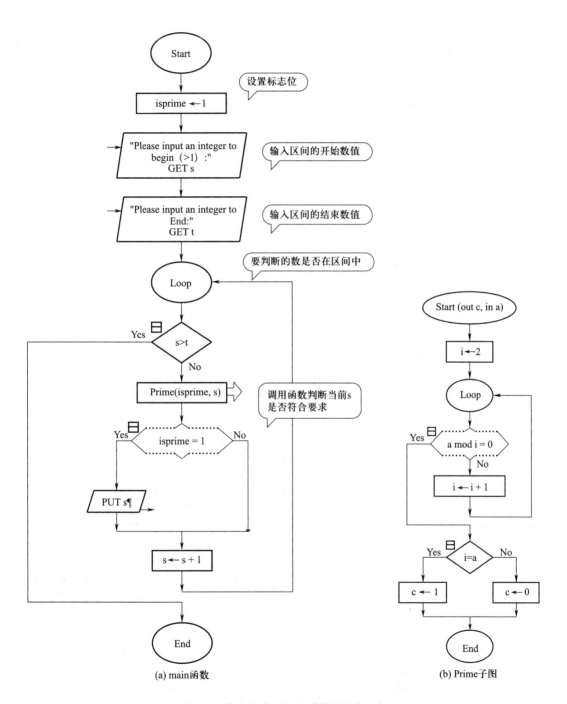

图 9.8 输出给定区间内质数的程序示例

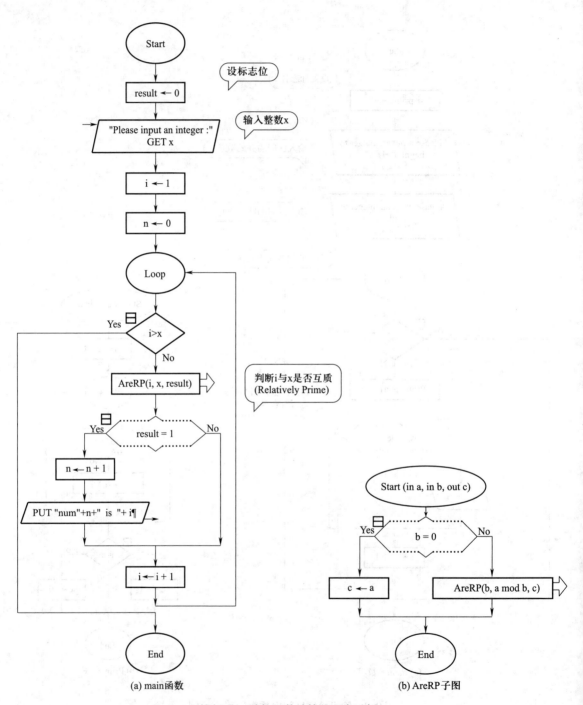

图 9.9　欧拉函数计算的程序示例

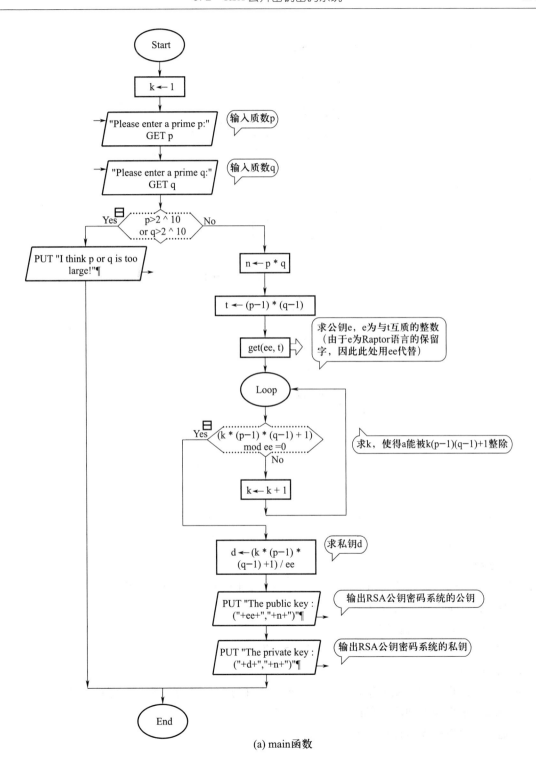

(a) main函数

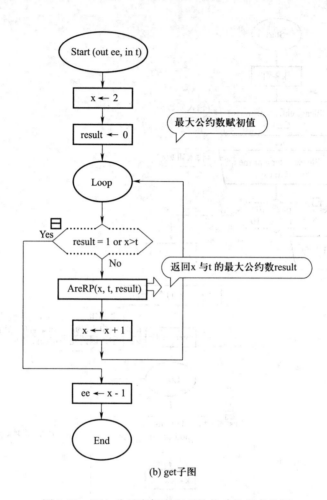

(b) get子图

图 9.10　RSA 公开密钥密码系统构建的程序示例

5. 热身实验参考答案

1）质数判定

问题1：n = 1，输出 1 NotPrime；n = 2，输出 2 IsPrime；n = 3，输出 3 IsPrime。

问题2：n mod i = 0 时程序跳出循环。

2）输出给定区间内质数

输出区间［3，11］内的所有质数：3、5、7、11。

3）欧拉函数

问题1：该程序的功能为给定数值 n，输出所有与 n 互质的整数，并记录个数。

问题2：子程序的功能为判断两个数是否互质。

问题3：模拟程序运行过程略。

$$\varphi(11) = n - 1 = 10$$
$$\varphi(3 \times 11) = (3 - 1) \times (11 - 1) = 20$$

9.3　存储程序式计算机的简单程序设计

1．实验目的

（1）理解自然语言与形式语言的区别。

（2）理解机器指令和汇编指令的基本概念和功能。

（3）观察机器指令程序和汇编指令程序的执行并解释程序的含义。

（4）能够基于存储程序计算机平台进行简单的程序设计。

2．实验准备

（1）认真阅读"附录 B　Vcomputer 存储程序式计算机概述"部分的内容，以及本教材第 3.7 节有关"虚拟机"的内容。

（2）熟悉 Vcomputer 平台的基本操作。

3．热身实验

1）一个机器指令程序的执行过程

在 Vcomputer 平台上输入表 9.1 中的内容（机器指令），并回答以下问题。

表 9.1　Vcomputer 的机器指令

地址	内容
00	11
01	A0
02	53
03	21
04	33
05	A0
06	90
07	00

问题 1：请描述程序的功能。

问题 2：开始时，若内存地址 A0 的值（即［A0］）为 20，R1 的值为 10，R2 的值为 20，R3 的值为 30，程序结束时，A0 和 R1、R2、R3 寄存器的值各为多少？（注：以上数字均为十六进制数，下同）

问题3：若内存地址 A0 的值为 FF，R2 的值为 02，程序结束时会产生怎样的结果？

问题4：若某程序可以将操作系统中断入口地址（通过技术手段可以得到）替换为自己编写程序的起始地址，会造成怎样的影响？是否可以将这种程序称为一种计算机病毒（不考虑病毒的自我复制特性）？

2）一个汇编指令程序的执行过程

在 Vcomputer 平台上输入如下的内容（汇编指令），并回答以下问题。

```
        LOAD R0，01
        LOAD R1，FF
        LOAD R2，02
LABEL1：ADD R3，R1，R0
        JMP R3，LABEL2
        ADD R4，R1，R2
        JMP R4，LABEL2
        SHL R0，01
        JMP R2，LABEL2
        SHL R0，08
        NOT R0
        JMP R1，LABEL1
LABEL2：HALT
```

问题1：请用自然语言解释上述汇编程序。

问题2：请将该汇编程序转换为 Vcomputer 的机器指令。

3）一个机器指令程序的简单修改

在 Vcomputer 平台上输入表9.2 中的机器指令，并回答以下问题。

表9.2　机器指令1

地址	内容
00	10
01	0E
02	70
03	00
04	30
05	08
06	11
07	0F

续表

地址	内容
08	71
09	00
0A	31
0B	10
0C	90
0D	00
0E	6F
0F	52

问题 1：请用自然语言解释每条指令的含义。

问题 2：该程序是否具有修改自身的功能？如果有，修改的功能是什么？

问题 3：若不让程序进行问题 2 中的自身修改，需要对源程序进行怎样的改动？

4）一个机器指令程序的简单设计

在 Vcomputer 平台上输入表 9.3 中的机器指令，若机器从内存地址 A6 开始执行，请回答以下问题。

表 9.3 机器指令 2

地址	内容
A6	20
A7	A8
A8	21
A9	A8
AA	22
AB	20
AC	53
AD	01
AE	55
AF	23
B0	90
B1	00

问题1：程序结束时，寄存器5中的值是多少？

问题2：指令20A8与11A8中的"A8"是一个意思吗？如果不是，分别表示什么？

问题3：修改以上程序，将R3的值存入内存单元（地址）26中，将R5的值存入内存单元28中，然后将这两个内存地址中的值进行互换。

4. 进阶实验

1）分段函数的求解

设机器从内存地址00开始执行，用Vcomputer机器指令与汇编指令分别编程，对以下问题进行求解：

有一个函数：

$$y = \begin{cases} x + 5, & x = 1 \\ 2x + 6, & x = 2 \\ 4x + 7, & \text{其他} \end{cases}$$

其中，x保存于内存单元25中，计算y的值，将结果存放于内存单元26中。

2）累加求和

设机器从内存地址00开始执行，用Vcomputer机器指令与汇编指令分别编程，对以下问题进行求解：

计算$1 + 2 + 3 + \cdots + 15$的值，将结果存放于内存单元25中。

3）迭代求和

设机器从内存地址00开始执行，用Vcomputer机器指令与汇编指令分别编程，对以下问题进行求解：

有一对兔子，从出生后第3个月起每个月都生一对兔子，小兔子长到第三个月后每个月又生一对兔子，假如兔子都不死，问到第11个月时兔子总数为多少？将计算结果存放于内存单元25中。

5. 热身实验参考答案

1）一个机器指令程序的执行过程

问题1：程序的功能注释如下。

地址　内容

00　　11

01　　A0　；将地址为A0主存单元的值存入寄存器1

02　　53

03　　21　；将寄存器2和1中用补码表示的数相加，结果存入寄存器3

04　　33

05　　A0　；将寄存器3中的数取出，存入内存地址为A0的单元中

06　　90

07　　00　；停机

问题 2：若开始时 A0 的值为 20，寄存器 1 的值 10，寄存器 2 的值 20，寄存器 3 的值 30，则程序结束时，[A0] = 40；R1 = 20；R2 = 20；R3 = 40。

问题 3：寄存器值溢出，被自动截断。

问题 4：可能会阻断源程序的正常运行，进而转到自己编写程序的起始地址开始执行。可以称为一种计算机病毒。

2）一个汇编指令程序的执行过程

问题 1：汇编程序的自然语言描述如下：

LOAD R0，01 ；将数 01 存入寄存器 0 中

LOAD R1，FF ；将数 FF 存入寄存器 1 中

LOAD R2，02 ；将数 02 存入寄存器 2 中

LABEL1：ADD R3，R1，R0 ；将寄存器 1 和寄存器 0 中用补码表示的数相加
；并存入寄存器 3 中

JMP R3，LABEL2 ；若寄存器 3 与寄存器 0 中的值相同，则将 Label2 所对应地址
；（转移地址）存入程序计数器；否则，程序按原来的顺序继续执行

ADD R4，R1，R2 ；将寄存器 1 和寄存器 2 中用补码表示的数相加存入寄存器 4 中

JMP R4，LABEL2 ；若寄存器 4 与寄存器 0 中的值相同，则将 Label2 所对应地址
；（转移地址）存入程序计数器；否则，程序按原来的顺序继续执行

SHL R0，01 ；将寄存器 0 中的数左移 1 位（先将寄存器 0 中的十六进制数转换为
；二进制数，再左移 1 位），移位后，用 0 填充腾空的位

JMP R2，LABEL2 ；若寄存器 2 与寄存器 0 中的值相同，则将 Label2 所对应地址
；（转移地址）存入程序计数器；否则，程序按原来的顺序继续执行

SHL R0，08 ；将寄存器 0 中的数左移 8 位（先将寄存器 0 中的十六进制数转换为
；二进制数，再左移 8 位），移位后，用 0 填充腾空的位

NOT R0 ；将寄存器 0 中的数按位取反，将结果存入寄存器 0 中

JMP R1，LABEL1 ；若寄存器 1 与寄存器 0 中的值相同，则将 Label1 所对应地址
；（转移地址）存入程序计数器；否则，程序按原来的顺序继续执行

LABEL2：HALT ；LABEL2：停机

问题 2：上述汇编语言程序按照 Vcomputer 机器的汇编指令可转换为如下十六进制机器指令：

2001

21FF

2202

5310

8318

5412

8418

6001

8218

6008

7000

8106

9000

3）一个机器指令程序的简单修改

问题 1：各条指令的含义及其执行情况如下。

（1）把 0E 单元中的内容（6F）存入 R0 中；（执行）

（2）把 R0 中的内容按位取反；（执行）

（3）把 R0 中的内容（90）存放到 08 单元中；（执行）

（4）把 0F 单元中的内容（52）存入 R1 中；（执行）

（5）把 R1 中的内容按位取反；（未执行，停机。即修改自身程序）

（6）把 R1 中的内容存放到 10 单元中；（未执行）

（7）停机。（未执行）

问题 2：由以上分析可知，该程序具有修改自身的功能，修改后程序提前停机。

问题 3：将机器指令 3008 中的地址"08"改为一个与源程序无关的地址，比如"11"。

4）一个机器指令程序的简单设计

问题 1：程序结束时，寄存器 5 中的值是 70。

问题 2：20A8 与 11A8 中的"A8"不是一个意思，20A8 中的"A8"为一个 16 进制数，而 11A8 中的"A8"为主存单元的地址。

问题 3：修改程序如表 9.4 所示。

表 9.4　修改之后的程序

地址	十六进制机器程序	汇编程序
00	20A8	LOAD R0, A8
02	21A8	LOAD R1, A8
04	2220	LOAD R2, 20
06	5301	ADD R3, R0, R1
08	5523	ADD R5, R2, R3
0A	3326	STORE R3, [26]

续表

地址	十六进制机器程序	汇编程序
0C	3528	STORE R5, [28]
0E	1328	LOAD R3, [28]
10	1526	LOAD R5, [26]
12	3528	STORE R5, [28]
14	3326	STORE R3, [26]
16	9000	HALT

9.4 递归算法、迭代算法及其比较

1. 实验目的

（1）进一步熟悉可视化计算工具 Raptor。

（2）掌握使用可视化计算工具 Raptor 编写递归及迭代程序的基本方法。

（3）能够使用算法复杂度的概念对求解同一类问题的不同算法进行评估。

（4）掌握 Raptor 中子函数的使用方法。

2. 实验准备

（1）认真阅读"附录 A　Raptor 可视化程序设计概述"的内容。

（2）阅读第 4.2 节和第 5.6 节内容。

3. 热身实验

斐波那契（Fabonacci）数列可以用外延的方式表示为 $\{0, 1, 1, 2, 3, 5, 8, 13, 21, 34,$ $55, 89, 144, \cdots\}$。其内涵的形式化定义为：

$$F(n) = \begin{cases} 0, & n = 0 \\ 1, & n = 1 \\ F(n-1) + F(n-2), & n \geqslant 2, n \in \mathbf{N}^* \end{cases}$$

1）斐波那契数列的迭代实现

迭代是从已知条件出发，合并子问题的解来求解较大问题。以求解斐波那契数列第 5 项为例，从已知条件 $F(0)$ 和 $F(1)$ 出发，求出 $F(2)$，然后用 $F(1)$ 和 $F(2)$ 求 $F(3)$，再用 $F(2)$ 和 $F(3)$ 求 $F(4)$，最终用 $F(3)$ 和 $F(4)$ 求出 $F(5)$。迭代求解斐波那契数列第 5 项的结构示意图如图 9.11 所示。

当 n 很大时，迭代求解斐波那契数列的主要过程为用 $F(k-2)$ 和 $F(k-1)$ 计算 $F(k)$ （$k<n$），时间复杂度为 $O(n)$。大 O 符号最初是一个大写的希腊字母 "Θ"（Omicron），代表 "order of …"（…的阶），最早由德国数学家保罗·巴赫曼（Paul Bachmann）在其 1892 年的著作《解析数论》中引入。

给定迭代求解斐波那契数列的示例程序，如图 9.12 所示，回答以下问题。

问题 1：给出求解数列第 6 项的运算过程。

问题 2：把调用 Raptor 任意一种基本符号都当做一次计算开销，请给出计算第 6 项所需的开销。

问题 3：当 $x=n$ 时（$n\in\mathbf{N}$），估算该程序的计算时间开销。

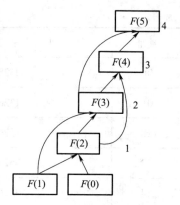

图 9.11　斐波那契数列第 5 项的迭代求解流程

2）斐波那契数列的递归实现

从问题 $F(n)$（$n>2$）出发，求解 $F(n)$ 必先求解 $F(n-1)$ 和 $F(n-2)$，这样就把求解一个较大的问题化简为求解两个较小的问题。假设先求解 $F(n-1)$，后求解 $F(n-2)$。图 9.13 为递归求解斐波那契数列第 5 项的流程示意图，方框外数字表示求解次序。递归函数从 $F(5)$ 出发，当子问题分解到 $F(2)$ 时，由于 $F(1)$ 和 $F(0)$ 已知，返回 $F(2)$ 的计算结果。之后，用 $F(1)$ 和 $F(2)$ 求解 $F(3)$。当获得 $F(4)$ 和 $F(3)$ 的解后，$F(5)$ 获得求解。

当 n 很大时，递归求解斐波那契数列的过程中，分解较大问题和合并子问题的解消耗了大部分计算时间。从图 9.13 可以看出，除叶结点外，每个非叶结点都要计算一次，计算时间开销与树的整体规模成正比，时间复杂度为 $O(2^n)$。

对比分析图 9.11 和图 9.13 可知，递归算法的计算效率较迭代算法的效率低，这也是在用人单位招聘人才时很多 "面试官" 不喜欢使用递归算法的面试者的原因。

给定 Raptor 示例程序，如图 9.14 所示，回答以下问题。

问题 1：fab 子函数 Start 处的 a 和 b 各表示什么？

问题 2：在图 9.14 所示的程序中，子函数 fab(a-2, b) 在子函数 fab(a-1, b) 之后调用。如果先调用 fab(a-2, b)，图 9.13 的求解次序有什么变化？

问题 3：思考计算斐波那契数列第 n 项所需的存储空间。

4. 进阶实验

1）$n!$ 的迭代求解

请设计一个程序，迭代求解 $n!$。

2）$n!$ 的递归求解

请设计一个程序，递归求解 $n!$。

3）汉诺塔问题的递归算法

请设计一个程序，求解教材 2.3 节中的汉诺塔问题。

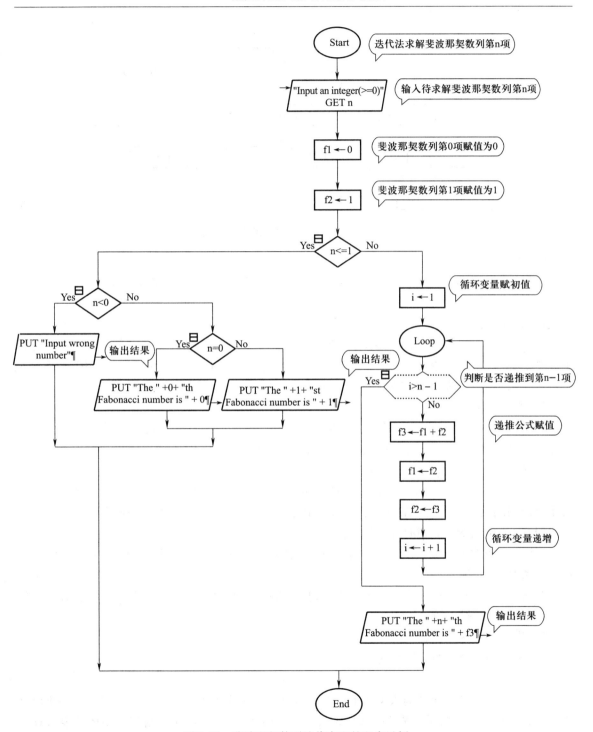

图 9.12 斐波那契数列迭代实现的程序示例

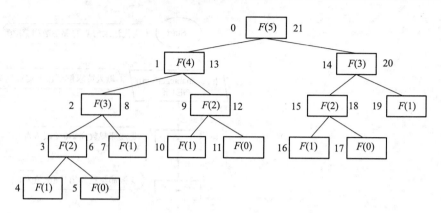

图 9.13　斐波那契数列第 5 项的递归求解流程

4）求 $f(a, b) = a^b$

请设计一个程序，求解 $f(a, b) = a^b$，其中 a 和 b 为由用户输入的正整数。

5. 综合实验

1）猴子吃桃

猴子第一天摘下 N 个桃子，当时就吃了一半，还不过瘾，就多吃了一个。第二天又将剩下的桃子吃掉一半，又多吃了一个。以后每天都吃前一天剩下的一半多一个。第 10 天只剩一个桃子，求第一天共摘下来多少个桃子？请设计一个程序求解该问题。

2）判断回文

回文是如 "abcdcba" 的字符串，字符串从左往右读和从右往左读内容一致。请设计一个程序判断字符串是否为回文，字符串由用户输入，可用数组存储。

6. 扩展实验——递归法画二叉树

给定递归法画二叉树程序，如图 9.15 所示，输出结果示例如图 9.16 所示，小号数字结点表示待访问结点，大号数字结点表示已访问结点。运行该程序，并回答以下问题。

问题 1：输出的二叉树有什么特点？

问题 2：查找 Raptor 帮助文档，了解 Open_Graph_Window( )、Clear_Window( )、Draw_Line( ) 和 Display_Number( ) 的用法。

问题 3：如果调用顺序为三叉树结构，每次循环调用自身 3 次，即树上每个结点有 3 个分支，请估算三叉树的时间复杂度。

7. 热身实验参考答案

1）斐波那契数列的迭代实现

问题 1：略。

问题 2：变量初始化从输入 x 开始，到 i = 1 为止，一共是 5 条语句。当 i = 6，程序跳出循环，一共执行了 5 次循环，循环内部是 5 条语句，循环一共执行 25 条语句。循环结束后有一条输出语句，则一共执行了 5 + 5 × 5 + 1 = 31 条语句。

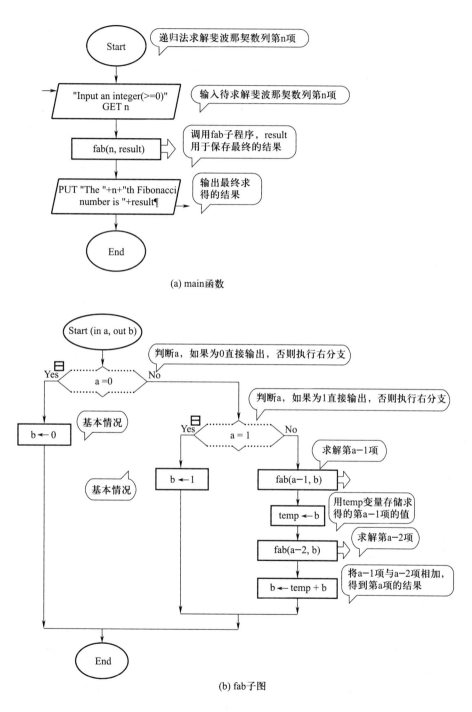

(a) main函数

(b) fab子图

图 9.14 斐波那契数列递归实现的程序示例

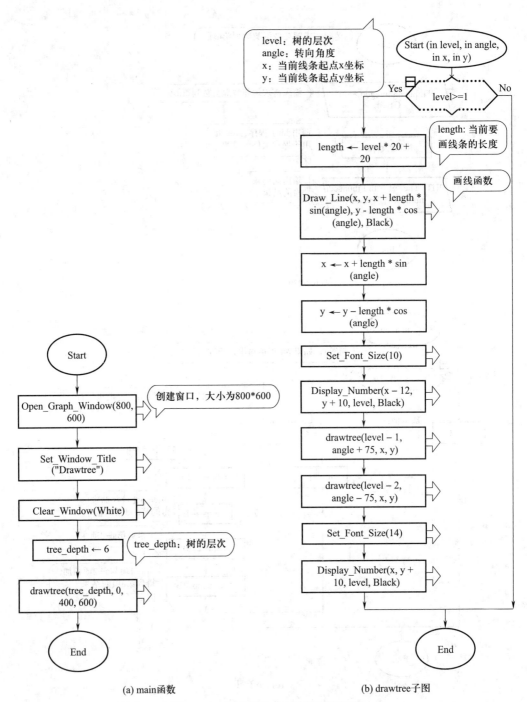

(a) main函数　　　　　　　　　(b) drawtree子图

图 9.15　递归法画二叉树的程序示例

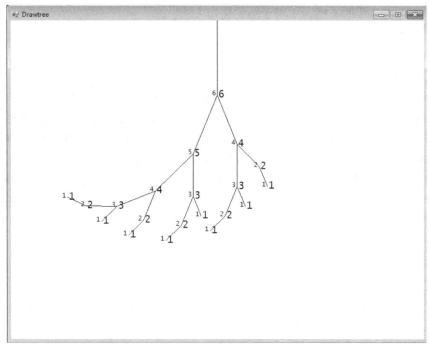

图 9.16 输出结果示例

问题 3：当 $x = n$（$n \in \mathbf{N}$）时，程序主要计算时间开销用于循环赋值，程序的总体计算开销约为 $5n + 1$。

2）斐波那契数列的递归实现

问题 1：a 和 b 为子函数参数，此处 a 表示待求解的第 a 项斐波那契数，b 用于存储结果。

问题 2：略。

问题 3：略。

9.5 数组实验

1．实验目的

（1）掌握使用可视化计算工具 Raptor 创建一维数组和二维数组的方法。

（2）理解数组"越界"的概念。

（3）掌握顺序遍历一维、二维数组的基本方法。

（4）掌握查找有序一维、二维数组某个元素的基本方法。

（5）能够使用算法复杂度的概念对求解同一类问题的不同算法进行评估。

2．实验准备

（1）认真阅读"附录 A　Raptor 可视化程序设计概述"的内容。

（2）查找 Raptor 帮助文档，了解子图的使用方法。

（3）阅读第 4.2 节内容。

3．热身实验

1）一维数组实验

一维数组由数组名、方括号和下标组成，格式为 array_name[x]。在 Raptor 中，数组最大下标表示数组长度，未赋值的数组元素默认值为 0。数组的赋值语句为 array_name[x]←value，表示把 value 赋值给数组 array_name 的第 x 个元素（注：Raptor 中的数组与 C、C++ 等高级语言中的数组有一点不同，Raptor 数组的下标是从 1 开始的，而 C、C++ 语言中的数组下标是从 0 开始的。假设有一个数组 Array[7]，那么在 Raptor 环境下，Array 数组的第一个元素为 Array[1]，最后一个元素为 Array[7]，如果是在 C、C++ 语言环境中，那么 Array 数组的第一个元素是 Array[0]，最后一个元素为 Array[6]）。

给定一维数组程序，如图 9.17 所示，回答以下问题。

问题 1：说明该程序的功能。

问题 2：查看帮助文档，查找 Length_Of 函数的用法。

问题 3：在语句"PUT"Length："+ Length_Of(value)"后添加输出 value[6] 语句，查看运行结果。

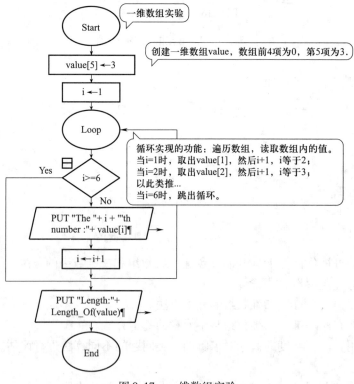

图 9.17　一维数组实验

问题4：在语句"PUT "Length:" + Length_Of(value)"后添加输出 value[-1] 语句，查看运行结果。

2）二维数组实验

二维数组有两个下标，格式为 array_name[x，y]，其中，x 表示行，y 表示列。二维数组用 x 和 y 来唯一标识一个元素。在 Raptor 中，二维数组的未赋值元素默认值为0。例如，第一次给 array_name[ ]数组赋值 array_name[2,3]←4，产生如图9.18 所示效果。

```
0  0  0
0  0  4
```

图 9.18　第一次给 array_name 数组赋值

给定二维数组程序，如图9.19 所示，回答以下问题。

问题1：说明该程序的功能。

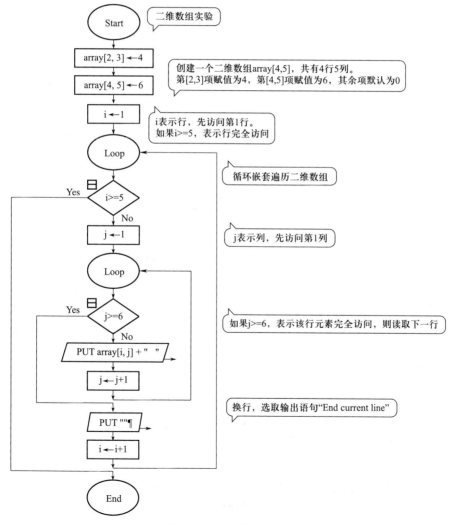

图 9.19　二维数组实验

问题 2：编写输出语句输出 array[4，6] 和 array[−1，2]，查看输出结果。

问题 3：编写输出语句输出 array[1]，查看输出结果。

4．进阶实验

1）创建长度为 100 的数组

创建一个长度为 100 的数组，数组内所有元素数值为 0，并输出所有元素。

2）创建长度为 100 的数组并对数组元素赋值

创建一个长度为 100 的数组，数组内元素数值为 1，2，3，…，100，然后将数组所有元素按倒序输出。

3）存储斐波那契数列的前 20 项

创建一个长度为 20 的数组，存储斐波那契数列的前 20 项，并输出所有元素。

4）二维数组

创建一个 3 行 4 列的数组并输出所有元素，数组内元素如图 9.20 所示。

1	2	3	4
5	6	7	8
9	10	11	12

图 9.20　数组元素

5．综合实验

1）字符数组中单空格替换为双空格

设计一个程序，完成以下功能。

功能 1：创建一个一维数组，数组内容如下。

1	2	3	4	5	6	7	8	9
I		a	m		T	o	m	.

功能 2：设计一个算法将单个空格替换为双空格，即将数组拓展为如下形式。

1	2	3	4	5	6	7	8	9	10	11
I			a	m			T	o	m	.

2）二维数组中元素的查找

设计一个程序，完成以下功能。

功能 1：创建一个 4 行 5 列的二维数组，数组内容如图 9.21 所示。

功能 2：设计一个算法，在数组中查找数值为 8 的元素，并输出其下标（行数和列数）。

3）单重循环完成二分支函数

请设计一个程序可以求解以下两个函数，要求使用一个二维数组存储各个数阶乘的值，在计算最终结果时只使用单重循环。

1	3	4	7	9
2	4	5	8	10
5	6	8	11	12
7	9	13	15	16

图 9.21　数组元素

$$f(n_1) = n/1! + n/3! + n/5! + n/7! + n/9!$$

$$f(n_2) = n/2! + n/4! + n/6! + n/8! + n/10!$$

6. 热身实验参考答案

1) 一维数组实验

问题1: 该程序完成的功能有: 创建一个长度为5的数组, 前4项为0, 第5项为3, 并输出数组前5项的内容, 最后调用函数 Length_Of 计算数组 value 的长度。

问题2: 打开 Raptor 帮助文档, 双击目录下"Arrays"中的"Array Operations", 查看 Length_Of 函数的用法。

问题3: 数组长度为5, 因而数组不存在第6项, 改为输出 value[6] 后程序报错, 如图 9.22 所示。

问题4: Raptor 中, 数组下标不能为0或负数, 访问下标为0或负数的元素, 程序报错, 如图 9.23 所示。

图 9.22　访问 value[6] 上越界报错

图 9.23　访问 value[-1] 下越界报错

2) 二维数组实验

问题1: 该程序实现的功能为: 遍历二维数组, 并输出二维数组内元素。

问题2: 参考网上相关程序代码。

问题3: 参考网上相关程序代码。

9.6　栈的基本操作: push 和 pop

1. 实验目的

(1) 掌握栈的基本概念。

(2) 掌握栈的 push 和 pop 操作, 并能够使用数组模拟栈的操作。

2. 实验准备

(1) 阅读本教材第4.3节内容。

(2) 复习本教材第9.5节的内容。

3. 热身实验——模拟栈操作

给定模拟栈操作的程序, main 函数调用 push 子函数和 pop 子函数, 如图 9.24 所示。

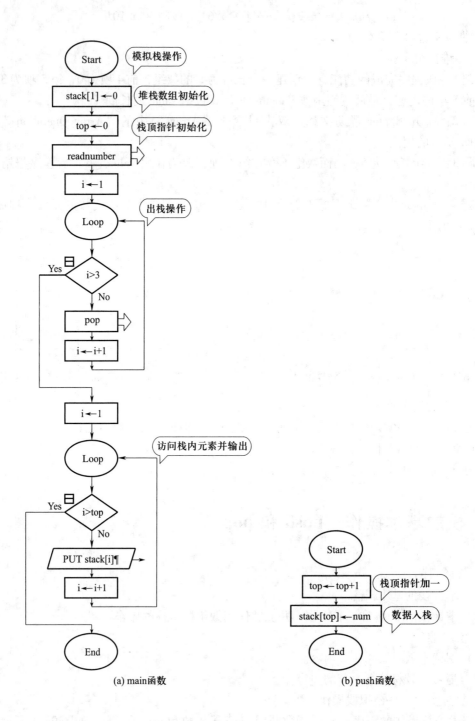

(a) main函数　　　　　　　　　(b) push函数

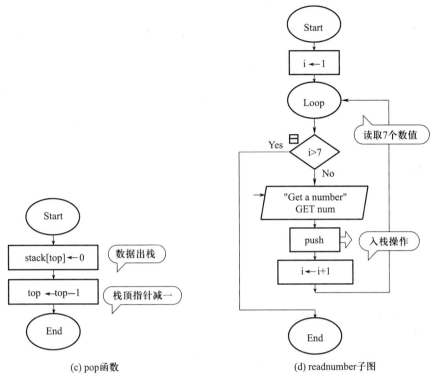

图 9.24 模拟栈操作的程序示例

回答以下问题。

问题1：假设程序依次读取 7 个数值 < 2，1，3，5，7，9，8 >，模拟程序运行并给出输出结果。

问题2：说明 push 函数和 pop 函数的功能。

4．进阶实验

1）两个栈用一个数组的表示

设计一个程序，用一个数组实现两个栈 A 和 B，规定栈 A 的最大长度为 40，栈 B 的最大长度为 60，并且要求两个栈都不会发生上溢现象。

2）两个栈模拟一个队列

某公司笔试题要求写一个程序，用两个栈模拟一个队列，达到"先入先出"的效果。请设计一个程序，实现该功能。（队列的知识请参考本教材第 4.3 节的内容）

5．综合实验——括号匹配的检验

假设表达式中允许包含 3 种括号：圆括号、方括号和大括号，这 3 种括号可以以任意的顺序嵌套，最里层的括号中可以加入字符，如 {[(a + b)]}、[{a + b + c}] 等是正确的格式，而 [a + b)、{[a − b]} 等均为不正确的格式，也就是说处于同一层次的括号要相互匹配。设计一个程序，利用栈来判断输入的表达式是否为正确的格式。

6. 热身实验参考答案

问题1：程序首先读取7个数值 <2，1，3，5，7，9，8>，并将这7个元素依次入栈，此时，栈底元素为2，栈顶元素为8，栈顶指针 top 为7。main 函数进入第一个循环，一共执行3次出栈操作，<8，9，7>依次被取出，此时，栈顶元素为5，top 为4。最后将栈内元素全部输出，结果为 <2，1，3，5>。

问题2：push 为入栈操作，元素入栈后 top 加1。pop 为出栈操作，元素出栈后 top 减1。

9.7　归并排序与折半查找

1. 实验目的

（1）熟练掌握二路归并排序算法。

（2）熟练掌握折半查找算法。

2. 实验准备

（1）复习第9.4节、第9.5节的内容。

（2）阅读第4.2.6节内容。

3. 热身实验

很多算法在结构上是递归的，这些算法通常采用分支策略：将整体问题划分为若干个结构与原问题相似的子问题，通过递归解决这些子问题，合并其结果得到原问题的解。

分治法在每一层递归上都有3个步骤：

分解问题（Divide）：将原问题分解成 n 个子问题，n 可以是大于等于2的正整数；

解答问题（Conquer）：递归解答各子问题，若子问题足够小，则返回结果；

合并问题（Combine）：将子问题的结果合并成原问题的解。

在各种排序算法中，二路归并排序和折半查找是分治法的典型应用。二路归并排序是将原问题以二叉树（$n=2$）的形式展开，通过合并各子问题的解来获得原问题的解。二路归并排序的一般操作为：

分解问题（Divide）：将待排序的 n 个元素划分为包含 $n/2$ 个元素的两个子序列；

解答问题（Conquer）：两个子序列内部各自递归排序；

合并问题（Combine）：合并两个有序子序列得到排序结果。

二路归并排序算法的形式化定义为如下公式：

$$T(n) = \begin{cases} c, & n = 1 \\ T_{\text{left}}\left(\dfrac{n}{2}\right) + T_{\text{right}}\left(\dfrac{n}{2}\right) + cn, & n \geq 2 \end{cases}$$

其中，c 表示计算规模为1的问题所需的时间，也就是"解答问题"和"合并问题"中处理每个数组元素所需的时间。这里假设有8个无序正整数构成的数组 A = <3，2，5，1，7，6，8，4>，二路归并排序的过程如表9.5所示。

表9.5　二路归并排序过程

Step1	<3，2，5，1，7，6，8，4>							待解问题
Step2	<3，2>		<5，1>		<7，6>		<8，4>	分解问题
Step3	<3>	<2>	<5>	<1>	<7>	<6>	<8>	<4>	
Step4	<2，3>		<1，5>		<6，7>		<4，8>	合并有序数组
Step5	<1，2，3，5>				<4，6，7，8>			
Step6	<1，2，3，4，5，6，7，8>							获得解

从上例可以看出，二路归并排序在 $\log_2 n$ 的步骤内把待解问题分解成单个元素的子问题，然后在 $\log_2 n$ 的步骤内通过合并有序子数组获得原问题的解。获得问题解的步骤复杂度为 $O(\log n)$（即表列数），合并有序子数组的复杂度为 $O(n)$（表内每行每个元素都需要比较一次），二路归并排序的时间复杂度为 $O(n\log n)$。

1）子数组的合并算法

给定两个数组 A = <1，3，5，7> 和数组 B = <3，4，5，6>，A 和 B 内元素都按照升序排列，给定程序如图 9.25 所示，回答以下问题。

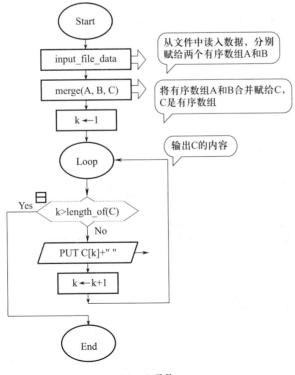

(a) main函数

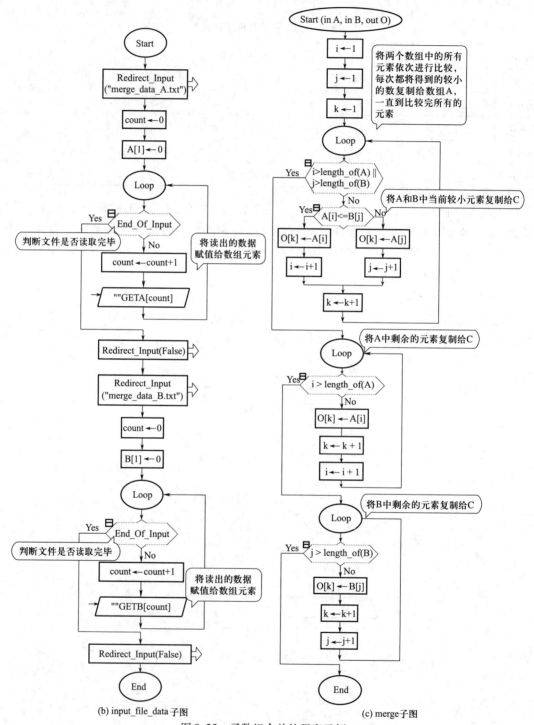

(b) input_file_data 子图　　　　　(c) merge 子图

图 9.25　子数组合并的程序示例

问题1：查看 Raptor 帮助文档，查找 GET 函数、Redirect_Input 函数和 floor 函数的用法。

问题2：请说明该程序功能。

问题3：请给出算法的时间复杂度。

问题4：仅改写 merge 子函数，将该程序改写为问题1结果的逆序输出。

2）二路归并排序

给定二路归并排序程序，如图9.26所示，回答以下问题。

问题1：请说明该程序功能。

问题2：请给出该算法的时间复杂度。

问题3：把 merge_sort 子函数中的参数 A 设置调整为 in（没有 out），查看程序结果。

3）折半查找

给定折半查找程序，如图9.27所示，回答以下问题。

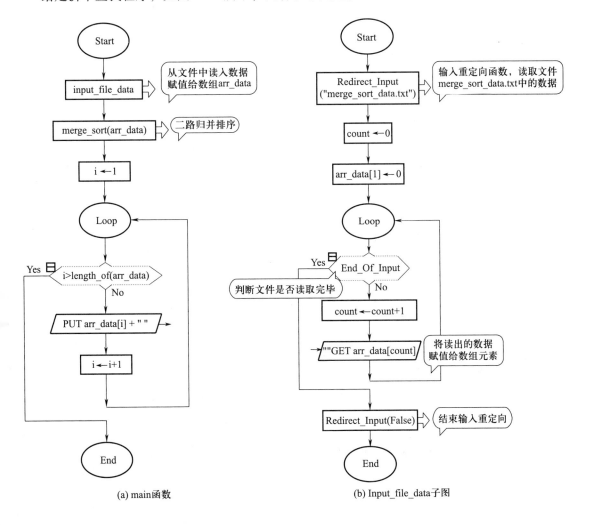

(a) main函数   (b) Input_file_data子图

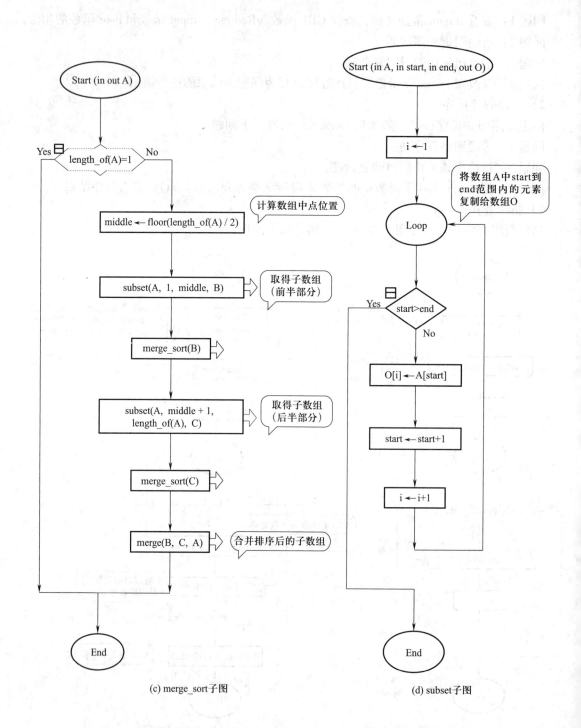

(c) merge_sort 子图   (d) subset 子图

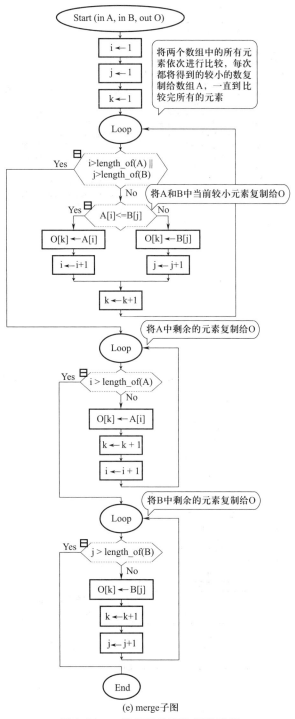

(e) merge子图

图 9.26 二路归并排序的程序示例

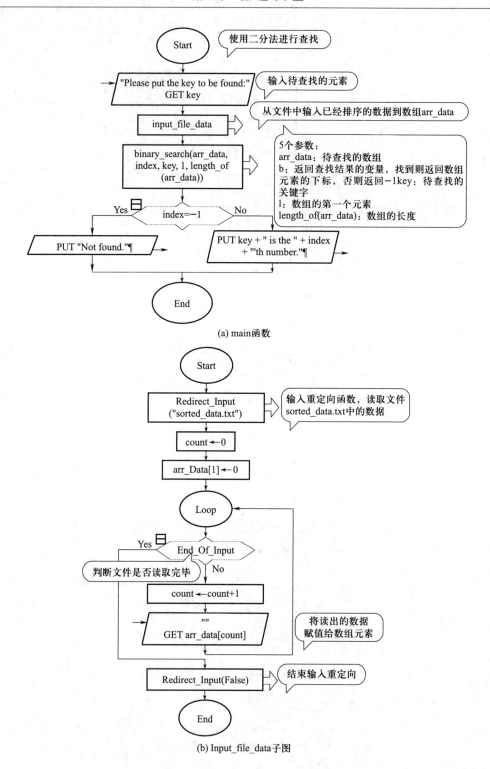

(a) main函数

(b) Input_file_data子图

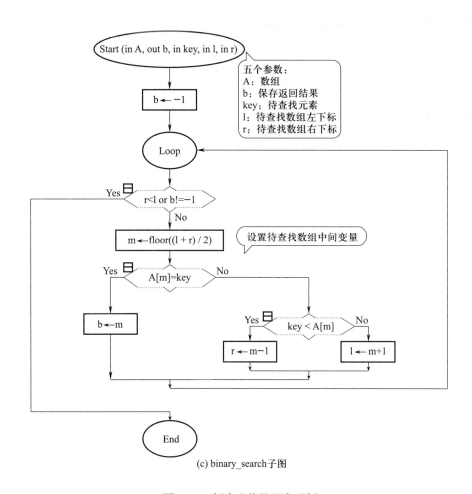

图 9.27 折半查找的程序示例

问题 1：给定输入序列 <1，4，5，7，12，16，22，31，86，91，92>，描述查找元素 5 的过程。

问题 2：给定一串输入序列，给出查找单个元素的时间复杂度。

4．进阶实验

1）查找"和为 x"的两个元素

给定无序数组 A [1..n]，设计一个程序，判断 A 内是否存在两个元素 B 和 C。其中，B、C 的和为 x，x 由用户输入。

2）背包问题

给定 n 种物品和一个背包，物品 i 的重量为 W_i，价值为 V_i，C 为背包的重量容量，要求在重量容量的限制下，尽可能使装入的物品总价最大。下面给出 3 种常用的贪婪准则。

贪婪准则 1：每次都选择价值最大的物品装包。

贪婪准则 2：每次都选择重量最小的物品装包。

贪婪准则 3：每次都选择 V_i/W_i 值（价值密度）最大的物品装包。

假设 $n = 3$；$W_1 = 100$，$V_1 = 60$；$W_2 = 20$，$V_2 = 40$；$W_3 = 20$，$V_3 = 40$；$C = 110$。请设计 3 个程序，分别对应 3 种准则求解该背包问题。

5．综合实验——轮转数组内数值的查找

轮转后的有序数组是指，在有序数组中，以其中一个数为轴，将其之前的所有数都轮转到数组的末尾所得的新数组。例如，数组 A = <1，2，3，4，5，6，7，8>，以 4 为轴，轮转之后结果为 A = <4，5，6，7，8，1，2，3>。利用折半查找思想，设计一个程序，找出轮转后的有序数组内数值为 x 的元素。

6．热身实验参考答案

1）子数组的合并算法

问题 1：略。

问题 2：该程序功能为合并两个有序子数组，数组 C 的输出结果为 <1，3，3，4，5，5，6，7>。

问题 3：$O(n)$。

问题 4：参考网上相关程序代码。

2）二路归并排序

问题 1：略。

问题 2：$O(n\log_2 n)$。

问题 3：设置 in 为参数输入，设置 out 为参数输出。把 A 设置为 in（不设置 out），那么调用的子程序将不改变 A 的值，最终 A 还会是原来的值。

3）折半查找

问题 1：给定输入序列和待查找元素 5，binary_search 子函数首先比较序列中间元素16。由于待查找元素 5 小于中间元素 16，binary_search 子函数比较 16 左侧序列 <1，4，5，7，12> 的中间元素 5。此元素与待查找元素相同，则返回结果。

问题 2：给定 n 个元素的有序序列，折半查找每次将问题规模化简为原规模的 1/2，故复杂度为 $O(\log n)$。

9.8　蒙特卡罗方法应用

1．实验目的

（1）理解随机数的概念及其重要特性。

（2）了解蒙特卡罗方法的广泛应用。

（3）设计 Raptor 程序，使用蒙特卡罗方法求解问题。

2．实验准备

（1）认真阅读第 5.7 节的内容，了解随机数和蒙特卡罗方法的基本概念。

（2）熟悉可视化计算工具 Raptor 的使用。

3．热身实验

1）基于蒙特卡罗方法对圆周率 π 的求解

基于蒙特卡罗方法计算圆周率 π（图 9.28）。Raptor 求解程序如图 9.29 所示。

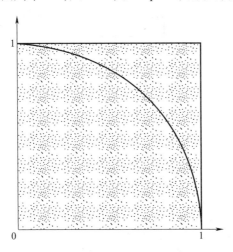

图 9.28　蒙特卡罗方法计算 π

问题 1：Raptor 程序中的随机数是如何生成的？

问题 2：在最后求圆周率的值的时候为什么要乘以 4？根据图 9.29 的 Raptor 程序描述蒙特卡罗方法求圆周率的具体过程。

2）基于蒙特卡罗方法对椭圆面积的求解

已知一个椭圆的长轴长为 12，短轴长为 6（如图 9.30 所示），设计 Raptor 程序求这个椭圆的面积。Raptor 程序如图 9.31 所示。

问题 1：Raptor 程序中的 Random 函数产生随机数的范围是多少？如何使用 Random 函数生成 $[-5,5]$ 范围内的随机数？

问题 2：最后求椭圆的面积的依据是什么？对变量 A，Area，num，n 之间具有的关系进行解释说明。

问题 3：随机点的个数是否会影响计算结果的精确性？

4．进阶实验

1）基于蒙特卡罗方法对简单曲线下面积的求解

计算 $0 \leqslant x \leqslant \pi/2$ 区间内曲线 $y=\sin x$ 下的近似面积（该区间内曲线与 x 轴、y 轴所围成的区域的面积）。

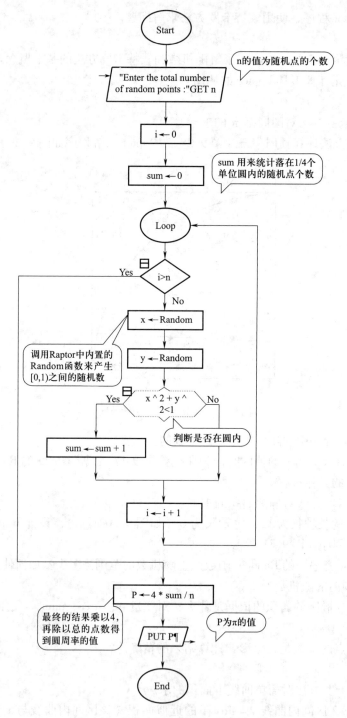

图 9.29　蒙特卡罗方法求 π 的程序示例

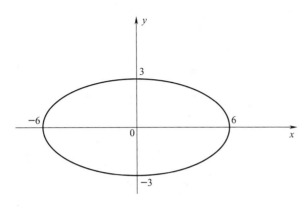

图 9.30　长轴长为 12，短轴长为 6 的椭圆

2）基于蒙特卡罗方法对球体在第一象限体积的求解

计算球体 $x^2 + y^2 + z^2 \leqslant 2$（如图 9.32 所示）在第一象限（$x > 0$，$y > 0$，$z > 0$）的体积。

5．综合实验

1）基于蒙特卡罗方法对曲线下面积的求解

用蒙特卡罗方法求曲线 $f(x) = 2\sqrt{x}$（$1 \leqslant x \leqslant 2$）下的面积。

2）基于蒙特卡罗方法对椭球在第一象限体积的求解

用蒙特卡罗方法模拟写出一个算法，计算椭球（如图 9.33 所示）在第一象限（$x > 0$，$y > 0$，$z > 0$）的体积。

$$\frac{x^2}{3} + \frac{y^2}{6} + \frac{z^2}{12} \leqslant 20$$

3）基于蒙特卡罗方法对抛物面相交部分体积的求解

用蒙特卡罗方法计算两个抛物面：

$$z = 12 - x^2 - y^2 \text{ 和 } z = x^2 + 3y^2$$

相交在第一象限区域内的体积（如图 9.34 所示）。注意，两个抛物面相交于以下椭圆柱上：

$$x^2 + 2y^2 = 6$$

6．**热身实验参考答案**

1）基于蒙特卡罗方法对圆周率 π 的求解

问题 1：通过调用 Raptor 中的 Random 函数，Random 函数生成一个在范围 [0，1）之内的随机值。

问题 2：求圆周率的具体过程如下。让计算机每次随机生成两个 0 到 1 之间的数，看以这两个实数为横纵坐标的点是否在单位圆内。生成一系列随机点，统计单位圆内的点数与总点数，当随机点取得越多时，得到的圆周率的值就越精确。该 Raptor 程序模拟求解的是在一个包含 1/4 单位圆在内的正方形中，落在 1/4 单位圆内的随机点数量与总的随机点数量的比值，该比值为 π/4，乘以 4 即得到 π。

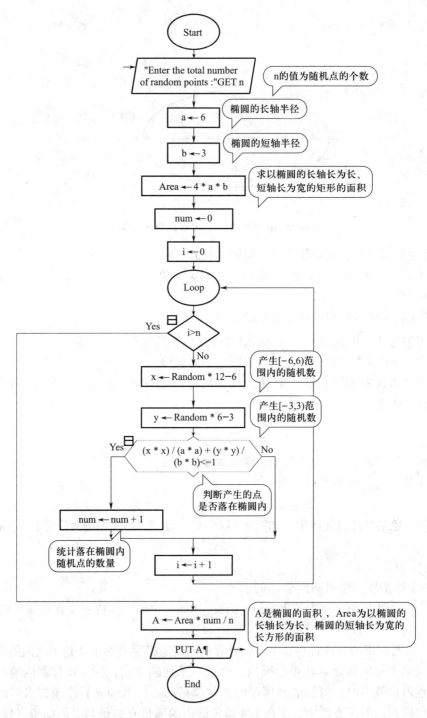

图 9.31　蒙特卡罗方法求椭圆的面积的程序示例

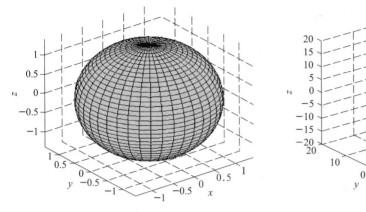

图 9.32 球体 $x^2 + y^2 + z^2 = 2$

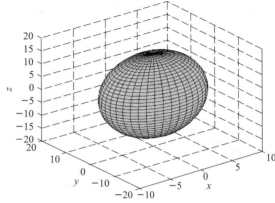

图 9.33 椭球

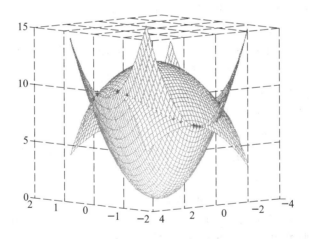

图 9.34 相交的抛物面

2）基于蒙特卡罗方法对椭圆面积的求解

问题 1：Random 函数产生随机数的范围是 [0，1)。可以采用表达式 Random * 10 − 5 的方式产生 [−5，5) 范围内的随机数。

问题 2：num 表示落在椭圆内的点的个数，n 表示落在以椭圆长轴长为长、椭圆短轴长为宽的长方形内的点的个数，A 表示椭圆的面积，Area 表示以椭圆长轴长为长、椭圆短轴长为宽的长方形的面积。长方形的面积 Area 是可以直接计算的，num 和 n 也经过了统计，通过等式 A = Area * num/n 即可求得椭圆的面积 A。

问题 3：会影响结果的精确性。随机点的个数越多，得到的结果越精确。

9.9　简单的卡通与游戏实验

1．实验目的

（1）熟悉可视化计算工具 Raptor。

（2）掌握 Raptor 中的 6 种符号的使用。

（3）掌握 Raptor 图形库的基本操作。

2．实验准备

（1）了解 Raptor 的绘图操作、键盘操作、鼠标操作、文本操作和窗口操作。

（2）熟悉 Raptor 的 6 种符号的使用方法。

（3）熟悉使用 Windows 自带的画图工具，并能够使用标尺、网格线、状态栏等找到特定点的坐标。

（4）了解使用 ColorSchemer studio 工具搭配不同的颜色。

3．热身实验——绘制 Hello Kitty

绘制如图 9.35 所示的 Hello Kitty。给定绘制 Hello Kitty 的程序示例，如图 9.36 所示。

由于程序需要描述的内容比较多，所以将该过程分为几个子图：main 子图、Head 子图、Melamed 子图、Body 子图、T_shirt 子图、Foot 子图。

各个子图的主要功能如下。

main 子图：创建图形窗口，并调用各个子图。

Head 子图：绘制 Hello Kitty 的头部。

Melamed 子图：绘制 Hello Kitty 的蝴蝶结。

Body 子图：绘制 Hello Kitty 的身体。

T_shirt 子图：绘制 Hello Kitty 的 T 恤。

Foot 子图：绘制 Hello Kitty 的脚。

请回答以下问题。

图 9.35　Hello Kitty 图示

问题 1：请写出创建和关闭图形窗口的函数。

问题 2：请写出绘制线段、矩形、圆、椭圆、弧的函数，对各个函数的参数给出解释，并绘制。

问题 3：请写出绘制文本、绘制数字的函数。

问题 4：对源程序做适当修改，给 Hello Kitty 绘制颜色。

4．进阶实验——绘制一朵花

请绘制花图案，如图 9.37 所示。

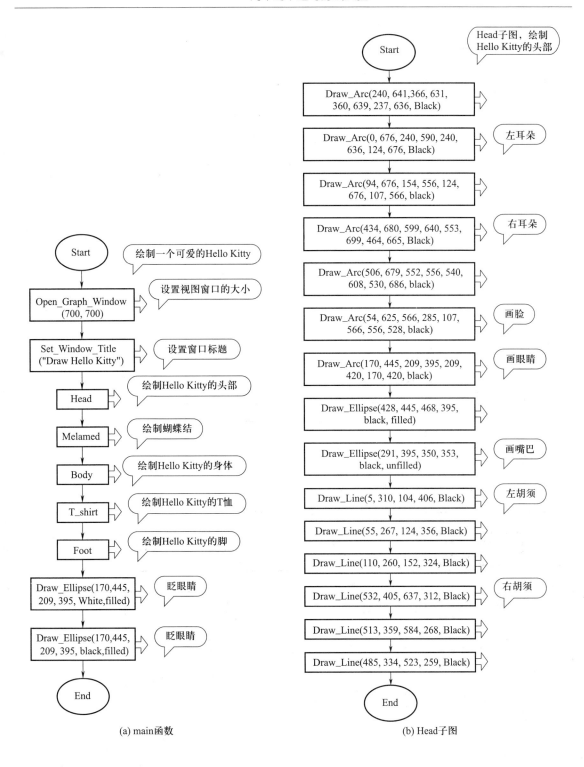

(a) main函数　　　　　　　　　　　　　　(b) Head子图

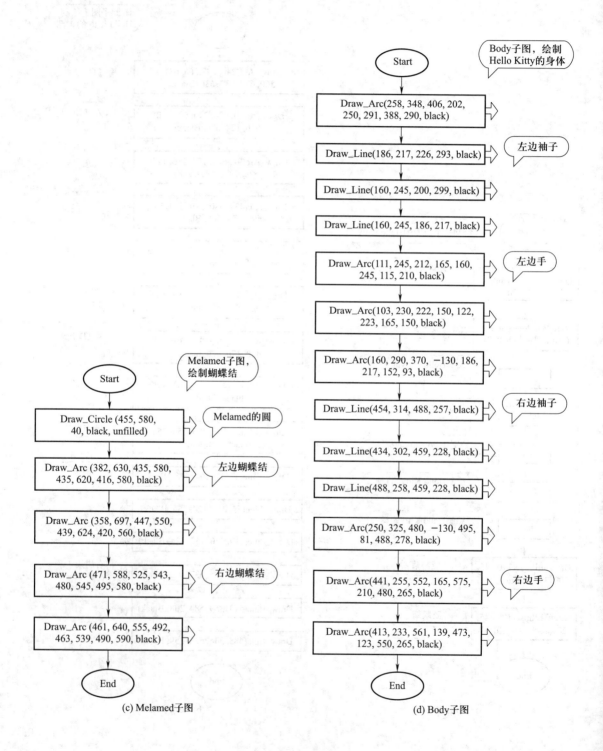

(c) Melamed子图

(d) Body子图

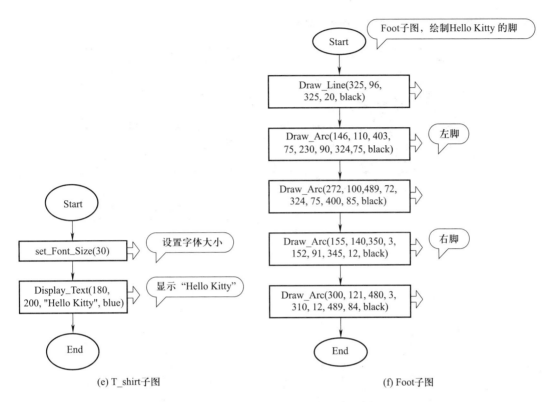

(e) T_shirt子图　　　　　　　　　　　　(f) Foot子图

图 9.36　绘制 Hello Kitty 的程序示例

图 9.37　绘制小花

5. 综合实验——设计一个"找茬"游戏

设计找茬游戏，图片示例如图 9.38 所示。

(a) 找茬游戏图1

(b) 找茬游戏图2

图 9.38　找茬游戏图片

6. 热身实验参考答案

问题 1：

创建图形窗口的命令：Open_Graph_Window(X_Size,Y_Size)

关闭图形窗口的指令：Close_Graph_Window

问题 2：

绘制线段：Draw_Line(X1,Y1,X2,Y2,Color)，在点（X1,Y1）和点（X2,Y2）之间绘制指定颜色的线段。

绘制矩形：Draw_Box(X1,Y1,X2,Y2,Color,filled/unfilled)，以点（X1,Y1）和点（X2,Y2）为对角，绘制指定颜色的矩形，filled 表示填充内部，unfilled 表示只绘制边框。

绘制圆：Draw_Circle(X,Y,Radius,Color,filled/unfilled)，以（X,Y）为圆心，以 Radius 为半径，绘制指定颜色、指定是否填充的圆。

绘制椭圆：Draw_Ellipse(X1,Y1,X2,Y2,Color,filled/unfilled)，在以点（X1,Y1）和点

（X2，Y2）为对角的矩形范围内，绘制指定颜色、指定是否填充的椭圆。

　　绘制弧：Draw_Arc（X1，Y1，X2，Y2，Startx，Starty，Endx，Endy，Color），在以点（X1，Y1）和点（X2，Y2）为对角的矩形范围内，绘制指定颜色的椭圆的一部分。

　　绘制图形略。

　　问题3：

　　绘制文本：Display_Text（X，Y，Text，Color），在（X，Y）位置上绘制内容为"Text"的指定颜色的字符串，绘制方式从左到右。

　　绘制数字：Display_Number（X，Y，Number，Color），在（X，Y）位置上绘制指定颜色的Number数值，绘制方式从左到右。

　　问题4：参考网上相关程序代码。

9.10　基于 Access 的简单数据库设计

　　1. 实验目的

　　（1）熟悉微软数据库工具 Access 的使用。

　　（2）掌握创建数据表及输入数据的操作方法。

　　（3）掌握数据库中各表属性的关联方法。

　　（4）掌握创建单表选择查询和多表选择查询的操作方法。

　　（5）掌握窗体设计的方法与步骤。

　　（6）掌握报表设计的方法与步骤。

　　（7）能够设计和实现一个较为完整的数据库管理系统。

　　2. 实验准备

　　（1）认真阅读"附录C　Access 2013 概述"的内容，理解本教材第3.2节中"学生选课"实例。

　　（2）了解 Access 的基本操作。

　　（3）本实验涉及的"3张表系统.accdb"中表间关系及数据如图9.39～图9.42所示，"5张表系统.accdb"中表间关系及数据如图9.43～图9.45所示。

　　3. 热身实验

　　给定一个学生选课 E－R 图如图9.46所示。

　　根据该概念模型设计的"学生信息管理系统"数据库全局关系模式如下。

　　学院（学院编号，学院名称，学院院长）

　　PK（主键）：学院编号

　　班级（班级编号，班级名称，班长，所属学院）

　　PK：班级编号

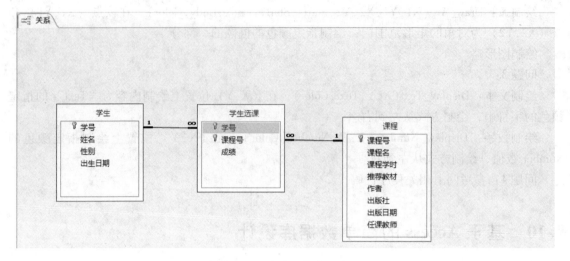

图 9.39 3 张表系统表间关系

学号	姓名	性别	出生日期	单击以添加
20140301001	Rose	女	1996/10/26	
20140301002	Alise	女	1996/9/18	
20140301003	Tommy	男	1996/11/24	

图 9.40 学生表数据

课程号	课程名	课程学时	推荐教材	作者	出版社	出版日期	任课教师
cs101	计算机科学导论	48	《计算机科学导论：思想与方法（第2版）》	董荣胜	高等教育出版	2013/02	Brookshear J G.
cs103	线性代数	48	《线性代数（第3版）》	卢刚	高等教育出版	2011/02	Gilbert Strang
fd101	大学英语	96	《新世界大学英语系列教材读写教程1》	王守仁	译林出版社	2009/08	Clive Anderson
md102	高等数学	64	《高等数学（上册）（第6版）》	同济大学数学系	高等教育出版	2007/06	Paul Penfield
pd101	大学物理	64	《大学物理学（第2版）》	李元杰	高等教育出版	2008/01	Richard P. Feynman

图 9.41 课程表数据

学号	课程号	成绩	单击以添加
20140301001	cs101	62	
20140301001	md102	58	
20140301001	pd101	60	
20140301002	cs101	78	
20140301002	cs103	88	
20140301002	fd101	80	
20140301002	md102	85	
20140301002	pd101	80	
20140301003	cs101	85	
20140301003	fd101	90	
20140301003	md102	91	

图 9.42 学生选课表数据

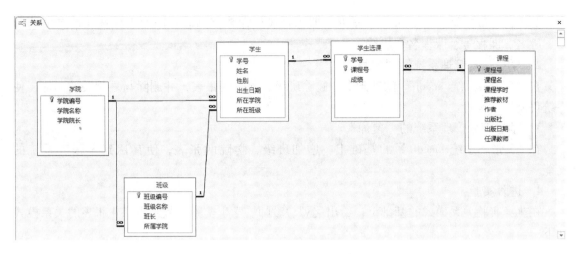

图 9.43　5 张表系统表间关系

班级编号	班级名称	班长	所属学院	单击以添加
20140101	机械工程1班		1	
20140201	通信工程1班		2	
20140301	计算机科学与技术1班	Tommy	3	
20140302	计算机科学与技术2班		3	
20140303	计算机科学与技术3班		3	
20140304	软件工程1班		3	

图 9.44　班级表数据

学院编号	学院名称	学院院长	单击以添加
1	机械工程学院	Judea Pearl	
2	通信学院	Silvio Micali	
3	计算机学院	Leslie Lamport	

图 9.45　学院表数据

学生（学号，姓名，性别，出生日期，所在学院，所在班级）

PK：学号

学生选课（学号，课程号，成绩）

PK：学号，课程号

课程（课程号，课程名，课程学时，推荐教材，作者，出版社，出版日期，任课教师）

PK：课程号

试完成以下操作。

1）学生信息管理系统的查询实验

在"5 张表系统.accdb"的基础上，分别编写选择查询和

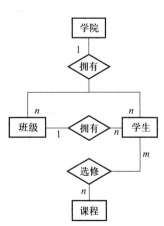

图 9.46　学生选课 E－R 图

SQL 查询，查询选修"计算机科学导论"课程且成绩在 80 分到 90 分的学生选课信息（含学号、姓名、课程号、课程名和成绩）。

2）学生信息管理系统的"瘦身"

在"5 张表系统.accdb"的基础上，删除班级、学院两张表，并删除与之相关的功能，使系统仍能正常运行。

3）学生信息管理系统的"复原"

在"3 张表系统.accdb"的基础上，增加班级、学院两张表，使其达到 5 张表系统的功能。

4．进阶实验

在热身实验关系模式的基础上，给出奖惩、教师、学生奖惩、教师授课 4 张表的关系模式如下。

（1）"教师"表设计如下：

是否主键	是	否	否	否	否
字段名	教师编号	姓名	性别	出生日期	所在学院
字段类型	短文本	短文本	短文本	日期/时间	数字

（2）"教师授课"表设计如下：

是否主键	是	是
字段名	教师编号	课程号
字段类型	短文本	短文本

（3）"奖惩"表设计如下：

是否主键	是	否	否	否
字段名	奖惩编号	奖惩名称	级别	备注
字段类型	短文本	短文本	短文本	短文本

（4）"学生奖惩"表设计如下：

是否主键	是	是	否
字段名	学号	奖惩编号	奖惩时间
字段类型	短文本	短文本	日期/时间

试完成以下操作。

1）学生信息管理系统的扩展实验

在 5 张表系统的基础上，将以上 4 张表增加到系统中，新系统的 E‒R 图，如图 9.47 所示。

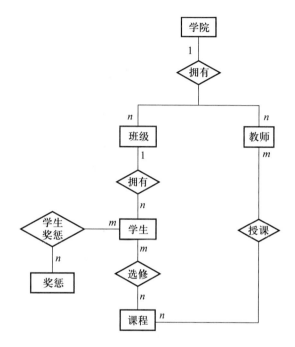

图 9.47　增加 4 张表之后的学生选课 E‒R 图

新系统应实现以下需求。

（1）建立表间关系。

（2）往 4 张新增表中输入若干记录。

（3）管理新增的 4 张表中的数据。

（4）学生奖惩信息的查询。

2）学生信息管理扩展系统的综合查询实验

在新系统的基础上，创建一个窗体，在该窗体中分别编写选择查询和 SQL 查询，实现如下查询。

（1）根据"学院编号"查询该院所有学生的奖惩信息（含学院编号、学号、姓名、奖惩编号和奖惩名称）。

（2）根据"学院编号"查询该院所有学生的选课信息（含学院编号、学生姓名、课程名、教师姓名和成绩）。

要求用报表的形式显示查询的结果。

5. 热身实验参考答案

1）学生信息管理系统的查询实验

（1）先写选择查询，双击打开"5 张表系统. accdb"，单击"创建"选项卡的"查询设计"按钮，在"显示表"对话框中选择"学生"、"学生选课"和"课程"表，如图 9.48 所示。

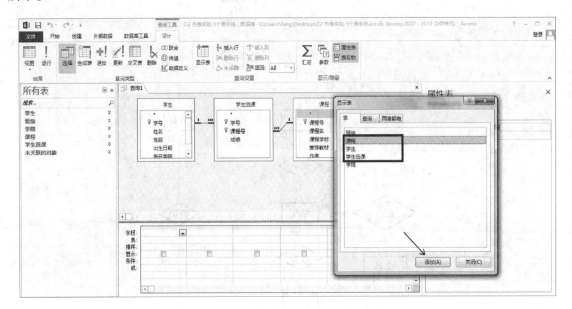

图 9.48   "查询设计"的选择表界面

（2）依次选择学号、姓名、课程号、课程名、成绩共 5 个字段，在课程名和成绩字段的条件栏输入相应条件，如图 9.49 所示。

（3）单击"运行"按钮，可以得到查询结果，如图 9.50 所示。

（4）再写 SQL 查询，单击"创建"选项卡的"查询设计"按钮，关闭"显示表"对话框，单击"SQL 视图"，如图 9.51 所示。

（5）在编辑框中输入 SQL 语句，如图 9.52 所示。

（6）单击"运行"按钮，可以得到和步骤（3）一样的结果。

2）学生信息管理系统的"瘦身"

（1）备份"5 张表系统. accdb"，将其复制到桌面并打开，将"班级"表和"学院"表删除，如图 9.53 所示。

（2）打开"导航窗格"中的"未关联的对象"下拉列表，删除含"班级"和"学院"关键字的项目，如图 9.54 所示。

（3）打开"学生"表的设计视图，删除"所在学院"和"所在班级"字段，如图 9.55 所示。

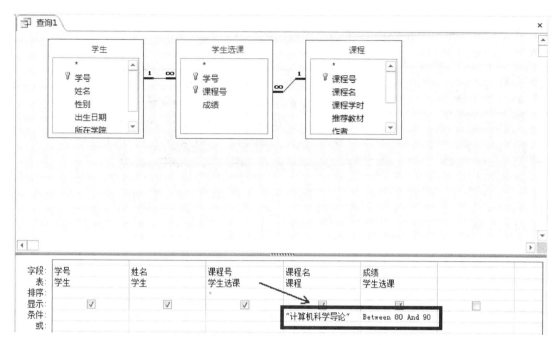

图 9.49 勾选字段并输入条件

图 9.50 查询结果

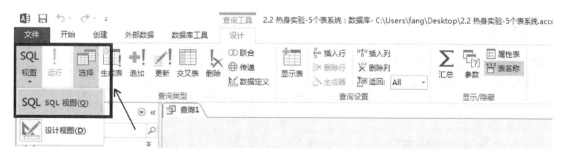

图 9.51 SQL 视图

```
SELECT 学生.学号, 学生.姓名, 课程.课程号, 课程.课程名, 学生选课.成绩
FROM 学生, 学生选课, 课程
WHERE 学生.学号 = 学生选课.学号 and 课程.课程号 = 学生选课.课程号 and 课程.课程名 = "计算机科学导论" and 学生选课.成绩 between 80 and 90;
```

图 9.52 输入 SQL 语句

图 9.53　删除"班级"表

图 9.54　删除与班级和学院相关的项目

图 9.55　删除与班级和学院相关的字段

（4）右键打开"主界面"窗体的设计视图，删除"班级管理"和"学院管理"按钮，如图 9.56 所示。

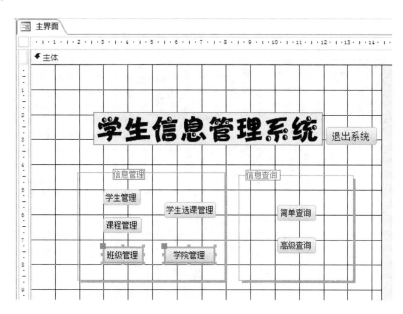

图 9.56 删除与班级和学院相关的控件

（5）删除"简单查询"窗体中和"班级"、"学院"相关的查询，如图 9.57 所示。

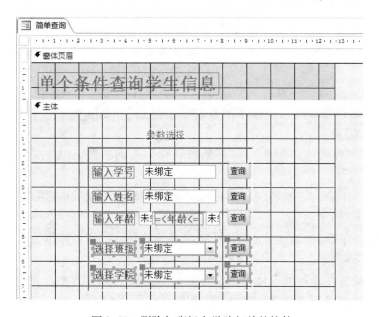

图 9.57 删除与班级和学院相关的控件

（6）打开"学生管理"的设计视图，删除 3 个选项卡中的班级、学院栏，如图 9.58 所示。

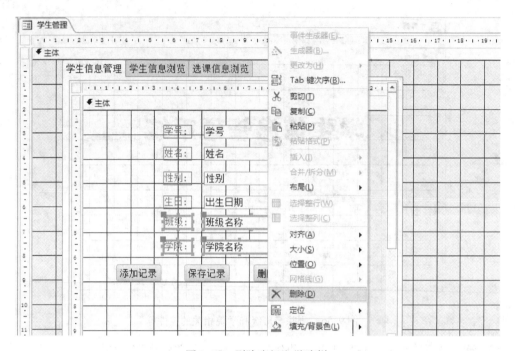

图 9.58　删除班级和学院栏

（7）单击"创建"，选中"查询设计"，将"学生"表添加至查询窗口，选取所需字段，保存此查询为"全体学生基本信息"，需要覆盖系统中保存的同名查询，如图 9.59 所示。

（8）由于按照"年龄"、"姓名"、"学号"、"多条件联合"查询学生信息时包含有班级、学院信息，因此需要删除，找到"按年龄查询学生信息"，删除班级、学院信息，右击"剪切"即可，如图 9.60 所示。

（9）同理删除"姓名"、"学号"、"多条件联合"查询的班级、学院信息，如图 9.61 所示。

（10）删除由"年龄"、"姓名"、"学号"、"多条件联合"查询构建的窗体中包含的班级、学院信息，如图 9.62 所示。

（11）删除由"年龄"、"姓名"、"学号"、"多条件联合"查询构建的报表中包含的班级、学院信息，如图 9.63 所示。

（12）打开"高级查询"的设计视图，有一个"班级"和"年龄"的多条件查询，而班级字段已经删掉了，因此可以将这个高级查询删除，如图 9.64 所示。

至此，含 5 张表的系统就被删减成为含 3 张表的系统。

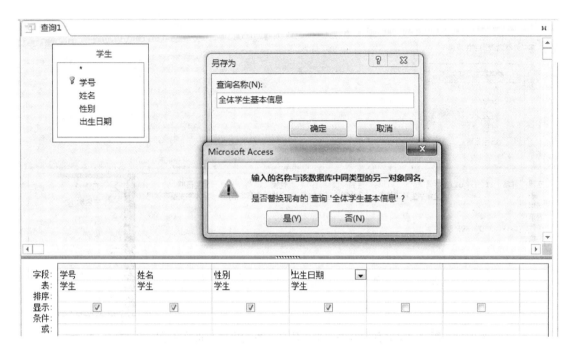

图 9.59 重新构建"全体学生基本信息"查询

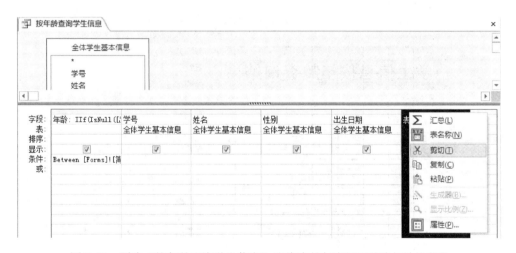

图 9.60 删除"按年龄查询学生信息"查询中的与班级和学院相关的字段

3）学生信息管理系统的"复原"

（1）备份"3 张表系统．accdb"，将其复制到桌面并打开，先创建"班级"表，它包含"班级编号"、"班级名称"、"班长"、"所属学院"共 4 个字段，其中"班级编号"是主键，如图 9.65 所示。

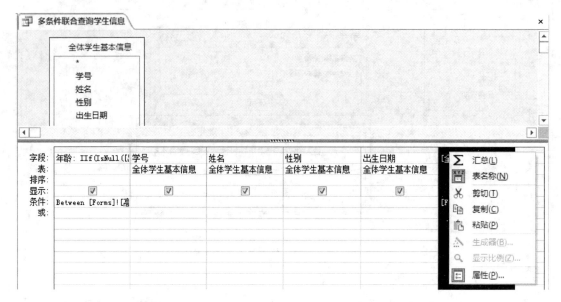

图 9.61　删除"多条件联合查询学生信息"查询中的与班级和学院相关的字段

图 9.62　删除窗体中的与班级和学院相关的控件

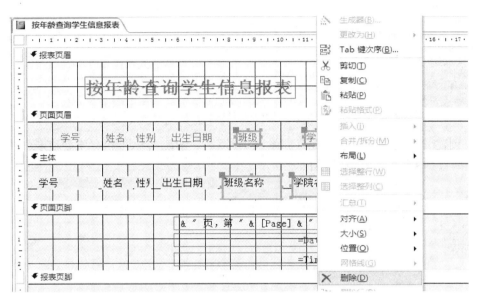

图 9.63　删除报表中的班级和学院栏

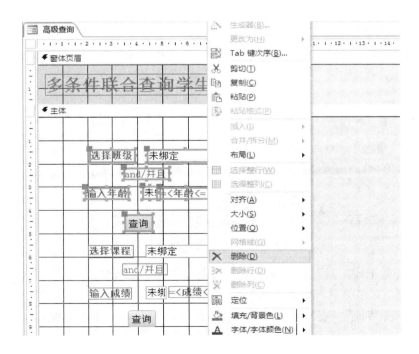

图 9.64　删除高级查询中与班级和学院相关的查询

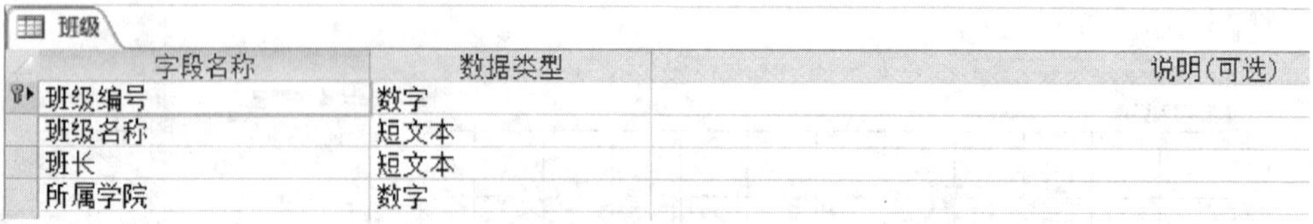

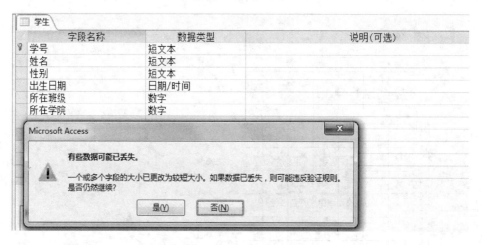

图 9.65　班级表

（2）创建"学院"表，它包含有"学院编号"、"学院名称"和"学院院长"共 3 个字段，学院编号是主键，如图 9.66 所示。

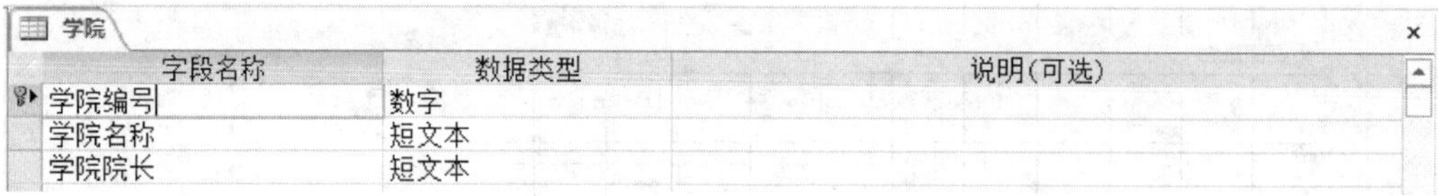

图 9.66　学院表

（3）打开"学生"表，将"所在学院"、"所在班级"字段加入该表，如图 9.67 所示。

图 9.67　将相关字段加入学生表

（4）单击"数据库工具"选项卡中的"关系"按钮，添加班级、学院两张表到"关系"窗口中，并创建一对多关系，如图 9.68 所示。

（5）打开"主界面"，在信息管理中添加"班级管理"和"学院管理"按钮，如图 9.69 所示。

（6）创建一个"班级管理"界面，由于该界面和"课程管理"界面类似，故直接复制"课程管理"界面，修改相应字段，如图 9.70 所示。

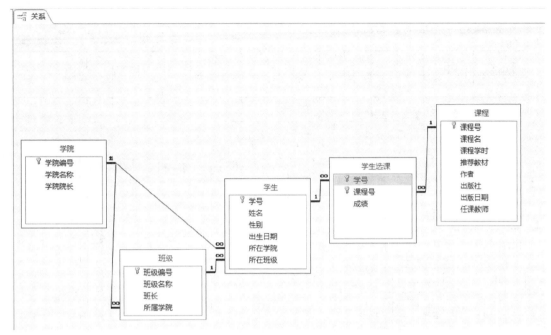

图 9.68 构建表间关系

图 9.69 将控件加入到"主界面"

（7）选中"班级"表，创建一个基于该表的窗体，如图 9.71 所示。

（8）将"学生管理子窗体学生信息"中的通用操作"添加记录"、"保存记录"和"删除记录"复制到该窗体，并重命名为"班级管理子窗体"，如图 9.72 所示。

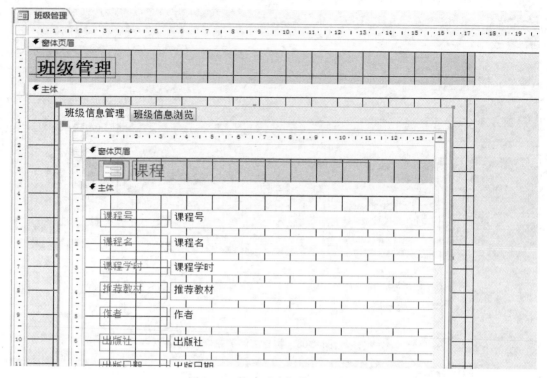

图 9.70　构建"班级管理"界面

图 9.71　基于"班级"表创建窗体

（9）选中"班级"表，创建一个基于该表的报表，并重命名为"班级管理子报表"，如图 9.73 所示。

（10）打开"班级管理"窗体，选中"班级信息管理"选项卡，单击属性表"数据"中的"源对象"，在下拉列表中选择"窗体.班级管理子窗体"，如图 9.74 所示。

（11）再选中"班级信息浏览"选项卡，单击属性表"数据"中的"源对象"，在下拉列表中选择"报表.班级管理子报表"，如图 9.75 所示。

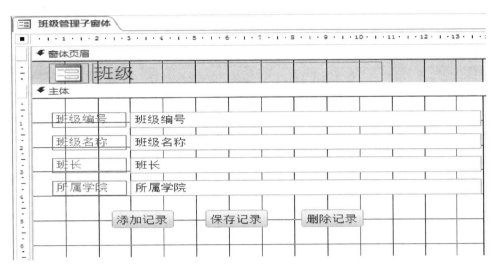

图 9.72 构建"班级管理子窗体"

图 9.73 构建"班级管理子报表"

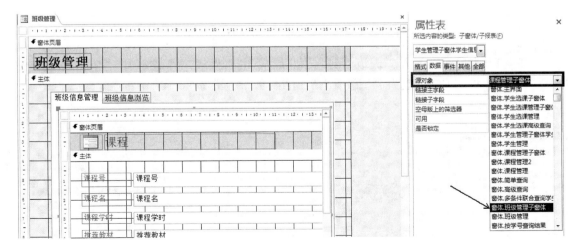

图 9.74 绑定"班级管理子窗体"

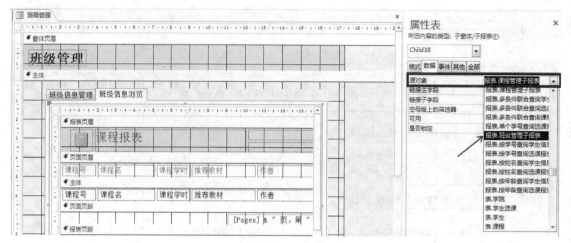

图 9.75　绑定"班级管理子报表"

（12）接下来将"打印报表"按钮中的"单击"事件设为"班级管理子报表"，如图 9.76 所示。

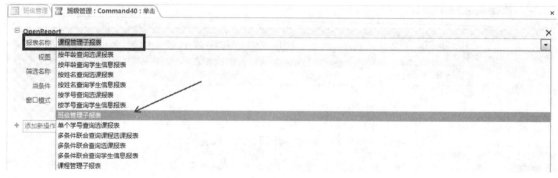

图 9.76　绑定"打印报表"按钮的单击事件

（13）打开主界面，单击"班级管理"按钮，单击属性表"事件"中"单击"按钮的 "浏览"选项，将窗体名称改为"班级管理"，如图 9.77 所示。

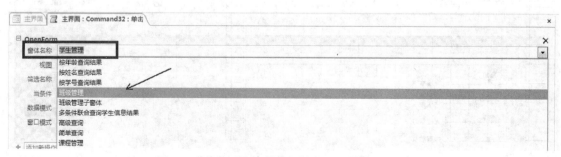

图 9.77　绑定"班级管理"按钮的"单击"事件

（14）重复步骤（6）～（13），实现"学院管理"功能，如图9.78所示。

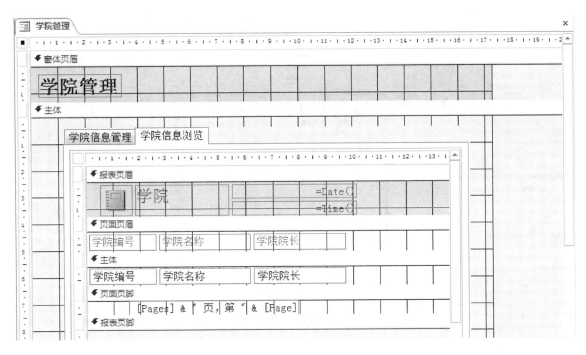

图9.78　"学院管理"窗体

（15）打开查询"全体学生基本信息"的设计视图，右键选择"显示表"，将班级表和学院表添加进来，如图9.79所示。

（16）依次双击"班级名称"、"学院名称"字段，如图9.80所示。

（17）由于按年龄、姓名、学号、多条件查询学生信息都是基于"全体学生基本信息"来查询的，因此需要对这些查询进行修改，打开"按年龄查询学生信息"，选中"班级名称"和"学院名称"，如图9.81所示。

（18）再打开"按年龄查询结果"窗体，加入"班级名称"和"学院名称"字段，如图9.82所示。

（19）最后打开"按年龄查询学生信息报表"，也加入"班级名称"和"学院名称"字段，如图9.83所示。

（20）重复步骤（17）～（19），找到按姓名、学号、多条件查询及基于该查询的窗体、报表，将"班级名称"和"学院名称"字段添加进去，如图9.84所示。

至此含3张表的系统就转化为含5张表的系统。

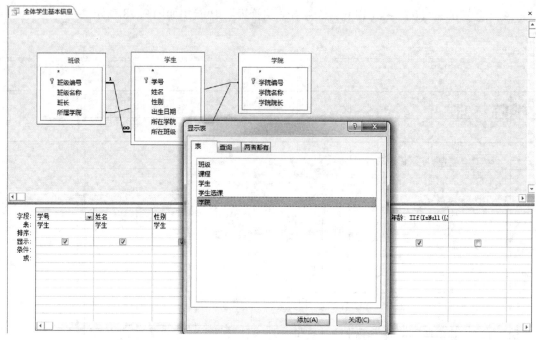

图 9.79　将"班级"表和"学院"表添加至查询

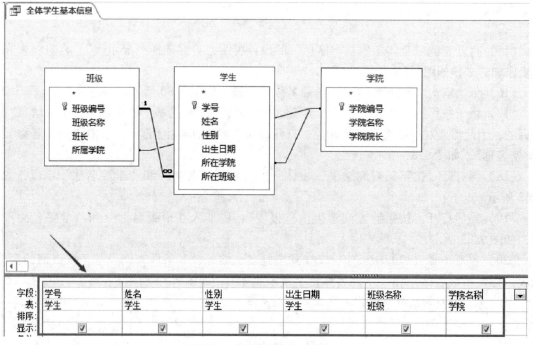

图 9.80　选取查询所需字段

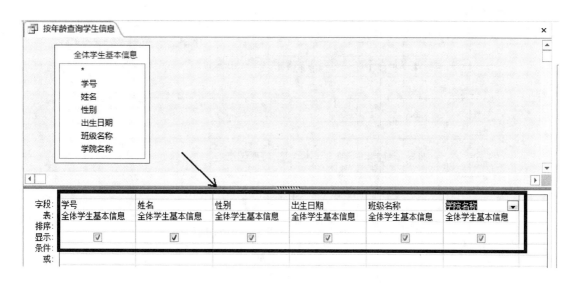

图 9.81　选取"按年龄查询学生信息"查询所需字段

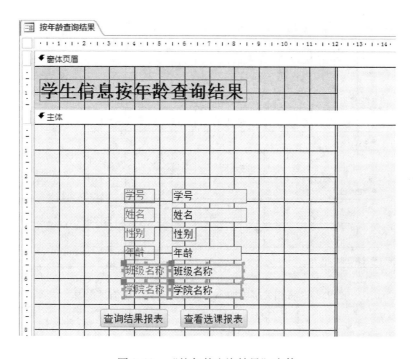

图 9.82　"按年龄查询结果"窗体

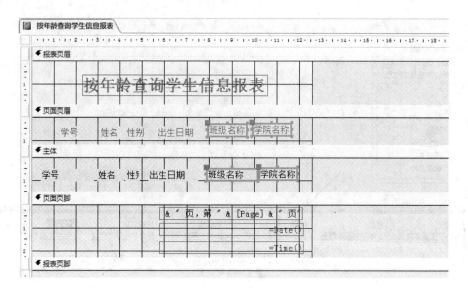

图 9.83　将相关字段加入"按年龄查询学生信息报表"

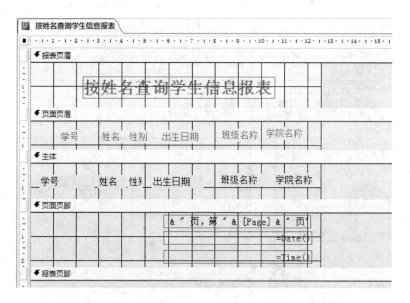

图 9.84　将相关字段加入"按姓名查询学生信息报表"

附录 A

Raptor 可视化程序设计概述

A.1 Raptor 是什么?

Raptor(the Rapid Algorithmic Prototyping Tool for Ordered Reasoning,用于有序推理的快速算法原型工具)是一种基于流程图的程序开发环境。流程图是一系列的可连接的图形符号的集合,每一种符号代表着一个可被执行的特定类型的指令,符号之间的连接决定了指令的执行顺序。当你使用 Raptor 解决问题的时候,这些概念会越来越清晰。

Raptor 是由美国空军学院的 Martin C. Carlisle(附图 A.1)博士牵头开发的,其他的设计人员包括 Terry A. Wilson、Jeffrey W. Humphries 以及 Steven M. Hadfield 等,Martin C. Carlisle 博士目前为美国空军学院计算机科学系的一名教授。Raptor 最初是为美国空军学院计算机科学系设计的,目前 Raptor 已经得到了广泛的普及,至少有 17 个不同国家将其应用于计算机教学。

附图 A.1　Dr. Martin C. Carlisle

A.2 为什么要使用 Raptor 进行程序设计?

佐治亚理工学院(Georgia Institute of Technology)计算机学院的 Shackelford 和 LeBlanc 教授曾经注意到这样一个现象,在"计算概论"课程中使用一种特定的编程语言容易干扰并分散学生对于算法问题求解核心部分的注意力。教师都希望把时间用在他们认为学生最可能遇到困难的问题上,因此他们往往把授课的重点集中在语法上,这是他们希望学生能够克服的困难。例如,在 C 语言环境中,错误地将赋值符号" = "当成了关系运算符"=="或者在语句结束时忘记了加分号等。

此外,北卡罗来纳大学的费尔德(Felder)教授认为,大多数学生是视觉化的学习者,而教师们往往倾向于提供口头讲授。研究发现，有 75% ~83% 的学生为视觉化的学习者。因此，对大多数初学者来说，由于传统的编程语言或伪代码具有高度的文本化而非可视化的性质，无法为他们提供直观的算法表达框架。

Raptor 是为应对语法困难以及非视觉环境的缺陷而专门设计的，Raptor 允许学生通过连接基本的图形符号来创建算法，在 Raptor 环境中执行算法，还可以观察算法中每一步的执行过程。通过 Raptor 环境，可以观察当前的程序执行到了哪个部分，可以看到所有的变量当前的内容。此外，Raptor 还提供了一个基于 AdaGraph 的简单图形库，学生借助该图形库，不仅可以将算法可视化，而且也可以将他们要解决的问题可视化。

Martin C. Carlisle 教授曾为美国空军学院的学生讲授"计算概论"课程，该课程设计有 12 个学时的算法内容，一开始时，这一部分是使用 Ada 95 和 Matlab 进行讲授的。从 2003 年夏季开始，他们改用了 Raptor 讲授这一部分课程。在最后的结课考试中，他们跟踪了需要学生设计算法来解决的 3 个问题，学生可以使用任何方式来表达他们的算法（Ada、Matlab、流程图等）。在这样的前提下，他们发现学生们更喜欢使用可视化的描述方式，而且那些学习过使用 Raptor 进行算法设计的学生在考试中发挥得更加出色。

使用 Raptor 进行程序设计主要基于以下几个原因。

（1）Raptor 开发环境可以最大限度地降低编写出正确程序所需的语法要求。

（2）Raptor 开发环境是可视化的。Raptor 程序是一种每次执行一个图形符号的有向图，因此它可以帮助用户跟踪 Raptor 程序的指令流执行过程。

（3）Raptor 是为了便于使用而设计的（相较于其他的复杂的开发环境，Raptor 开发环境非常简单）。

（4）对于初学者来说，使用 Raptor 进行程序设计时出现的调试和报错消息更易于理解。

（5）使用 Raptor 的目的是进行算法设计和运行验证，这个目标不要求你了解像 C ++ 或 Java 这样的重量级的编程语言。

A.3   Raptor 的安装

可以在 Raptor 的官方网站下载 Raptor 的安装文件，该网站上有几个不同的版本，推荐使用最新的版本，只需单击"Download latest version"即可。该网站上还有一个便携版本，这个版本可以安装在 U 盘内使用。安装过程非常简单，只需双击安装文件，按照提示进行操作即可。

A.4   几个简单的 Raptor 程序

下面介绍 3 个简单的 Raptor 程序实例，目的是通过这些实例使读者对 Raptor 程序设计有一个基本的认识。

A.4.1   实例 1：输出字符串"Hello，World！"

打开 Raptor 软件之后会弹出两个窗口，一个是 Raptor 的开始界面（如附图 A.2 所示），另一个是用于显示 Raptor 程序输出结果的界面（如附图 A.3 所示）。

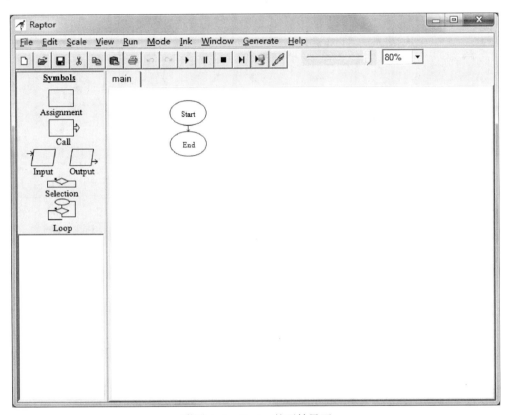

附图 A.2   Raptor 的开始界面

附图 A.2 的左部是 Raptor 的 6 种基本符号：赋值（Assignment）、调用（Call）、输入（Input）、输出（Output）、选择（Selection）和循环（Loop）。窗口右部是主函数（main），它是程序执行的入口，框图 Start 和框图 End 分别表示程序的开始和结束。

在一个简单的"Hello，World！"程序中，涉及两个基本符号，即赋值和输出（当然也可以只用输出符号，这里是为了了解这两种基本符号）。

输出"Hello，World！"字符串，基本思路是先将该字符串存储在某个地方，然后对其进行输出。如何存储该字符串呢？这里就需要用到赋值符号。附图 A.4 是插入赋值符号后的效果。

附图 A.3　　显示 Raptor 程序输出结果的界面

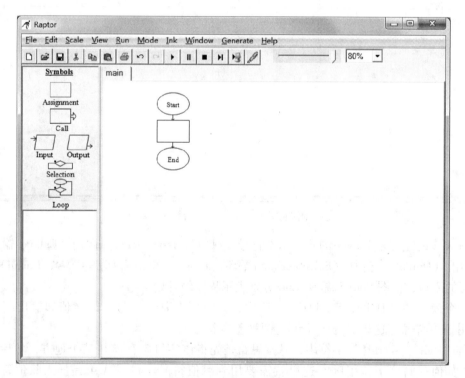

附图 A.4　　插入赋值符号

在附图 A.4 中，只需单击左部的 Assignment，然后将其拖曳到 Start 与 End 之间即可。接下来是将字符串"Hello，World！"赋值给某个变量的过程。

当双击赋值符号之后，会弹出如附图 A.5 的窗口，该窗口用于将"Hello，World！"字符串赋值给某个变量（该字符串被存储在内存中的某个空间内，可以通过该变量名来访问这段内存空间）。在 Set 文本框中输入变量的名称，可以用它来访问字符串"Hello，World！"，在 to 文本框中输入想要存储的值，即"Hello，World！"，然后单击 Done 按钮即可。这里要注意一点，输入的字符串需要加英文双引号，且内容只能使用英文字符、英文符号或数字，效果如附图 A.6 所示。

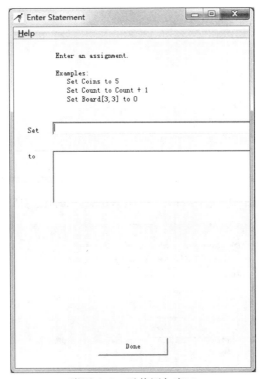

附图 A.5　赋值语句窗口

接下来就可以进行对字符串的输出了，为了进行输出，需要输出符号。与添加赋值符号的操作一样，可以采用同样的方式将输出符号拖曳到赋值符号与 End 之间，效果如附图 A.7 所示。

接下来，双击输出符号，会弹出输出语句窗口，如附图 A.8 所示。在此窗口中，如果选中"End current line"复选框，则在附图 A.9 中输出语句后会出现段落结束符 ¶，即输出数据后自动换行；否则在输出语句后不会出现 ¶ 符号。

因为要输出的是"Hello，World！"，而"Hello，World！"已被赋值给了变量 s，因此只需输出 s 即可，在输出语句窗口的文本框中输入 s，单击 Done 按钮，得到的完整的 Raptor 程序如附图 A.9 所示。

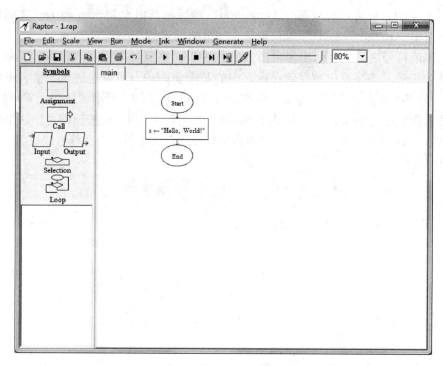

附图 A.6   将字符串"Hello，World!"赋值给变量 s

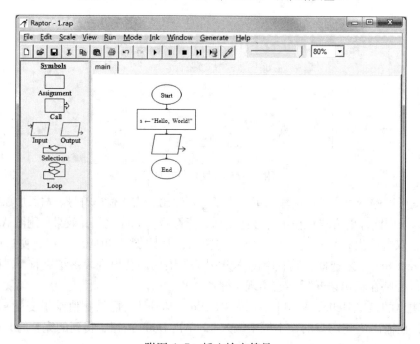

附图 A.7   插入输出符号

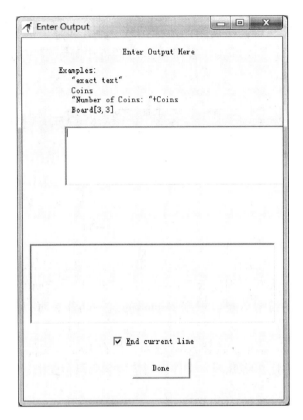

附图 A.8　输出语句窗口

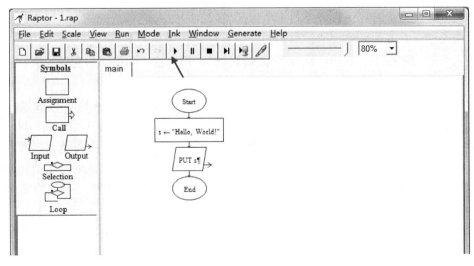

附图 A.9　完整的 Raptor 程序

设计好完整的 Raptor 程序之后，接下来就可以运行程序了，可以通过两种方式运行 Raptor 程序。一种是单击附图 A.9 中箭头所指的图标；另一种方式是单击 Run 菜单中的 Execute to completion 选项，程序运行完成后会在程序输出对话框中显示程序运行结果，如附图 A.10 所示。

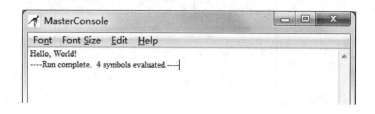

附图 A.10　程序的运行结果

正如附图 A.10 所显示的那样，程序输出了期望的结果。"Run complete."提示程序成功执行完成，若程序执行失败，则提示"Error，run halted"。后面的"4 symbols evaluated."表示的是程序中被执行的符号数量。根据 Raptor 的这一功能，可以粗略地分析算法的复杂度。

单击开始界面中的 File 菜单，选择 Save 选项，保存 Raptor 文件，Raptor 文件的扩展名为.rap。而 Save as 选项允许用户将 Raptor 文件以指定的名称保存到指定的位置。

A.4.2　实例 2：求两个整数中的较大值

在第一个例子中介绍了一个简单的输出程序，其中包括赋值与输出符号，接下来介绍一个求两个整数的较大值的程序，该程序包含更多的符号。

若求两个数 a 和 b 中的较大值，与实例 1 中直接使用赋值符号不同，此处使用输入符号，在使用输入符号的情况下，在程序执行到输入符号时，用户输入的值即为变量的值。插入输入符号的结果如附图 A.11 所示。

双击输入符号，会弹出如附图 A.12 所示的窗口，其中 Enter Prompt Here 部分要求输入提示文本，也就是对将要输入的变量进行说明，比如变量类型、范围等；Enter Variable Here 部分要求输入变量名，该变量用于存储输入的变量值。此处要输入的是一个整数，因此在提示文本部分可以输入:" Please enter a value for variable a:"，用 a 来存储待输入的变量值，因此在下半部分的文本框中输入 a；对变量 b 进行相同的操作，并单击 Done 按钮，得到的结果如附图 A.13 所示。

接下来使用一种新的符号——调用（Call），通过该符号可以调用一个能够完成特定功能的子过程，该子过程也被称为子函数。加入调用符号之后，效果如附图 A.14 所示。

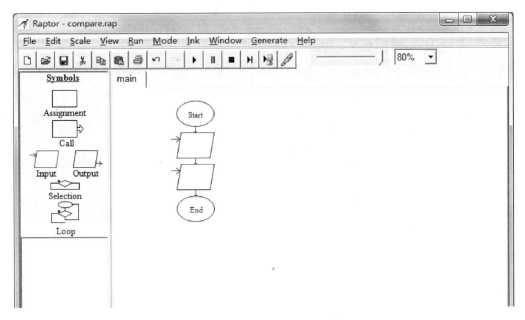

附图 A. 11　插入两个"输入"符号

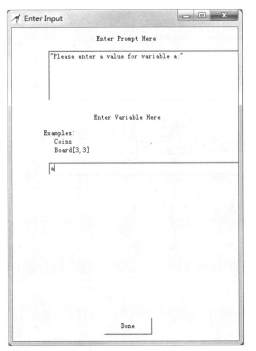

附图 A. 12　为输入符号输入提示文本和变量名

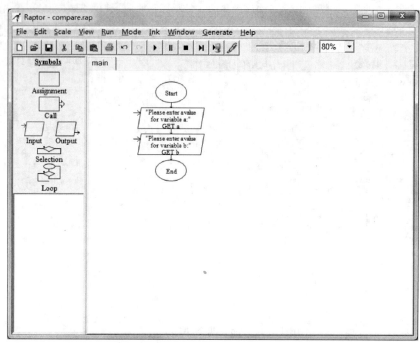

附图 A.13   定义输入符号

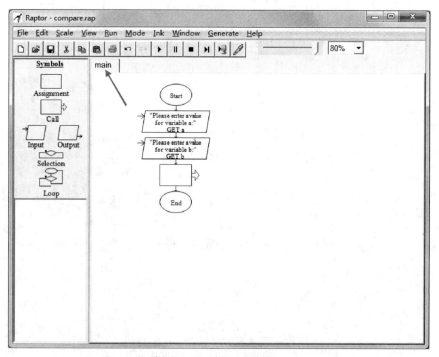

附图 A.14   插入调用符号

插入调用符号是为了调用一个子过程，在调用该子过程之前需要先定义它，要求该子过程能够完成两个整数的比较，并返回比较的结果。定义子过程的方法如下，首先右击 main（如附图 A. 14 的箭头所示），在弹出的菜单中选择 Add Procedure 选项，弹出的对话框如附图 A. 15 所示。

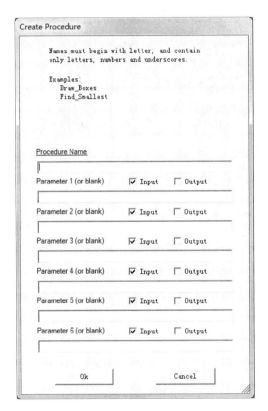

附图 A. 15　插入子过程

若子过程取名为 compare，即在 Procedure Name 文本框中输入 compare，compare 需要参数，参数既是要进行处理的数据，也是要进行比较的数值，Parameter 1 ~ Parameter 6 代表参数，参数分为两种类型：输入类型（Input）和输出类型（Output），可以通过在参数后边的复选框中选择相应的类型。在 compare 子过程中，可以设置 3 个参数 r、a 和 b（此处参数名称可以选择用其他的合法字符或字符串表示，不仅限于 r、a、b）。将第一个参数设置为输出类型（Output），用于保存比较后所得到的结果，剩下的两个参数为输入类型（Input），用于保存将要进行比较的数值。结果如附图 A. 16 所示。

单击 Ok 按钮，可以得到如附图 A. 17 所示的子过程。

接下来需要对该子过程进行定义，此处需要选择（Selection）符号，因为进行的是比较操作，需要根据不同的情况进行转移。

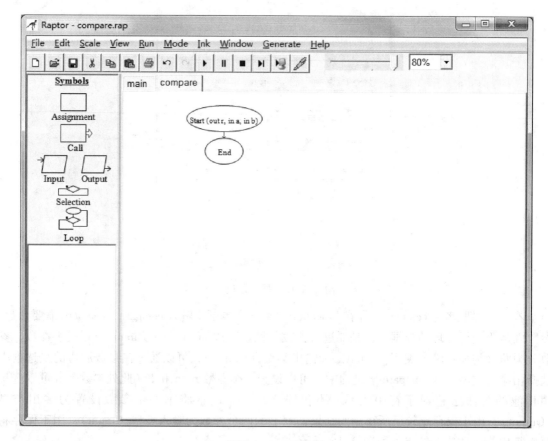

附图 A.16　定义子过程的名称和参数

附图 A.17　子过程

单击选择（Selection）符号，将其拖曳到 Start 之后，双击选择符号中的菱形，弹出附图 A.18 的输入选择条件窗口，在该窗口中需要输入分支条件，在此输入 a＞b（当然也可以输入 a＜＝b，不同的选择对应的分支不同），单击 Done 按钮，结果如附图 A.19 所示。

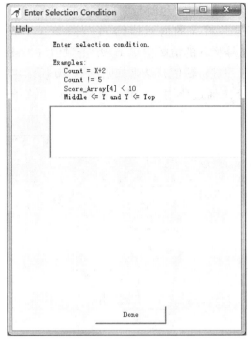

附图 A.18 输入选择条件

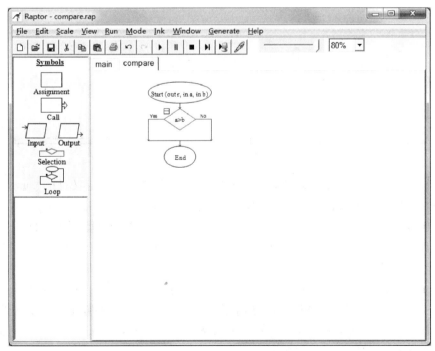

附图 A.19 输入分支条件

在附图 A.19 中，当 a＞b 成立时，也就是对应左分支（Yes），此时较大值为 a，用 r 保存结果，因此要插入赋值符号并将 a 的值赋值给 r；当 a＞b 不成立时，也就是对应右分支（No），此时也要插入赋值符号将 b 的值赋值给 r。单击赋值（Assignment）符号，将其拖曳到 Yes 和 No 对应分支的下方，并进行赋值，结果如附图 A.20 所示。

定义好"子过程"，接下来通过调用（Call）符号来调用该子过程。如单击附图 A.13 中的调用符号后，会弹出如附图 A.21 中的窗口。

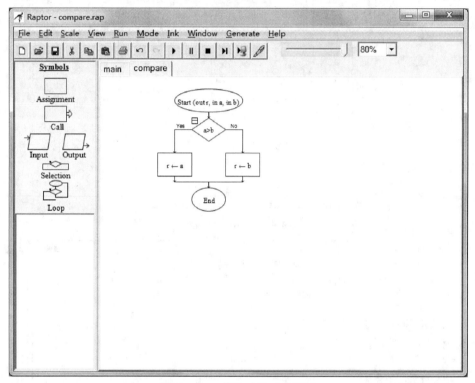

附图 A.20　分支选择后的结果

在附图 A.21 中要求输入需要调用的子过程，要调用的是已经定义过的 compare 子过程，可以在附图 A.21 中看到提示，最开始的部分是子过程的名称（如 Open_Graph_Window），括号里边的内容是子过程的参数，这里要注意的一点是参数匹配，这里所说的匹配包括参数个数、参数顺序和参数类型。输入 compare(m，a，b)，单击 Done 按钮得到的结果如附图 A.22 所示。

在 compare(m，a，b) 中，m 对应的是子过程中的 r，而 r 是用来存储输出结果的，在调用子过程结束时，会将 r 的值传递给 m。最后定义一个名为 result 的变量来存储最终的结果并将其输出，因此需要插入赋值符号，并将 m 的值赋给 result 并输出 result，这也就是我们最终要得到的完整 Raptor 程序，结果如附图 A.23 所示。

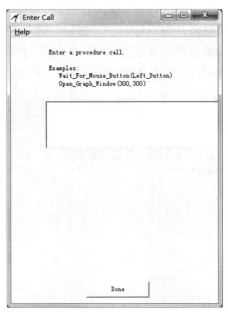

附图 A.21　输入调用的子过程对话框

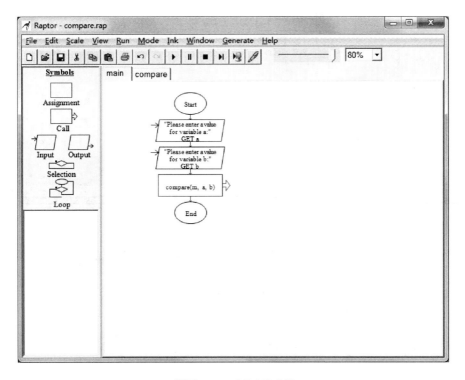

附图 A.22　调用子过程

单击运行程序按钮，当程序执行到第一个输入符号时，会弹出如附图 A.24 所示的输入变量对话框，这里要求输入 a 的数值（可以输入一个整数，比如 8），输入数值后，单击 OK 按钮，程序会继续向下执行（后边会遇到要求为 b 输入数值）。观察程序的运行过程，可以看到对子过程的调用。最终的运行结果如附图 A.25 所示。

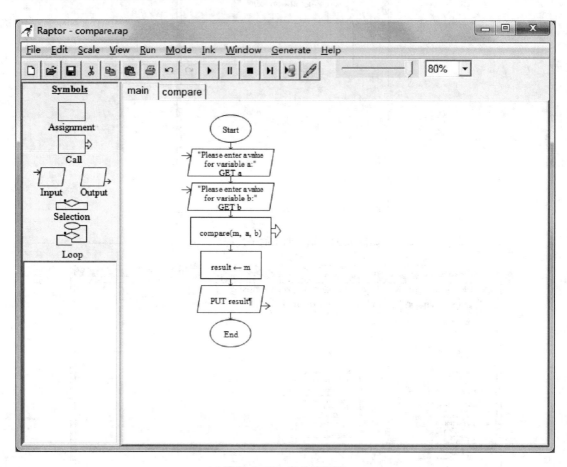

附图 A.23 完整的程序

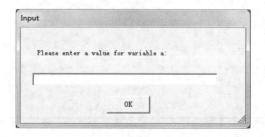

附图 A.24 为变量输入数值

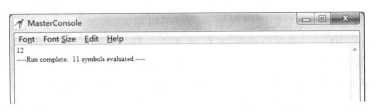

附图 A.25　变量 a 为 8、变量 b 为 12 时程序的运行结果

A.4.3　实例 3：求 $1+2+3+\cdots+10$ 的和

在上面的两个简单的例子中，介绍了基本的输入、输出符号以及选择符号，在本例中引入另一种重要的符号，即循环符号。

首先在程序中加入 3 个变量 i、j 和 sum，用 sum 表示最终求得的结果；i 既是当前进行累加的值，又是当前统计的累加的变量个数，因此 i 的初始值为 1；j 为变量的总数，因为本例中一共有 10 个变量，因此 j 的值为 10。具体的操作在前面的两个例子中都有过详细的说明，此处不再赘述。结果见附图 A.26。

接下来是本程序中最重要的部分，也就是引入循环（Loop）符号。循环符号需要一个判断条件，利用该条件是否成立来判断循环是否结束。在该例中要计算 10 个数的累加，因此当 i 的值大于 10 时循环即结束。否则继续执行累加。

将循环（Loop）符号拖曳到 sum 赋值符号的下方，结果如附图 A.27 所示。

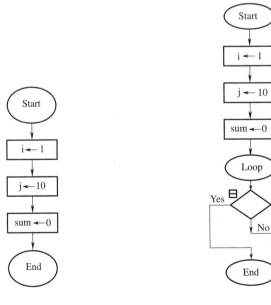

附图 A.26　给 3 个变量赋值　　　　附图 A.27　加入循环符号

　　双击循环符号的菱形部分，会弹出如附图 A.28 的窗口，该窗口要求输入循环是否结束的条件，由于此处做的是对 10 个数进行累加，因此可以输入"i > j"（i 的初值为 1，j 的初值为 10）。当 i > j，即 i > 10 时，说明已经累加了 10 个数，循环结束。

　　当 i > j 时（即 i > 10），说明已经进行了 10 次累加，循环结束，并输出计算结果；如果 i <= j，那么累加还未结束，接下来要继续进行累加。累加的实现方式如下：首先，sum = sum + i，这是进行第 i 次累加，在进行第 i 次累加之前，sum 存储的是前 i − 1 次累加的结果（i 从 1 递增到 i − 1），然后加上 i，即可得到前 i 次累加的结果；其次，因为下一次要进行的是第 i + 1 次累加，还要判断 i 的值是否大于 j 以确定循环是否继续进行，因此还要执行 i = i + 1 操作。加入这两步操作并输出 sum 即可得到完整的 Raptor 程序。完整的 Raptor 程序如附图 A.29 所示。程序的运行结果如附图 A.30 所示。

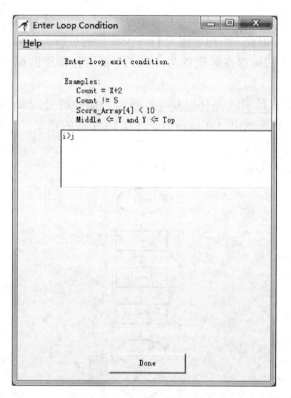

附图 A.28　输入循环结束条件

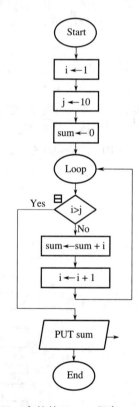

附图 A.29　完整的 Raptor 程序

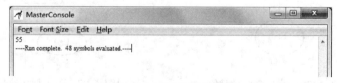

附图 A.30　程序的运行结果

A.5　Raptor 和标准流程图的区别与联系

国标流程图的符号非常全，下面仅列出 5 种常用的符号（如附表 A.1 所示）。

附表 A.1　国标流程图的几种常用书面表达符号

符号	名称	意义
⬭	开始或结束	流程图开始或结束
▭	处理	处理程序
◇	决策	不同方案选择
▱	输入或输出	输入或输出数据
→	路径	指示路径方向

使用 Raptor 与国标流程图得出的计算 $1+2+3+\cdots+10$ 的程序如附图 A.31 所示。

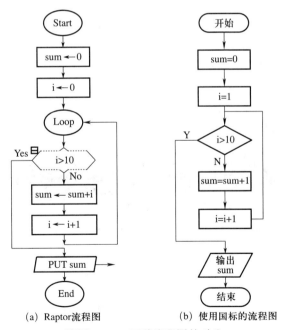

(a) Raptor流程图　　　　(b) 使用国标的流程图

附图 A.31　两种流程图的对比

从附图 A.31 中可以看出两种流程图的最大区别在于，Raptor 使用 Loop 控制循环而国标流程图使用决策语句控制循环，另外，Raptor 使用的流程图符号比国标中的符号少。

Vcomputer 存储程序式计算机概述

Vcomputer 存储程序式计算机软件的文件名为 vcomp_alpha，该软件是本教材的配套软件。该软件可以在本教材网站上下载，使用该软件可以加深读者对存储程序式计算机（冯·诺依曼计算机）的理解。

下载 Vcomputer 软件及实例演示文件。

B.1 Vcomputer 存储程序式计算机软件安装及使用

1. 下载并安装 JDK

Vcomputer 软件是在 Java 环境下运行的，所以首先要安装 Java 运行环境。JDK（Java Development Kit）是中文名为 Java 语言的软件开发工具包，它是 Sun 公司的产品。只有安装了 JDK 才能安装或运行 Java 程序，JDK 安装步骤如下。

（1）在官方网站下载 JDK 安装程序，请读者根据自己计算机的操作系统选择正确的版本下载。例如 jdk‐8u31‐windows‐i586.exe。

（2）运行安装文件，在弹出的安装向导中单击"下一步"按钮，如附图 B.1 所示。

附图 B.1　JDK 安装程序

（3）在弹出的"定制安装"对话框中单击"下一步"按钮，如附图 B.2 所示。

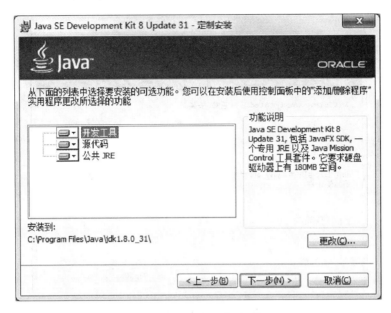

附图 B.2　定制安装对话框

（4）安装程序会弹出"目标文件夹"对话框，单击"更改"按钮将 Java 安装到指定目录，再单击"下一步"按钮，如附图 B.3 所示。

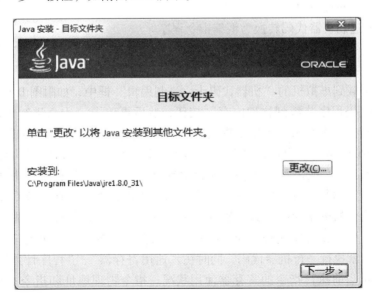

附图 B.3　目标文件夹对话框

（5）等待自动安装结束后，弹出"完成"对话框（如附图 B.4 所示），单击"关闭"按钮，完成安装。

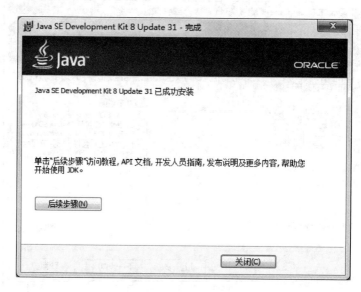

附图 B.4 JDK 安装完成

2. 运行 vcomp_alpha. jar

安装好 JDK 后，直接双击文件 vcomp_alpha. jar 即可运行该软件，启动界面如附图 B.5 所示。

3. 应用 Vcomputer 虚拟机软件的实例

实例 1 十六进制机器代码转换为汇编指令程序。

从机器代码转换为汇编指令有两种操作方式，第一种方式可以先在文本文件中编辑十六进制的机器代码并保存，然后单击虚拟机上的"打开机器代码十六进制文件"按钮，将之前编辑好的机器代码加载到虚拟机的"机器代码十六进制编辑"框中，如附图 B.6 所示。

单击"机器代码程序装载到物理内存"按钮，然后再单击"十六进制机器代码反汇编"按钮，在"汇编程序文本编辑"框中出现机器代码相应的汇编指令程序，如附图 B.7 所示。

Vcomputer 虚拟机还可以模拟机器代码的执行过程，单击"开始模拟执行机器代码"按钮，虚拟机就按照机器代码所加载的物理内存地址顺序执行，在执行过程中通过"程序计数器"框可以看到程序执行过程中的当前执行指令的物理内存地址。在"指令寄存器"框中同时显示当前执行指令的机器代码。如果想看每一步机器指令的执行过程，先单击"中央处理器初始化"按钮，然后将机器代码重新装载到物理内存，再单击"中央处理器单步执行"按钮，每单击一次，就执行一行机器代码，同时在"通用寄存器"、"程序计数器"和"指令寄存器"框中将显示当前执行指令的寄存器使用状况、指令物理地址和指令本身。如附图 B.8 所示。

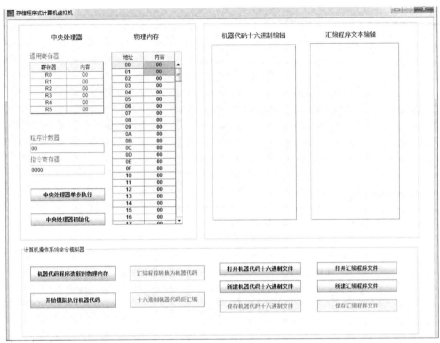

附图 B.5　Vcomputer 虚拟机软件启动界面

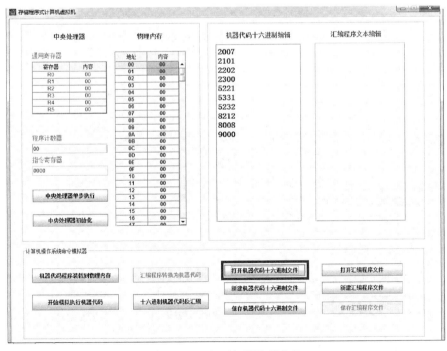

附图 B.6　打开机器代码文件

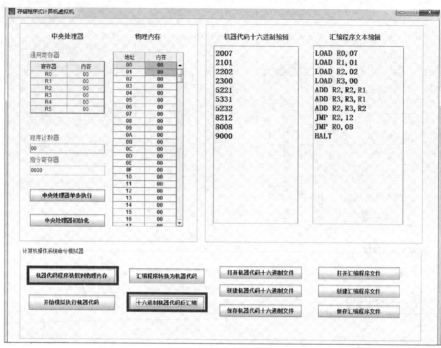

附图 B.7　机器代码反汇编

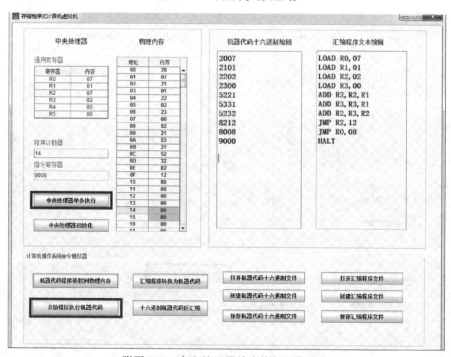

附图 B.8　中央处理器单步执行机器代码

从机器代码转换为汇编指令的另外一种方式是直接在"机器代码十六进制编辑"框中编辑机器代码，其他的操作步骤和上面介绍的相同。

实例 2　汇编指令程序转换为十六进制机器代码。

由汇编指令程序转换为十六进制机器代码有两种方式，第一种是在文本文档中编辑汇编指令程序，然后单击"打开汇编程序文件"按钮，将事先编辑好的汇编程序加载到"汇编程序文本编辑"框中，如附图 B.9 所示。

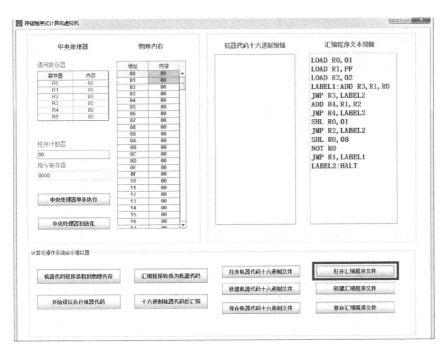

附图 B.9　打开汇编程序文件

单击"汇编程序转换为机器代码"按钮，虚拟机就将汇编程序直接转换为十六进制的机器码，如附图 B.10 所示。

如果想查看机器码的执行情况就可以依照上文中介绍的方式运行虚拟机，这里不再赘述。另一种汇编程序转机器代码的方式是直接在虚拟机的"汇编程序文件编辑"框中编辑汇编语言程序，然后单击"保存汇编程序文件"按钮，最后单击"汇编程序转换为机器代码"按钮就可以了。

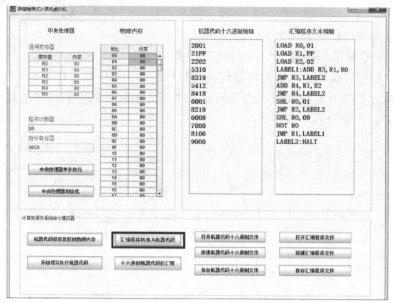

附图 B.10　汇编程序转换为机器代码

B.2　Vcomputer 机器的结构和指令

Vcomputer 共有 256 个主存单元（其地址分别用十六进制 00 ~ FF 表示）、6 个通用寄存器（分别用 R0 ~ R5 表示）、1 个程序计数器和 1 个指令寄存器。

机器的指令共有 9 条，每条指令的长度均为 2 个字节（用十六进制表示共 4 位）。指令的第 1 个十六进制数字为操作码，指令的后 3 个十六进制数字为操作数，见第 3 章表 3.1。

B.3　Vcomputer 机器上的汇编指令集

Vcomputer 机器的汇编指令共 9 条，与其机器指令一一对应，见第 3 章表 3.3。

B.4　汇编程序编写过程中的注意事项

1. 注释
汇编程序可以包含注释，注释含一行中从分号起到该行结束的所有符号。
2. 白空格
汇编程序文本中的白空格包括空格符（Space 键）、制表符（Tab 键）、换行符（Enter 键）。

3. 语句标号

汇编语句可以有标号，标号只能以字母开头，后面只能跟字母、数字、下画线。标号后面必须跟冒号，标号与冒号之间不能有空格。例如，"label　:"这样的标号定义不符合规定。标号后面的冒号与操作码之间可以有多个白空格。

4. 分隔符

操作码与第一个操作数之间至少包含一个白空格。操作数之间通过逗号分隔，操作数与逗号，逗号与操作数之间可以有多个白空格。

5. 数值

数值全部用十六进制表示。

6. 字母大小写

Vcomputer 机器的汇编语句不区分字母的大小写。

B.5　机器指令（十六进制代码）编写过程中的注意事项

（1）在机器代码（十六进制代码）文件的编写过程中，注意，一行只能写一个指令，共 4 位（十六进制数）。

（2）在机器代码（十六进制代码）文件中，一个指令编写好后，换行写另一个指令。

B.6　存储程序式计算机模拟平台的功能

本平台的设计基于 Vcomputer 的指令，并有如下功能。

（1）能够对汇编程序进行编辑、保存或打开新的文件（txt 文件）。

（2）能够对机器指令按十六进制的形式进行编辑、保存或打开新的文件（txt 文件）。

（3）能够将汇编程序转化为十六进制的机器代码。

（4）能够将十六进制的机器代码转化为汇编程序。

（5）能够将机器代码程序装载到物理内存。

（6）能够模拟程序在机器中的执行过程。

（7）可以模拟程序在机器中单步运行过程。

（8）可以对中央处理器进行初始化操作（即对 CPU 中的各类寄存器置零）。

（9）任何时候都可以直接修改物理内存的内容。

（10）任何时候都可以直接修改程序计数器（PC）中的值。单步执行（一步完成）时，首先，根据程序计数器中修改后的地址，将相应的机器指令取出，存入指令寄存器中；其次，执行存入指令寄存器中的新指令；最后，将程序计算器的值 +2。

（11）指令寄存器中的值不能修改（初值为空）。

B.7　计算机模拟平台的注意事项

若无法正常打开或保存文件，请按以下方式设置 IE：工具→Internet 选项→安全→自定义级别，对没有标记为安全的 ActiveX 控件进行初始化并运行脚本，然后启用、确定。

B.8　Vcomputer 演示实例的源程序

1. 实例 1 的源程序

   2007
   2101
   2202
   2300
   5221
   5331
   5232
   8212
   8008
   9000

2. 实例 2 的源程序

   LOAD R0，01
   LOAD R1，FF
   LOAD R2，02
   LABEL1：ADD R3，R1，R0
   JMP R3，LABEL2
   ADD R4，R1，R2
   JMP R4，LABEL2
   SHL R0，01
   JMP R2，LABEL2
   SHL R0，08
   NOT R0
   JMP R1，LABEL1
   LABEL2：HALT

附录 C

Access 2013 概述

Microsoft Access 2013 是一套完整的数据库管理系统，它能构建拥有精美界面并维持一致的用户体验的应用程序，Access 提供可以创造这种专业外观和感觉的代码。借助下拉菜单和在开始输入数据时提供的建议，用户可以方便地输入数据，减少出错的概率。

C.1 环境搭建

先去微软官网下载并安装 Microsoft Office 2013，在安装过程中一般采用系统的默认设置。读者可以先采用试用版进行学习，也可以直接购买正版软件。默认安装选项如附图 C.1 所示。方框中为所需安装的软件，建议单击"Microsoft Access"前面的下三角，在弹出的菜单中选择"从本机运行全部程序"，以确保软件功能的完整。

附图 C.1　Office 2013 安装界面

安装成功后开始菜单中会出现 Access 2013 的图标，打开后画面如附图 C.2 所示。

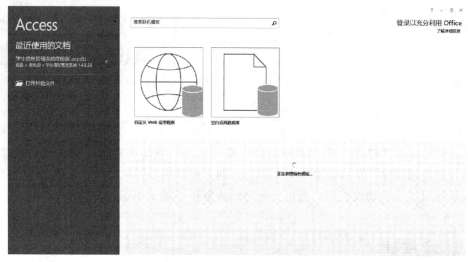

附图 C.2　Access 启动画面

C.2　建数据库、建表及建立表间关系

创建由若干个结构合理和相互关联的表所组成的数据库是创建数据库管理系统的第一步，在本附录中给出一个"学生信息管理系统"的实例，讲述数据库的建立、表的建立以及创建表间关系的方法，以此作为学习数据库管理的开始，操作步骤如下。

（1）在 Access 的开始界面中选择"空白桌面数据库"选项，进入创建数据库对话框，输入数据库名字并设置存储路径（自定义），如附图 C.3 所示。

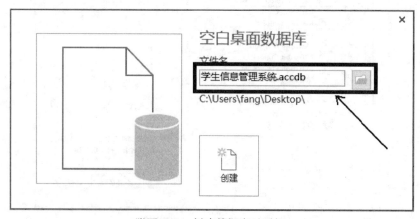

附图 C.3　创建数据库对话框

（2）单击"创建"按钮，进入"数据库"窗口，如附图 C.4 所示。

附图 C.4　"数据库"窗口

（3）在新建的数据库中，可以看到一张空白的表，可以直接使用这张表。为了使读者了解创建新表的方法，这里重新创建一个空白表，单击菜单栏的"创建"选项卡"表格"组中的"表设计"按钮，创建空白数据表，如附图 C.5 所示。

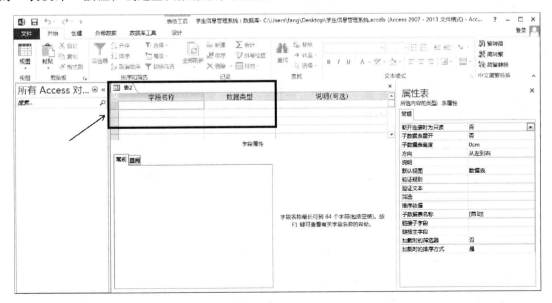

附图 C.5　创建空白数据表

（4）在"表"结构窗口，定义表的结构（根据关系模式逐一定义每个字段的名字及类型），这里以"学生"表的创建为例，另外每个表都需要定义主键①，选中主键字段，单击菜单栏的"设计"选项卡中"工具"组的"主键"按钮即可将选中字段设置主键，如附图 C.6 所示。

附图 C.6　学生表

（5）右键单击"表"结构窗口，选择"保存"命令，即可将新建的表保存下来。注意在该命令列表中也可以选择"关闭"、"全部关闭"等快捷命令，如附图 C.7 所示。

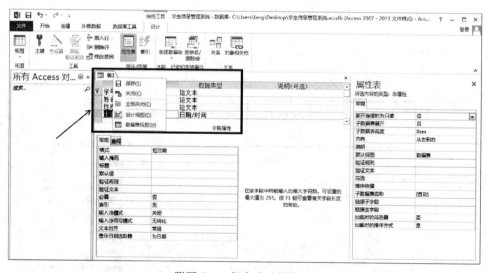

附图 C.7　保存表的快捷键

――――――――――――

① 主键（Primary Key）：也称主关键字，是表中的一个或多个字段，它的值用于唯一地标识表中的某一条记录，因此，在一张表中不同记录主键字段的值不可相同，也不可为空值。

（6）重复第（3）～（5）步，依次创建"学生选课"表和"课程"表，如附图 C.8 所示。
注：在"学生选课"表中需要同时选中"学号"和"课程号"两个字段来设置主键。

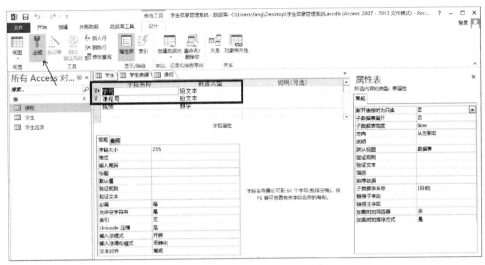

附图 C.8　课程表和学生选课表

（7）表都创建完毕，接下来需要创建表间关系。首先关闭所有已打开的表，单击"数据库工具"选项卡中的"关系"按钮，在弹出的"显示表"对话框中选择需要建立关系的表，可以直接双击添加，也可以先选中再单击"添加"按钮，如附图 C.9 所示。

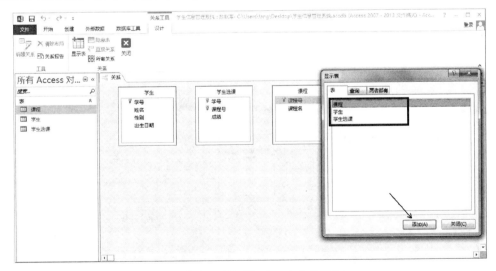

附图 C.9　"关系"窗口中表的添加

（8）"学生"表和"课程"表是多对多关系，它们通过"学生选课"表这一联结表来建立关系，因而也就分成了两个一对多的关系，选中"学生选课"表中的"学号"字段，拖曳到"学生"表中的"学号"字段，松开鼠标，这时在屏幕上出现"编辑关系"对话框，选中"实施参照完整性"、"级联更新相关字段"和"级联删除相关字段"3 个复选框，如附图 C. 10 所示。

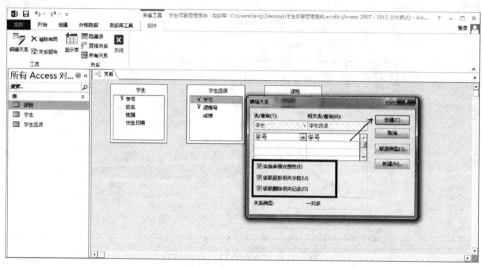

附图 C. 10　"编辑关系"对话框

（9）单击"创建"按钮，在"学生"和"学生选课"表之间就建立了一对多关系，用同样的方式建立"课程"和"学生选课"表之间的一对多关系，如附图 C. 11 所示。

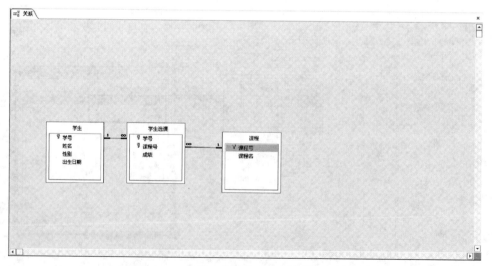

附图 C. 11　"学生信息管理系统"的表间关系

（10）表的结构至此就创建完毕，接下来需要输入数据，双击左侧"导航窗格"中的表，打开数据表视图，就可以向表中输入数据，如附图 C. 12 所示。

附图 C.12 给"学生"表输入数据

C.3 创建查询

查询可以对数据库中一个或多个表的数据进行浏览、筛选等操作，下面结合两个查询实例对上一节建立的数据库系统进行操作。

实例1 简单查询：根据学号"20140301001"查询该学生的姓名。要求使用 SQL 查询与选择查询两种方式编写。

实例2 高级查询：根据学号"20140301001"查询该学生的姓名、课程号、课程名、成绩。要求使用 SQL 查询与选择查询两种方式编写。

操作步骤如下。

（1）打开上一节创建的数据库文件（"学生信息管理"），单击"创建"选项卡的"查询设计"按钮，如附图 C.13 所示。

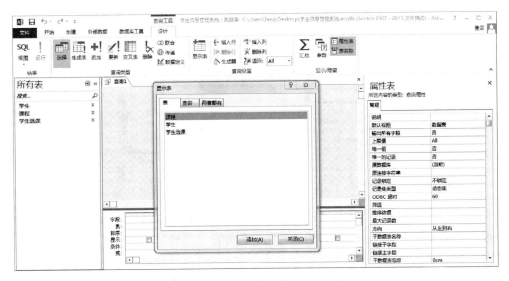

附图 C.13 单击"查询设计"按钮后效果

（2）由于实例要求使用 SQL 查询，因此这里跳过显示表对话框，之后单击"SQL 视图"按钮，在编辑框输入 SQL 语句，如附图 C.14 所示。

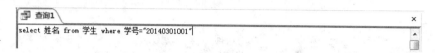

附图 C.14 输入 SQL 语句

（3）单击"设计"选项卡中的"运行"按钮，得到结果如附图 C.15 所示。

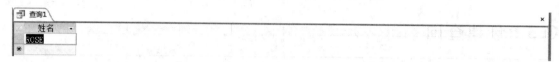

附图 C.15 简单 SQL 查询的结果

（4）保存此查询，接下来是用选择查询的方式创建简单查询的实例，单击"创建"选项卡的"查询设计"按钮，选择"学生"表，如附图 C.16 所示。

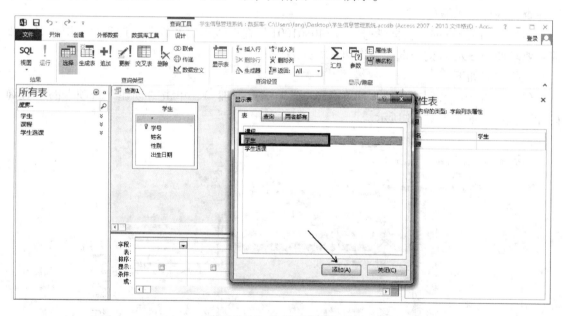

附图 C.16 选择"学生"表

（5）关闭"显示表"对话框，依次选择"学生"表的"学号"、"姓名"字段，在"学号"字段的"条件"栏输入"20140301001"，并取消"学号"字段的"显示"栏中的复选框，如附图 C.17 所示。

（6）单击"运行"按钮，可以看到与步骤（3）的结果相同。

（7）针对高级查询的实例，建立的 SQL 查询和选择查询如附图 C.18 所示。

（8）保存此查询为"高级视图查询"（附录 C.5 节制作报表时需要用到这个查询），单击"设计"选项卡中的"运行"按钮，得到结果如附图 C.19 所示。

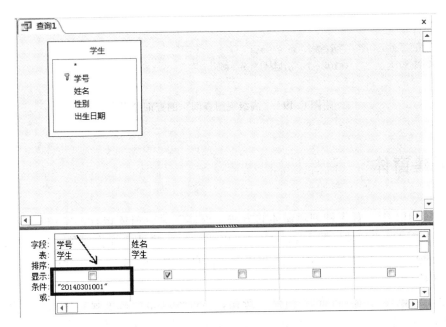

附图 C.17　选取查询需显示的字段

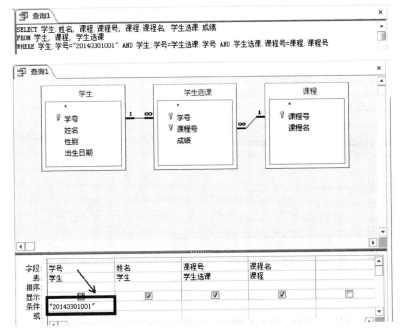

附图 C.18　高级 SQL 查询的两种实现方式

附图 C.19   "高级视图查询"的查询结果

C.4   创建窗体

在 Access 2013 中，有 3 种创建窗体的方法：窗体工具、窗体设计、空白窗体。本书中使用的系统主要使用了"窗体工具"这一方法，以"学生"窗体为操作对象，步骤如下。

（1）打开上一节创建的数据库文件（"学生信息管理.accdb"），在导航窗格"表"对象中单击"学生"。

（2）单击"创建"选项卡的"窗体"按钮，Access 以布局视图显示该窗体，在布局视图中可以在窗体显示数据的同时对窗体进行设计方面的更改，如附图 C.20 所示。

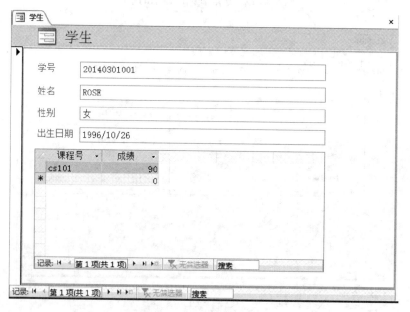

附图 C.20   "学生"窗体

（3）右键窗体空白处，选择"设计视图"，单击"设计"选项卡中的"按钮"控件，在窗体的下部拖放出一个"查看报表"按钮，如附图 C.21 所示。

（4）选择窗体，在右侧"属性表"的"其他"选项卡中，将"弹出方式"设为"是"。

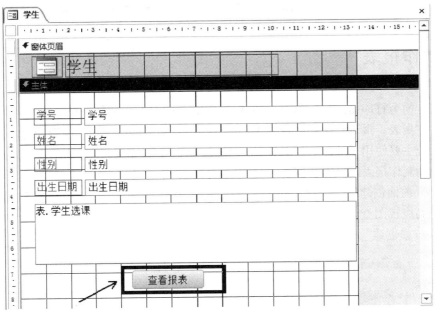

附图 C.21 "学生"窗体的设计视图

（5）在网格外右键单击空白处，选择"窗体视图"，效果如附图 C.22 所示。

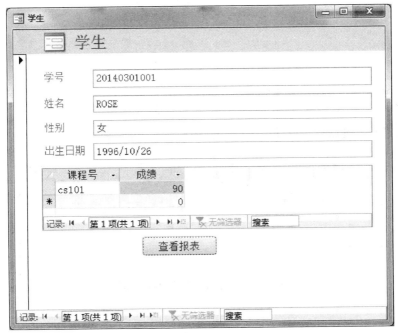

附图 C.22 "学生"窗体的窗体视图

上面的窗体的"查看报表"功能还没有实现，下一节将介绍报表的制作方法。

C.5　制作报表

报表是专门为打印而制作的表单，在 Access 2013 中，有 3 种制作报表的方法：报表工具、报表设计、空报表。报表有 4 种查看方式：设计视图、报表视图、布局视图和打印预览，本书中使用的系统主要使用了"报表工具"这一方法，视图则以布局视图和打印预览为主，以 C.3 中实例 2 为例制作报表的操作步骤如下。

（1）打开前面创建的数据库文件（"学生信息管理.accdb"），在导航窗格"查询"对象中，单击"高级视图查询"。

（2）单击"创建"选项卡的"报表"按钮，如附图 C.23 所示。

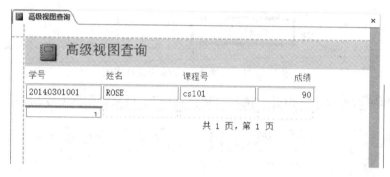

附图 C.23　"高级视图查询"的报表

（3）稍微调整一下格式，选择窗体，在右侧"属性表"的"其他"选项卡中，将"弹出方式"设为"是"。

（4）在网格外右键点击空白处，选择"打印预览"，效果如附图 C.24 所示。

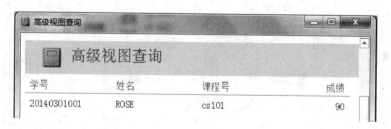

附图 C.24　报表的打印预览视图

参 考 文 献

［1］Denning P J, et al. Computing as a discipline ［J］. Communications of the ACM, 1989, 32
（1）.

［2］Tucker A. Computing curricula 1991 ［J］. Communications of the ACM, 1991, 34 （6）.

［3］ACM/IEEE-Curriculum 2001 Task Force. Computing Curricula 2001, Computer Science ［M］.
IEEE Computer Society Press and ACM Press, 2001.

［4］ACM/IEEE-CS Joint Task Force on Computing Curricula. Computer Science Curricula 2013
［M］. ACM Press and IEEE Computer Society Press, 2013.

［5］Jeannette M. Wing. Computational thinking ［J］. Communications of the ACM. 2006, 49 （3）.

［6］中国计算机科学与技术教程 2002 研究组. 中国计算机科学与技术学科教程 2002 ［M］.
北京：清华大学出版社，2002.

［7］教育部高等学校计算机科学与技术教学指导委员会. 高等学校计算机科学与技术发展战
略研究报告暨专业规范（试行）［M］. 北京：高等教育出版社，2006.

［8］全国高等学校计算机教育研究会. 全国"计算机科学与技术方法论"专题学术研讨会论
文集 ［J］. 计算机科学：专辑，2003，30 （6）.

［9］全国高等学校计算机教育研究会. 全国"计算思维与计算机导论"专题研讨会论文专辑
［J］. 计算机科学，2008，35 （11，专辑）.

［10］国家教委社科司. 自然辩证法概论 ［M］. 修订版. 北京：高等教育出版社，1991.

［11］Gerard O'Regan. 软件质量实用方法论 ［M］. 陈茵，等，译. 北京：清华大学出版社，
2004.

［12］冯·诺依曼. 计算机与人脑 ［M］. 甘子玉，译. 北京：商务印书馆，2005.

［13］古天龙. 软件开发的形式化方法 ［M］. 北京：高等教育出版社，2005.

［14］J. Glenn Brookshear. 计算机科学概论 ［M］. 11 版. 刘艺，等，译. 北京：人民邮电出版
社，2011.

［15］赵致琢. 计算科学导论 ［M］. 3 版. 北京：科学出版社，2004.

［16］王飞跃. 从计算思维到计算文化 ［J］. 中国计算机学会通讯，2007，3 （11）.

［17］李廉. 计算思维——概念与挑战 ［J］. 中国大学教学，2012 （1）.

［18］九校联盟（C9）计算机基础教学发展战略联合声明 ［J］. 中国大学教学，2010 （9）.

［19］计算思维教学改革宣言 ［J］. 中国大学教学，2013 （7）.

［20］陈国良. 计算思维（CNCC2011 大会报告）［J］. 中国计算机学会通讯. 2012，8 （1）.

［21］陈国良. 大学计算机——计算思维视角［M］. 2 版. 北京：高等教育出版社，2014.

［22］陈国良，董荣胜. 计算思维与大学计算机基础教育［J］. 中国大学教学，2011（1）.

［23］程向前，陈建明. 可视化计算［M］. 北京：清华大学出版社，2013.

［24］程向前，周梦远. 基于 RAPTOR 的可视化计算案例教程［M］. 北京：清华大学出版社，2014.